普通高等教育“十三五”规划教材

胶体与界面化学

赵继华　主　编
方　建　副主编

化学工业出版社
·北京·

《胶体与界面化学》介绍了胶体的基本概念、胶体的制备和性质、表面活性剂、乳状液、胶束、微乳状液等内容，还对表面活性剂分子在溶液中形成的囊泡、双分子类脂膜、不溶性单分子膜以及自组装膜等进行了介绍，并对该领域的发展前沿 Pickering 乳液、胶体晶体、纳米液滴与纳米气泡等的基本概念和进展做了介绍。除此以外，书中结合生产和科研工作的实际，对材料科学、生命科学、环境科学、医药、采油等学科中同胶体与界面化学密切相关的问题进行了介绍。

《胶体与界面化学》既有基本理论的阐述，又有学科前沿知识的介绍，适合相关专业本科生、研究生用作胶体与界面化学课程的教材或参考书，也可作为化学、化工、生命科学、环境科学、油田化学等相关领域的工程技术人员和科技人员参考用书。

图书在版编目（CIP）数据

胶体与界面化学/赵继华主编. —北京：化学工业出版社，2019.11（2024.6 重印）
ISBN 978-7-122-35791-5

Ⅰ.①胶…　Ⅱ.①赵…　Ⅲ.①胶体化学②表面化学
Ⅳ.①O648②O647.11

中国版本图书馆 CIP 数据核字（2019）第 273479 号

责任编辑：李　琰　　　装帧设计：关　飞
责任校对：宋　夏

出版发行：化学工业出版社（北京市东城区青年湖南街 13 号　邮政编码 100011）
印　　装：北京科印技术咨询服务有限公司数码印刷分部
787mm×1092mm　1/16　印张 17　字数 428 千字　2024 年 6 月北京第 1 版第 6 次印刷

购书咨询：010-64518888　　　售后服务：010-64518899
网　　址：http://www.cip.com.cn
凡购买本书，如有缺损质量问题，本社销售中心负责调换。

定　　价：48.00 元

前言

胶体与界面化学是研究胶体分散体系和界面特性的科学，在材料科学、生命科学、环境科学、医药、采油等很多领域都有广泛应用，特别是近年来在纳米材料领域起到了重要的作用。

《胶体与界面化学》在阐述胶体、表面活性剂等基本理论知识的基础上，介绍了胶体与界面化学领域新的研究成果和进展，如Pickering乳液、胶体晶体、纳米液滴与纳米气泡等。除此以外，还对材料科学、生命科学、环境科学、医药、采油等学科中同胶体与界面化学密切相关的问题进行了介绍。其中第一章到第六章着重介绍胶体的基本概念、制备和各种性质，第七章到第十章介绍了表面活性剂以及与表面活性剂相关的乳状液、胶束、微乳状液等内容，并对表面活性剂分子在溶液中形成的囊泡、双分子类脂膜、单分子膜以及自组装膜等进行了介绍。

《胶体与界面化学》第三章、第五章、第六章由方建副教授编写，其余部分由赵继华教授编写，沈伟国教授参与了全书的讨论，给予了热情的鼓励、支持，并提出了很好的建议，在此表示感谢。衷心感谢化学工业出版社的编辑对本书出版所给予的大力支持，感谢兰州大学教材建设基金的资助。限于编者水平，不足之处在所难免，希望读者和专家不吝赐教。

编者

2019 年 10 月

目录

第一章
绪 论

第一节　胶体的定义与分类

一、胶体的定义

胶体这个名词是英国科学家 Thomas Graham 于 1861 年提出来的，当时刚提出近代的分子运动理论，其应用只限于气体，Thomas Graham 最早将此理论应用于液体体系，为了研究溶液中溶质分子的扩散速率，做了如图 1-1 所示的实验：将一块羊皮纸缚在玻璃筒的下端，筒内装着要研究的水溶液，并将筒浸于水中，经过一段时间后，测定水中溶质的浓度，求得溶质透过羊皮纸的扩散速率。通过实验，Thomas Graham 发现，某些物质如无机盐、白糖、尿素等，可以透过羊皮纸，并且扩散很快；另一类物质如明胶、蛋白质、氢氧化铝等，扩散缓慢，而且极难甚至不能透过羊皮纸。当溶剂蒸发时，前一类物质易形成晶体析出，后一类物质则不形成晶体，而是形成黏稠的胶状物质。根据这些现象，他把物质分成两类：前者叫作类晶质（crystalloid），后者叫作胶体（colloid）。四十多年后，俄国化学家 Веймарн 用 200 多种物质进行实验，证明任何物质都既可制成晶体状态也可制成胶体状态。例如，氯化钠在水中形成真溶液，在酒精中则形成胶体溶液。因此，晶体与胶体并不是完全不同的两类物质，而是物质的两种不同的存在状态。胶体这个名词现在是指高度分散的体系。

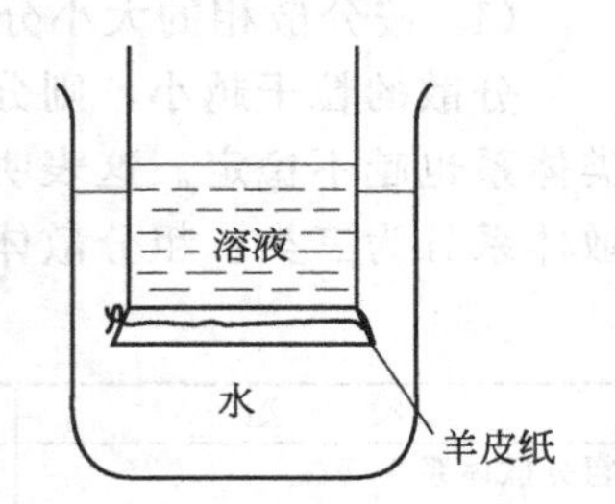

图 1-1　Graham 用的渗析装置

二、胶体的分类

20 世纪初，Perin 和 Freundlich 把胶体分为两类：亲液胶体（lyophilic colloid）、憎液胶体（lyophobic colloid）。如蛋白质、明胶等容易与水形成胶体的物质叫作亲液胶体，而那些本质上不溶于介质的物质，叫作憎液胶体，如金溶胶、硫化钾溶胶等。但是亲液胶体和憎液胶体有着本质上的不同，前者属于热力学稳定体系，后者是热力学不稳定体系，所以从20世纪50年代起，人们开始把憎液胶体称为胶体分散体系或溶胶，把亲液胶体改称为大分子溶液或高分子溶液。

现在，一般把胶体体系分为三大类。

① 分散体系，包括粗分散体系和胶体分散体系。由于体系具有很高的表面自由能，属于热力学不稳定体系。

② 大分子物质的真溶液，没有界面，体系无界面能，是热力学稳定体系。

③ 缔合胶体，包括双亲表面活性物质在液体介质中形成的缔合体，如胶束、反胶束、囊泡（也称泡囊）等，双亲表面活性物质定向地、有组织地吸附在液/液界面上形成的微乳液，也属于缔合胶体的范围。

胶体与界面化学在19世纪下半叶到20世纪40年代之间发展迅速，有关胶体的界面性质、动力学性质、光学性质、电学性质、流变性以及稳定性的基本规律相继得以揭示，这对解释溶胶、乳状液、微乳状液、泡沫及凝胶的形成、稳定及破坏等有重要的指导作用。胶体与界面化学是研究胶体分散体系的物理化学性质和界面现象的一门科学，不仅和工农业生产有着密切的关系，而且和生命科学紧密相关。

三、分散体系及其分类

1. 分散体系的组成

自然界中存在的绝大多数实际体系都不是纯物质，而是一种或几种物质以某种程度分散在另一种物质中形成的体系，称之为分散体系。最简单的分散体系由两相组成，其中形成粒子的相称为分散相，是不连续相，分散粒子所处的介质称为分散介质，即连续相。

2. 分散体系的分类

(1) 按分散相的大小分类

分散的粒子越小，则分散程度越高，体系内的界面面积也越大，从热力学观点来看，此类体系也越不稳定。这表明粒子的大小直接影响体系的性质。通常按分散相粒子的大小把分散体系分为三类：粗分散体系、胶体分散体系和分子分散体系，如表1-1所示。

表1-1　分散体系按分散相的大小分类

类　型	颗粒大小	特　性
粗分散体系	＞100nm	粒子不能透过滤纸，不扩散，不渗析，在显微镜下可以看见
胶体分散体系(溶胶)	1～100nm	粒子能透过滤纸，扩散极慢，在普通显微镜下看不见，在超显微镜下可以看见
分子分散体系(溶液)	＜1nm	粒子能透过滤纸，扩散很快，能渗析，在超显微镜下也看不见

这种分类法在讨论体系粒子大小时很方便，但对实际体系的状态的描述却比较含糊；同时，将真溶液作为分子分散体系来对待也不合理，因为它不存在界面，与胶体分散体系有着本质上的差别。

① 胶体是热力学不稳定体系，有自发聚集的倾向。真溶液是热力学稳定体系。

② 胶体是不均匀的多相分散体系，是一相或多相（分散相）分散于连续相（分散介质）之中，分散相与分散介质存在物理界面。而真溶液是热力学稳定的均匀体系，不存在物理界面。

③ 胶体粒子由大量原子、分子或离子所组成，胶团量可以是几千、几万甚至是几百万。在一个胶体体系中，胶粒的大小或胶团量是不完全相同的，可以用平均胶团量和其分布曲线来描述。而真溶液中同一种溶质有固定大小及分子量。

④ 胶体粒子没有确定的组成和结构，受温度或外来添加物等的影响很大，而且它可以分裂，分裂后在化学组成上仍保持原来的性质。而真溶液中的溶质分子都有固定的组成和结构，也不能再分裂。

由此可见，热力学不稳定性、多相不均匀性、多分散性、结构和组成的不确定性构成了胶体的四大特性。

(2) 按分散相和分散介质的聚集状态分类

分散体系也可以按分散相和分散介质的聚集状态不同来分类，如表 1-2 所示。这种分类法包括的范围很广，在这 8 类中，有些体系在胶体与界面化学范围很少讨论，而研究最多且最重要的是乳状液和溶胶。

表 1-2　分散体系按分散相和分散介质的聚集状态分类

分散相	分散介质	体系名称	实例
液	气	气-液溶胶	雾
固	气	气-固溶胶	烟、尘
气	液	泡沫	洗衣泡沫、灭火泡沫
液	液	乳状液	牛奶、原油
固	液	溶胶、悬浮体	金溶胶、油漆、牙膏
气	固	凝胶(固态泡沫)	面包、泡沫塑料
液	固	凝胶(固态乳状液)	珍珠
固	固	凝胶(固态悬浮体)	合金、有色玻璃

联系表 1-2 中所列的体系，可以领会到学习胶体与界面化学的重要性。在有些场合我们希望得到稳定的分散体系，在另一些场合却希望有效地破坏它。

第二节　胶体与界面化学的研究内容及发展

一、研究内容

胶体与界面化学是研究分散体系的物理化学性质和界面现象的科学，它的研究内容包括几个方面：界面现象、分散体系、高分子溶液与各种形态的分子聚集体。其中界面现象研究各种不同界面的性质，不仅研究固-液界面性质，还要讨论固-气、气-液以及液-液的界面性质。随着分散程度的增加，体系的比表面也相应增大，胶体的各种性质与比表面密切相关，因此对界面现象的研究就成为胶体化学的主要内容之一。对各种界面性质的研究，不仅是胶体与界面化学的基本内容，也与其他学科有关，例如催化理论中的固体表面吸附，就需要掌握界面性质的有关知识才能对催化过程做可靠的分析。

分散体系涉及的范围就更广了。在自然界和工业生产中常遇到一种物质或几种物质分散在另一种物质中的分散体系，例如开采出的石油常含有呈细滴状态分散的水，钻井用的泥浆是黏土分散在水中形成的，奶油分散在水中成为牛奶，颜料分散在油中成为油漆或油墨等。这些分散体系的生成和破坏，以及它们的物理化学性质，都是胶体与界面化学的研究内容。虽然通常的分子分散体系，如空气、溶液等，不属于胶体化学的范畴，但是有些物质的分子很大，虽然属于真溶液，但其分子已达到胶体分散体系的范围，例如蛋白质、淀粉、纤维素等高分子溶液。由于高分子溶液与胶体分散体系颗粒有相同的数量级、高分散性和组成不稳定性，有着许多相同的物理性质，因此高分子溶液也是胶体与界面化学的重要内容之一。由于高分子合成工业的发展，高分子溶液理论的内容越来越丰富。尤其是近年来分子生物学的发展中，在研究蛋白质、核糖核酸等天然生物物质方面，采用了胶体与界面化学的研究方法取得了很大的成功。随着科学的不断深入发展，高分子溶液逐渐发展成为一个独立的学科分支。

21 世纪以来胶体与界面化学得到较快发展。中国科学院化学研究所的江龙根据最近几届国际胶体化学会议的主题把现代胶体与界面化学的分支领域或主要研究内容列于表 1-3 中。

表 1-3　现代胶体与界面化学的研究内容

研究对象	研究内容	体　系	理　论
分散体系	分散体系的形成与稳定	气溶胶 憎液溶胶 亲液溶胶 粗分散体系(乳状液、悬浮液)	气溶胶理论 成核理论、DLVO 与 HVO 稳定理论 高聚物溶液理论、胶束理论
	光学性能		光吸收与光散射理论
	流变性能	智能流体,电、磁流变体	理论与现象流变学
	纳米材料	单分散、单一形状颗粒的形成 纳米颗粒的有序排列	颗粒相互作用力理论
界面现象	润湿、摩擦、黏附	气-固界面 液-固界面	表面力理论、表面层结构、分子定向理论
	吸附现象	气-液界面 液-液界面 液-固界面	各种吸附理论
	界面电现象		双电层理论
	界面层结构		界面光谱学与显微能谱、扫描探针显微镜、激光拉曼等方法研究界面分子定向、界面化学反应、界面力
有序组合体	溶液中有序分子组合体	胶束、微乳液、囊泡等	分子间相互作用力(氢键、范德华力)、分子形状、弯曲能、相图
	生物膜与仿生膜	BLM、LB 膜、脂质体、液晶、分形体等	液晶理论、类脂体与蛋白质的相互作用、分形理论
	有机无机混合膜	夹心结构、溶胶-凝胶膜等	
	有序组合体中的物理化学反应		增溶现象、胶束催化、定向合成

二、两个根本问题

在现代胶体与界面化学的研究内容中，有两个根本问题始终是胶体和界面科学工作者研究的重心。一是相互作用力，即分子间力和界面力的性质问题，主要是弱作用力的作用。在分散体系中，分散相的相互作用、分散相与分散介质的相互作用等都受到这种力的控制。在表面力场中的分子具有许多不同于自由状态下的性质。比如分散体系的稳定性与流变性能取决于表面双电层或吸附层的厚度，这方面的代表理论有 DLVO 和 HVO 理论等。

另一个问题是研究和控制分子几何体的堆积与排列，即研究二级结构乃至三级结构的科学，或称为超分子结构的科学。传统的化学家们往往注重研究分子本身的结构，即原子与原子间的排列组合，却很少注意研究分子与分子间的排列与结构（二级结构），不注意它们形成二聚体、三聚体的规律和性能，以及这些聚集体之间的相互作用的规律、排列和结构（三级结构）。这些结构对物质的性能却起着十分重要的作用。例如磁带上的磁粉如果不是规整排列，就不具有记录信息的功能。因此，有组织的分子群的设计与排列，将是人类探讨自然奥秘中的一个重要方面。

三、胶体与界面化学的发展

胶体与界面化学是一门应用性极强的学科。近百年来，它与工农业生产共同发展，有些方面甚至是超前的。

① 近代物理与化学理论上的成就，进一步促进对胶体与界面化学中的某些理论问题的探讨，如用量子化学研究吸附与催化、用分形理论研究胶体形貌、用统计力学研究高分子等。

② 现代科学仪器的发展为胶体与界面化学的研究提供了新的手段。例如，红外、核磁共振（NMR）、电子自旋共振（ESR）、电子能谱以及拉曼光谱等的发展，使人们对吸附在固体表面上分子状态的本质有了更深入的了解；用不同力学显微镜研究胶粒间的力以及表面上分子或原子的形貌；用激光光散射研究蛋白质大分子的构型等。近年来电脑的迅速发展，也给胶体与界面化学的发展提供了有力支持，不仅可以解决一些复杂的数学难题，还可以模拟一些过程，例如吸附过程、胶粒的生长过程等。

③ 胶体与界面化学是一门与实际应用密切结合的学科，现代工农业的生产为胶体与界面化学的发展提供了广阔的前景。在工农业进一步发展中，将会更广泛地应用胶体与界面化学的基本原理和研究方法，而工农业生产实践中所提出的问题，又进一步推动着该学科理论的发展。

④ 生物物理、生物化学和分子生物学部分采用了胶体与界面化学的理论和方法，近十年来取得了巨大的成就，这些学科的发展，也为胶体与界面化学提供了更广阔的研究领域，推动了胶体与界面化学的进一步发展。

四、胶体与界面化学的现状

20 世纪中期，胶体与界面化学的发展相对于其他学科较为缓慢。近一二十年来，近代物理和化学理论的进步、现代精细测试手段的出现，为在纳米级水平上研究胶体与界面现象提供了有力的工具，使胶体与界面化学取得了巨大的新进展，胶体与界面化学 10 年来在理论研究方面取得了明显进步，其与材料科学、能源科学、生命科学、环境科学的密切结合和互相渗透，主要表现在以下几个方面。

1. 纳米粒子和原子簇的研究兴起

人们对分散体系的认识由粗到细，近十几年发展到纳米级水平，纳米粒子和处于 0.1～10nm 的表面层、原子簇等的表征、制备、合成和性质的研究正在兴起。人们不断合成出来各种纳米粒子和原子簇，可以说，新材料和聚合物的合成正在实现由经验逐步向准确测定和按设计要求有效控制的转变，今后将制备出各种具有特异性能的新材料。

纳米粒子和分子簇的研究对胶体化学领域的研究工作有十分重要的意义。例如，目前正在从分子簇水平上考察原油胶体中沥青胶核的形成，而掌握原油胶体的形成、稳定与破坏问题，对石油开发和石油加工都十分重要。

2. 乳状液、微乳状液、泡沫的研究再趋活跃

这些早已有广泛应用和研究的体系，由于分散相易变形，稳定性的测定缺乏有效手段，常有研究结果不一致，甚至相互矛盾的情况发生，因而停留在经验阶段。近二十年来情况有了根本性的变化。由于生产应用的推动和新技术的采用，这个领域的研究空前活跃并取得一系列进步。有关乳状液的性质、泡沫的性质、界面层结构、分散相性质的研究内容比过去丰富了很多。例如 A. S. Dukhim 等利用声谱准确地测定了各种乳状液的粒度、粒度分布，还测定了不稳定乳状液的粒度变化。

3. 表面活性剂分子有序组合体成为胶体与界面化学中的热点研究领域

表面活性剂分子的应用极为广泛，大到油气田的开发，小到细胞作用和酶效应，都离不开表面活性剂的作用。目前表面活性剂体系的合成正在沿两个方向发展。第一个方向是在表面活性剂分子中引入不同的特性基团，使其具有表面活性高、多效、易降解的特性，特别是大力研制高分子表面活性剂以满足新技术、环境保护和人类对保健水平不断提高的要求。这一发展往往导致合成工艺复杂化、生产成本过高。第二个方向是不同种表面活性剂复配，特别是表面活性剂与其他物质尤其是聚合物复配，以取长补短，获得多种功效。

表面活性剂在降低水的界面张力、润湿、乳化、起（消）泡、分散、洗涤等方面仍继续扮演重要的角色。与此同时，现代高科技的应用不断涌现。例如，液膜分离法可有效地分离性质接近、其他方法不易分离的混合物（如烃等）。人们逐渐揭示膜，特别是与生命过程密切相关的生物膜中表面活性剂的作用。S. E. Friberg 考察了大量层状液晶中表面活性剂与聚电解质间的相互作用，制备了各种模拟生物膜，成功地实现了膜的多种生理功能，还对表面活性剂在胶束催化、界面合成、相转移催化等新技术中的作用进行了深入的考察。近年来功能双亲分子的有序组装，以及其有序组合体（Langmuir 单层、Langmuir-Blodgett 膜、胶束、囊泡、反胶束、生物膜）的结构和性质的研究成为胶体与界面化学的热点研究领域。

4. 胶体与界面化学与生命、材料和环境等科学相互渗透和交叉

在历史上，胶体与界面化学方法曾广泛地为生命科学所采用，其中将超离心机用于蛋白质研究在某种意义上标志着现代分子生物学的开始。人们早已知道细胞、蛋白质和在生理过程中实现物质吸收、维持新陈代谢等作用的各种生物膜的精巧和奇妙，但对其深入的研究是在不断进步的胶体与界面化学的技术带动下进行的。目前在生物界面的识别、细胞表面形态、细胞粘连、细胞功能的研究、各种膜的微观结构和精巧功能的研究、医药在人体中传输的胶体方式等方面已经取得长足的进步。

在环境科学方面，正在探讨空气中气溶胶与气候变迁的关系、各种亲液溶胶的性质、表面催化和吸收对环境的影响等深层次的问题。

具有特殊性能的新材料的研制已取得惊人的进步，分散相大小、形状均匀的胶体具有许多优越的性能。例如，大小、形状均匀的纳米磁性粒子具有优异的记录和记忆功能，是制作高密度保真器件的理想材料；由均匀纳米陶粒制作的材料，其耐温、耐磨、绝缘性能是普通材料无法比拟的。均匀胶体的研究已成为研制新材料的主要方向之一。材料科学的另一发展方向是通过不同基本材料的黏结、涂布、渗透、表面改性、共混、填充等工艺研制各种新型复合材料。这些工艺工程均涉及相与相的接触，界面的结构、组成、能量、性能和形成条件对复合材料的性能起关键性的作用。因此界面分析和界面科学的新进展对材料科学的发展意义重大。

第三节　胶体与界面化学的应用领域

胶体与界面化学的应用很广，下面仅举能源、信息材料、医药与仿生和环境科学四方面的例子来说明这个问题。

一、能源

我国煤炭资源丰富，因而提高煤的利用率意义十分重大。

比如柴油、汽油加水。利用微乳液技术，柴油和汽油可加水至9%以上仍形成透明的稳定体系，保持良好的燃烧性能。

又如代油煤浆（油煤浆和水煤浆），它是一种高度分散在油或水中的煤粉，流动性能很好，可以经喷嘴射入炉内燃烧，并能用管道运输，是一种极有前途的新型代用能源，在国内外均已进入工业中试阶段。如果能成功地替代燃烧用的渣油与重油，每年将能为国家节约上千万吨的石油、十余亿元的财富。

再如三次采油。直接采油和注水采油（即二次采油）只能采收30%～40%的石油储量，也就是说近2/3的石油埋在地下拿不出来，原因是岩石缝隙中的油不易被水所驱出。三次采油是进行化学驱油，利用聚合物、表面活性剂和碱水使石油乳化，能够大幅度提高采油率。因此，三次采油的研究已被列为我国许多部门的重要攻关项目。

以上这几个与能源有关的问题，就涉及微乳液和悬浊液的形成与稳定性研究，涉及分散体系流变性质的研究。

二、信息材料

随着计算机的发展，传统电子元件制造工艺中遇到困难，人们以分子或纳米尺寸组装的方法来取代传统的“切割”工艺，从而诞生了分子电子学和纳米电子学。其核心思想就是用“由小到大”的方法来取代“由大到小”的方法来制备计算机元件，这就要研究如何去制备纳米颗粒，如何去组装分子。而胶体与界面化学中的LB膜技术、吸附理论、溶液中有序分子组合体学说都是十分有用的。图1-2即“由小到大”来组装各种器件的示意图。

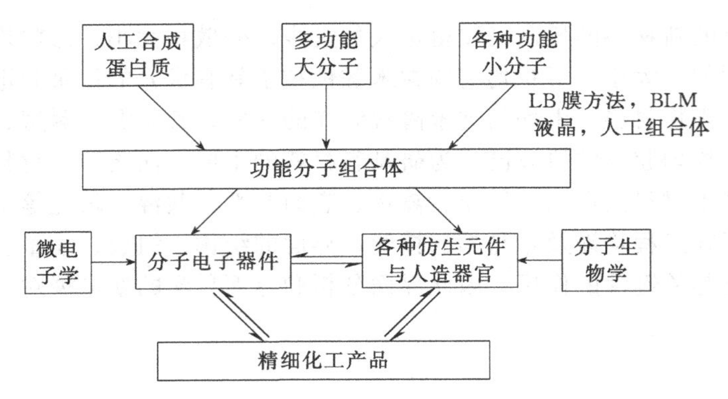

图 1-2 “由小到大”组装各种器件的示意图

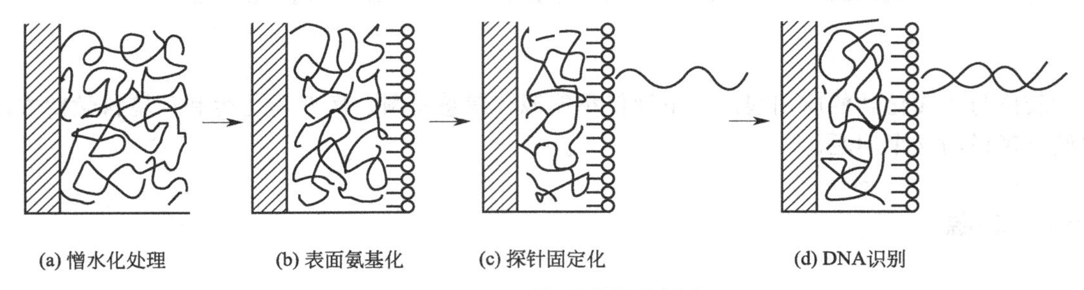

图 1-3 DNA 检测器的示意图

DNA 检测器是建立在 DNA 双螺旋的识别性能上的，如何将单链 DNA 固定在基底上，然后去识别与之互补的另一条 DNA 单链，需要开展表面改性和分子组装的工作。图 1-3 是一种 DNA 检测器的示意图：（a）图表示在金属基底上生成一层聚吡咯，使之憎水化；（b）图表示利用烷基胺使表面氨基化；（c）图表示在氨基化的表面上固定单链的 DNA，即 DNA 探针；（d）图表示与 DNA 探针配对的 DNA 单链被固定，即被识别，利用被识别时产生的光、电和质量等性质变化，可以识别特定 DNA。

三、医药与仿生

有许多应用高分散物质来治疗疾病的实例，例如，1975 年 Tuner 等报道了含铁磁性物质的硅酮微球，经局部注射后，在体外强超导电磁铁吸引下可以选择地阻塞肿瘤的血管，使肿瘤坏死，目前已应用于人体，尚未发现毒性。

在用药物治病时，往往有缓慢释放和使药物集中于病灶（即定向）的要求。近 20 年来发展了一种微型胶囊技术，即将药物包在单分子或多分子膜中，控制膜的组成与结构，就可以达到缓解和定向的目的。例如，用脂质体组成的微囊能够制成抗疡药物新剂型，这种剂型能降低药物对健康细胞的毒性，并且容易为病灶吸收。如果将锑剂 Glucantine 包成脂质体，对受某种原虫感染的田鼠进行疗效实验，在两组老鼠感染 3 天之后给药，在 10 天后观察原虫消失率为 99.8%时所用的剂量，结果不含脂质体组为 416mg/kg，而脂质体组为 4mg/kg，是前者的 1/100。脂质体膜的渗透能力受膜的制备、膜的控制等各种因素的影响，因而要了解脂质体膜的渗透能力，就需要对膜的结构和物理化学性质进行研究（图 1-4）。

在仿生材料中，仿细胞膜的工作具有特别重要的意义。人们可以利用分子组装的方法来

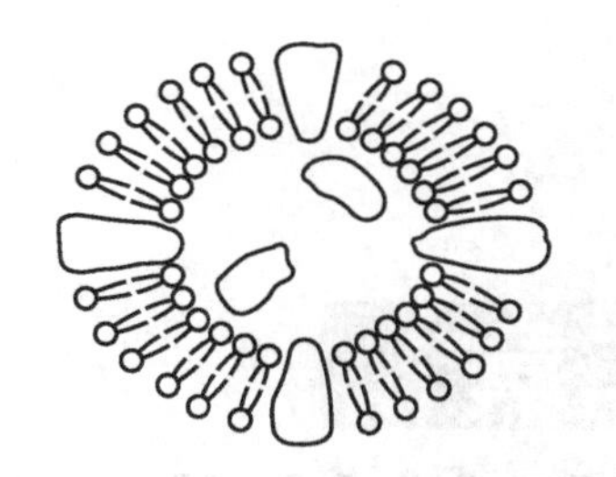 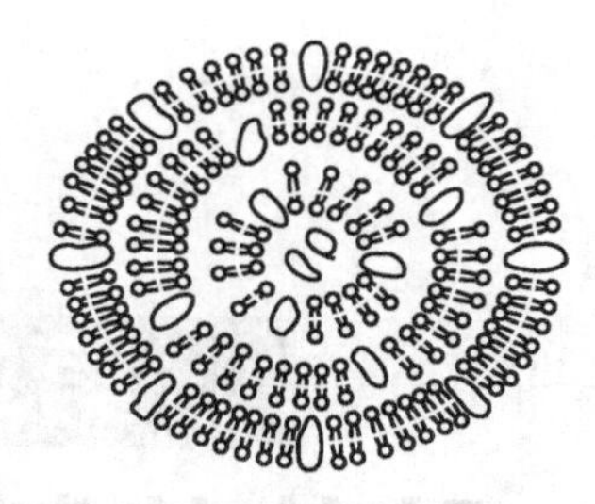

图 1-4 脂质体——球形双层与多层膜的示意图

识别各种病毒和 DNA，并可以利用这一组合体来形成各种具有智能的组合体——分子器件或纳米器件。

四、环境科学

人类现在面临的一个重要问题是要设法解决一系列以胶体形式存在的污染。用胶体与界面化学的语言来说，治理的实质是使这些胶体体系失去稳定性，如去泡、破乳和凝聚等，表 1-4 列出了环境污染形式与胶体分散体系的关系。

表 1-4 污染形式与分散体系的关系

污染形式	分散体系	污染形式	分散体系
雾	气-液溶胶	河流和油罐中的废油液	乳状液
烟、地面灰尘、汽车尾气	气-固溶胶	工业废水、浑浊河流	悬浊液
河流与海滨的泡沫、河滩污沫	泡沫	废泡沫塑料	固态泡沫

利用胶体与界面化学的知识可以寻找新的提取微量元素或排除污染的方法，例如可以利用泡沫的表面来富集溶液中的各种微量杂质，然后将泡沫去除，该方法对某些金属离子，如铜、金、铀、锌等离子的最高提取率可达 90%以上，尤其是在水的净化方面，该方法显示出极大的优越性。由于不同的杂质需要不同的起泡剂和消泡剂，这就需要对泡沫的膜的结构进行大量而深入的研究。同样的道理，利用液膜富集离子或消除污染的方法，近年来有了很大的发展，因而形成了界面浮选这一新的学科。刘占宇等以油酸钠-正戊醇-正庚烷-水组成的微乳液体系对水相中的 Co^{2+} 进行萃取研究，其中油酸钠浓度对钴的萃取率的影响如图 1-5 所示，可以看到，随着油酸钠浓度的增大，钴的萃取率先是迅速增大，在油酸钠浓度大于 0.12mol/L 后，则基本保持不变。油酸钠微乳液对料液中的钴离子有较好的萃取效果，油酸钠浓度为 0.17mol/L 时，钴的萃取率为 98.23%，使料液中钴离子浓度由萃取前的 6.00×10^{-3}mol/L（354mg/L）降到萃取后的 0.1×10^{-3}mol/L（6mg/L）。

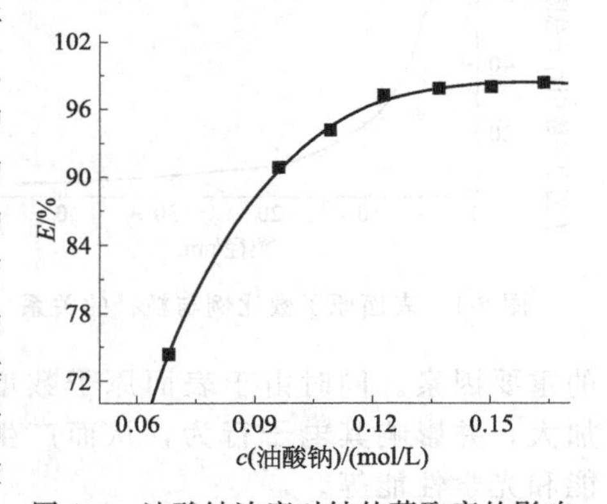

图 1-5 油酸钠浓度对钴的萃取率的影响

第二章

胶体的制备与纯化

第一节　胶体的特点

人们常把眼睛看得见的物质体系叫作宏观体系，将原子与分子甚至更小的体系叫作微观体系，将宏观体系与微观体系之间的体系叫作介观体系。

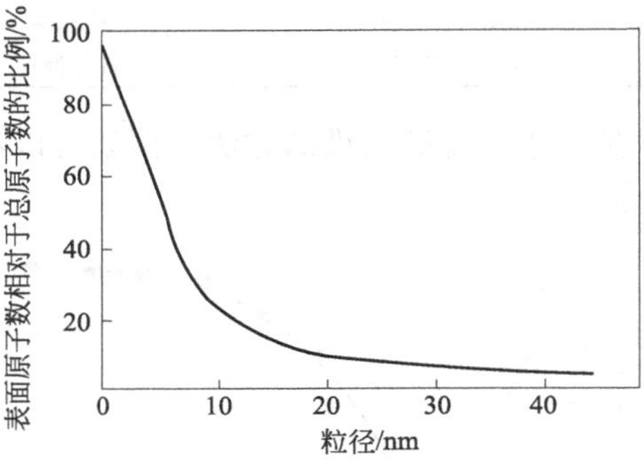

胶体粒子就属于介观体系，其特性与粒子尺寸紧密相关，因此它的许多特性可表现在表面效应与尺寸效应两方面。由于粒子分散度提高到一定程度后，分布于粒子表面的原子数与总原子数之比随粒径变小而急剧增加（图 2-1）。由图可见，当粒径降至 10nm 时，表面原子所占的比例为 20%，而粒径为 1nm 时，几乎全部原子都集中在粒子的表面。因此，表面原子配位不足及高的表面能必将成为影响其化学特性的重要因素。同时由于表面原子数增加，粒子内包含的原子数减少，能带中能级间隔加大，并影响其电子行为，从而产生尺寸效应，影响粒子的熔点、磁学性能、电学性能和光学性能等。

图 2-1　表面原子数比例与粒径的关系

一、表面效应

比表面是指单位体积或质量的物体所具有的表面积。以 $1cm^3$ 的水的分割为例，如表 2-1 所示，分散的粒子越小，则体系内的比表面越大，表面能越大。当分割为 10^{21} 个边长为 $1\times10^{-7}cm$ 的粒子时，体系的总表面积为 $6000m^2$，表面能为 460J。这种巨大的表面积和表面能使胶体体系具有很强的吸附能力和反应活性，可用于制造各种吸附剂和催化剂。

表 2-1 立方体形的粒子在分割时表面大小的变化

边长 l/cm	分割后立方体数	总表面积 S	比表面积 S_0/cm^{-1}	0℃水的单位体积表面能/J
1	1	$6cm^2$	6	4.6×10^{-5}
1×10^{-1}	10^3	$60cm^2$	6×10^1	4.6×10^{-4}
1×10^{-2}	10^6	$600cm^2$	6×10^2	4.6×10^{-3}
1×10^{-3}	10^9	$6000cm^2$	6×10^3	4.6×10^{-2}
1×10^{-4}	10^{12}	$6m^2$	6×10^4	4.6×10^{-1}
1×10^{-5}	10^{15}	$60m^2$	6×10^5	4.6
1×10^{-6}	10^{18}	$600m^2$	6×10^6	46
1×10^{-7}	10^{21}	$6000m^2$	6×10^7	460

二、尺寸效应

尺寸效应和胶体的尺寸有关，与其表面无关。

1. 熔点低

金属粒子的熔点随粒径的减小而下降。例如块状 Au 的熔点是 1063℃，若粒径降至 2nm，则熔点为 300℃左右（图 2-2）。

2. 磁性强

铁系合金的胶体粒子的磁性比其块状的强得多。

3. 光吸收强

大块金属由于对可见光的反射和吸收能力不同而具有不同颜色，但是胶体粒子对可见光反射低、吸收强，所以几乎都是黑色。

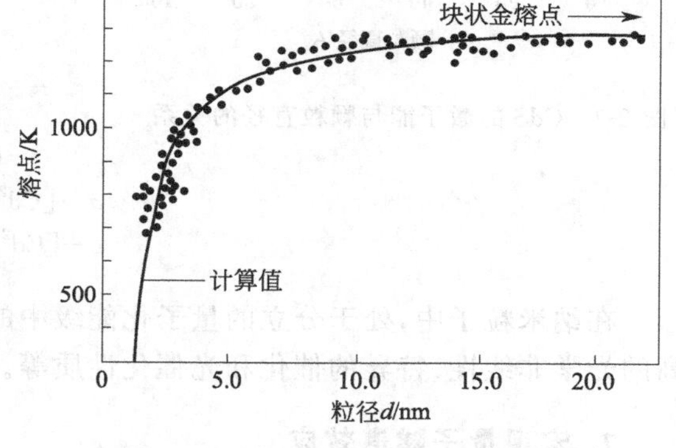

图 2-2 金的熔点与粒子直径的关系

4. 热导性能好

胶体粒子在低温或超低温度下几乎没有热阻。

5. 电学性质

Kubo 指出，很难从小于 10nm 的金属粒子中取出或注入电子，这种粒子具有保持电学中性的趋势。

6. 量子尺寸效应

粒子尺寸下降到一定值时，费米能级附近的电子能级由准连续能级变为分立能级，纳米半导体微粒存在不连续的最高被占据分子轨道能级和最低未被占据分子轨道能级，这种能隙变宽现象均称为量子尺寸效应。Kubo 采用一电子模型求得金属超微粒子的能级间距 δ 为：

$$\delta=\frac{4E_f}{3N}$$

式中，E_f 为费米势能；N 为微粒中的原子数。宏观物体的 N 趋向于无穷大，因此能级间距趋向于零。纳米粒子因为原子数有限，N 值较小，导致 δ 有一定的值，即能级间距发生分裂。随着尺寸的减小，半导体纳米粒子的电子态由体相材料的连续能带过渡到具有分立结构的能级，表现在吸收光谱上就是从没有结构的宽吸收带过渡到具有结构的吸收特性。图 2-3 为 CdS 的激子能与颗粒直径的关系，其中方格表示测试数据，两条曲线分别为用不同模型计算的数值，可以看出颗粒直径越小，激子能越大。由于能量与吸收光谱的波长成反比，因此，颗粒直径越小，吸收光谱越蓝移，图 2-4 为洪霞等制备的 CdS/TAB 复合物的紫外吸收光谱与 Cd^{2+} 浓度的关系，发现随着 Cd^{2+} 浓度的增大，吸收带红移，说明颗粒的尺寸变大。

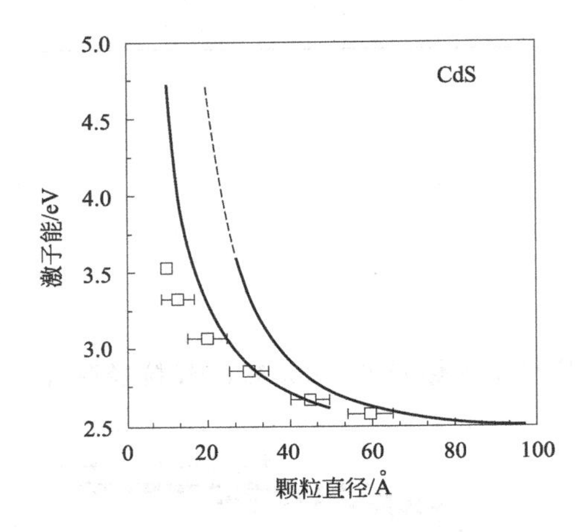

图 2-3　CdS 的激子能与颗粒直径的关系

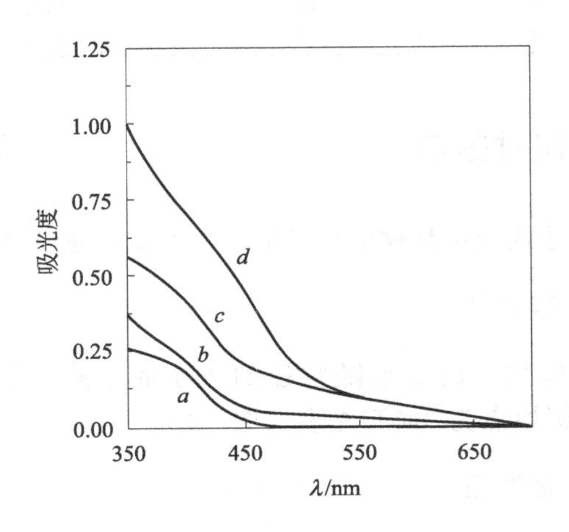

图 2-4　CdS/TAB 复合物的紫外吸收光谱与 Cd^{2+} 浓度的关系（[TAB]＝0.005mol/L）

a—[Cd^{2+}]＝2×10^{-4} mol/L；b—[Cd^{2+}]＝3×10^{-4} mol/L；c—[Cd^{2+}]＝4×10^{-4} mol/L；d—[Cd^{2+}]＝5×10^{-4} mol/L；

在纳米粒子中，处于分立的量子化能级中的电子的波动性带来了纳米粒子一系列特性，如高的光学非线性、特异的催化和光催化性质等。

7. 宏观量子隧道效应

微观粒子具有的贯穿势垒的能力称为隧道效应。近年来，人们发现一些宏观量，如微粒的磁化强度、量子相干器件中的磁通量以及电荷等可以穿越宏观系统的势垒而产生变化，故称为宏观量子隧道效应（Macroscopic Quantum Tunneling）。当颗粒间距小于 5nm 时，电子可穿过颗粒间势垒而传递。Kuhn 等利用中间隔有不同链长脂肪酸的两层染料的 LB 膜，证明了染料间电子传递的隧道效应。Awschalom 等采用扫描隧道显微镜技术控制纳米尺度磁性纳米粒子的沉淀，用量子相干磁强计研究低温下微颗粒磁化率对频率的依赖性，证实了在低温下确实存在磁的宏观量子隧道效应。这一效应与量子尺寸效应一起，确定了微电子器件进一步微型化的极限，也限定了采用磁带磁盘进行信息储存的最短时间。

胶体颗粒的这些特性，使得它在制备尖端材料方面具有重要作用，而胶体的制备及其排列技术就成为今天科研的热点。以纳米级粒子为基础制备的各种纳米固体物质的应用领域十分广泛，包括高分子聚合反应和有机物光分解等的催化剂，塑料、橡胶的增韧、增强剂，抗静电、防紫外线的纤维添加剂，光电转换材料，特殊性能的光学、磁学材料，微电子器件，用于航空、航天的纳米结构材料，以及各种用途的传感器等。

但是纳米科技还处于发展阶段，从理论到实践还有很多问题未解决，纳米科技进入百姓生活尚需时日。此外，纳米微粒对人体和环境带来的危害和污染(即“纳米污染”)，也必须引起全社会的关注。

第二节　胶体的制备条件及方法

一、胶体的制备条件

1. 分散相在介质中的溶解度必须极小

硫黄在乙醇中的溶解度较大，能形成真溶液，但硫黄在水中的溶解度极小，将硫黄的乙醇溶液逐滴加入水中，便可获得硫黄的水溶胶。因此，分散相在介质中有极小的溶解度，是形成溶胶的必要条件之一。在这个前提下，还要具备反应物浓度很小、生成的难溶物晶粒很小且无长大的条件时才能得到胶体。如果反应物浓度很大，细小的难溶物颗粒突然生成很多，则可能生成凝胶。

2. 必须有稳定剂存在

用分散法制备胶体时，由于分散过程中颗粒的比表面积增大，体系的表面能增大，这意味着此体系是热力学不稳定的。欲制得稳定的溶胶，必须加入第三种物质，即稳定剂。例如制造白色油漆，是将白色颜料(TiO_2)等在油料(分散介质)中研磨，同时加入金属皂类作为稳定剂。

用凝聚法制备胶体，同样需要稳定剂，只是在这种情况下，稳定剂不一定是外加的，往往是反应物本身或生成的某种产物。这是因为在实际制备时，总会使某种反应物过量，它们能起到稳定剂的作用。

二、胶体的制备方法

胶体可以由两种方法得到，如图 2-5 所示，一种是由分子或离子凝聚而得到胶体，叫作凝聚法；另一种是由大块物质分散成胶体，叫作分散法。

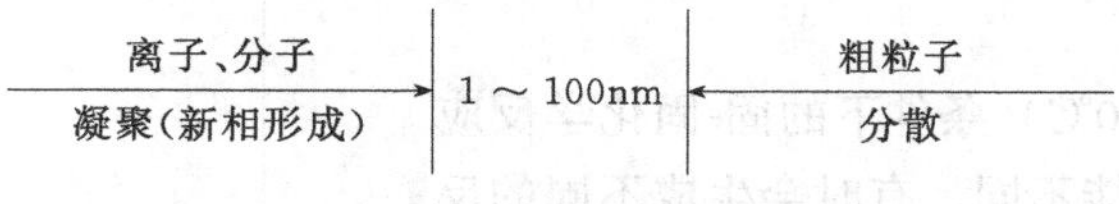

离子、分子 → 凝聚(新相形成) → 1 ～ 100nm ← 分散 ← 粗粒子

图 2-5　胶体分散系的获得方法

凝聚法与分散法相比，不仅在能量上有利，而且可以制得高分散的胶体，是形成小于10nm 颗粒的最佳方法。

第三节　胶体的凝聚形成法

一、物理法

改变溶剂或温度，可以降低溶解度，使物质析出。例如松香或硫黄的乙醇溶液，逐滴加入水中，由良溶剂变为不良溶剂，在水中形成松香或硫黄的胶体溶液。

二、化学法

凡是能生成不溶物的化学反应，都可以用来制备溶胶。

1. 还原法

主要用来制备各种金属溶胶。例如：

$$4AgCl + N_2H_4 + 4OH^- \longrightarrow 4Ag\ 溶胶 + N_2\uparrow + 4H_2O + 4Cl^-$$

2. 水解法

用来制备金属氧化物、金属氢氧化物溶胶。例如：

$$FeCl_3 + 3H_2O \xrightarrow{加热} Fe(OH)_3\ 溶胶 + 3HCl$$

3. 复分解法

用来制备盐类的溶胶。例如：

$$AgNO_3 + KI \longrightarrow AgI\ 溶胶 + KNO_3$$

4. 热分解法

用于制备金属化合物。例如：

$$2(NH_4)Al(SO_4)_2 \cdot 2H_2O \xrightarrow{加热} Al_2O_3 + 4SO_3 + 2NH_3 + 5H_2O$$

通过加热可使有机物部分碳化，因此热分解法也经常用于获得碳量子点。Giannelis 等在低温下，一步热分解获得了表面钝化的碳点。Pan 等将乙二胺四乙酸二钠作为碳源，在温度为 400℃（升温速度为 10℃/min）、充满 N_2 的管式炉中煅烧 2h，获得了碳量子点（即碳点）粉体。

5. 低温固相法

在室温或近室温（40℃）条件下的固-固化学反应与固-液中的反应机理可能不同，有时会生成不同的反应产物。例如，在液相中氢氧化钠与氯化铜反应生成氢氧化铜，而在固相中则发生如下反应：

$$CuCl_2 \cdot 2H_2O + 2NaOH \xrightarrow{研磨} CuO + 2NaCl + 3H_2O$$

由于新生成的 $Cu(OH)_2$ 用强碱处理时可转变为 CuO，因此推测反应过程可能分两步进行：第一步生成 $Cu(OH)_2$，第二步 $Cu(OH)_2$ 脱水生成 CuO。图 2-6 为 CuO 产品的 X 射线衍射图。

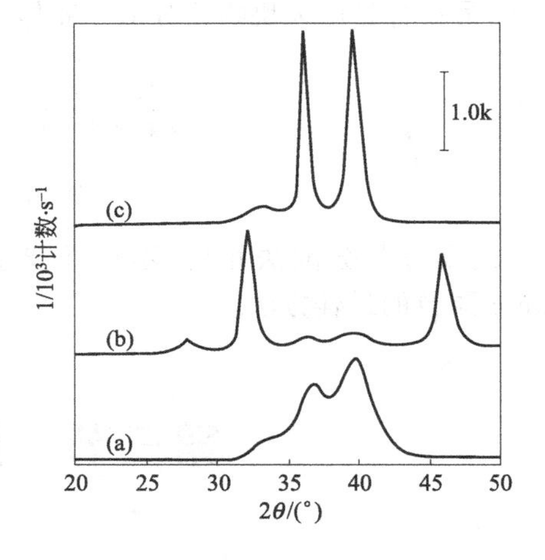

图 2-6　纳米 CuO 的 X 射线衍射图

（a）洗去 NaCl 后的纳米 CuO；（b）$CuCl_2 \cdot 2H_2O$+2NaOH 室温反应 20min 的产品；（c）分析纯 CuO

6. 化学气相反应法

化学气相反应法制备纳米微粒是利用挥发性的

金属化合物的蒸气，通过气相化学反应生成所需要的化合物，在保护气体环境下快速冷凝，从而制备各类化合物的纳米微粒。该方法也叫化学气相沉积法（Chemical Vapor Deposition，简称 CVD）。

用该法制备的微粒具有颗粒均匀、纯度高、粒度小、化学反应活性高、工艺可控和过程连续等优点；但是产物形态不容易控制，易团聚和烧结。

7. 喷雾法

喷雾法是将溶液通过各种物理手段进行雾化，从而获得超微粒子的一种化学与物理相结合的方法，包括喷雾干燥法、雾化水解法和雾化焙烧法。

该法的优点是颗粒分布比较均匀，但颗粒尺寸为 0.1～10μm。

8. 溶剂热法

溶剂热法是高温高压下在溶剂（水、苯等）中进行有关化学反应从而制备颗粒的方法的总称，包括水热法和有机溶剂热法。

水热法的优点在于可直接生成氧化物，避免了一般液相合成方法需要经过煅烧转化成氧化物这一步骤，从而极大地降低乃至避免了团聚的形成；但是如果氧化物在高温高压下溶解度大于相对应的氢氧化物，则无法通过水热法来合成。

钱逸泰等以 $FeCl_3$ 为原料，加入适量的金属粉末，用水热法分别以尿素和氨水为沉淀剂，合成出了 Fe_3O_4 纳米球和棒，他们用同样的方法合成了 $NiFe_2O_4$、$ZnFe_2O_4$ 纳米球。李亚栋等以 $MnSO_4$、$(NH_4)_2S_2O_8$ 为原料，水热合成 MnO_2 纳米线；2006 年，Zhang 等用 $Na_2S_2O_3$ 和 $K_3[Fe(CN)_6]$（分别作为还原剂和反应物）在 130℃ 水热的条件下制备了 2～5μm 的立方状柏林绿 $Fe[Fe(CN)_6]$；2007 年，Xie 研究小组用类似的方法：$C_6H_{12}O_6$ 作为还原剂，$K_3[Fe(CN)_6]$ 作为反应物在 120℃ 水热的条件下合成了立方、空心立方、“L”多面体状等不同形貌、结晶良好的普鲁士蓝（PB）纳米晶，实验结果如图 2-7 所示。

图 2-7 （a）普鲁士蓝立方体的扫描电镜照片

（b）“L”形、空心立方体普鲁士蓝的扫描电镜照片

9. 蒸发溶剂热解法

蒸发溶剂热解法是利用可溶性盐或在酸性作用下能完全溶解的化合物为原料，在水中混合为均匀的溶液，通过加热蒸发、喷雾干燥、火焰干燥及冷冻干燥等方法蒸发掉溶剂，然后通过热分解反应得到混合氧化物粉料。其中广泛应用的是冷冻干燥法。

该法的特点是生产批量大、设备简单、成本低、粒子组成均匀。

10. 溶胶-凝胶法

溶胶-凝胶法是指金属有机或无机化合物经过溶液、溶胶、凝胶而固化，再经热处理而生成氧化物或其他化合物固体的方法。该法的特点是可制备粒度小、纯度高、化学均匀性好的颗粒，且工艺、设备简单，但是原材料价格昂贵，材料干燥时收缩大，烧结性不好。

Stiegman 等用溶胶-凝胶法制备了 8～10nm 左右的 $K_xCo_y[Fe(CN)_6]$-SiO_2 复合材料，通过相关测试证实了此复合材料具有光致磁性。雅菁和徐明霞等用钼酸铵作为原料，乙二醇作为溶剂，用溶胶-凝胶法制备出了均匀致密的氧化钼薄膜。

11. 模板合成法

(1) 软模板法

可以作为软模板的体系有微乳液、管状的烟叶枯黄病毒、球形的脱铁蛋白以及有特定孔道结构的液晶体系等。

① 单分子膜法

a. 原位生成法　单分子膜下吸附离子，然后生成微粒。如图 2-8(a) 所示。

$$Cd^{2+} + H_2S \longrightarrow CdS + 2H^+$$

b. 吸附法　单分子膜下吸附溶液中已经形成的亲水颗粒。如图 2-8(b) 所示。

c. 混合膜法　在低表面压时，使憎水颗粒钻到单分子膜中。如图 2-8(c) 所示。

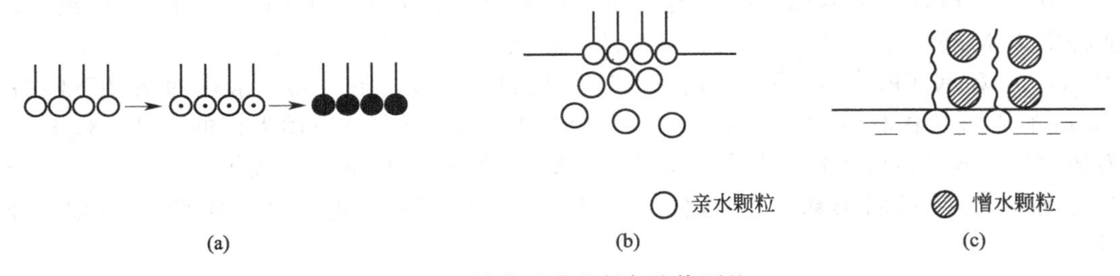

图 2-8　单分子膜法制备胶体颗粒

② 囊泡法（双分子膜法）　将颗粒放在溶剂中，采用涂层法，使球形双分子膜变成平面分子膜，而胶体颗粒则在夹层中有序排列。如图 2-9 所示。

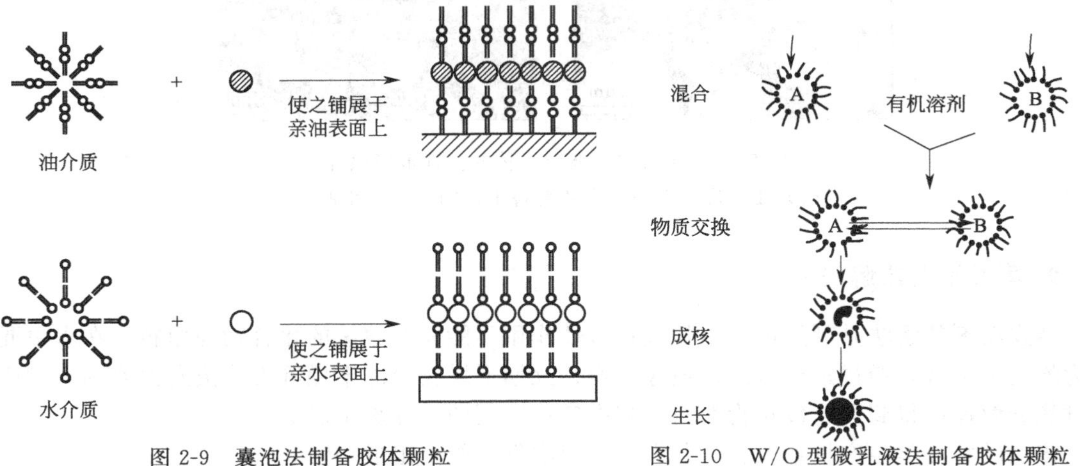

图 2-9　囊泡法制备胶体颗粒

图 2-10　W/O 型微乳液法制备胶体颗粒

③ 微乳液法　微乳液体系一般由表面活性剂、助表面活性剂、有机溶剂和水组成，是一个热力学稳定体系。在微乳液的水池中进行各种形成微粒的反应（图 2-10），可以利用水池的尺寸控制生成颗粒的大小。水池的尺寸与微乳液的一个重要参数 w（$n_{H_2O}/n_{表面活性剂}$）有关，随着 w 的增大而增大，因此，可以通过调节 w 的大小调节颗粒的大小。但应说明，反应微环境空间大小并不一定表示生成纳米粒子的大小。因为生成的小粒子还可能相互聚集成较大粒子，或者在一定条件下小粒子可能发生继续长大或定向长大的过程。

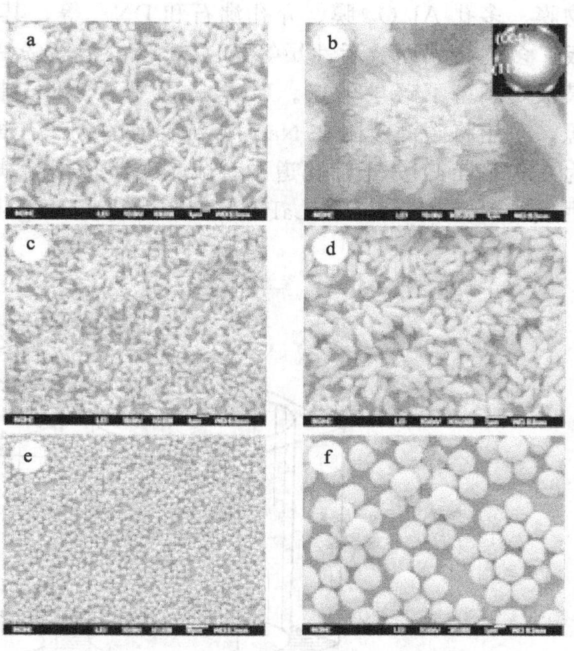

图 2-11　在 AOT/EG/H_2O 微乳液体系中制备了多种形貌的 $PbWO_4$ 纳米结构

自从 Boutonnet 等在 1982 年首次成功地用肼的水溶液或者氢气在含有金属盐的 PEGDE-C_6H_{14}-H_2O 微乳液中制备出单分散（粒径 3～5nm）的铂、钯、铷和铱的超细粒子以来，人们已成功地用微乳液体系合成了许多纳米材料。如 Tang K. B. 等在 AOT/EG/H_2O 形成的微乳液体系中制备了多种形貌的 $PbWO_4$ 纳米结构（图 2-11）。

④ 胶束法　Cao 等在 CTAB 胶束溶液中用水合肼或葡萄糖还原 $Cu(OH)_4^{2-}$ 前驱体，可以制备 Cu、CuO、Cu_2O 的纳米结构（图 2-12）。

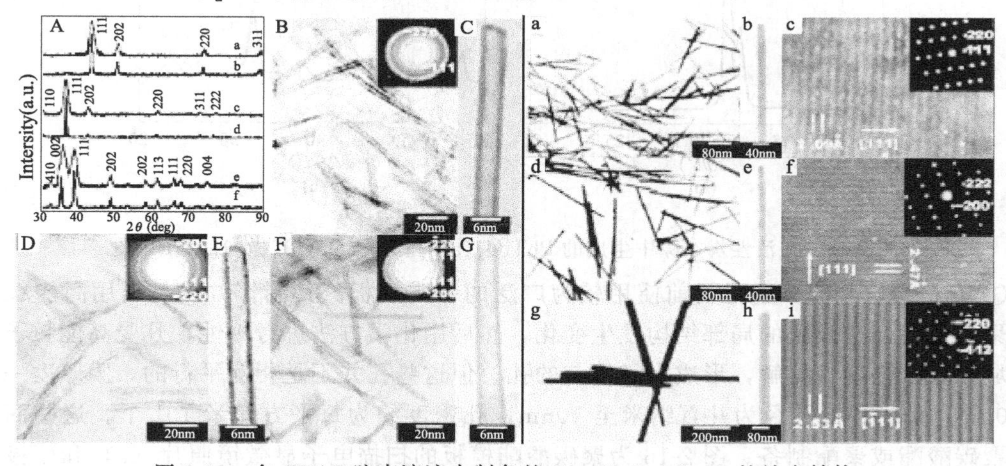

图 2-12　在 CTAB 胶束溶液中制备的 Cu、CuO、Cu_2O 的纳米结构

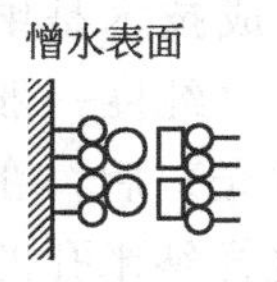

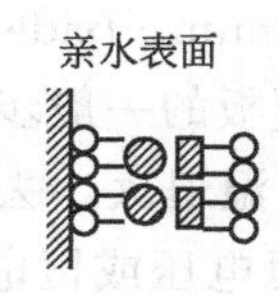

图 2-13　自组装法制备胶体颗粒

⑤ 自组装法　改变 pH 值与电荷等，使附着在基底上的分子与溶液中的分子或颗粒相吸。如图 2-13 所示。

(2) 硬模板法

硬模板法是以有序多孔材料为模板，在孔内合成所需要的各种微米和纳米有序阵列。目前，被广泛用于硬模板合成的模板主要有有机聚合物膜、多孔 Al_2O_3 膜、介孔沸石和 DNA 等，其他可被使用的模板有多孔玻璃、多孔 Si 模板、多孔金属以及活性炭等。Li 等以可溶性酚醛树脂为碳源，表面修饰的二氧化硅微球为模板，制备了碳量子点。Bourlinos 等以 NaY 沸石为模板，2,4-二氨基苯酚二盐酸盐为碳源，采用将碳源吸附在 NaY 沸石表面的方法，得到了粒径在 4～6nm 的碳量子点。图 2-14 为在 MCM-41 分子筛孔道中合成聚苯胺分子导线的过程示意图，图 2-15 为在活性炭空隙中生成的 $PbTiO_3$(a) 和 $LaFeO_3$(b) 微粉的 XRD 图。

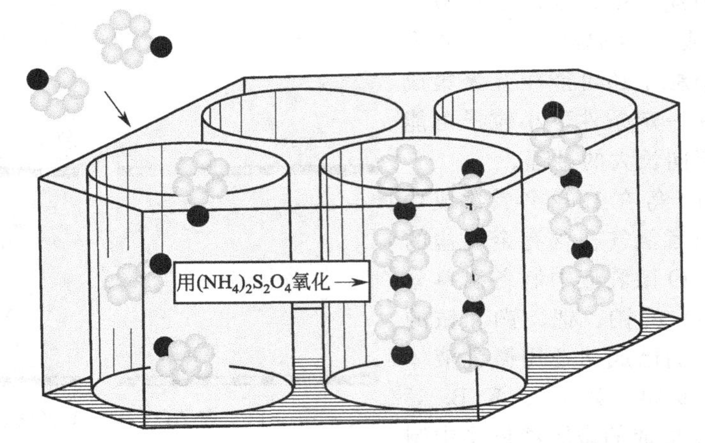

图 2-14　在 MCM-41 分子筛孔道中进行聚苯胺聚合反应过程的示意图

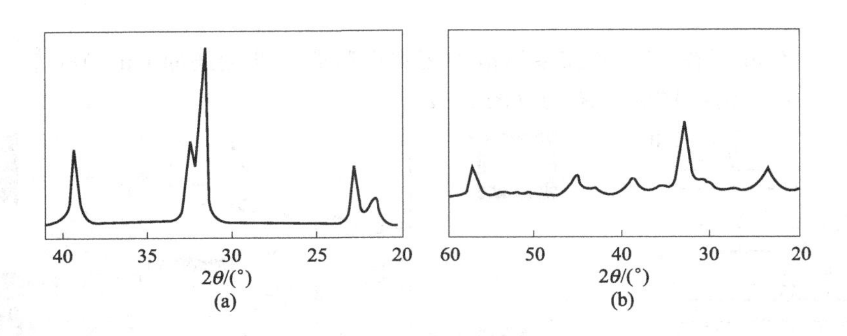

图 2-15　在活性炭空隙中生成的 $PbTiO_3$(a) 和 $LaFeO_3$(b) 微粉的 XRD 图

① 有机聚合物膜　这是目前使用较为广泛的一类模板。其制作方法是利用高能粒子轰击高聚物薄膜，造成膜的局部结构发生变化，然后用化学方法进行刻蚀，凡受高能粒子轰击的区域，聚合物容易溶解，形成直径均匀的孔。但这些孔并不是相互平行的，膜厚度一般为 6～20μm，商品膜的孔径为几百纳米至 10nm，孔密度约为每平方厘米 10^9 个。这些商品膜可用聚碳酸酯或聚酯制备。图 2-16 为聚碳酸酯模板的扫描电子显微镜照片（a）和阳极氧化铝（AAO）模板结构示意图（b）。

② 多孔氧化铝膜　阳极氧化铝（Anodic Aluminum Oxide，AAO）模板合成技术是纳米结构材料组装的最重要的技术之一。制备 AAO 模板的一般步骤为：高纯铝片（纯度一般不小于 99.99%，厚度 0.1～0.5mm）经预处理（高温退火、去除油污、电解抛光）后，在一定浓度的硫酸、草酸或磷酸溶液中，低温下进行恒电压或恒电流阳极氧化，这样纳米孔的分布逐渐从无序变为有序。随后，用质量分数为 6% 的 H_3PO_4 和质量分数为 1.8% 的

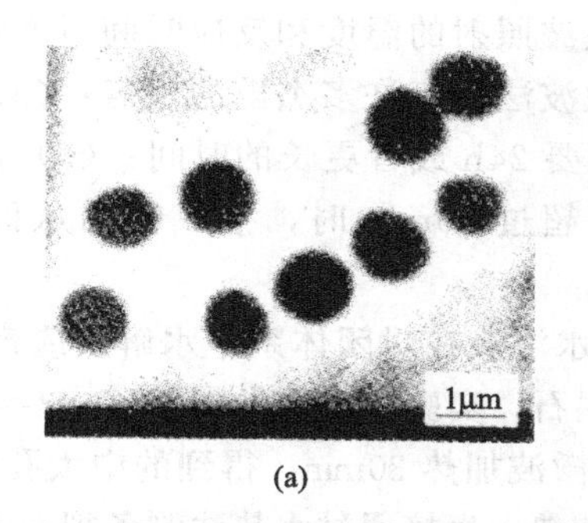

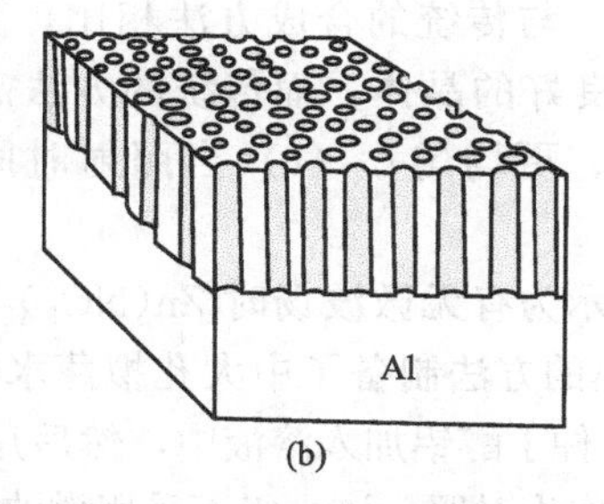

图 2-16　聚碳酸酯模板的扫描电子显微镜照片（a）和 AAO 模板结构示意图（b）

H_2CrO_4 的混合溶液，在 60℃时反应约 10h 溶解掉氧化铝薄层，从而在基体铝片上得到有序分布的锯齿状有序凹槽。然后在相同条件下进行一定时间的二次氧化，再经剥离（阶梯降压法、饱和氯化汞溶液浸泡法、HCl-$CuCl_2$ 溶液腐蚀法）、去除阻挡层（H_3PO_4 溶液腐蚀法、碱液刻蚀法）和扩孔处理后，即可得到有序纳米阵列孔的 AAO 模板。

图 2-17(a) 为用 AAO 模板制备的长达几十微米的 Co 磁性金属纳米管有序阵列；改变电沉积时的电流密度，得到由许多纳米晶须堆积而成的纳米丝 [图 2-17(b)]。薛德胜实验小组利用多孔氧化铝模板通过电化学沉积技术将普鲁士蓝类配合物制备成纳米线阵列，产品为直径 50～200nm、长度为 4μm 的高度六角有序的普鲁士蓝、铁钒普鲁士蓝类配合物、铁铬普鲁士蓝类配合物纳米线阵列。Johansson 等在 60nm 高度有序的阳极氧化铝空隙中，用阵列沉积技术制备了不同长度、不同内径和外径的普鲁士蓝纳米管。

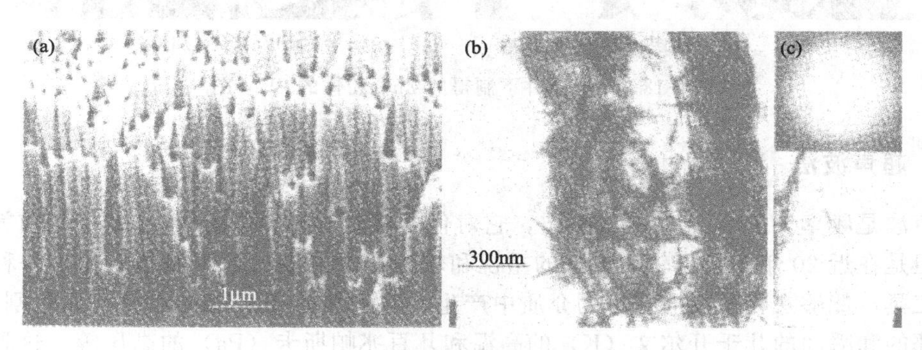

图 2-17　溶去 Al_2O_3 模板后的 Co 纳米管的 SEM 图（a）；
溶去 Al_2O_3 模板后的 Co 纳米丝的 TEM 图（b）

12. 微波法

微波是指波长为 1mm～1m，频率为 300MHz～300GHz 的超高频电磁波，包括电场和磁场。微波的效应可分为两类：热效应和非热效应。当化学反应在微波中进行时，若有大量离子存在，则会出现过热、快速达到反应温度及有效的界面混合等现象，这些都可被归纳为快速加热效应、热点或表面效应和压力蒸煮效应，统称为微波的温度效应。微波介电加热过程中还伴随着非热效应，但这方面的争论还很多，有一个共识是微波中每摩尔质子包含 1J 的能量，却具有特别的效应，如较低的反应活化能、具有与传统加热方式不同的活化参数等。微波法已经广泛应用于化学领域，包括纳米颗粒的制备。微波合成法是在微波的存在情况下，利用它的特点，如加热迅速、均匀等优点合成材料的一种绿色环保的合成方法。微波加热可以在短时间内促进晶体成核与生长。微波照射的温度和反应时间对产物的形貌和多孔性有很大的影响。与传统的合成方法相比，微波法拥有许多杰出的优点：(a) 微波法可以在30min 内生长出良好的晶体，而传统的方法需要 24h 或者更长的时间；(b) 比传统方法制备生成的晶体更小、更均匀；(c) 当照射时间超过 30min 时，生成缺陷从而使材料具有多孔性。

如图 2-18 所示为有无微波场时 $Zn(NO_3)_2$ 水溶液在封闭体系中水解反应产物形貌的差别。Ren 等用微波加热的方法制备了中大孔拟薄水铝石，实验中，首先制备了 pH=2 的表面活性剂 Brij56 溶液，再将仲丁醇铝加入溶液中，然后用微波加热 30min，得到的中大孔拟薄水铝石，孔容为 $0.9cm^3/g$，作为对照，该小组不采用微波加热，直接通过水热法制备拟薄水铝石，经测试，该方法制备的拟薄水铝石孔容仅有 $0.7cm^3/g$，降低了 $0.2cm^3/g$。Pramanik 等利用微波炉来处理蔗糖与磷酸的混合液，经过微波加热，不到 4min，就获得了平均粒径为 3～10nm 的碳量子点。Stefanczyk 等还用微波法制备了一种 $Cu[WV(CN)_8]$ 有机-无机杂化配位聚合物。

(a) 常规加热

(b) 微波介电加热

图 2-18 不同条件下制得的 ZnO 粉体的 SEM 图

13. 超声波法

超声波是频率大于 20kHz 的机械波，它对化学反应所起的作用早在 70 多年前就有文献记载，但是在近 20 年才得到较为广泛的重视和较迅速的发展。超声波技术作为一种物理的手段和工具，能够在化学反应常用的介质中产生一系列接近于极端的条件，如急剧的放电、产生局部的和瞬间的几千开尔文 (K) 的高温和几百兆帕斯卡 (Pa) 的高压等，这种能量不仅能够激发或促进许多化学反应、加快化学反应，甚至可以改变某些化学反应的方向，产生令人意想不到的效果。随着科学技术的发展，目前超声波几乎应用到化学的各个领域中，逐渐形成了一门将超声学及超声波技术与化学紧密结合的崭新的学科——超声化学。

图 2-19 为在 1.5atm 氩气中，醋酸锌和醋酸铜在水溶液和水-DMF 溶液中分别以 20kHz、$100W/cm^2$ 的超声探头作用 3h 后的产品的透射电镜照片。韩布兴等研究了超声时间对微乳液中制备 Ag 颗粒的影响，随着超声时间加长，Ag 颗粒由 10～25nm 的球形纳米颗粒变成了直径 50nm、长度 5μm 的一维纳米线，如图 2-20 所示。Hu 研究小组利用单源前驱体 (Single-source Precursor Approach，简称 SSPA) 结合超声技术一步制备了分散性良好的 250nm 左右立方状普鲁士蓝纳米晶。

14. 辐射化学合成法

辐射化学合成法是在常温下采用γ射线辐照金属盐溶液制备出纳米微粒的方法。

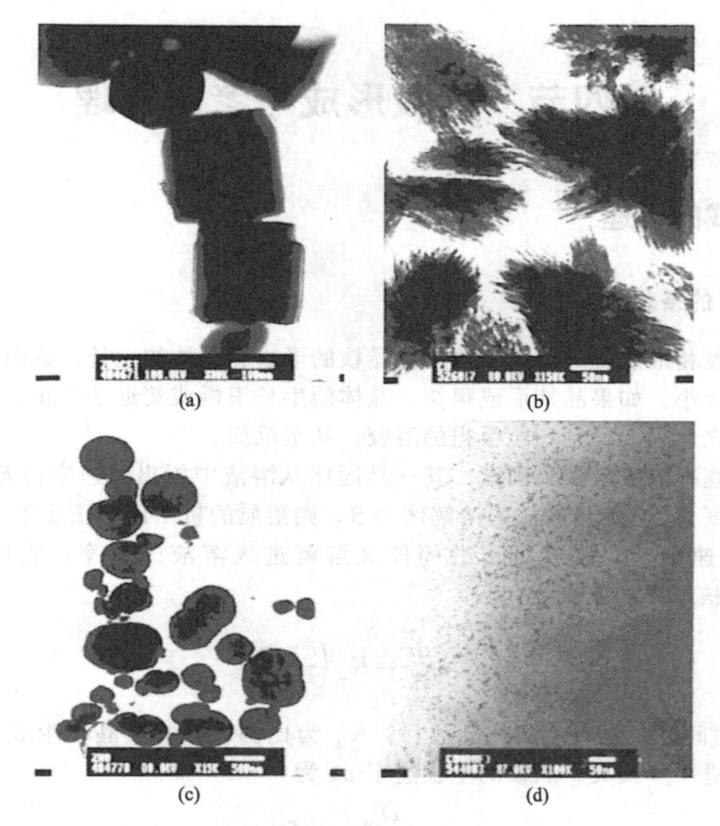

图 2-19 超声场中合成纳米颗粒的 TEM 照片

(a) ZnO；(b) CuO（以水为介质）；(c) ZnO；(d) CuO（以水-DMF 为介质）

15. 激光诱导气相沉积法

该法具有清洁表面、无黏结、粒度分布均匀、可精确控制等优点，产物粒径可从几纳米到几十纳米。如利用激光照射铝靶，使之融化产生 Al_2O_3 蒸气，冷却得到纳米 Al_2O_3。麻省理工学院 Oest reich C 等用此法制成了氧化铝球形粒子。

16. 等离子体气相合成法

等离子体气相合成法可分为直流电弧等离子体法、高频等离子体法和复合等离子体法等。直流电弧等离子体法利用电弧产生高温，在反应气体等离子化的同时，电极熔化或蒸发；高频等离子体法能量利用率低，产物稳定性差；复合等离子体法不需电极，产物纯度、生产效率、系统稳定性都较高。该法已成功生产出粒径为 50nm 的 γ-Al_2O_3 和 20～40nm 的 δ-Al_2O_3。

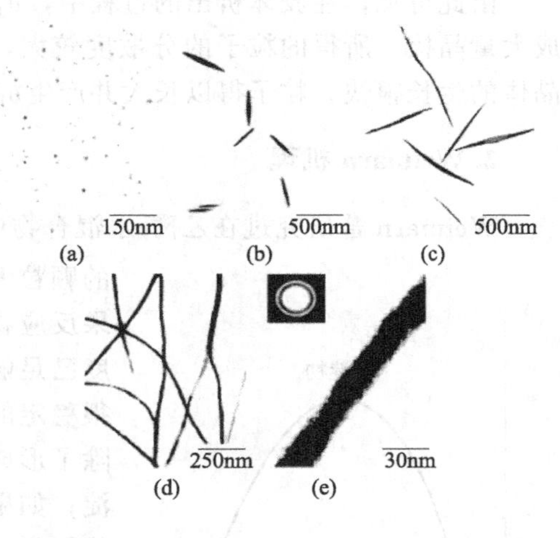

图 2-20 超声时间对微乳液法制备 Ag 颗粒的影响（[AOT]=50mmol/L，w= 10）

(a) 0h；(b) 0.5h；(c) 1h；(d) 4h；(e) 4h（高倍电镜照片）

第四节　溶胶形成与老化机理

一、溶胶形成的机理

1. 溶胶形成的条件

一个新的溶胶相形成要经历两个阶段：晶核的形成和晶体的生长。这两个过程的速率决定了形成颗粒的大小。如果晶核形成很快，晶体的生长很慢或接近于停止，就可得到分散度很高的溶胶；反之，只能得到颗粒很粗的溶胶，甚至沉淀。

晶核的形成速率取决于两个因素：其一是固体从溶液中析出的速率，若为过饱和溶液，过饱和溶液的浓度为 c，而该溶质的溶解度为 S，则溶质的析出速率正比于 $c-S$，即过饱和度；其二是溶解速率，即已经析出的固体又溶解进入溶液的速率，它取决于 S。所以 Weimarn 认为晶核形成的速率 v_1 为：

$$v_1=\frac{\mathrm{d}n}{\mathrm{d}t}=K_1\left(\frac{c-S}{S}\right) \tag{2-1}$$

式中，t 为时间；n 为产生晶核的数目；K_1 为比例系数。当晶核生成后，溶质可以在其上沉积，逐渐进一步长大。晶核的生长速率 v_2 为：

$$v_2=\frac{D}{\delta}A(c-S) \tag{2-2}$$

式中，D 为溶质的扩散系数；A 为粒子的表面积；δ 为粒子表面的扩散层厚度。

由此可见，在胶体析出的过程中，v_1 和 v_2 是相互联系的。当 $v_1 \gg v_2$ 时，溶液中会形成大量晶核，所得的粒子的分散度较大，有利于形成溶胶；当 $v_1 \ll v_2$ 时，所得晶核极少，晶体的生长很快，粒子得以长大并产生沉淀。

2. Weimarn 机理

Weimarn 曾研究过在乙醇-水混合物中，由 $Ba(CNS)_2$ 和 $MgSO_4$ 反应所得 $BaSO_4$ 沉淀的颗粒大小和反应物浓度的关系，结果如图 2-21 所示。如果反应物浓度很低（$10^{-4}\sim10^{-3}$mol/L），过饱和溶液的浓度已足够生成晶核，但又能防止晶粒迅速生长，就可得到很稳定的溶胶；如果浓度范围在 $10^{-2}\sim10^{-1}$mol/L，溶质除了形成晶核以外，还用于晶体生长，得到的是粗颗粒沉淀；如果浓度高达 2～3mol/L，立即产生大量的晶核，晶粒间相互连接，形成凝胶。总之，根据 Weimarn 理论，制备胶体，必须 v_1 大、v_2 小。

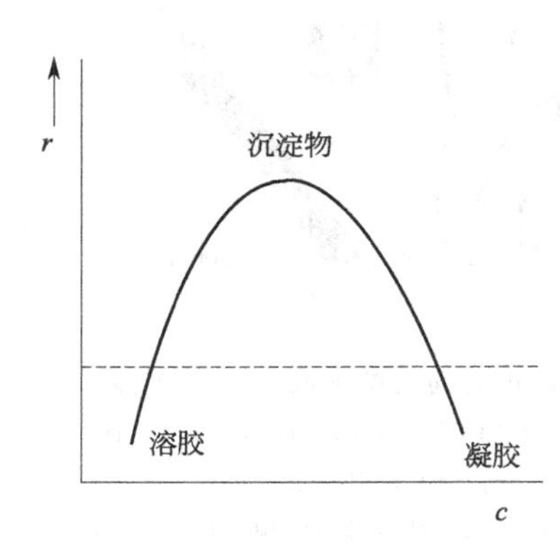

图 2-21　溶液浓度对晶体生长过程的影响

温度、杂质、溶液 pH 值，甚至搅拌等因素对成核和晶核生长都有影响。

但是 Weimarn 机理不能说明为什么有些沉淀是无定形沉淀，而有些却是结晶状沉淀的问题。

3. Haber 机理

Haber 认为，溶胶形成主要取决于凝结速率和定向速率。其中，凝结速率和过饱和度成正比，定向速率是指分子或离子以一定的方式在晶格中排列的速率，它主要取决于物质的极性大小。若前者大于后者，则生成无定形沉淀；若后者大于前者，则生成结晶状沉淀。例如，AgCl、ZnS、HgS 等分子小、极性大，故定向速率大，能生成结晶状沉淀，或具有晶体结构的胶粒；而 $Al(OH)_3$、$Fe(OH)_3$ 或硅酸等含羟基多（还有水分子结合在其中），结构复杂，分子极性较小，而且溶解度极小，其凝结速率远大于定向速率，因而极易生成无定形结构的凝胶状沉淀。

二、溶胶老化的机理

新形成的溶胶即使经过纯化，胶粒也会随时间而慢慢增大，这一过程叫老化。老化时体系的表面能降低，所以是自发过程。

溶胶的一个特点是多分散性，即由大小不一的胶体颗粒组成。固体的溶解度与颗粒的大小有关，对于半径为 a_1 和 a_2 的颗粒，则：

$$\frac{RT}{M}\ln\frac{S_1}{S_2}=\frac{2\sigma}{\rho}\left(\frac{1}{a_1}-\frac{1}{a_2}\right) \tag{2-3}$$

式中，S_1、S_2 分别是半径为 a_1 和 a_2 的颗粒的溶解度；σ 为颗粒与其饱和溶液间的界面张力；ρ 为颗粒的密度；M 为颗粒的摩尔质量。以石膏为例，半径为 $2\mu m$ 的颗粒，其溶解度为 15.33mol/L；半径为 $0.2\mu m$ 的颗粒，溶解度为 18.2mol/L。颗粒半径减少 1/10，其溶解度增加了约 19%。

若有两个小颗粒放在一起，较小颗粒的饱和浓度为 c_1，较大颗粒的饱和浓度为 c_2，由于 $c_1>c_2$，所以溶质自小颗粒附近自动扩散进入大颗粒周围。对于大颗粒来讲，c_2 已是饱和浓度，扩散进来的溶质必然会在大颗粒上沉淀。随着过程的不断进行，小颗粒越来越小，大颗粒越来越大，直到小颗粒完全溶解为止，这就是老化的基本机理。

第五节　新相形成的热力学基础

一、相关的热力学基础

体系中有 A、B 两相，在两相中均不只有一种物质，在 T、p 恒定时，B 相中有微量 i 种物质 dn_i^B 转移至 A 相中，此时：

$$dG=dG^A+dG^B=\mu_i^A dn_i^A+\mu_i^B dn_i^B$$

A 相所得即 B 相所失。

$$dn_i^A=-dn_i^B$$

如果相转移在平衡条件下进行，则 $dG=0$

$$\mu_i^A dn_i^A+\mu_i^B dn_i^B=0$$

$$\mu_i^A dn_i^A-\mu_i^B dn_i^A=0$$

$$\mu_i^{\mathrm{A}}=\mu_i^{\mathrm{B}}$$

即在平衡时，组分 i 在 A、B 相中化学势相等。

如果是自发过程：

$$\Delta G<0$$

$$\mu_i^{\mathrm{A}}\mathrm{d}n_i^{\mathrm{A}}+\mu_i^{\mathrm{B}}\mathrm{d}n_i^{\mathrm{B}}<0$$

$$\mu_i^{\mathrm{A}}\mathrm{d}n_i^{\mathrm{A}}-\mu_i^{\mathrm{B}}\mathrm{d}n_i^{\mathrm{A}}<0$$

$$\mu_i^{\mathrm{A}}<\mu_i^{\mathrm{B}} \quad 或 \quad \Delta\mu<0$$

因此，自发过程是由 μ_i 较大的相流向 μ_i 较小的相。

二、新相形成的热力学

将处于亚稳状态（过饱和，过冷）的一部分分子拿出来以形成颗粒的过程（图 2-22 中的Ⅲ→Ⅱ），可拆分为新相形成（图 2-22 中的Ⅲ→Ⅰ）和表面能变化（图 2-22 中的Ⅰ→Ⅱ）两个部分。其自由能的变化可由下式表示：

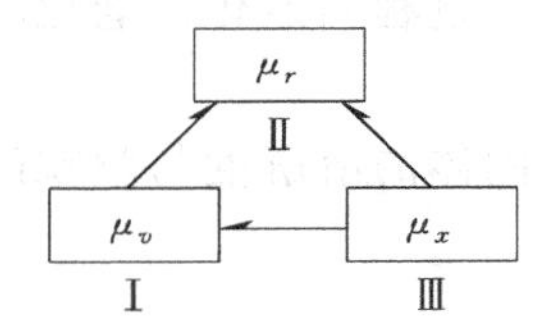

图 2-22 新相形成的热力学过程

$$\Delta G_{Ⅲ\to Ⅱ}=\Delta G_{Ⅲ\to Ⅰ}(\text{化学势变化})+\Delta G_{Ⅰ\to Ⅱ}(\text{表面能变化}) \tag{2-4}$$

① 由亚稳态Ⅲ→Ⅰ，是新相形成的过程，驱动力为 μ，物质的量为 $4\pi r^3/(3V_{\mathrm{m}})$，其中 V_{m} 为摩尔体积，等于 M/ρ，则：

$$\begin{aligned}\Delta G&=n(\mu_v-\mu_x)=\frac{4\pi r^3}{3V_{\mathrm{m}}}(\mu_v-\mu_x)\\&=\frac{4\pi r^3}{3V_{\mathrm{m}}}(RT\ln c_v-RT\ln c_x)\\&=-\frac{4\pi r^3}{3V_{\mathrm{m}}}RT\ln\frac{c_x}{c_v}\end{aligned} \tag{2-5}$$

② 从Ⅰ相中拉出一小球使之长大，由于长大时增加表面，但不产生新相。表面功为 W_σ

$$-W_\sigma=\Delta G_{Ⅰ\to Ⅱ}=4\pi r^2\sigma(\text{圆球})$$

或

$$=\mathrm{ad}^2\sigma(\text{任意形状颗粒})$$

式中，r 为球的半径，ad^2 指任意形状颗粒的表面积。

故：

$$\begin{aligned}\Delta G_{Ⅲ\to Ⅱ}&=\Delta G_{Ⅲ\to Ⅰ}+\Delta G_{Ⅰ\to Ⅱ}\\&=-\frac{4\pi r^3}{3V_{\mathrm{m}}}RT\ln\frac{c_x}{c_v}+4\pi r^2\sigma\end{aligned} \tag{2-6}$$

在新相形成过程中，①是自发过程，②是需要外界消耗能量的过程，此两项符号相反，但 r 的方次不一，因此随着 r 的增加，将有一极大值，即必有：

$$\frac{\mathrm{d}(\Delta G)}{\mathrm{d}r}=0$$

将式(2-6) 微分：

$$-\frac{4\pi r^2}{V_{\mathrm{m}}}RT\ln\frac{c_x}{c_v}+8\pi r\sigma=0$$

$$RT\ln\frac{c_x}{c_v}=V_m\frac{8\pi r\sigma}{4\pi r^2}$$

$$\ln\frac{c_x}{c_v}=\frac{M}{\rho}\frac{2\sigma}{RTr} \tag{2-7}$$

$$r=r_c=\frac{2M\sigma}{RT\rho}\ln\frac{c_v}{c_x} \tag{2-8}$$

即在某一过饱和度时，有一对应的临界半径 r_c，此时 ΔG 最大，到达此半径时，晶核就开始析出。

将式(2-7) 代入式(2-6) 中，

$$\Delta G_{max}=4\pi r_c^2\sigma/3 \tag{2-9}$$

ΔG_{max} 为整个晶核表面能的 1/3，是著名的 Gibbs 新相形成热力学公式。

第六节 胶体的分散形成法

分散法在工业上已得到广泛应用，主要用来形成各种粗分散体系。

一、分散法

1. 机械法

该法包括研磨、球磨、振动磨、胶体磨和空气磨。除胶体磨能磨到 0.1μm 以下，一般的仅能磨到 1μm 左右；磨时需要加入分散剂和稳定剂，防止颗粒聚集长大；空气磨无需磨体，可以避免磨体对被磨物的污染。

$TiTe_2$ 纳米管也可由球磨法制得，图 2-23(a) 是将 Ti 粉以 500r/min 球磨处理 4h 后再与 Te 粉进行热反应的产物，可见大量的纤维状物，直径一般在几十纳米，长度达几百纳米，同时也存在一些形状不规则的颗粒；图 2-23(b) 是未将 Ti 粉进行球磨处理，直接与 Te 粉进行热反应的产物，均是不规则形状的晶粒，大小从几百纳米到几十微米；将图 2-23(a) 中的纤维状物进行进一步的高倍透射电镜表征（图 2-24)，表明它们是具有中空结构的纳米管，内径约 10nm，外径约 20nm，管壁清晰地呈现层状结构，层间距与 $TiTe_2$ 晶胞参数 c 值 0.65nm 相吻合。

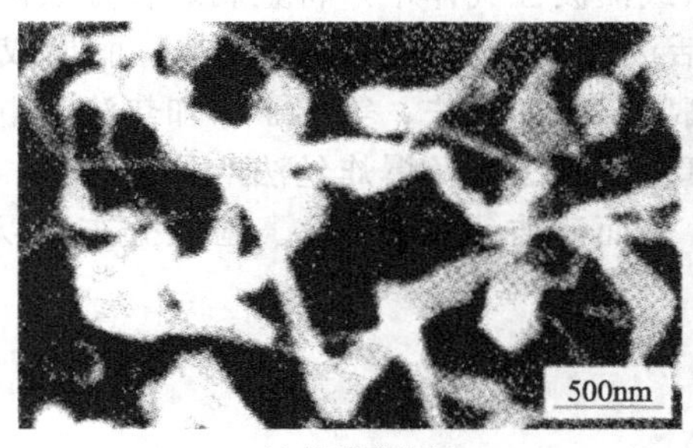

(a) 经球磨处理

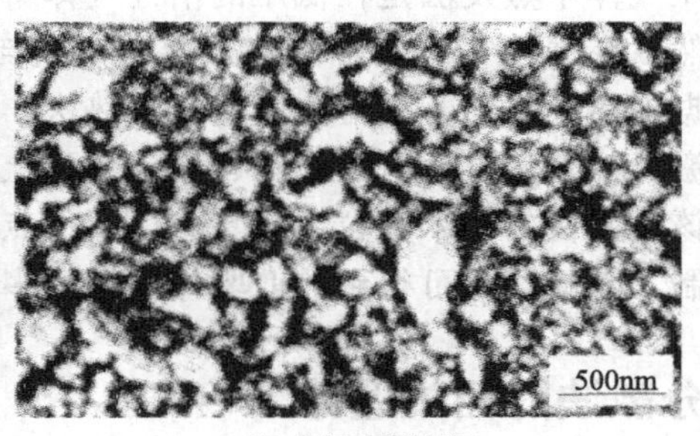

(b) 未经球磨处理

图 2-23　Ti 粉与 Te 粉反应产物的扫描电镜图

该法具有成本低、产量高以及制备工艺简单易行的优点，但是存在能耗大、效率低、所得粉末不够细、杂质易混入、粒子易氧化或产生变形等缺点。

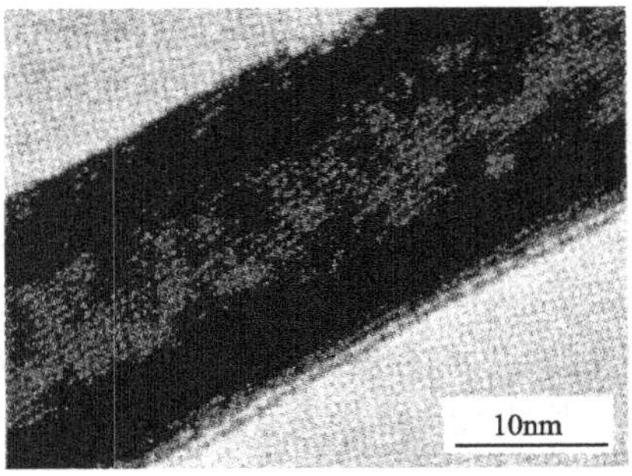

2. 电分散法

将需分散的金属制成两个电极，浸在冷的分散介质中，调节电解质的浓度、电压和电极间的距离，可以将电极表面的金属气化，气体金属遇水冷却后成为胶体颗粒，分散在水中形成金属溶胶。此法适合制备金属溶胶。

图 2-24 纤维状结构的高倍透射电镜图

3. 溅射法

溅射法是在惰性气体或活性气体下在阳极或阴极蒸发材料间加上几百伏的直流电压，使之产生辉光放电，放电中的离子撞击阴极的蒸发材料靶，靶材的原子就会由其表面蒸发出来，蒸发气体被惰性气体冷却而凝结或与活性气体反应而形成纳米微粒。

该法制备纳米微粒的优点是蒸发面大、操作方便，可用于高熔点金属。

4. 超声分散

频率高于 20kHz 的声波称为超声波，当它传入介质中能使介质中产生相同频率的疏密交替波，对分散相产生很大的撕碎力，从而达到分散效果。此法主要用于制备乳状液。

5. 胶溶法

胶溶法是把暂时聚集在一起的胶体粒子重新分开而成溶胶。许多刚形成的沉淀，例如氢氧化铁、氢氧化铝等，实际上是胶体质点的聚集体，设法将多余的电解质洗去，然后加入少量的稳定剂。此法只适用于新鲜的沉淀，如果沉淀放置较久，小粒子经过老化出现粒子间的团聚或长大成为大粒子，就不能利用胶溶作用来达到重新分散的目的。

6. 非晶晶化法

非晶晶化法是首先制备非晶态合金，然后经过退火处理，使非晶材料晶化。

该法的特点是工艺比较简单、易控制，能够制备出化学成分准确的纳米材料。

7. 低压气体中蒸发法

低压气体中蒸发法是在低压的惰性气体中（或活泼性气体中）将金属、合金或陶瓷蒸发气化，然后在惰性气体中，冷却、凝结（或与活泼气体反应后再冷却凝结）而形成纳米微粒。根据加热源不同，又可分为电阻加热法、高频感应加热法、等离子体加热法、电子束加热法、激光加热法、通电加热法、流动油面上真空沉积法以及爆炸丝法八种方法。

用该法制备的纳米微粒主要具有以下优点：表面清洁、粒度齐整、粒径分布窄以及粒度容易控制。其缺陷是可得到的前驱体类型不多。

二、分散法的相关理论

1. 用分散法分散固体，其分散极限为 1～10μm

固体晶格被认为是可以计算出固体力学强度的依据。苏联学者约飞以食盐为例，根据其晶格能算出其力学强度应为 200kg/mm²，但实验值为 0.5kg/mm²，说明固体中存在大量缺陷与位错。但如果以一食盐棒放在饱和食盐温水中，食盐棒逐渐变细，而其力学强度却接近理论值 160kg/mm²，这说明在饱和食盐水中，食盐重结晶过程中消除了缺陷与位错，从而增加了力学强度。后来有人证明固体中小于 1～10μm 的粒子，不存在缺陷，因此，1～10μm 以下的粒子极难由粉碎法获得。或者说只有在使用极高的能耗时，才能用分散法得到小于 1～10μm 的颗粒。

2. 吸附降低强度效应

苏联学者列宾捷尔提出，在分散时，分散剂在表面张力的作用下，钻入固体表面缝隙（缺陷与位错），形成机械蔽障，能降低固体的界面能，降低其塑性变形和断裂所需要的功，从而有利于固体的研磨，这一效应被称为列宾捷尔效应。该效应在研磨与分散大块物体时，可起指导作用。但是由于在液体介质中，除吸附外，还有溶解和形成络合物等，在使用时要注意界面张力是否真有下降。

3. 自动分散的标准

降低表面能并不足以粉碎固体，而只是“帮助”粉碎固体，只有当表面张力小到一极限值时，固体才能自动分散。列宾捷尔等提出了一个标准，即

$$\sigma \leqslant \sigma_c = \beta' kT/d^2 \quad (2\text{-}10)$$

式中，σ_c 为极限表面张力；d 为颗粒尺寸；β' 为常数。当表面张力小于 σ_c 时，$dG<0$，固体能自动分散，形成胶体体系。在这种情况下，分散的动力是分子的热运动，分子热运动使大颗粒的胶体分散为小颗粒的胶体。

例如，将表面张力降至 0.1erg/cm^2（即 0.1mN/m），假设 β' 为 10，则在 300K 时：

$$d^2 = 10 \times 1.38 \times 10^{-23} \times 300/(0.1 \times 10^{-7}) = 0.04 \times 10^{-10}$$

$$d = 0.2 \times 10^{-5}\ \text{cm} = 20\text{nm}$$

即将表面张力降至 0.1mN/m 时，热运动就可将颗粒分散至 20nm。

液液界面张力低，很容易降至 0.1mN/m 以下的数值，因此液体容易有自动分散作用，比如形成微乳液。

第七节　溶胶的纯化

未经纯化的溶胶，往往含有电解质或其他杂质，过量的电解质对胶体的稳定是有害的，要使溶胶稳定，必须除去多余的电解质，这种操作叫作溶胶的纯化。

一、与粗粒子的分离

① 过滤　胶体粒子小，可以透过普通滤纸（最小孔径为 1μm）。工业上常用转鼓真空过滤器、叶式过滤器以及板框压滤器等。

② 沉降或离心　不同大小的颗粒沉降或离心速率不同。

二、与电解质的分离

① 超离心机　高速旋转使胶体沉淀。

② 超过滤　利用半透膜代替滤纸在一定压差下过滤。

③ 渗析　利用羊皮纸或火棉胶半透膜，将胶体与电解质分离。如图 2-25(a) 所示，将要净化的溶胶装入半透膜袋内，然后将袋浸入蒸馏水中。由于膜内外电解质的浓度不同，膜内能透过的小分子和离子向膜外转移。在渗析过程中，要不断搅拌，并不断更换膜外的水。为提高效率，可以稍稍加热。但是要注意加热对该溶胶的稳定性有无影响。

人工肾就是用来部分替代排泄功能的体外血液渗析设备 [图 2-25(b)]。通过渗析可除去血液中的代谢废物如尿素、尿酸或其他有害的小分子。临床上除考虑膜孔大小外，还要注意膜的稳定性以及和血液的相容性等问题。

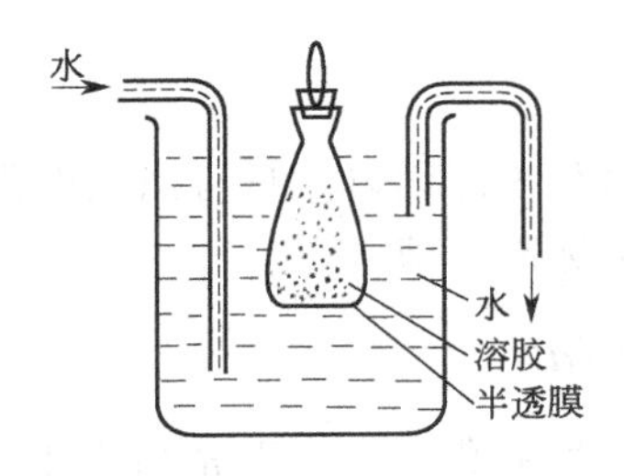

(a) 溶胶的渗析

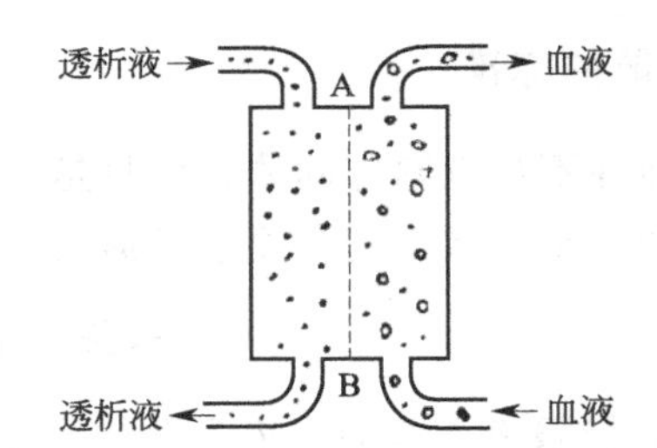

(b) 血液渗析装置示意图
AB为半透膜

图 2-25　渗析装置

在工业上以及许多实验中，为了加快渗析，普遍采用电渗析（图 2-26）。设备中间盛放要提纯的溶胶，用半透膜与蒸馏水隔开；两边用惰性金属作为电极，阳极为铂网，阴极可以是铜网。当通直流电时，溶胶中的电解质离子分别向带异电荷的电极移动，因此能较快地除去溶胶中过多的电解质。若将离子交换膜用于电渗析中，则可用来制备高纯水、处理含盐废水和淡化海水等。

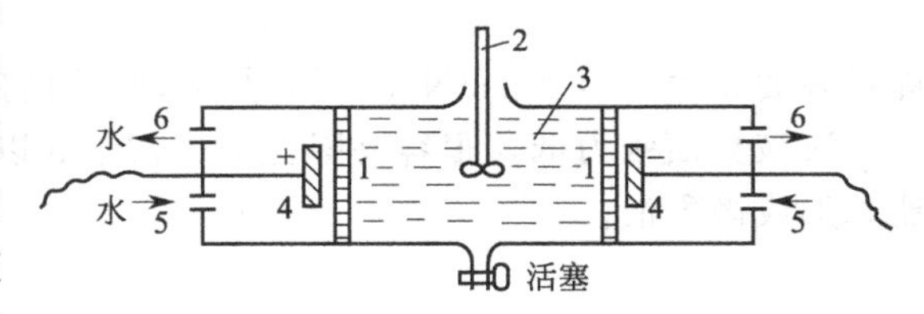

图 2-26　电渗析示意图
1—半透膜；2—搅拌器；3—溶胶；4—铂电极；
5—进水管；6—出水管

将超过滤膜两侧配上电极，通上直流电，使电渗析与超过滤相结合，在电压不太高（约 40V/cm)、压差不太大的情况下，就能获得较好的效果。

在各种渗析过程中，除孔的大小外，还有表面张力的影响。如血红素加肥皂水能通过膜，单独血红素无法通过。

④ 吸附层析法　吸附交换多余的有害离子。

⑤ 离子浮选法　将含有表面活性剂的气泡通过溶胶以除去多余的高价离子。如图 2-27 所示。

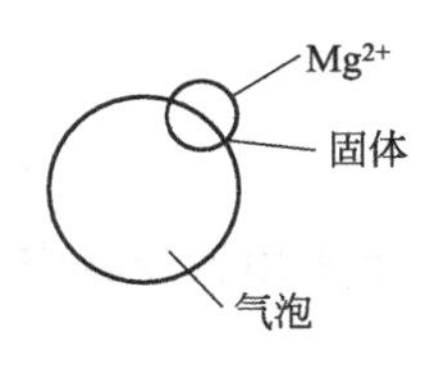

图 2-27 离子浮选法示意图

$$2RCOOH + Mg^{2+} \longrightarrow (RCOO)_2Mg\downarrow + 2H^+$$

第八节　均分散胶体

一、形成原理

通常条件下制得的沉淀颗粒的形状和尺寸都是不规则的，但是在严格控制的条件下，则有可能制备出形状相同、尺寸相差不多的沉淀颗粒。这种由形状相同、尺寸分布范围很窄的颗粒组成的体系被称为均分散体系，颗粒尺寸在胶体颗粒尺寸范围内的均分散体系即为均分散胶体。将均分散胶体的介质分离去除即可得到均分散颗粒。

人工制备均分散胶体始于1906年Zsigmondy制备的，由直径约为6nm球形颗粒构成的金溶胶。此后虽然有人相继制备S、Ag、SiO_2和聚苯乙烯等均分散胶体，但并没有引起广泛关注。直到1970年以后的10年间，Matijevic研究组制备出Cr、Fe、Al、Cu、Ti和Co等一系列金属氧化物或水合氧化物的均分散胶体，并对其性质及用途进行了广泛的研究，从而激发起科技界和产业界对这种新材料的极大兴趣。

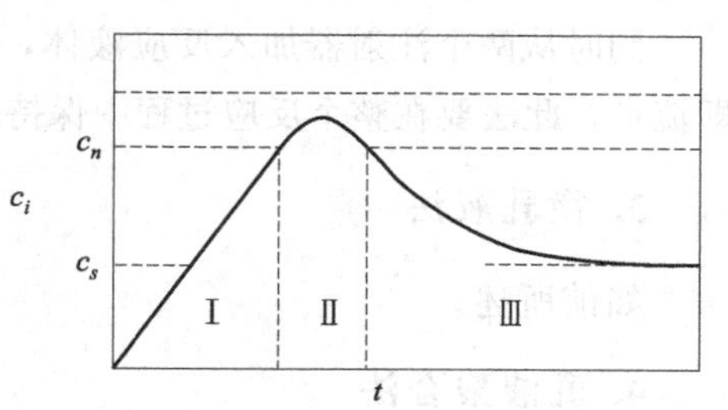

图2-28　均分散胶体形成过程的LaMer图
c_n—成核浓度；c_s—溶解度；c_i—溶液中某沉淀组分的浓度；t—时间；
Ⅰ—成核前；Ⅱ—成核阶段；Ⅲ—生长阶段

1950年LaMer等提出，要制备均分散胶体必须将晶核的形成与晶粒的生长两个阶段分开。这是设计均分散胶体制备方法的基本依据。LaMer等用溶液中沉淀组分浓度随时间的变化曲线来解释均分散硫溶胶的形成。这种曲线后来被称为LaMer图，并广泛应用于解释均分散胶体的形成过程。从LaMer图（图2-28）可以看出，在均分散颗粒形成之前（阶段Ⅰ），由于溶液中某沉淀组分的浓度c_i逐渐提高并超过沉淀的溶解度c_s，在溶液十分清洁又不受扰动的条件下，组分浓度可以继续提高，直至成核浓度c_n时，溶液中一下子萌发大量的晶核，称之为爆发式成核，这是成核阶段（阶段Ⅱ），由于大量晶核的形成，溶液中沉淀组分的浓度迅速降低到c_n以下，因此不会再有新核形成。此后，如果设法控制溶液中沉淀组分的浓度c_i，使其略高于c_s，则可让已形成的晶核同步地长大，此为颗粒的生长阶段（阶段Ⅲ）。

二、制备方法

通过控制反应物浓度、引入小晶核等方法来实现成核阶段与生长阶段的分离。另外可以控制反应环境来制备均分散胶体。具体方法如下。

1. 溶胶-凝胶法

该法广泛应用于超微陶瓷粉体的制备。它是将金属醇盐或无机盐经水解直接形成溶胶，然后使溶胶聚合凝胶化，再将凝胶干燥、焙烧去除溶剂，使无定形的干凝胶转变为晶态的氧化物纳米粒子。为防止凝胶干燥过程因内部收缩应力而开裂，并使凝胶网络的质点和孔隙分布较均匀，实验时常在溶胶中加入化学添加剂，即所谓的干燥控制化学添加剂（DCCA），通常使用有机胺、稀硝酸或乙二醇等。目前为了更方便有效地制备纳米粒子，已广泛使用超临界干燥法。在此状态下无气液界面，分子间作用力极小，因此也就不存在表面张力和毛细管作用力的问题。表 2-2 为制备无机胶体时常用溶剂的临界温度与临界压力值。由表可见，前四种溶剂的临界温度相当低，常被认为是温和的超临界干燥溶剂，尤其是 CO_2，无毒、无臭、无公害，是最常用的溶剂。

表 2-2　常用溶剂的临界温度 T_c 与临界压力 p_c 值

项　目	CO_2	氟利昂	N_2O	SO_2	水	乙醇	丙酮
T_c/℃	31.1	28.9	36.5	158	374	243	235
p_c/MPa	7.3	3.8	7.2	7.9	22.0	6.4	4.6

2. 浓度一致法

同时从两个注射器加入反应液体，如 $AgNO_3$ 和 KBr，将在容器中反应产生 AgBr 沉淀立即流走。此法要在整个反应过程中保持过饱和度一致，在制备卤化银感光材料中被广泛应用。

3. 微乳液法

如前所述。

4. 乳液聚合法

此法适用于制备有机高分子聚合物单分散粒子。在以水为介质时，在乳化剂和机械搅拌作用下，大分子单体一部分进入胶束，大部分被乳化剂乳化成小油珠，还有少量单体可溶于水中。水溶性聚合反应引发剂分解成自由基进入含单体的胶束中引发单体聚合反应，生成单体/聚合物胶粒。反应不断进行，被乳化成小液珠的单体向水相扩散，并进而向含单体/聚合物胶粒的胶束中扩散，使聚合反应继续进行。反应一直进行到含单体的油珠消失，单体/聚合物胶粒完全变为聚合物粒子。乳液聚合形成的聚合物粒子在水介质中构成外观如乳状的分散体系，称为胶乳。通常将聚苯乙烯胶乳和聚甲基丙烯酸甲酯胶乳用作胶体化学研究的典型物质，因为这两种胶乳极易制成球形单分散粒子。

5. 分级法

由于并不一定在所有体系中都得到均分散的胶体，就需要将所得的胶体进行分级，如重力分级和离心分级。

还可以利用凝胶电泳，将制得的胶体样品按颗粒大小分级制出分散的尺寸量子化的半导体颗粒。如用该法制备 CdS 颗粒，将 4.0mL 质量分数为 10％的蔗糖的 2×10^{-3}mol/L 溶胶置于凝胶上，加上 100V 电压，6h 后在制好的凝胶上，发蓝色荧光的 CdS（最小的颗粒）向下移了 14cm，而发绿色荧光的 CdS 仅移动了 9.5cm，从而达到了分离的目的。

6. 单一形状颗粒的形成

在这方面，美国科学家 Matigevic 做了许多开创性的工作。如图 2-29 所示，同样是铜的化合物，通过改变温度、络合离子、溶剂、pH 值等，可控制所形成的晶体形状。

图 2-30 为几种金属化合物均分散粒子的透射电镜（TEM）照片和扫描电镜（SEM）照

片。其中（a）和（b）分别是用加入硫代乙酰胺的方法制备的 ZnS 和 PbS 均分散粒子，（c）是磷酸锰均分散粒子，（d）是 $CaCO_3$ 均分散粒子。

图 2-29　同一种物质形成的不同形状的颗粒 900℃陈化 1h 后的扫描电镜照片

（a）8×10^{-3} mol/L $CuCl_2$ 和 2×10^{-1}mol/L 尿素；（b）8×10^{-3} mol/L $CuSO_4$ 和 2×10^{-1} mol/L 尿素；（c）2×10^{-3} mol/L Cu $(NO_3)_2$ 和 5×10^{-1} mol/L 尿素；（d）8×10^{-3} mol/L $Cu(NO_3)_2$ 和 2×10^{-1} mol/L 尿素；（a）、（b）和（c）图中的标尺为 10μm；（d）图中的标尺为 1μm

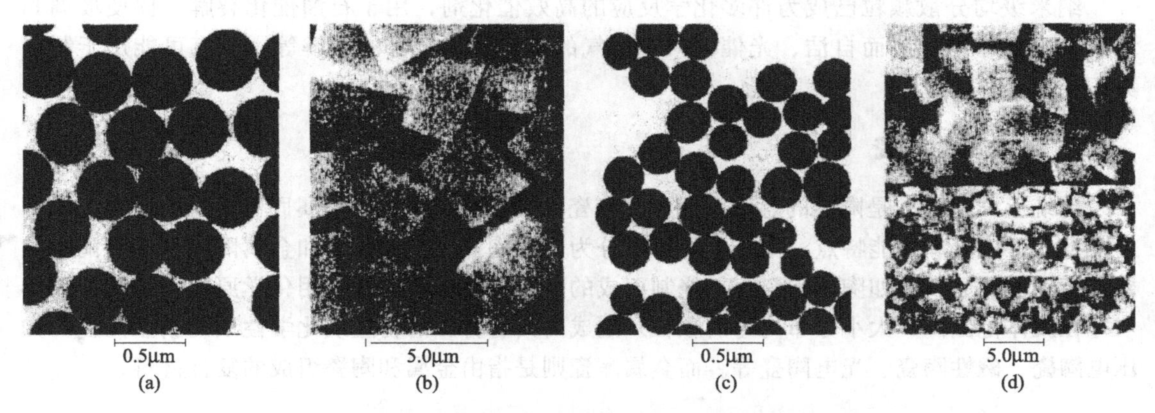

图 2-30　几种金属化合物均分散粒子的 TEM 和 SEM 图

（a）ZnS 粒子的 TEM 图；（b）PbS 粒子 SEM 图；（c）磷酸锰粒子的 TEM 图；（d）$CaCO_3$ 粒子的 SEM 图

特别要提到的是 SiO_2 均分散胶体的制备与应用。均分散 SiO_2 可用气相法生产，也可由四乙氧基硅烷水解合成。市售的 Serosil 即为气相法得到的 SiO_2，Ludox 为 SiO_2 溶胶，都是均分散颗粒（图 2-31），均分散 SiO_2 广泛用于制备催化剂载体、橡胶补强剂、涂料填充剂等。SiO_2 溶胶也可用于合成蛋白石。

三、应用

制备形状相同、尺寸相近的均分散颗粒新材料，该材料有着广泛的应用前景。

1. 验证基本理论

许多基本理论的验证需要使用形状和尺寸相同的颗粒来进行实验。如 20 世纪 40 年代形成的 DLVO 理论，原则上虽可解释溶胶的稳定性，但总与实际体系不完全贴切，这是因为实际体系是多分散的，而理论导出的前提是单分散的体系。又如 Peter 用纺锤形 $BaSO_4$ 均分散颗粒验证了他所导出的非球形颗粒的散射公式。

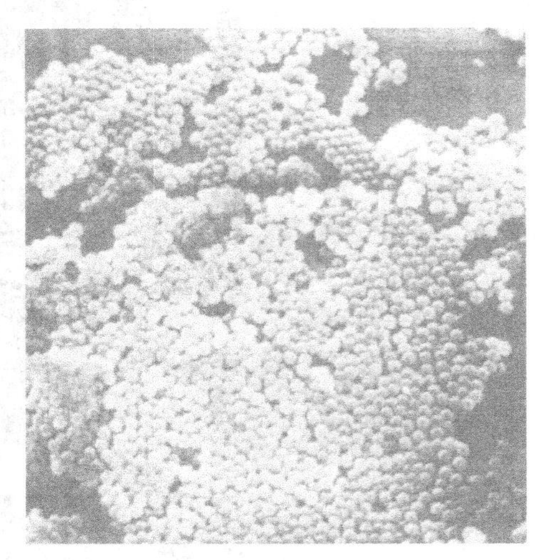

图 2-31　均分散 SiO_2 颗粒的扫描电镜图

2. 理想的标准材料

均分散颗粒作为标准材料，可用来校准 Coulter 粒度仪、电子显微镜、光散射仪等。

3. 新材料

均分散颗粒形成的材料具有许多良好的性能。如均分散的感光颗粒在改善胶片质量与提高感光速度方面展示了良好的前景。用有色的均分散颗粒制成的染料和油墨不仅可以改善印染和印刷品的质量，甚至有可能引发印刷技术上的一场革命。

4. 催化剂性能的改进

纳米级均分散颗粒已成为许多化学反应的高效催化剂，用于石油催化裂解、促使玻璃和墙砖表面的污物光解而自洁、光催化汽车尾气的分解和催化水的光解等，并有可能用于制造太阳能电池等。

5. 制造特种陶瓷

传统上“陶瓷”是陶器的总称，现在“陶瓷”则是所有无机非金属固体材料的通称。根据历史发展、成分和性能特点，陶瓷大致可以分为传统陶瓷、特种陶瓷和金属陶瓷。传统陶瓷主要是指用天然原料（如陶土和瓷土）烧制而成的陶瓷。特种陶瓷是指用化学原料（即粒子大小尺寸在胶体范围内、大小分布均匀的颗粒）制成的具有特殊的物理或化学性质的新型陶瓷，如压电陶瓷、磁性陶瓷、光电陶瓷等。而金属陶瓷则是指由金属和陶瓷组成的复合材料。

第九节　包覆粒子和空心粒子的制备

以某种物质的粒子为核心，用不同化学组成的包覆层将其包覆起来，形成包覆粒子（也称为核壳材料)。包覆粒子的特点：用包覆层的表面代替核心粒子的表面，以满足对粒子表面物理化学性质的要求（如疏水性聚合物胶乳粒子包覆金属氧化物薄壳后可增大其亲水性)；包覆层可适当改变粒子的比表面、粒径等。如 2009—2014 年，许多研究者通过制备普鲁士蓝类配合物的核壳结构（如 PBA/PBA 或 PBA/PBA/PBA）改善其磁性和吸附气体的能力。2014 年，Y. Guari 制备 Au/PBA 的核壳结构，当金外层包裹单层的 PBA 时复合材料是顺磁性材料，而包裹多层的 PBA 时复合材料是铁磁性材料。

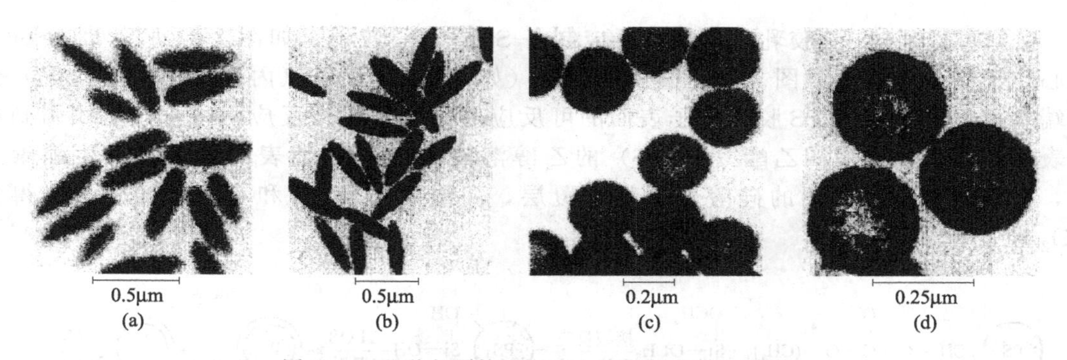

图 2-32　几种包覆粒子和空心粒子的透射电镜图

(a) 用 SiO_2 包覆的 α-Fe_2O_3 粒子；(b) 用水合氧化锆包覆的 α-Fe_2O_3 粒子；(c) 用碱式碳酸钇包覆的聚苯乙烯（PS）胶乳；(d) 将 (c) 所得包覆粒子在 800℃煅烧 3h 所得氧化钇空心粒子

制备均分散的包覆粒子通常以单分散的内核粒子进行包覆，主要方法有以下三种。

① 使细小的前体粒子在内核粒子上沉积；

② 在一定条件下使介质中的某些物质在内核粒子表面发生沉淀反应形成包覆层；

③ 介质中的某些物质与内核表面的某些基团发生反应形成包覆层。

由于沉积小粒子和内核粒子的表面性质和荷电性质可能不同，沉积的最佳条件要慎重选择，特别要注意性质不同粒子间的黏附作用。可以使不同化学组成的内核粒子（如氧化铁、氧化铬、氧化钛粒子）用相同性质的物质（如氧化铝）包覆。也可使相同内核粒子用不同物质包覆。第二种和第三种方法制备包覆粒子将在介绍空心粒子制备时提及。图 2-32 中 (a)、(b) 分别是 α-Fe_2O_3 粒子分别用 SiO_2 和 ZrO_2 包覆后的 TEM 图，由图可见两种包覆粒子较均匀。

空心粒子是有一定厚度壳层的空心球体，空心粒子的表面积大、密度小，有望作为轻质材料应用，在医药等方面也有应用前景。制备均分散空心粒子通常有下列方法。

a. 以均分散聚合物粒子（胶乳）为内核粒子进行包覆后经高温处理除去内核粒子得空心粒子，但这类空心粒子多为无机物空心粒子。如图 2-32(d) 所示是使 $Y(OH)CO_3$ 小粒子在聚苯乙烯均分散胶乳上沉积后煅烧处理形成氧化钇空心粒子的 TEM 图。

b. 当以均分散聚合物胶乳为内核制备无机材料包覆粒子时，除前述的使无机小粒子在内核胶乳粒子上沉积外，还可以在内核表面上发生沉淀反应或与其表面某些基团发生化学反应的方法形成包覆层。比如聚苯乙烯（PS）与聚甲基丙烯酸甲酯（PMMA）的均分散粒子表面，以及苯乙烯与甲基丙烯酸甲酯的共聚物（PSMA）表面均有因引发剂而产生的 $—SO_3^-$、$—COO^-$ 基团。在水溶液中这些带负电基团可吸附阳离子。若在溶液中再引入可与吸附阳离子形成沉淀反应的阴离子，即可在胶乳表面形成无机沉积物壳层，经高温处理除去胶乳后可得空心均分散粒子。如图 2-33 所示是以聚甲基丙烯酸甲酯（PMMA）为内核粒子制备 ZnS 空心粒子的反应过程示意图，其中可用γ射线照射硫代乙酰胺（TAA）使其分解

提供 S^{2-}。

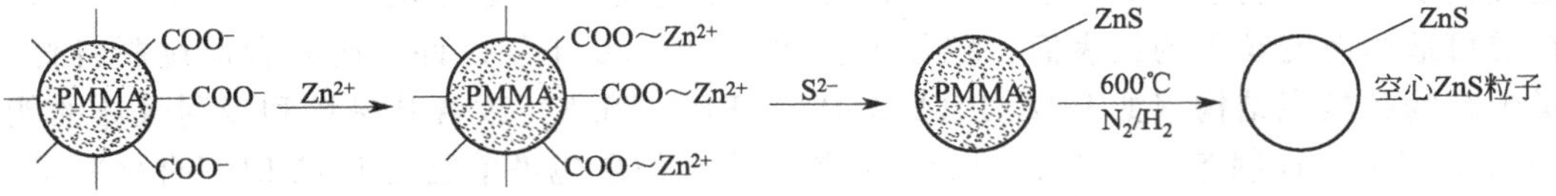

图 2-33　ZnS 空心粒子制备过程示意图

又如可以通过 PS 胶乳表面缩聚反应制备 SiO_2 空心粒子，如图 2-34 所示即为 SiO_2 空心粒子制备过程示意图。先使硅烷偶联剂（如γ-甲基丙烯酰氧丙基三甲氧基硅烷）分子端基可反应基团与 PS 胶乳粒子表面的可反应基团发生接枝反应，将含硅基团引到粒子表面。加入原硅酸四乙酯（TEOS）的乙醇溶液，在 70℃使表面共聚物发生缩聚反应，得到带有有机基团的硅酸聚合物包覆层，高温处理使 PS 和有机基团烧失，得到 SiO_2 空心粒子。

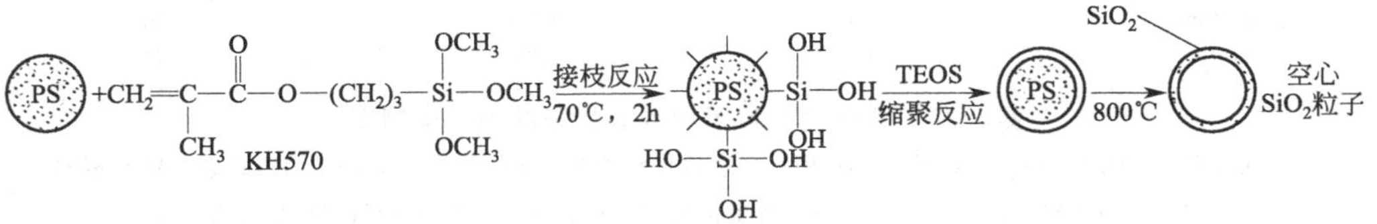

图 2-34　SiO_2 空心粒子制备过程示意图

第十节　胶体晶体

一、胶体晶体

由一种或多种单分散胶体粒子组装并规整排列的二维或三维类似于晶体的有序结构称为胶体晶体（Colloidal Crystals）。由于天然蛋白石（Opal，一种多彩宝石）是由单分散二氧化硅球形粒子密堆积而成的胶体晶体，故胶体晶体也称为合成蛋白石，与普通晶体比较，胶体晶体中占据每个晶格点的是胶体粒子，而不是分子、离子或原子。图 2-35 是蛋白石的照片及一种人工蛋白石的微观结构电镜照片。

近 20 年来，光子晶体研究的发展给胶体晶体赋予了新的生命力。光子晶体的典型结构是折射率成周期性变化的三维物体。光子晶体可像半导体控制电子一样控制光子的传送，即在特定方向上光子晶体阻止一定频率的光透过，而其他频率光可以透过，光子晶体的这一功能使其具有广阔的应用前景，如有望用于光子开关、光子频率变换器、光波选频滤波器等元器件的制造。

胶体晶体是由胶体粒子与空气介质周期性排列的有序结构，具有折射率周期性变化的特点，符合光子晶体的结构要求。

除了可能作为光子晶体的应用之外，胶体晶体也可作为模型体系用于晶体的成核与生长、熔化等过程的基础研究。这是因为以纳米级、微米级的单分散胶体粒子代替原子、分子研究上述过程，可以使不能直接观测的微观相行为变为可直接观测。

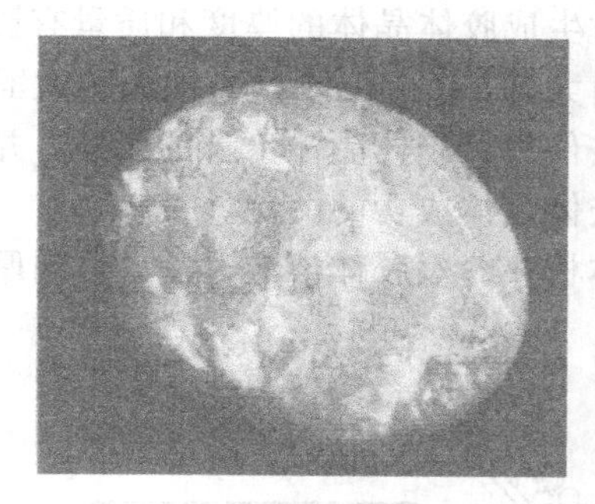

(a) 自然界中的蛋白石

(b) 澳洲蛋白石细部

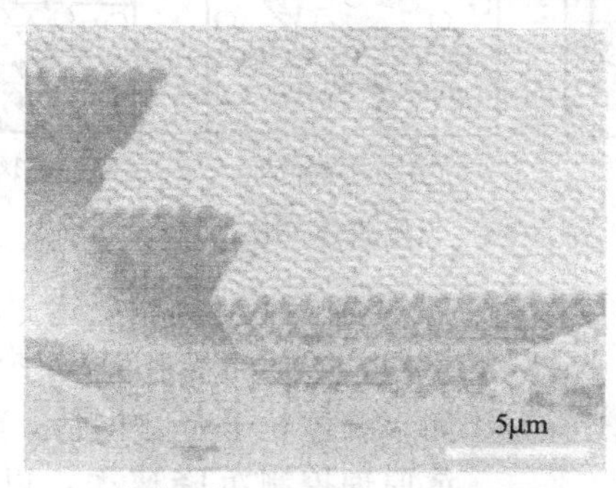

(c) 密堆积型人工蛋白石的扫描电镜照片

图 2-35　蛋白石及其微观结构

二、胶体晶体的制备

在某些条件下，原子、分子、胶体粒子、纳米粒子等结构单元间以价键或非价键的弱相互作用，构成更为复杂的有序结构称为自组装。自组装一般能自发进行。在各种界面上形成的物理吸附膜可以视为应用最早的自组装技术。

1. 胶体粒子的简单自组装

单分散胶体粒子经简单自组装可以构成二维和三维胶体晶体。

(1) 沉降法自组装　当单分散胶体粒子与分散介质密度差别较大时（前者大于后者），胶体粒子在重力场中自然缓慢沉降可以形成底面为（111）晶面的具有面心立方密堆积结构的三维胶体晶体。这一方法对胶体粒子大小、粒子密度、沉降速率等要求严格。改变分散介质的密度和黏度对改善沉降法组装是有意义的。重力沉降法的缺点是用时长（几周至几个月），有时会出现“多层”沉降，即在重力场方向可能形成一些不同密度和排序的不规则层。

过滤沉降法类似于减压过滤，可加速沉降，离心沉降法常可制备较大尺寸胶体晶体，但可能使内部缺陷增加，结晶质量较差，为减少沉降时间和提高结晶质量，近来有人采用振荡剪切、超声波扰动等手段提高胶体粒子排列的有序性。

(2) 蒸发诱导法自组装　将固体基片（如玻璃片）以一定倾斜角（或垂直）插入胶体溶液中，利用基片上润湿薄膜中溶剂的蒸气，胶体粒子在毛细作用和对流迁移的共同作用下在基片-空气-溶液三相界面逐渐沉积，最终可形成单层或多层的二维或三维胶体晶体［图 2-36(b)］。该法也称为垂直沉积法。胶体溶液浓度、胶体粒子的大小、溶剂蒸发速率、基片插入溶胶的倾斜角度、基片和分散介质的性质等对生成胶体晶体的厚度和质量有影响。近年来有人利用温度梯度驱动蒸发诱导自组装成功地由大的 SiO_2 胶体粒子构成的大面积胶体晶体薄膜。也有人研究温度、相对湿度、干燥工艺条件等对胶体晶体生长的影响，并认为基片与胶体间的亲和性和表面电性质是这种方法制备胶体晶体成功的关键。

（3）狭缝过滤法自组装　用两块平行的固体板狭缝对胶体溶液过滤，得到厚度与狭缝间距相等的胶体晶体［图 2-36(c)］。

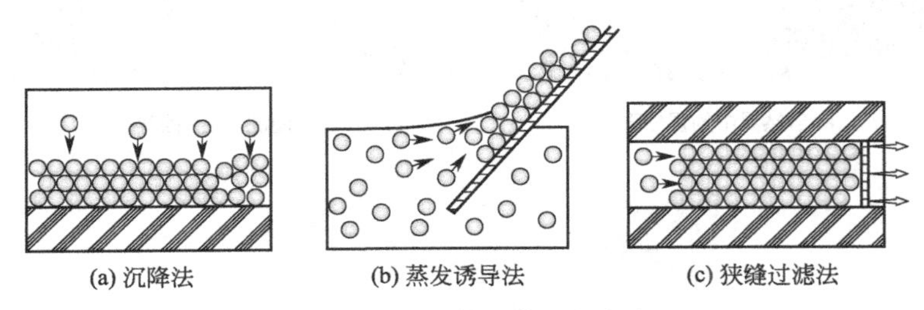

图 2-36　三维胶体晶体的制备方法

（4）外电场法自组装　当胶体粒子太大或太小时利用上述方法有时会遇到困难。粒子太小，沉降时间太长；粒子太大，所得晶体有序性差。如果胶体粒子带有电荷，可在外电场作用下，利用电泳原理控制沉降速率，以得到满意的胶体晶体（图 2-37)。粒子过大时应用此法也有困难。

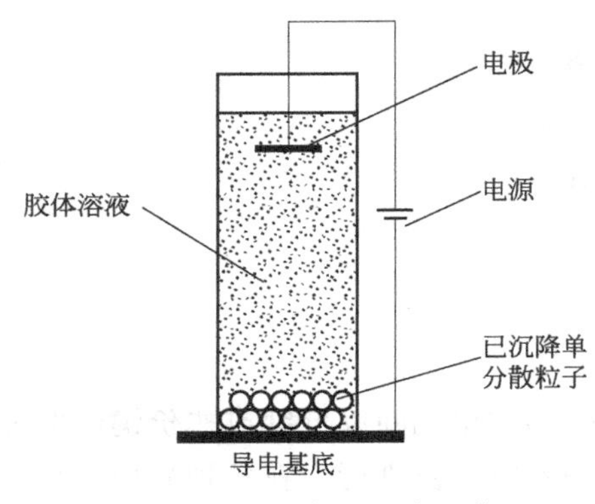

图 2-37　外电场下的自组装

（5）静电力法自组装　若胶体粒子表面带有一定电荷密度的电荷，溶胶体系中粒子浓度也适当，在静电力作用下粒子自组装成周期性结构，形成胶体晶体。显然，粒子间是静电斥力的作用，形成的胶体晶体中粒子并未完全接触。这种方法自组装的条件十分苛刻。但是近年来有人利用聚焦离子光束使不导电的基底上有序带有电荷，这些带电荷点可靠静电作用吸引溶胶中带反号电荷的单分散粒子并在其上沉积，形成胶体晶体。

2. 模板法胶体粒子自组装

简单自组装成的胶体晶体结构简单，为二维或三维密堆积结构。要得到复杂晶格结构常需应用不同的模板。根据模板的类型可将这种方法分为硬模板法和软模板法，前者多以在硬质聚合物基片刻蚀图案为模板，后者多以乳状液液滴为模板。

（1）硬模板法　在 20 世纪末，有人以用平版印刷图案方法刻蚀的聚甲基丙烯酸甲酯基底为模板，制备了具有面心立方结构的胶体晶体，方法是先在聚合物基片上用电子束刻蚀出按面心立方（110）或（100）面排列的直径与胶体粒子直径接近的孔，然后在此图案上用沉降法组装胶体粒子，最后得到面心立方胶体晶体的晶格常数与刻蚀图案的一致。

Xia 等对硬模板沉积法进行了改进，利用有特定凹槽结构的平面基底作为图案化模板，通过胶体溶液的流动沉积制备出有复杂结构的胶体晶体（图 2-38)。当 0.9μm 的聚苯乙烯(PS）单分散粒子在直径 2μm、深度 1μm 的圆柱状孔中沉积时，可得到三角形排列的胶体粒子聚集体［图 2-38(a)］。当 0.7μm 的 PS 粒子在与图 2-38(a) 相同大小的孔中沉积时，得到五角形聚集体［图 2-38(b)］。当溶胶中分散相体积分数较大时，2μm 的 PS 粒子在直径 5μm、深度 1.5μm 的圆柱状孔中沉积，可得到双层结构聚集体［图 2-38(c)］。当 1μm PS 粒子在宽度为 2.72μm 的 V 形凹槽中沉积时，可得到螺旋链状结构聚集体［图 2-38(d)］。显然，模板图案的形状对所得胶体晶体的结构形状有直接影响。如利用有一维孔道结构的硅基底作为图案化模板，制备出了有管状堆积结构的二氧化硅胶体晶体；用微接触印刷技术实现图案化二维胶体晶体和非密堆积结构的二维胶体晶体的制备。

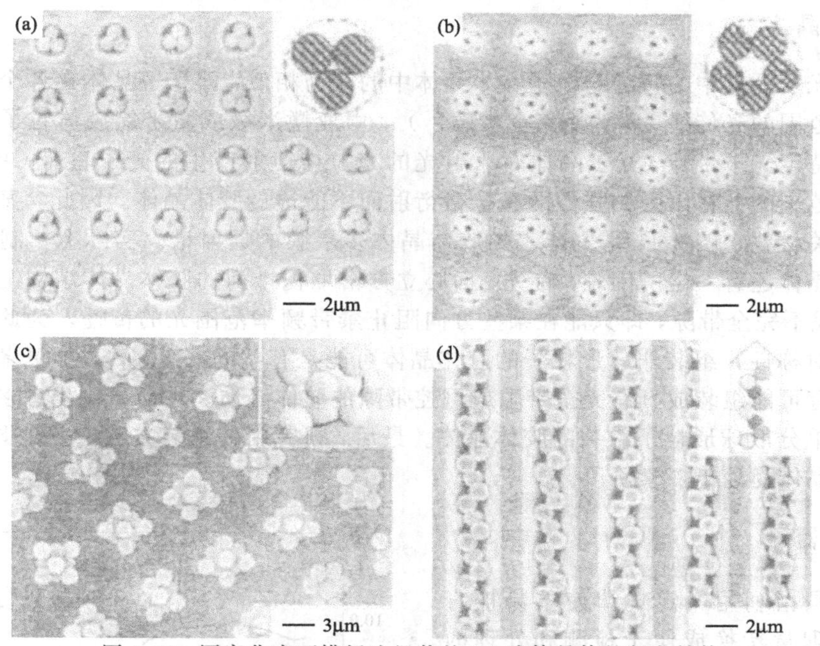

图 2-38 图案化表面模板法组装的 PS 胶体晶体的复杂结构

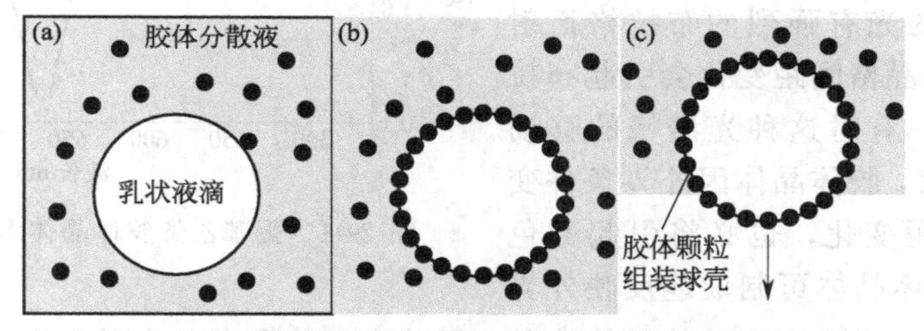

图 2-39 乳状液模板法组装球壳状胶体晶体过程示意图

(2) 软模板法　以乳状液液滴为软模板进行胶体粒子自组装有两种方式：粒子吸附于液滴表面或粒子包裹于液滴内部进行组装。

图 2-39 是乳状液液滴表面吸附法组装胶体晶体的过程示意图。这一方法是先制成乳状液，在分散介质（乳状液连续相）中有分散的胶体粒子［图 2-39(a)］。胶体粒子吸附于乳状液液滴表面，形成一层紧密排列的球壳［图 2-39(b)］，加入稳定剂或用其他方法（如烧结）使球壳层稳定，并用离心法将液滴分离，转移至与原乳状液连续相不相混溶的液体中［图 2-39(c)］。干燥后可得球壳形胶体晶体胶囊。图 2-40 是由 0.9μm PS 粒子组装干燥后所得胶囊的 SEM 图。

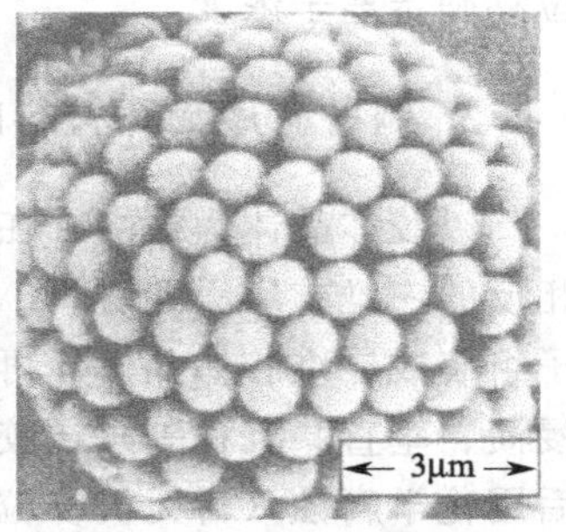

图 2-40 乳状液法组装的 PS 粒子胶体晶体干燥后胶囊的扫描电镜图

将胶体粒子包裹于乳状液液滴内，并附着于液滴表面，使液滴内液体蒸发，最后也可得球形紧密结构。

三、胶体晶体的应用

1. 光子晶体

光子在光子晶体中的行为与电子在半导体中的行为相似，即光子晶体在各个方向都能阻止一定频率范围的光传播（称为“完全带隙”），由亚微米级或微米级胶体粒子组装的胶体晶体是具有特定光子带隙（光子晶体对入射光的布拉格衍射产生的光子禁带）的光子晶体，即一定频率范围的光将因受到强烈的布拉格衍射而不能透过胶体晶体。因此，某些胶体晶体可作为光开关材料，图 2-41 是聚苯乙烯胶体晶体多层膜的透射谱。实际上，制备产生完全带隙的胶体晶体还有一定的困难，首先，面心立方密堆积排列的胶体晶体结构上是完全对称的，只能形成不完全带隙，即只能在某些方向阻止禁带频率范围光的传播，为此，改变胶体晶体结构的对称性，组装非球形粒子的胶体晶体可能是有益的，其次，选择更多材质的单分散胶体粒子有可能组装成具有完全带隙或可控带隙的胶体晶体。现已研制出许多由金属和半导体材料的单分散球形粒子组装的胶体晶体。最后，研究新的组装方法，实现非球形胶体粒子组装胶体晶体尚处于探索阶段。

2. 传感器

传感器是指利用一定规律使不易被直接检测的物理量转换成便于检测和处理的物理量的器件。胶体晶体是一种光子晶体，故其对特定波长的光有强烈的布拉格衍射现象，即胶体晶体晶格间距变化会引起布拉格衍射峰的移动。有时这种光谱峰的移动可直接用裸眼观察，胶体晶体因外界条件变化而导致晶格间距变化，也必将引起颜色的改变，据此，胶体晶体可制成能反映外界环境变化的传感器。例如，在胶体晶体粒子的间隙中以共聚合方式引入能整合某种金属离子的冠醚功能单体，该体系晶面间距和衍射峰位置将随离子浓度而变化。因而可根据衍射峰的位移确定离子浓度。

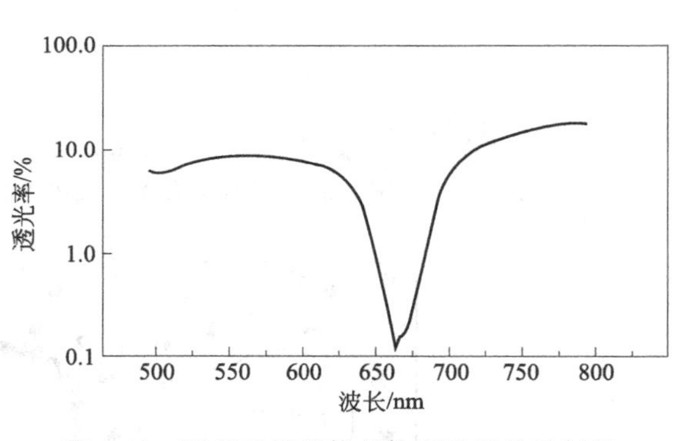

图 2-41 聚苯乙烯胶体晶体多层膜的透射谱

3. 制备有序大孔材料的模板

以胶体晶体为模板，在胶体粒子间隙中填充另一种材料，去除模板后可得到与模板结构相反的三维有序大孔材料。这一制备方法的一般步骤如图 2-42 所示。首先用单分散胶体粒子组装成一维胶体晶体，再用各种手段（如溶胶-凝胶、电化学沉积、化学气相沉积、离心、浸渍、垂直共沉积等）在胶体晶体的间隙中填充某种待制备物质或其前驱体形成复合体；最后用化学腐蚀（对无机物粒子构成的胶体晶体）或高温煅烧（对有机物粒子构成的胶体晶体）等方法除去复合体中的胶体晶体模板（若应用前驱体时需使其转化为最终产物），可得三维有序大孔材料。图 2-43 是用此方法得出的几种典型有序大孔材料的 SEM 图像，应用胶体晶体模板制备的三维有序大孔材料是模板的反向复制，故称其为反蛋白石（Opal）结构。反蛋白石结构大孔材料的孔结构由胶体晶体结构决定，而其孔壁组成受填充物性质、前驱体的性质、填充手段、模板去除方法及条件等制约。

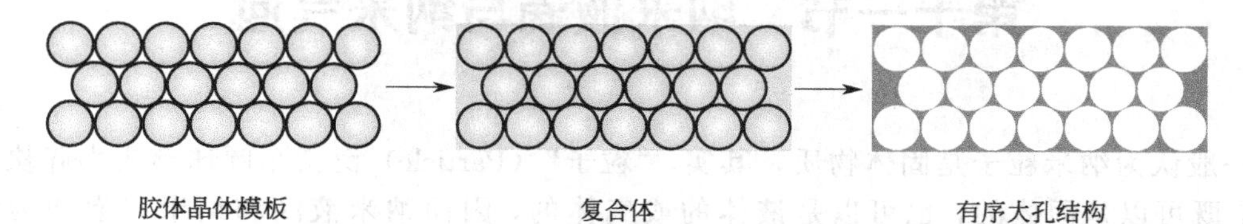

图 2-42　胶体晶体模板法制备三维有序大孔材料过程示意图

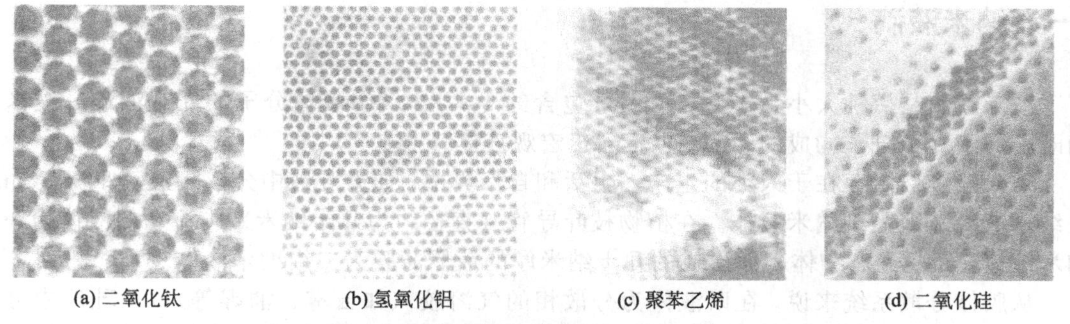

图 2-43　胶体晶体模板法制备的几种大孔材料的扫描电镜图像

反蛋白石结构大孔材料也是完全带隙光子晶体的一种，其孔径大小可由形成模板的胶体粒子大小控制，从而有效调节光子带隙的位置，而且可通过填充高介电常数物质，提高两种介质的介电常数之比，从而加宽带隙或促成完全带隙。

反蛋白石结构大孔材料在大分子催化、分离与提纯、半导体和电池材料、光波导器件等方面有应用前景。例如 Stein 等报道了大块碳三维有序大孔材料的合成及其在锂离子二级电池阳极材料方面的应用，Blanco 等制备的单晶硅大孔材料有望用于制作光波导器件。

4. 制备有序二维纳米结构模板

将单分散胶体粒子在固体基底上组装成六方密堆积排列，可得二维胶体晶体。在二维胶体晶体中，每三个相邻的粒子间有三角形空隙，这些空隙也是二维有序排列的，以二维胶体晶体为模板，将其他物质以各种方法沉积于未被遮掩的基底上，除去二维胶体晶体模板，可得到沉积物的二维纳米结构排列，由于二维胶体晶体中胶体粒子为球形的，故所得沉积物的二维图案十分复杂，这一过程与图 2-42 类似，只是将胶体晶体模板视为二维的。

二维胶体晶体模板也可以由双层纳米粒子排列构成，各种物质在二维胶体晶体上的沉积方法有多种。如以单层或双层胶体晶体为模板：在聚苯乙烯微米球粒的二维阵列上蒸镀沉积 Au 形成各种图案；用化学沉积法使 Cu 沉积于单层胶体晶体上，得到 Cu 的二维纳米结构。或用活性离子刻蚀法得到非球形粒子的二维有序结构。

二维纳米有序结构对制造微纳电子器件、光学器件、生物芯片和化学传感器有重要意义。虽然胶体晶体的研究近年来取得可喜的进展，在制备多种物质单分散胶体粒子及组装相应的胶体晶体方面，国内外学者均有突破性的进展，但在研究构筑可控复杂结构胶体晶体的新方法、制备有实用价值的光子晶体器件、探索纳米超晶格的组装及新型纳米器件的开发、发现胶体晶体的新功能等方面无疑还有许多工作要做。

第十一节　纳米液滴与纳米气泡

一般认为纳米粒子是固体物质，其实，“粒子”（Particle）泛指小圆球形或小碎块形的东西，既可以是固体的，也可以是液体的或气体的，因而纳米液滴和纳米气泡均为纳米粒子。

一、纳米液滴

纳米液滴是一种大小为10～100nm，包含约10^4～10^7个液体分子的介观液滴，纳米液滴既不同于几个分子构成的团簇，也不同于宏观液体。

纳米液滴广泛存在于人类的生产、生活和自然界中，如微乳液中分散相液滴小于50nm，是纳米液滴，即零维纳米液体。在植物枝叶导管（直径约为几十纳米）中流动的液体为一维纳米液体，而凝聚态物体表面形成的几十纳米厚的液体薄膜为二维纳米液体。

从胶体分散系统来说，在以液体为分散相的气溶胶（如云雾、油雾等）、微乳液中分散相液体（W/O型中的水滴、O/W型中的油滴）、凝胶中固体骨架中的液体介质都可以看作纳米液滴，因此，应用气溶胶、微乳液和凝胶的制备方法就可以得到纳米液滴。

纳米液滴与固体纳米粒子有许多类似性质，如表面效应、量子尺寸效应、小尺寸效应等，但由于液体与固体性质的差异，纳米液滴还有一些更为独特的性质，如纳米液滴总是球形的；纳米液滴内的分子基本处于无序状态；纳米液滴的界面是柔性的，通过界面可发生液滴内部与外部物质和能量的交换，换言之，纳米液滴可以作为某些反应的微反应器，以进行相关反应的机理研究。

纳米液滴有如下应用前景。

① 用作微反应器进行某些化学反应微观机理研究，如研究反应过程中物质能量和结构的变化，实现某些在宏观系统中难以实现的反应或提高反应速率。

② 通过对气体及化学物质与空气中纳米水滴相互作用研究，了解生物体中营养物质的传输及吸收过程，并可能模拟生命起源过程中化学物质的相互作用，从而深化对生命起源的认识。

③ 通过对纳米液滴的生成与破坏的研究，解决气溶胶对大气环境影响的问题和土壤保护的相关问题（土壤的毛细管束中的液体即为纳米液体）。

二、纳米气泡

在液体中或在固-液界面上存在的纳米尺度的气泡，称为纳米气泡，适当放宽尺寸，将几十微米与数百纳米之间的气泡混合状态称为微纳米气泡。

纳米气泡可通过水泵、空压机、精滤器、高效气水混合器、搅拌混合器联合使用而生成。较常规气浮法制备气泡要复杂。

纳米气泡的研究尚处于起步阶段。目前有许多相关论文和专利报道，特别是有许多对纳米气泡的应用性工作开展。

除一般纳米粒子的特性外，由于纳米气泡的分散相为气体，它还有一些更为独特的性质。

① 纳米气泡破裂时的冲击作用。根据Laplace公式知，纳米气泡的曲率半径极小，故内外压差很大，在气泡破裂时局部范围内产生高温高压，甚至发生暴沸。

② 纳米气泡生成时表面带有负电荷，有一定的表面活性，对除臭、脱色有益，并有一定的杀菌作用。

③ 空气和氧气的纳米气泡可对周围环境（土壤和水体）产生影响：提高水体中溶解氧量，形成富氧活性水，改善土壤中氧气供应状况，影响土壤结构、土壤肥力及植物根系活力，促进生物生长和环境的改善。

现已有一些纳米气泡实际应用的初步报道。

① 水环境治理方面的应用　利用纳米气泡处理饮用水、地下水、各种工业和农业污水及废水。据报道，用纳米气泡处理后，水的COD降低达90%以上，氨氮降低约在60%～85%之间。

② 在水稻栽培中的应用　利用纳米气泡处理的水灌溉水稻能有效促进水体和土壤中有益微生物的活性，提高植物根部氧气利用率，进而影响养分吸收、代谢及光合作用，提高产量。

③ 在医疗方面的应用　将纳米气泡技术与射频技术结合可提高某些疑难病的诊断率。

④ 建材方面的应用　用含纳米气泡的水制作建材构件，其抗压强度和抗渗能力有明显提高。

⑤ 固-液界面上存在纳米气泡　纳米气泡布满管道内壁可减少抽取液体时的摩擦，节省能耗、降低成本。纳米气泡的存在还可提高从油砂中分离油的效率。

第三章 胶体的动力学性质

胶体有很多运动形式，例如热运动，在微观上以布朗运动的形式表现，宏观上则表现为扩散。胶体也可以在外力场中做定向运动。例如，沉降是胶体在重力场或离心场中运动的表现。

第一节 布朗运动

一、布朗运动

1826 年英国植物学家 Brown 将花粉悬浮于水中，并在显微镜下观察，发现这些小颗粒在不停地进行无规则运动，从一处移到另一处，同时还会转动。不但花粉如此，煤、矿物、化石的粉末亦是如此。此种运动初看时毫无规则，移动的方向和远近皆不断地改变；若在一定时间间隔观察某一个颗粒的位置，则可得到如图 3-1 的示意图，称这种运动为布朗运动。1903 年 Zsigmondy 发明了超显微镜，于是能够观察比花粉细得多的胶体粒子的布朗运动，并得出重要的实验结论，如粒子越小、温度越高，布朗运动越强烈。1905～1906 年，Einstein 和 Smoluchowski 自不同的角度分别独立提出了布朗运动的理论。他们提出了两个新理论：①一个悬浮于液体中的质点的平均动能和一个小分子一样，皆是 $(3/2)kT$；②实验中不必管质点运动的实际路径或实际速率，只需测定在指定时间间隔内质点的平均位移，或者测定发生指定位移所需的平均时间。这两个新理论不但使人们明白了产生布朗运动的原因而且指出了实验的方法。产生布朗运动的原因是液体分子对固体粒子撞击。固体粒子处在液体分子包围之中，而液体分子一直处在不停的、无序的热运动状态，不断地撞击着固体粒子。如果粒子较小，那么在某一瞬间，粒子各个方向所受力不能相互抵消，就会向某一方向移动，在另一瞬间又向另一方向移动，因此，造成粒子的无规则运动。当粒子直径大于 $5\mu m$ 时，就没有布朗运动。因为粒子在瞬间所受的撞击次数随粒子增大而增加，粒子越大，在周围受到的撞击相互抵消的可能性也越大。

当粒子大小在胶体的范围内时，所受撞击数较少，受力不平衡的可能性较大，胶体粒子的布朗运动显著。

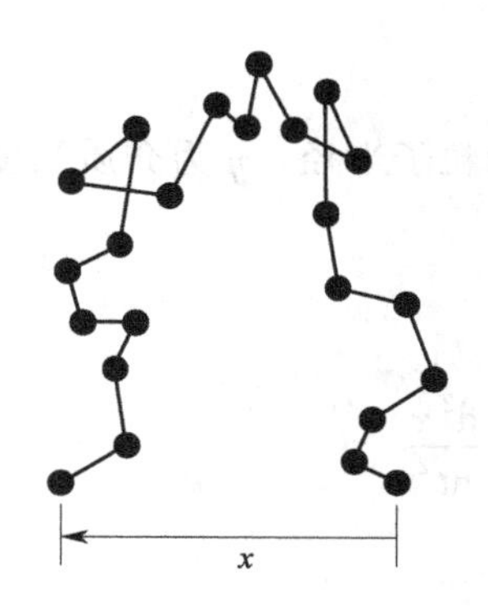

图 3-1　布朗运动轨迹示意图

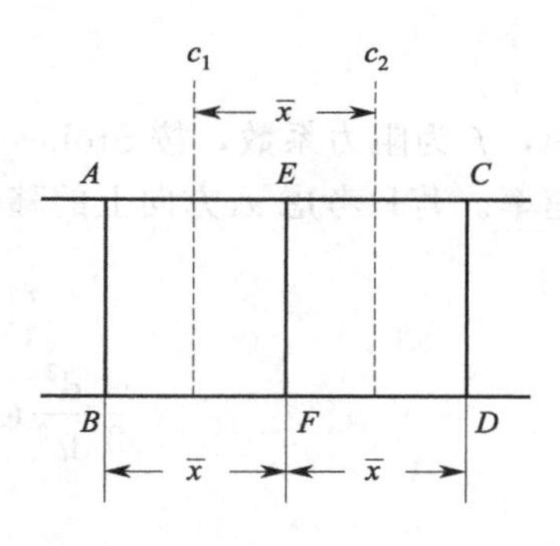

图 3-2　布朗运动示意图

二、Einstein 布朗运动公式

1. Einstein 第二扩散公式

假如在一个截面为单位面积的圆筒内盛溶胶，若只考虑粒子在 x 方向上的位移，经过 t 时间后，一个粒子在 x 方向上所走的平均路径是 $\bar{x}$，即一个粒子所走的路径在 x 方向的投影距离，如图 3-2 所示。假设在 AB 平面到 CD 平面的区域内，沿着 x 方向粒子浓度逐渐降低，且每个平面内浓度是相等的。若从 AB 到 EF 平面距离为 $\bar{x}$，在此区域内平均浓度为 c_1；同样，由 EF 到 CD 的距离也是 $\bar{x}$，平均浓度为 c_2。在 EF 平面两侧可以找出两个平面。其浓度分别为 c_1、c_2，用虚线表示，因为浓度是连续的，故两个平面正好在 AB、EF 平面和 EF、CD 平面的中间，距 EF 平面距离均为 $\frac{1}{2}\bar{x}$。在 t 时间内，自右而左通过 EF 的粒子数为 $\frac{1}{2}\bar{x}c_2$，而由左向右通过 EF 的粒子数为 $\frac{1}{2}\bar{x}c_1$。因为 $c_1 > c_2$，则由左到右通过 EF 的净粒子数为：

$$\frac{1}{2}\bar{x}c_1 - \frac{1}{2}\bar{x}c_2 = \frac{1}{2}\bar{x}(c_1 - c_2)$$

在有浓度差的情况下，粒子总是从浓的区域向稀的区域扩散。若无外来干扰，在一定温度下，EF 平面上扩散粒子数与浓度梯度及扩散时间成正比，故：

$$\frac{\bar{x}}{2}(c_1 - c_2) = D\left(\frac{c_1 - c_2}{\bar{x}}\right)t$$

$$(\bar{x})^2 = 2Dt$$

$$\bar{x} = \sqrt{2Dt} \tag{3-1}$$

式中，D 为扩散系数。此即 Einstein 第二扩散公式，它指出布朗运动的平均位移与 $t^{1/2}$ 成正比，也和 $D^{1/2}$ 成正比。布朗运动与扩散的内在联系：扩散是布朗运动的宏观表现，而布朗运动是扩散的微观基础。

2. 扩散系数

若粒子为球形，由于介质分子碰撞粒子，在 x 方向所产生的净作用力为 F，若粒子的质

量为 m，则

$$m\frac{\mathrm{d}v}{\mathrm{d}t}+fv=F$$

式中，f 为阻力系数，按 Stokes 公式 $f=6\pi\eta a$，a 为粒子半径，η 为介质黏度；v 为粒子移动速率。若只考虑 x 方向上的移动，则：

$$m\frac{\mathrm{d}^2x}{\mathrm{d}t^2}+6\pi\eta a\frac{\mathrm{d}x}{\mathrm{d}t}=F \tag{3-2}$$

因为

$$\frac{m}{2}\frac{\mathrm{d}^2}{\mathrm{d}t^2}(x^2)=m\left(\frac{\mathrm{d}x}{\mathrm{d}t}\right)^2+mx\frac{\mathrm{d}^2x}{\mathrm{d}t^2}$$

$$x\left(\frac{\mathrm{d}x}{\mathrm{d}t}\right)=\frac{1}{2}\frac{\mathrm{d}}{\mathrm{d}t}(x^2)$$

故式(3-2) 变为

$$\frac{m}{2}\frac{\mathrm{d}^2}{\mathrm{d}t^2}(x^2)+3\pi\eta a\frac{\mathrm{d}}{\mathrm{d}t}(x^2)=m\left(\frac{\mathrm{d}x}{\mathrm{d}t}\right)^2+Fx$$

上式只讨论一个粒子的位移，实际体系中粒子数很多，各粒子的位移也各不相同，现取一个平均值，令 $\bar{x}$ 为各粒子在 x 方向上的平均位移，则

$$\frac{m}{2}\frac{\mathrm{d}^2}{\mathrm{d}t^2}(\bar{x})^2+3\pi\eta a\frac{\mathrm{d}}{\mathrm{d}t}(\bar{x})^2=m\left(\frac{\mathrm{d}\bar{x}}{\mathrm{d}t}\right)^2+F\bar{x} \tag{3-3a}$$

为数众多的粒子，在各个方向所接受的碰撞概率总是相同的，受的平均力也相同，所以

$$F\bar{x}=0$$

已知微粒的动能为

$$m\left(\frac{\mathrm{d}\bar{x}}{\mathrm{d}t}\right)^2=mv_x^2=kT=\frac{R}{N_{\mathrm{A}}}T$$

式中，T 是温度；N_{A} 为阿伏伽德罗常数，又令

$$Z=\frac{\mathrm{d}}{\mathrm{d}t}(\bar{x})^2$$

所以式(3-3a) 可写成：

$$\frac{m}{2}\frac{\mathrm{d}Z}{\mathrm{d}t}+3\pi\eta aZ=\frac{R}{N_{\mathrm{A}}}T \tag{3-3b}$$

解上式得

$$Z=\frac{RT}{N_{\mathrm{A}}}\frac{1}{3\pi\eta a}+k\exp\left(-\frac{6\pi\eta a}{m}\right)t$$

粒子移动 $\bar{x}$ 所需时间 t，比粒子的平均质量 m 要大得多，所以右边第二项可以忽略，即

$$\frac{\mathrm{d}(\bar{x})^2}{\mathrm{d}t}=\frac{RT}{N_{\mathrm{A}}}\frac{1}{3\pi\eta a} \tag{3-4}$$

因 $t=0$ 时，$\bar{x}=0$，对式(3-4) 积分得

$$(\bar{x})^2=\frac{RT}{N_{\mathrm{A}}}\frac{1}{3\pi\eta a}t \tag{3-5}$$

将式(3-5) 与式(3-1) 比较得

$$D=\frac{RT}{N_{\mathrm{A}}}\frac{1}{6\pi\eta a} \tag{3-6}$$

在推导过程中，假设胶体粒子是球形的，由Stokes定律可知，球形质点的阻力系数为

$$f=6\pi\eta a$$

所以，式(3-6) 可表示为

$$DN_{A}f=RT$$

或

$$Df=kT \tag{3-7}$$

式(3-7) 比式(3-6) 更有普遍意义，因为只要得到阻力系数 f，任何形状的粒子运动都遵循式(3-7)。

从式(3-6) 可知，D 与粒子大小有关。表3-1中列出了20℃时不带电球形粒子在水中的扩散系数和布朗运动在不同位移时所需时间。

表3-1　不带电球形粒子在水中的扩散系数和布朗运动在不同位移所需时间（20℃）

球粒半径/nm	$D/(m^2/s)$	布朗运动位移所需时间		
		1cm	1mm	1μm
1000	2.15×10^{-13}	7.3a	27d	2.3s
100	2.15×10^{-12}	9m	2.7d	0.23s
10	2.15×10^{-11}	27d	6.5h	2.3×10^{-2}s
1	2.15×10^{-10}	2.7d	40min	2.3ms

3. Einstein布朗运动公式

将式(3-6) 代入式(3-1)，得

$$\bar{x}=\sqrt{\frac{RT}{N_{A}}\frac{t}{3\pi\eta a}} \tag{3-8}$$

该式称为Einstein布朗运动公式。

从布朗位移公式可以得到以下结论。

① 在一定时间 t 内，粒子越大，介质的黏度越大，粒子位移减少。温度升高，粒子位移增大。

② 当体系的温度 T、介质的黏度 η 及粒子的半径 a 都固定时，则方程(3-8) 就可以写成

$$\bar{x}=K\sqrt{t}$$

式中，K 为常数。该方程式描述了粒子平均位移 $\bar{x}$ 与相应时间 t 的关系，常称为“时间定律”，这一关系已为实验所证实。

③ 通过位移公式，在实验中测定某些数据，可以确定粒子半径 a 值或Avogadro常数 N_{A}。

由于式(3-8) 中诸变量均可由实验确定，用这个公式求得的 N_{A} 与其他方法求得的一致，这不仅表明此公式本身是正确的，同时又反过来证明分子运动学说的正确性。这也是研究布朗运动的理论意义。例如，Perrin在290K、以粒子半径为0.212μm的藤黄水溶胶（水的黏度为1.1mPa·s）进行实验，经30s后，测得粒子在 x 轴方向上的平均位移 $\bar{x}$ 为7.09μm/s，根据这些数据算得 N_{A} 为 $6.5\times10^{23}\ mol^{-1}$。尽管这个数值与现在公认的有些出入，但Perrin的工作在科学史上占有重要的地位。在他的实验结果公布之前，并无直接的实验证据证实分子运动理论，很多科学家把分子看作一种可有可无的概念。Perrin的结果发表之后，分子运动论才有了直接的实验根据，这证明了分子运动假设的真实性。此后分子运动论上升为一种理论，对于推动化学与物理的发展起了重要的作用。另外，这也表明胶体的运动具备分子运动的性质。

除了平移的布朗运动以外，还有转动的布朗运动，它是悬浮粒子绕着自己的轴作不规则

的转动。1908 年 Langevin 根据粒子运动公式导出了转动布朗运动公式：

$$\bar{a}^2=2Dt$$

$$D=\frac{RT}{N_A}\frac{1}{8\pi\eta a}$$

所以

$$\bar{a}^2=\frac{RT}{N_A}\frac{1}{4\pi\eta a}t \tag{3-9}$$

式中，$\bar{a}$ 是粒子平均转动的角度。

【例】 已知 40℃时某种物质在水中的扩散系数 $D_{40}=4.76\times10^{-11}\ m^2/s$，求 20℃的扩散系数 D_{20}。已知 20℃和 40℃时水的黏度分别为 1.0050×10^{-2} P 和 0.6560×10^{-2} P（$1P=10^{-1}$ Pa·s）。

解： 根据式(3-6) 可得：

$$\frac{D_{20}}{D_{40}}=\frac{T_{20}/\eta_{20}}{T_{40}/\eta_{40}}=\frac{T_{20}\eta_{40}}{T_{40}\eta_{20}}$$

$$D_{20}=2.91\times10^{-11}(m^2/s)$$

第二节　涨落现象

如用超显微镜来观察溶胶粒子的运动，可以发现很有趣的现象。从一个很大体积的溶胶来看，粒子的分布是均匀的。但是从很小体积来观察粒子的分布，由于有布朗运动，小体积内粒子数目会有变化，有时比较多，有时比较少。在小体积内，这种粒子数目时多时少的变动现象，叫涨落现象。溶胶的涨落现象是研究溶胶光散射等许多性质的基础。

涨落现象的规律可以从小体积内出现粒子数目的概率来推导。

设在某个体积为 V 的溶胶粒子中间划出一小体积 v，在 V 体积中的粒子数为 N，则在 v 中的平均粒子数为 ϕ，$\phi=(v/V)N$。一个小粒子在 v 中的概率为 v/V，而 n 个粒子同时出现在 v 中的概率为 $(v/V)^n$，而其余的 $N-n$ 个粒子出现在 $V-v$ 中的概率为 $[(V-v)/V]^{N-n}$，由于各种粒子没有区别，在 N 个粒子数中任意取 n 个粒子有组合 $N!/[n!(N-n)!]$ 种，所以在 v 体积内出现 n 个粒子的概率应为

$$W_n=\frac{N!}{n!(N-n)!}\left(\frac{v}{V}\right)^n\left(\frac{V-v}{V}\right)^{N-n}$$

体积与粒子数关系为$\left(\frac{v}{V}\right)=\left(\frac{\phi}{N}\right)$，$\phi$ 为 v 体积内平均粒子数，上式可改写为

$$W_n=\frac{\phi^n}{n!}\left(1-\frac{\phi}{N}\right)^{N-n}\frac{N}{N}\cdot\frac{N-1}{N}\cdot\frac{N-2}{N}\cdots\frac{N-n+1}{N}$$

因为 $N\gg n$，$N\gg\phi$，所以最后几项可近似为 1，且

$$\left(1-\frac{\phi}{N}\right)^{N-n}=\left(1-\frac{\phi}{N}\right)^{-\frac{N-n}{\phi}(-\phi)}\approx\left(1-\frac{\phi}{N}\right)^{-\frac{N}{\phi}(-\phi)}=\exp(-\phi)$$

故得

$$W_n=\frac{\phi^n}{n!}\exp(-\phi) \tag{3-10}$$

涨落是指在 v 体积内出现的平均粒子数 ϕ 与实际测得的粒子数 n 的差别，或称为偏差。

从其含义可定义为 $(n-\phi)/\phi$，因为 $n-\phi$ 项出现正偏差和出现负偏差的概率相同，故令 $\delta=\sqrt{(n-\phi)^2}$，所以涨落的正确表示应为$|\delta/\phi|$。

计算 n 对 ϕ 的平均偏离，也就是最概然偏离：

$$(n-\phi)^2=\sum_0^\infty (n-\phi)^2 W_n=\sum_0^\infty n^2 W_n-2\sum_0^\infty n\phi W_n+\phi^2\sum_0^\infty W_n$$

由麦克劳林公式得：

$$e^x\approx 1+x+\frac{x^2}{2!}+\cdots+\frac{x^n}{n!}=\sum_0^\infty \frac{x^n}{n!}$$

$$\exp(\phi)\approx\sum_0^\infty\frac{\phi^n}{n!}$$

$$\sum_0^\infty\frac{\phi^{n-1}}{(n-1)!}\approx\frac{d}{d\phi}\sum_0^\infty\frac{\phi^n}{n!}\approx\frac{d}{d\phi}\exp(\phi)=\exp(\phi)$$

将上式的各项计算如下：

$$\sum_0^\infty W_n=\exp(-\phi)\sum_0^\infty\frac{\phi^n}{n!}\approx\exp(-\phi)\exp(\phi)=1$$

$$-2\phi\sum_0^\infty nW_n=-2\phi\sum_0^\infty n\frac{\phi^n}{n!}\exp(-\phi)=-2\phi^2\sum_0^\infty\frac{\phi^{(n-1)}}{(n-1)!}\exp(-\phi)$$

$$\approx -2\phi^2\frac{d}{d\phi}\exp(\phi)\exp(-\phi)=-2\phi^2$$

$$\sum_0^\infty n^2W_n=\sum_0^\infty n^2\frac{\phi^n}{n!}\exp(-\phi)=\exp(-\phi)\sum_0^\infty n^2\frac{\phi}{n}\frac{\phi^{(n-1)}}{(n-1)!}$$

$$=\exp(-\phi)\phi\sum_0^\infty n\frac{\phi^{(n-1)}}{(n-1)!}=\exp(-\phi)\phi\frac{d}{d\phi}\sum_0^\infty n\frac{\phi^n}{n!}$$

$$=\exp(-\phi)\phi\frac{d}{d\phi}\left[\sum_0^\infty\phi\frac{\phi^{(n-1)}}{(n-1)!}\right]$$

$$=\exp(-\phi)\phi\frac{d}{d\phi}\left(\phi\frac{d}{d\phi}\sum_0^\infty\frac{\phi^n}{n!}\right)$$

$$=\exp(-\phi)\phi\frac{d}{d\phi}[\phi\exp(\phi)]$$

$$=\exp(-\phi)\phi[\exp(\phi)+\phi\exp(\phi)]$$

$$=\phi+\phi^2$$

所以

$$(\delta)^2=(n-\phi)^2=\phi+\phi^2-2\phi^2+\phi^2=\phi$$

$$\delta=(\phi)^{1/2}$$

相对偏离为

$$\frac{\delta}{\phi}=\frac{1}{(\phi)^{1/2}} \tag{3-11}$$

由式(3-11) 可见，ϕ 的数字愈大，则偏离愈小。例如，$\phi=100$，则 $(\delta/\phi)=1/10$，表示有 10%的涨落。如果 $\phi=10000$，则 $(\delta/\phi)=1/100$，涨落仅占全数的 1%。

以上理论推导也可以用实验来证实。用超显微镜观察溶胶粒子，在大体积内划出一个很小的体积，观察出现的粒子数。表 3-2 是 Svedberg 的实验记录。观察的小体积是 $1064\mu m^3$，均分散的金溶胶粒子的质量为 2.1×10^{-15} g，共观察 518 次，粒子数目的确定是利用照片摄影直接记录。在此体积内的平均粒子数 ϕ 为 1.545。若$\sum Z(n)$ 代表总观察次数，n 个粒子

出现的次数为 $Z(n)$，所以 n 个粒子出现的概率为 $Z(n)/\sum Z(n)$，将该观察所得的概率与按式(3-10) 计算所得概率进行比较，二者是相符的。

表 3-2 金溶胶的涨落现象

粒子数目 n	出现次数 $Z(n)$	观察的概率 $Z(n)/\sum Z(n)$	按式(3-10)计算所得概率 $W(n)$
0	112	0.216	0.212
1	168	0.324	0.328
2	130	0.251	0.253
3	69	0.133	0.130
4	32	0.062	0.050
5	5	0.010	0.016
6	1	0.002	0.004
7	1	0.002	0.001

涨落现象是溶胶、高分子溶液某些物理化学性质的基础。在真溶液中的小分子、离子，甚至大气中的空气分子，都存在涨落现象，天空和海洋的颜色都是蔚蓝色，这是因为分子运动引起局部涨落，产生光散射。

第三节 扩散现象

扩散是物质由高浓度区域自发地移向低浓度区域的过程，它是热力学第二定律的必然结果——均匀分布时体系的熵值最大。扩散作用是普遍存在的现象。下面首先叙述平动扩散的基本定律，即 Fick 第一定律和第二定律。

一、Fick 第一定律

1855 年 Fick 提出，扩散是与热传导十分相似的过程。若考虑图 3-3 中的 AB 平面，它左边的浓度比右边的浓度高，若只考虑沿着 x 方向发生扩散时，设 m 为扩散质量，则通过 AB 平面的扩散速率 $\mathrm{d}m/\mathrm{d}t$，与该处的浓度梯度 $\mathrm{d}c/\mathrm{d}x$ 及 AB 的截面积 A 成正比，故可用下式表示：

$$\frac{\mathrm{d}m}{\mathrm{d}t}=-DA\left(\frac{\mathrm{d}c}{\mathrm{d}x}\right) \tag{3-12}$$

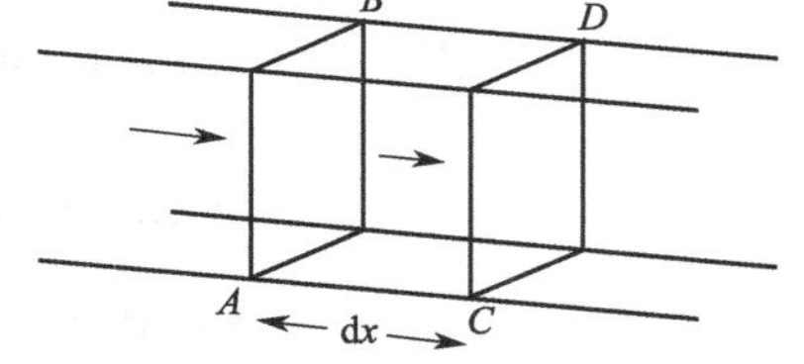

图 3-3 扩散示意图

上式即 Fick 第一定律，式中的负号是因为扩散方向与浓度方向相反，D 是扩散系数，它的物理意义是：在单位浓度梯度下，单位时间内通过单位截面积的溶质量。它表征物质的扩散能力，单位是 $\mathrm{m^2/s}$。该定律指出浓度梯度的存在是发生扩散作用的前提。

二、Fick 第二定律

Fick 第一定律只适用于浓度梯度恒定，实际扩散过程中，浓度梯度是变化的。若进入 AB 的扩散量为 $-DA(\partial c/\partial x)$，离开 CD 的扩散量为 $-DA\left[\frac{\partial c}{\partial x}+\frac{\partial\left(\frac{\partial c}{\partial x}\right)}{\partial x}\mathrm{d}x\right]$，在此小体积

内，根据物料平衡得：

$$\frac{\Delta m}{\mathrm{d}t}=\frac{m_{AB}-m_{CD}}{\mathrm{d}t}=-DA\ \frac{\partial c}{\partial x}-\left\{-DA\left[\frac{\partial c}{\partial x}+\frac{\partial\left(\frac{\partial c}{\partial x}\right)}{\partial x}\mathrm{d}x\right]\right\}$$

$$=DA\ \frac{\partial^2 c}{\partial x^2}\mathrm{d}x$$

所以，随时间每单位体积内物质的变化量为：

$$\frac{\mathrm{d}c}{\mathrm{d}t}=\frac{\Delta m/V}{\mathrm{d}t}=\frac{DA\ \frac{\partial^2 c}{\partial x^2}\mathrm{d}x}{A\,\mathrm{d}x}=D\ \frac{\partial^2 c}{\partial x^2}$$

即：

$$\frac{\partial c}{\partial t}=D\ \frac{\partial^2 c}{\partial x^2} \tag{3-13a}$$

上式是 Fick 第二定律，是扩散的普遍公式。这是个二阶微分方程，解该方程依赖于边界条件的选择及 D 值。它描述了体系浓度与时间和位置的关系。

为了说明 Fick 扩散定律的意义，将它应用在以下几种简单情况中（图 3-4 描述了这几种情况中$\partial c/\partial x$ 及$\partial^2 c/\partial x^2$ 随 x 的变化，在图中通过某一截面流量的方向、大小用水平箭头及其长度来表示）。

图 3-4(a) 描述了一个浓度不变的体系。由于$\partial c/\partial x$ 及$\partial^2 c/\partial x^2$ 都为零，观察不到扩散的发生，流量也为零。

图 3-4(b) 描述了浓度稳步增加的体系。$\partial c/\partial x$ 为一常数，而$\partial^2 c/\partial x^2$ 为零，扩散发生，流量是稳定的。由扩散进入体系某一空间的物质等于由该空间扩散出去的物质，因此在该空间的浓度不变。

图 3-4(c) 描述了浓度梯度发生变化时的体系。此时$\partial c/\partial x$ 出现两个可能的数值，$\partial^2 c/\partial x^2$ 除了在浓度梯度转折点以外都为零，而在浓度转折点上它出现一个峰值。扩散发生时，流量在不同位置上出现两个不同的数值。在转折点处，扩散进入的物质比离开的更多，因而浓度增大，浓度梯度也增大。

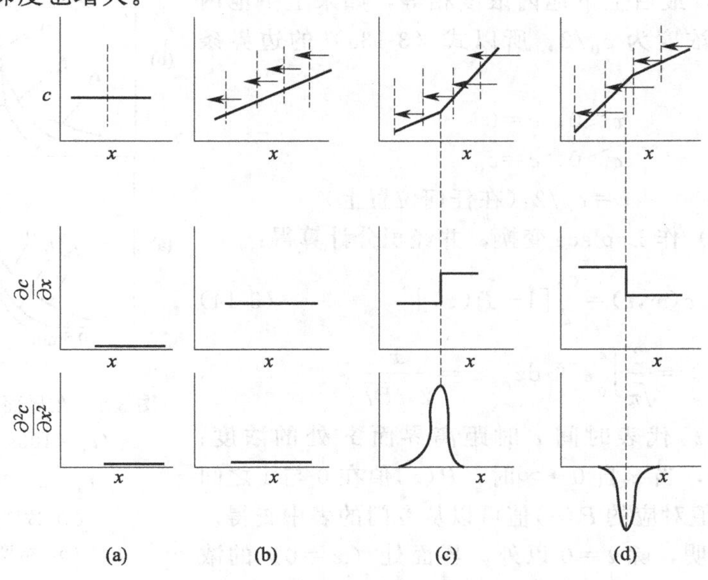

图 3-4 Fick 扩散定律在几种简单情况的应用

图 3-4(d) 与图 3-4(c) 情况相似，只是浓度梯度的变化情况相反。

在推导过程中，已经默认 D 不随浓度变化，但是实际上对于多数体系，特别是线型高分子溶液，D 是浓度的函数，所以式(3-13a) 仅仅是理想公式，实际上应表示为：

$$\frac{\partial c}{\partial t}=\frac{\partial}{\partial x}\left(D\frac{\partial c}{\partial x}\right) \tag{3-13b}$$

三、扩散系数的测定

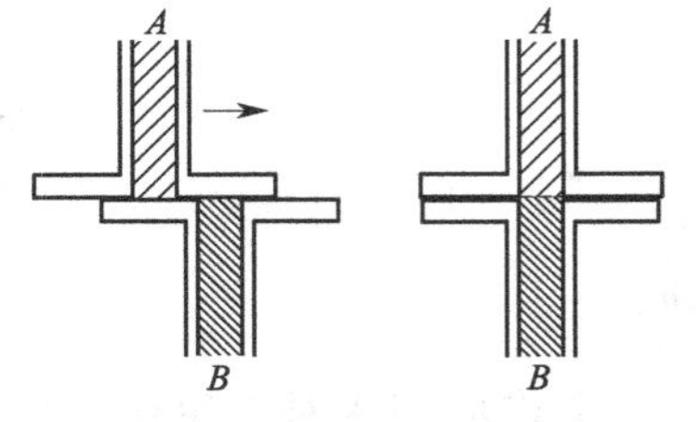

图 3-5 自由界面法的扩散池

测定扩散系数的常用方法有三种：自由界面法、孔片法和光子相关光谱法。

1. 自由界面法

又称自由扩散法。此法是先使溶液与溶剂形成一个非常明显的界面，然后测定扩散过程中浓度的改变或浓度梯度的变化，利用式(3-12) 和式(3-13) 即可计算 D 值。测定浓度或浓度梯度的方法很多，现在最常用的是光学方法，包括光的吸收法、折射率法、干涉法等。

图 3-5 中所介绍的是现在比较通用的一种小型扩散池，扩散池用石英玻璃制成，两池接触处是磨平密封的，彼此可以来回滑动。先在 A 池内装入溶剂，再在 B 池内注入溶液，待温度达到平衡，平推上池，直到上下池对齐，这时在上下池两液体接触处出现很清晰的界面。实验开始后，用光学方法不断记录浓度变化。图 3-6 表示浓度和浓度梯度变化，横坐标代表上下池的距离 x，纵坐标是用光学方法测得各点的浓度 c 或浓度梯度 $\frac{\mathrm{d}c}{\mathrm{d}x}$，$t$ 代表扩散时间。

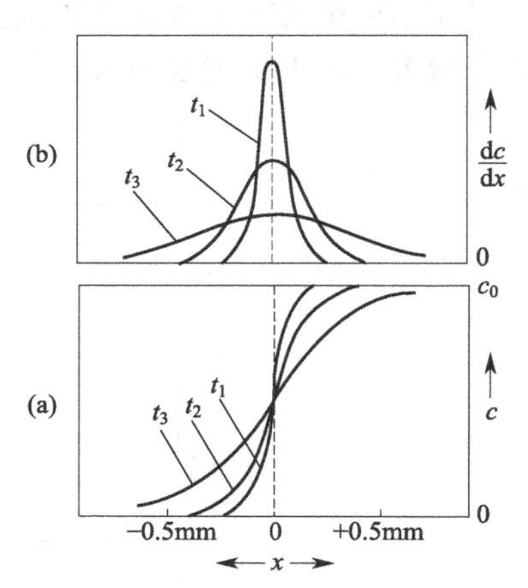

图 3-6 在界面附近，不同时间（$t_1=100$s，$t_2=400$s，$t_3=2500$s）的浓度

(a) 浓度分布曲线；

(b) 浓度梯度曲线

当上下池刚接触时，上池浓度为 0，下池浓度为 c_0，如果长时间接触，最后上下池内浓度相等，如果上下池内体积相等，最后浓度为 $c_0/2$。所以式 (3-13a) 的边界条件为：

$t=0$ 时　　$x<0$，$c=0$

　　　　　$x>0$，$c=c_0$

$t=\infty$时　　$c=c_0/2$（在任何位置上）

将式 (3-13a) 作 Laplace 变换，并经积分计算得：

$$c(x,t)=\frac{c_0}{2}[1-P(z)] \tag{3-14}$$

$$P(z)=\frac{2}{\sqrt{\pi}}\int_0^z e^{-z^2}\mathrm{d}z \quad z=\frac{x}{2\sqrt{Dt}}$$

式中，$c(x,t)$代表时间 t 时距离界面 x 处的浓度；$P(z)$是概率积分，当 z 自 $0\rightarrow\infty$时，$P(z)$值在 0 与 1 之间变动。与不同 z 值对应的 $P(z)$值可以从专门的表中查得。

式(3-14) 表明，除 $t=0$ 以外，界面处（$x=0$）的浓度在扩散进程中始终是 $c_0/2$，离界面$\pm x$ 处，其浓度与

$c_0/2$ 之差由积分值 $P(z)$ 决定。将式（3-14）对 x 微分，得到浓度梯度与 x、t 间的关系：

$$\frac{\mathrm{d}c}{\mathrm{d}x}=-\frac{c_0}{2\sqrt{\pi Dt}}\exp\left[-\frac{x^2}{4Dt}\right]$$

该式与 Gauss 误差分布的函数形式相同，即图 3-6 中（b）的形式。

在两界面接触处，即 $x=0$ 处，这时浓度梯度 h 最大，令 $(\mathrm{d}c/\mathrm{d}x)_{x=0}=h$，则

$$h=-\frac{c_0}{2\sqrt{\pi Dt}} \tag{3-15a}$$

或

$$D=\frac{c_0^2}{4t\pi h^2} \tag{3-15b}$$

在分界面处的浓度梯度（$\mathrm{d}c/\mathrm{d}x$）就是 h 值，不同时间就有不同的 h 值，将不同时间的 h 和 t 代入式（3-15b）中，就可以求得 D 值。一般高分子化合物的 D 值范围是 $10^{-10}\sim10^{-12}$ $\mathrm{m^2/s}$，而低分子化合物（也称小分子化合物）的 D 值一般等于或大于 10^{-9} $\mathrm{m^2/s}$。图 3-6 假定 D 为 $2.5\times10^{-11}\mathrm{m^2/s}$，其中曲线的图形具有共同的特点，对起始界面位置成对称分布；如果扩散系数随浓度而变化，这种对称性将消失，浓度梯度最大值位置偏向界面的某一侧。

本方法适用范围广泛，结果精确，但实验条件十分严格。自由界面法的关键是实验开始时的界面必须非常分明，实验过程中要防止对流和外界干扰，温度应控制在±0.001℃以内，严格避免任何震动。同时，样品必须是均分散体系，才能有明确界面。所以样品必须分级，将低分子量部分除去，才能得到可靠的结果。

2. 孔片法

所用装置如图 3-7 所示。两个小磁搅拌子固定而整个池转动，使上下两室中溶液混合均匀。孔片由玻璃粉烧结而成，有许多 5～15μm 小孔，上室盛放溶液或溶胶，下室为纯溶剂，溶质分子经过孔片中的小孔自溶液扩散入溶剂中。每隔一段时间的浓度变化，可用一般分析方法测定，然后由 Fick 第一定律得：

$$\frac{\mathrm{d}m}{\mathrm{d}t}=-\frac{SD(c_2-c_1)}{l}$$

$$D=\frac{l}{S\Delta c}\frac{\Delta m}{\Delta t} \tag{3-16}$$

式中，S 是孔片的总横截面积；l 是孔的有效长度，所以 S/l 为仪器常数，其数值可以用已知扩散系数的物质来求出。

本法的优点是简单、不怕振动，分析方法不受限制，特别适用于生物学中的酶、病毒等。但也存在两个缺点：①多孔性玻璃对扩散物质的吸附以及玻璃小孔内贮存的气泡，对仪器常数 S/l 都有影响，而且这种影响难以避免；②如用低分子量物质来校正仪器常数 S/l，则该常数对高分子物质或溶胶未必适用，特别是对于不对称性的物质，这种校正更无实际意义。

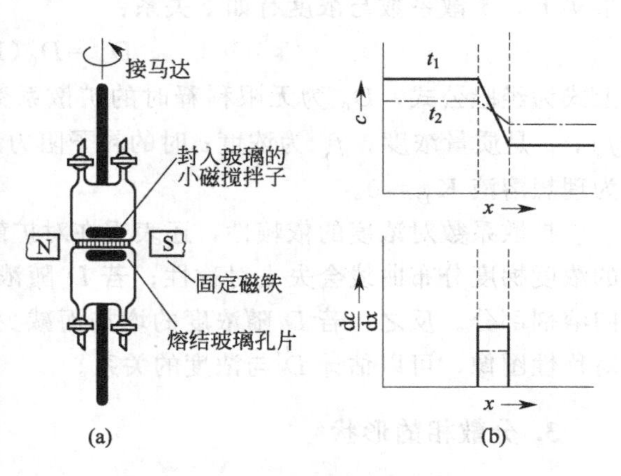

图 3-7　孔片法测定扩散系数

（a）装置图；（b）测量过程中浓度和浓度梯度的变化

3. 光子相关光谱法

这是近年来才出现的新方法，原理是散射光强涨落的快慢与质点布朗运动的强弱直接有关，从而可以测定扩散系数。这个方法既快又准。

胶体的扩散系数大致是 $10^{-10}\sim10^{-12}\ m^2/s$，低分子量物质的扩散系数约是 $10^{-9}\ m^2/s$ 量级。表 3-3 中列出了一些物质的扩散系数值。

表 3-3　一些物质的扩散系数值

物质	分子量	$D_{20,w}/(10^{-10}\ m^2/s)$
甘氨酸	75	9.335
蔗糖	342	4.586
核糖核酸酶	13683	1.068
牛血清白蛋白	66500	0.603
纤维蛋白原	330000	0.197
胶态金	半径为 1.3nm	1.63
胶态金	半径为 40nm	0.049
胶态硒	半径为 56nm	0.038

注：$D_{20,w}$ 是指在 20℃水中的扩散系数值。

四、影响扩散系数的因素

1. 分散相的粒度分布

以上讨论都以粒子大小的均分散体系为基础，所以式(3-12)、式(3-13) 可以代表实验结果，而且不同方法所求得的扩散系数也一致。如果是多分散体系，每种大小的颗粒都服从式 (3-12)、式 (3-13)，都有一个独立的扩散系数。体系的扩散曲线是各级大小粒子相互叠加的结果。由实验测得的扩散系数，实际上是平均值，是重均扩散系数。

2. 溶胶的浓度

非理想性来自粒子之间的相互作用。以上都是讨论稀溶液，所以相互作用可忽略不计。事实上，扩散系数与浓度有如下关系：

$$D_c=D_0(1+K_Dc) \tag{3-17}$$

上式为经验公式。D_0 为无限稀释时的扩散系数，因为粒子间没有相互作用，则 $D_0=kT/f_c$；c 是质量浓度；f_c 为浓度 c 时的粒子阻力系数；K_D 是常数，体现溶液的非理想性，若为理想溶液 $K_D=0$。

扩散系数对浓度的依赖性，还表现在对扩散曲线的形状影响。如 D 不是常数，则图 3-6 的浓度梯度分布曲线会失去对称性；若 D 随浓度的增加而增加，则曲线峰值将从界面处移向溶剂部分。反之，若 D 随浓度的增加而减少，则峰值移向溶液部分。所以根据曲线的不对称性图像，可以估计 D 与浓度的关系。

3. 分散相的形状

以下介绍几种简单模型：

球形粒子　从 Stokes 定律知，$f=6\pi\eta a$，η 为介质黏度，于是扩散系数 D 为

$$D=\frac{RT}{6\pi\eta N_A a} \tag{3-18a}$$

非球形粒子　粒子移动方向可以和粒子的三个相互垂直轴中的任何一根平行，因此可以有下列三个表达式：

$$D_1=\frac{RT}{N_A f_1} \quad D_2=\frac{RT}{N_A f_2} \quad D_3=\frac{RT}{N_A f_3}$$

如果粒子移动时无一定取向，从实验测得的 D 值与它们之间的关系是：

$$D=\frac{1}{3}(D_1+D_2+D_3)=\frac{RT}{3N_A}\left(\frac{1}{f_1}+\frac{1}{f_2}+\frac{1}{f_3}\right) \tag{3-18b}$$

为便于讨论，一般将粒子当作一个旋转椭球体，那么 $f_2=f_3$。椭球体分为长椭球体和扁椭球体两种，前者（b/a）<1，是绕长轴旋转的长椭球体，后者是绕短轴旋转的扁椭球体，故（b/a）>1，令 $J=(b/a)$，J 称为轴比。Perrin 等从理论上导出旋转椭球体的阻力系数比与轴比间的关系式：

长椭球体：

$$\frac{f}{f_0}=\frac{D_0}{D}=\frac{(1-J^2)^{1/2}}{J^{2/3}\ln\left[\frac{1+(1-J^2)^{1/2}}{J}\right]}$$

扁椭球体：

$$\frac{f}{f_0}=\frac{D_0}{D}=\frac{(J^2-1)^{1/2}}{J^{2/3}\tan^{-1}(J^2-1)^{1/2}} \tag{3-19}$$

式中，f 是椭球体粒子扩散时的阻力系数；f_0 是等效圆球的阻力系数，即同质量、同体积球的阻力系数。若等效半径为 a_0，则

$$\frac{4}{3}\pi a_0^3=\frac{4}{3}\pi ab^2\left(或\frac{4}{3}\pi a^2 b\right)$$

式中，f/f_0 为阻力系数比，不对称质点的 f/f_0 永远大于 1，其值与轴比 b/a 有关。愈不对称则愈偏离 1。

五、扩散的应用

扩散属于物质在无外力场时的传质过程，故有着广泛的应用。

1. 计算球形胶粒的半径

对于球形胶粒这种简单情形，由式(3-18a) 可得：

$$a=\frac{RT}{6\pi\eta N_A D}$$

所以知道 D 就可以计算出 a。若已知胶粒的偏微比容，利用下式还可求出质点质量或分子量 M：

$$M=4\pi a^3 N_A/(3\bar{V})$$

其中有两点要注意：①这里求出的是胶粒的流体力学半径，有溶剂化时，为溶剂化的胶粒的半径值，通常扩散法的结果与电子显微镜的测定值相比偏高就与此有关；②对于多分散

体系，求出的 a 与 M 是平均值。

2. 计算非球形胶粒的轴比值

如前所述，可近似用椭球体模型描述非球形质点，轴比值 b/a 是个重要参数。$b/a<1$ 属长椭球体，$b/a\ll1$ 则是棒状，反之，$b/a>1$ 属扁椭球体，$b/a\gg1$ 则是盘状或片状。

从扩散研究确定非球形质点轴比值的具体步骤如下。

(1) 用其他方法（例如扩散与沉降速率相结合）测定所研究物质的“干”分子量 M（指未溶剂化的），由此计算等效圆球的阻力系数 f_0：

$$f_0=6\pi\eta\left(\frac{3M\bar{V}}{4\pi N_A}\right)^{1/3} \tag{3-20}$$

(2) 由式(3-7) $Df=kT$，可自扩散系数 D 算出阻力系数 f 值；

(3) 从 f 和 f_0 计算阻力系数比 f/f_0，由此计算轴比，就可以知道胶粒的形状。如果知道胶粒的摩尔质量 M 和比容 $\bar{V}$，还可算出 a 和 b 的绝对值。

3. 估算最大溶剂化量

即使是球形质点，溶剂化的结果也能使 f/f_0 大于 1，所以由 f/f_0 计算轴比，必须考虑溶剂化的影响。Kraemer 将溶剂化引起的 f/f_0 写成：

$$(f/f_0)_{溶剂化}=\left(1+\frac{w}{\bar{V}\rho_0}\right)^{1/3} \tag{3-21}$$

式中，w 是 1 g 胶粒结合的溶剂量；ρ_0 是溶剂的密度（假设溶剂与胶粒结合后其密度不变）；$\bar{V}$ 为胶粒的比容。对于不对称胶粒，Oncley 认为实验测得的 f/f_0 包括了两部分：

$$(f/f_0)_{实验}=(f/f_0)_{溶剂化}(f/f_0)_{不对称}$$

因此，除由实验求得 f/f_0 外，尚须知道溶剂化程度，才能得出轴比值。测定溶剂化程度并非易事。有时索性不考虑溶剂化的影响，即假定 $w=0$，如此算出的轴比代表不对称性的极限情形；同理，可以假定胶粒溶剂化后仍是球形，由此可估算可能的最大溶剂化量 w_{max}，实际存在的不对称性和溶剂化均应低于这种极限值。

例如，在 20℃时测量马血清稀溶液的扩散与沉降速率，得到下述结果：

扩散系数	$6.1\times10^{-11}\,m^2/s$
密度	$1.34kg/dm^3$

以每个质点为 1.16×10^{-19} g 计，则可算出未溶剂化等效球的半径为 2.75nm，相应的阻力系数 f_0 为 5.18×10^{-11} kg/s。自扩散系数得 $f=6.6\times10^{-11}$ kg/s，所以 $f/f_0=1.27$。采用球模型，这相当于每克蛋白质结合 0.8 g 水；若属未溶剂化的长椭球体，则轴比为 5.5。再辅之以特性黏度的测量结果可以推断，最为可能的是此蛋白质分子的轴比为 5.0，溶剂化量为 0.2g/g。

第四节　沉降

溶胶中粒子的相对密度一般大于液体，在重力场的作用下，胶体粒子会沉降。沉降是溶胶动力学不稳定性的主要表现，沉降使溶胶下部的浓度增加，上部浓度降低，破坏了它的均匀性。这样又引起了扩散作用，下部较浓的粒子将向上移动，使体系浓度趋于均匀。沉降与扩散，可以看作矛盾的两个方面，构成了体系的动力学稳定状态。存在三种情形：①质点很小、力场较弱时，主要表现为扩散；②质点较大或力场很强时，表现为沉降运动；③这两种作用相近时构成沉降平衡。第一种情形已在上节中讨论，本节将讨论第二种和第三种情形，即沉降运动和沉降平衡。

一、重力场中的沉降

1. 重力沉降的速率公式

胶粒与介质的密度不相同时，悬在介质中的胶粒在重力场中将受一净力 $V(\rho-\rho_0)g$ 的作用。其中，V 是胶粒体积，ρ 与 ρ_0 分别为胶粒和介质的密度，g 是重力加速度。胶粒在介质中运动时必受到阻力：

$$F_{阻力}=fv \tag{3-22}$$

随着胶粒运动速率的加快，$F_{阻力}$ 也随之增大。在某个速率时阻力与所受重力达到平衡：

$$V(\rho-\rho_0)g=fv \tag{3-23}$$

此时胶粒受到的净力为零，保持恒速 v 运动，此即沉降速率。事实上，胶粒到达这种恒稳态速率用的时间极短，一般只需几个微秒到几个毫秒。

对于球形胶粒：

$$\frac{4}{3}\pi a^3(\rho-\rho_0)g=6\pi\eta a v$$

$$v=\frac{2a^2}{9\eta}(\rho-\rho_0)g \tag{3-24}$$

这就是重力场中的沉降速率公式。

【例】 设微粒半径为 10^{-3}cm，粒子密度 ρ 为 10g/cm^3，水的密度为 1g/cm^3，水的黏度为 1.15mPa·s，计算沉降速率 v。

解： 将有关数据代入式(3-24) 得

$$v=\frac{2\times(10^{-3})^2\times(10-1)\times980}{9\times1.15\times10^{-3}}=1.7(\text{cm/s})$$

2. 重力沉降的速率公式的意义

(1) $v\propto a^2$ 即沉降速率对胶粒大小有显著的依赖关系［见表 3-4 (a) 和表 3-4 (b) ］。工业上测定颗粒粒度分布的沉降分析法即以此为根据。

(2) $v\propto\Delta\rho$ 说明调节密度差，可以适当控制沉降过程。

(3) $v\propto 1/\eta$ 通常人们可以能动地改变介质黏度，从而可加快或抑制沉降。此外，自球的下落速率可以确定介质的黏度，这是落球式黏度计的原理。生产中常常利用这一道理，加入增稠剂，使粗分散体系稳定。

3. 重力场中的沉降速率公式的限制条件

在推导 Stokes 定律时，作了下面几点假设。

① 胶粒的运动很慢，周围液体保持层流分布；

② 胶粒是刚性球；

③ 胶粒间距离无限远，即胶粒间没有相互作用，胶粒与容器壁也无作用；

④ 与胶粒相比，可将液体看作连续介质。

因此，式(3-24) 只适用于粒径不超过 100μm 的球形胶粒的稀悬浮液。对于接近 0.1μm 的小质点，则必须考虑扩散的影响。

由表 3-4 可以看出，大于 0.1 μm 的粒子，放置一段时间以后，似乎都会下沉到容器的底部。但实际情况并非如此，因为式 (3-24) 的计算，是假定体系处在静止、孤立的平衡状态下，但实际上还有外界条件的影响，如温度的对流、机械振动等，都会阻止沉降。特别是粒子小于 0.1 μm 时，还应考虑与沉降作用相对抗的扩散作用。因此，当粒子下降到某一程度时，所产生的浓度梯度，使得这两种作用力相等时，体系处在沉降平衡。在平衡状态下，容器底部的浓度最高，随着高度的上升，浓度逐渐下降，这种浓度的分布与地球表面上大气层分布相似。

表 3-4 (a)　不同大小的球形胶粒* 在水中的沉降速率

半径	沉降速率
100μm	2.2cm/s
10μm	2.2×10^{-2} cm/s　1.3 cm/min
1 μm	2.2×10^{-4} cm/s　0.013 cm/min　0.8 cm/h　19 cm/d
0.1μm	2.2×10^{-6} cm/s　1.3×10^{-4}cm/min　8×10^{-3} cm/h　19×10^{-2} cm/d

注：* 20℃时胶粒密度为 2.0kg/dm^3。

表 3-4 (b)　悬浮在水中的胶粒上升或下降 1cm 所需时间

粒子半径/μm	金	苯
10	2.5s	6.3min
1	42min	10.6h
0.1	7h	44d
0.01	29d	12a
0.0015	3.5a	540a

4. 高度分布定律

若一个圆柱形容器，它的截面积为单位面积，如图 3-8 所示，在高度为 h 的 a 处，粒子的物质的量浓度为 c，在高度为 $h+\mathrm{d}h$ 的 b 处的浓度为 $c-\mathrm{d}c$。在 a、b 两层间的容积为 $\mathrm{d}h$，它的总扩散力为

$$\mathrm{d}\Pi = RT\mathrm{d}c$$

在 $\mathrm{d}h$ 容积内的总粒子数为 $\left(\frac{c+c-\mathrm{d}c}{2}\right)N_A\mathrm{d}h$，即 $cN_A\mathrm{d}h$，N_A 为阿伏伽德罗常数。那么，每个粒子向上的扩散力应为 $RT\mathrm{d}c/(cN_A\mathrm{d}h)$。每个粒子在溶剂中所受的重力为 $\frac{4}{3}\pi a^3(\rho-\rho_0)g$。达到平衡时，重力应等于扩散力，则：

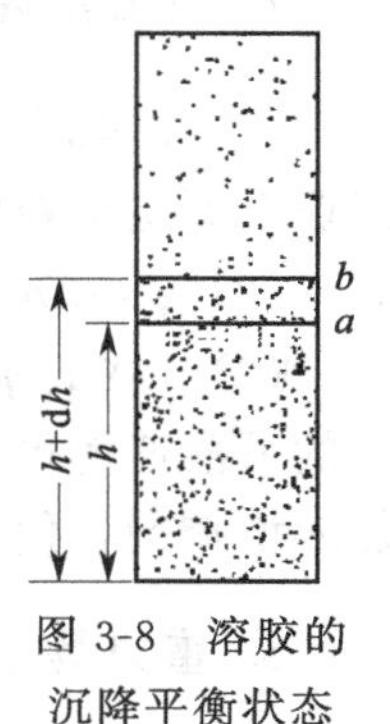

图 3-8　溶胶的沉降平衡状态

$$\frac{4}{3}\pi a^3(\rho-\rho_0)g = -\frac{RT\mathrm{d}c}{N_A c\mathrm{d}h}$$

式中的负号是因为浓度随高度的升高而减少，对上式进行积分得

$$\frac{4}{3}\pi a^3(\rho-\rho_0)g(h_2-h_1)=\frac{RT}{N_A}\ln\frac{c_1}{c_2}$$

或

$$c_2=c_1\exp\left[-\frac{N_A}{RT}\frac{4}{3}\pi a^3(\rho-\rho_0)g(h_2-h_1)\right] \tag{3-25}$$

为验证此式的正确性，Perrin 用大小为 1 μm 左右的均分散藤黄溶胶粒子，分散在水中，注入圆柱形容器内，待达到平衡后，测定不同高度的粒子浓度，将测得的不同高度粒子数，代入式（3-25），求得 N_A 为 6.8×10^{23}。这些数据与阿伏伽德罗常数很接近。

粒子随高度不同的分布情况，取决于粒子半径和它与介质的密度差。粒子半径越大，则浓度随高度变化也越明显。在表 3-5 中列举几种不同大小的均分散体系的分布情况，这些数据都是在没有外界干扰条件下得到的。

表 3-5　粒子浓度随高度的变化

体系	分散粒子直径/nm	粒子浓度降低一半时的高度
藤黄悬浮体	230	3×10^{-3} cm
粗分散金溶胶	186	2×10^{-5} cm
金溶胶	8.35	2cm
高分散金溶胶	1.86	215cm
氧气	0.27	5km

表 3-5 中，氧气浓度降低一半的高度为 5 km，这与地面上 5 km 高度的大气压降低一半的情况相符。粒子直径为 1.86 nm 的金溶胶，在 10 cm 高度上浓度只改变了 2%，所以这类金溶胶在外观上看不出有沉降的粒子。可是直径为 186 nm 的金溶胶粒子，只要高度到 2×10^{-5} cm 处，它的浓度就降低一半。这类溶胶实际上已完全沉降了。小粒子的溶胶，能自动扩散，并使整个体系均匀分布，这种性质称为动力稳定性。而粗粒子的溶胶，由于布朗运动微弱，沉降则成为它的主要特征，称为动力不稳定性。

多分散体系的沉降平衡较为复杂，各种大小的粒子的分布平衡是不一样的，所以达到平衡以后，上层粒子的平均大小要小于下层粒子的平均大小。如果在一个很高的圆柱形容器内，盛以粒子大小不同的多分散体系，放置足够长的时间，粒子大小的分布，将随柱的高度而不同。实际工作中，就是按此原理，对多分散体系的粒子按大小进行筛选。

5. 沉降分析

（1）沉降分析

粒子的沉降速率与粒子大小等因素有关，如果粒子是均分散体系，通过测定粒子下沉的速率 v，就能求得半径 a，从式（3-24）得：

$$a=\left[\frac{9}{2}\frac{\eta v}{(\rho-\rho_0)g}\right]^{1/2}=\left[\frac{9}{2}\frac{\eta}{(\rho-\rho_0)g}\right]^{1/2}\left[\frac{h}{t}\right]^{1/2} \tag{3-26}$$

式中，h 是在 t 时间内粒子的下沉距离。

但是在生产实际中所遇到的体系，绝大多数为多分散悬浮体，半径一般在 0.1μm 以上。我们无法测出单个粒子的沉降速率，但可以求出其中某一定大小粒子所占的质量分数（即通常所说的粒度分布），这种方法就是沉降分析，它是测定体系粒子大小分布的一种较简便方法。

沉降分析通常是在沉降天平中进行的。常用的沉降天平是一种扭力天平（图 3-9）。在悬浮液的液面下，放一个轻而薄的金属盘，用极细的金属丝（或玻璃丝）将盘与天平相连，随时可称得其质量。盘子离液面距离为 h，在 t 时间内落入小盘的沉积物质量为 m。沉积物包括两部分：一部分是半径超过某一数值 a_1 的粒子，在 t 时间内可以完全沉降在盘上的质量为 m_1，半径 a_1 可以用距离 h 值代入式（3-26）计算得到；另一部分是半径小于 a_1 的粒子，这些粒子只有部分沉降在盘上，设这部分粒子的沉降速率是常数，$v=\mathrm{d}m/\mathrm{d}t$，在 t 时间后这部分沉积物质量为 t（$\mathrm{d}m/\mathrm{d}t$），所以在 t 时间内两部分沉积物的总质量为：

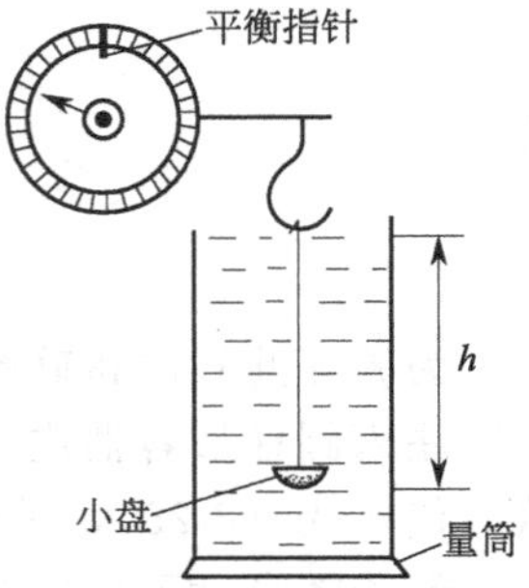

平衡指针

h

小盘

量筒

图 3-9　扭力天平

$$m=m_1+t\frac{\mathrm{d}m}{\mathrm{d}t}$$

式中，m_1 为在 t 时间内已经完全沉降在盘内的分散相中较粗的粒子，而第二部分只是部分沉降的粒子。以 t 对上式微分得：

$$\frac{\mathrm{d}m}{\mathrm{d}t}=\frac{\mathrm{d}m_1}{\mathrm{d}t}+\frac{\mathrm{d}m}{\mathrm{d}t}+t\frac{\mathrm{d}^2m}{\mathrm{d}t^2}$$

即

$$\frac{\mathrm{d}m_1}{\mathrm{d}t}=-t\frac{\mathrm{d}^2m}{\mathrm{d}t^2} \tag{3-27}$$

欲求得粒子大小的分布曲线，必须求得 $\mathrm{d}m_1/\mathrm{d}a$，将 a 对 $\mathrm{d}m_1/\mathrm{d}a$ 作图，就是粒子分布曲线。$\mathrm{d}m_1/\mathrm{d}a$ 可由下式变换求得：

$$\frac{\mathrm{d}m_1}{\mathrm{d}a}=\frac{\dfrac{\mathrm{d}m_1}{\mathrm{d}t}}{\dfrac{\mathrm{d}a}{\mathrm{d}t}} \tag{3-28}$$

由式(3-26) 得

$$t=\frac{h}{v}=\frac{9\eta}{2a^2(\rho-\rho_0)}h$$

令 $9\eta h/[2(\rho-\rho_0)]=K$，$K$ 是体系的常数，则

$$t=\frac{K}{a^2}$$

或

$$a^2=\frac{K}{t} \tag{3-29}$$

上式对 t 求微分得

$$\frac{\mathrm{d}a}{\mathrm{d}t}=-\frac{K}{2at^2}=-\frac{a^2t}{2at^2}=-\frac{a}{2t} \tag{3-30}$$

将式(3-30) 和式(3-27) 代入式(3-28) 得

$$\frac{\mathrm{d}m_1}{\mathrm{d}a}=\frac{2t^2}{a}\frac{\mathrm{d}^2m}{\mathrm{d}t^2} \tag{3-31}$$

这是粒子分布的基本方程式，如果在实验过程中，随时记录小盘内沉积物质量 m，将 m 和 t 作图，得图 3-10。若在 t 处作一切线，与纵坐标相交的截距 A 即等于 m_1，因为

$$m_1=A=m-t\frac{\mathrm{d}m}{\mathrm{d}t} \tag{3-32}$$

因此，通过曲线上不同时间的各点，作出许多相应切线，就能得到各个时间的切线在纵坐标上的截距 A，每个时间间隔 Δt，也就有相应的 ΔA，$(\Delta A/\Delta t)=(\mathrm{d}A/\mathrm{d}t)$，因为 $\mathrm{d}A/\mathrm{d}t$

就等于 dm_1/dt，将 dm_1/dt 代入式（3-27)，即得 d^2m/dt^2，再将它代入式（3-31）得 dm_1/da，同时以不同时间的 t 代入式（3-29)，可以算出各时间相应的 a，于是以 dm_1/da 为纵坐标，以 a 为横坐标作图，得图 3-11 所示的分布曲线。

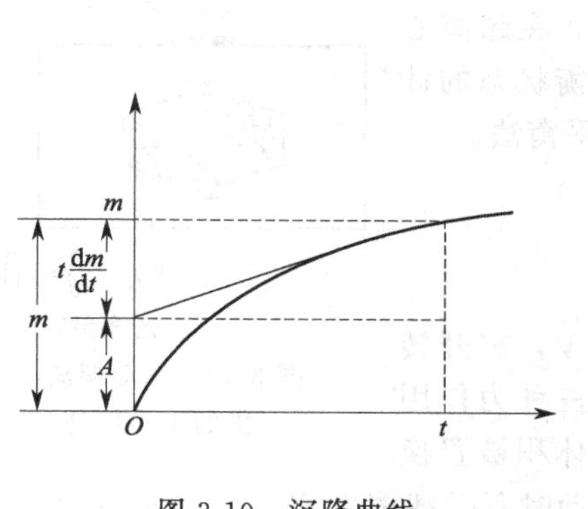

图 3-10　沉降曲线

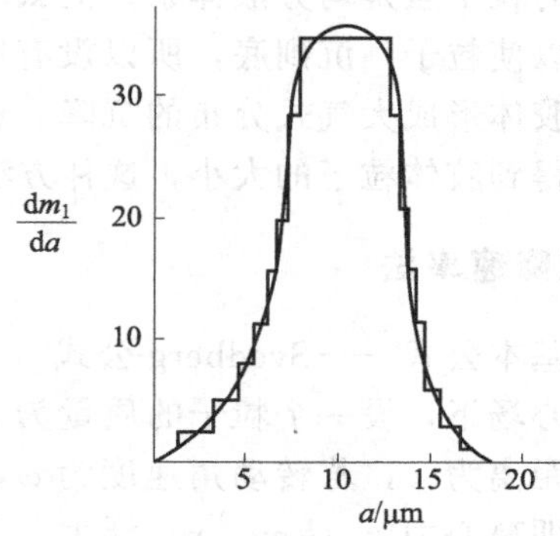

图 3-11　粒子大小分布曲线

沉降分析应用广泛，特别是在土壤学研究、颜料、硅酸盐等工业中有着广泛的应用。

(2) 沉降分析的注意事项

① Stokes 公式只能适用于球形质点。对于非球形质点，自式(3-26) 得出的质点半径称为等效半径，它指密度与沉降速率和质点相同的假想球粒的半径；

② 测量到的沉降速率反映分散体系中实际存在的质点分散状态，因此制备样品液时应注意使颗粒完全分散；

③ 质点溶剂化时会引入较大的误差，应注意选择合适的分散介质。

二、超离心场中的沉降

以上的讨论都是在重力场条件下测定的，这种方法仅限于粗分散体系，它能够测定的粒子半径最小极限为 85nm。如表 3-4 和表 3-5 所示，凡是小于 $1\mu m$ 的胶体分散体系的粒子沉降十分缓慢。$0.1\mu m$ 的金溶胶粒子下降 1cm 需要 7h，而且在沉降过程中还受到扩散、对流等的干扰。所以胶体粒子在重力场下基本上不能沉降。

用离心力代替重力，沉降方法就可以进一步用于胶体质点（包括大分子)。普通离心机的转速约为 3000r/min（50r/s)。若 ω 为离心机的角速度，x 为旋转轴至粒子的距离（设为 20cm)，则离心加速度为

$$\omega^2 x=(50\times 2\pi)^2\times 20=1.974\times 10^6 \mathrm{cm/s^2}$$

这说明普通离心机的速率比地心引力大 $1.974\times 10^6/980=2000$ 倍。1924 年，Svedberg 最初发明的超离心机的转速为 10000～15000r/min，并将其用于蛋白质的研究。因为这是第一次能够明确地测定生物大分子的分子量和不均一性，故在某种意义上讲，它标志着分子生物学的开始。现在离心机的转速已高达 100000～160000r/min，其离心力约为重力的 100 万倍。在这样强的离心力场下，再小的蛋白质分子也能分离。

超离心机的装置如图 3-12 所示，并附有光学测量装置。用照相的方法，可连续记录在不同时间内沉降界面的移动。样品盛于扇形容器中，放入离心机内，转子半径一般为 18cm，用铝或钛合金制成，为减少转动时的阻力和伴随的摩擦热效应，在减压下通入氢气以保持恒温。最初，Sveberg 是用油涡轮机带动的，现在已改为气涡轮机或电机带动。

超离心场与重力场相似，如果胶体粒子是均分散体系，在超离心场作用下，沉降的过程中有明确的界面，由界面的移动速率，即可算出粒子大小，这种方法叫作沉降速率法。另一类胶体，它的粒子虽是均分散体系，但太小，在超离心力场作用下还不足以使粒子一沉到底，所以没有明确的界面，在超离心力场下，胶体形成大气式分布的沉降。通过沉降平衡状态的计算，也可得到胶体粒子的大小，这种方法叫作沉降平衡法。

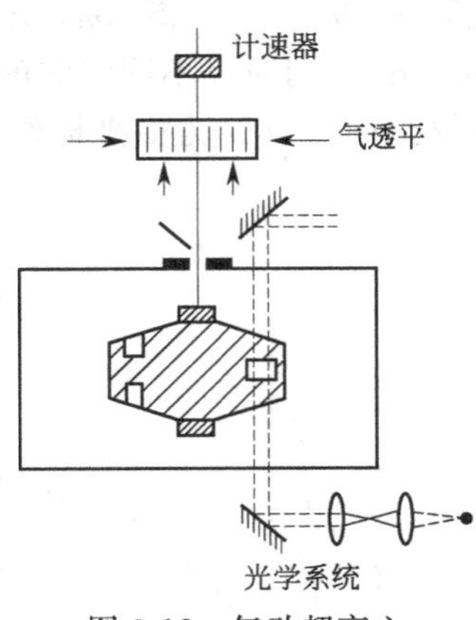

图 3-12　气动超离心机的主要部件

1. 沉降速率法

(1) 基本公式——Svedberg 公式

在离心场下，设一个粒子的质量为 m，体积为 V，离开转动中心的距离为 x，若转动角速度为 ω，则同时有三种力作用于粒子，即离心力 $F_c=m\omega^2x$；浮力，等于粒子同体积被置换溶液的质量 m_0 的离心力，$F_b=-m_0\omega^2x$；粒子移动时所受摩擦力 $F_d=-fv$，v 为粒子运动速率，f 为摩擦阻力系数，如果粒子以匀速 v 下沉，则

$$F_c+F_b+F_d=0$$

将各项代入后得

$$\omega^2x(m-m_0)=fv$$

令 $\bar{V}$ 为胶体粒子的偏比容，则 $m_0=m\rho\bar{V}$，ρ 为溶液密度，所以

$$\omega^2xm(1-\rho\bar{V})=f\frac{\mathrm{d}x}{\mathrm{d}t} \tag{3-33}$$

令 S 为沉降系数比，则

$$S=\frac{\frac{\mathrm{d}x}{\mathrm{d}t}}{\omega^2x} \tag{3-34}$$

S 的物理意义是每单位离心力作用下的沉降速率，单位是秒。胶体的 S 值范围一般在 $2\times10^{-13}\sim150\times10^{-13}$ s，习惯上将 $S=1\times10^{-13}$ s 作为其使用单位，故 10^{-13}s 称为 Svedberg，用符号 S 来表示。将 S 代入式(3-33) 得

$$\frac{m(1-\rho\bar{V})}{f}=S$$

若沉降实验中的阻力系数 f 与扩散实验中的 f 相等（根据 Singer 的研究，这种假设的偏差至多不过 1%）则因 $f=kT/D$，故上式可写成：

$$\frac{mD(1-\rho\bar{V})}{kT}=S$$

根据 S 的定义即积分式 (3-34)，可得

$$\omega^2S\int_{t_1}^{t_2}\mathrm{d}t=\int_{x_1}^{x_2}\frac{\mathrm{d}x}{x}$$

在时间 t_1，界面与旋转中心距离为 x_1，时间 t_2 时为 x_2，积分结果为

$$S=\frac{\ln(x_2/x_1)}{\omega^2(t_2-t_1)} \tag{3-35}$$

故式(3-33) 又可写成：

$$m=\frac{kT\ln(x_2/x_1)}{D(1-\overline{V}\rho)(t_2-t_1)\omega^2} \tag{3-36}$$

将不同时间界面移动位置的数据代入上式，即可求得每个粒子质量，如要得粒子的摩尔质量，则式(3-33) 又可写成：

$$M=\frac{RT\ln(x_2/x_1)}{D(1-\overline{V}\rho)(t_2-t_1)\omega^2}=\frac{RTS}{D(1-\overline{V}\rho)} \tag{3-37}$$

式中，R 是摩尔气体常数。这是著名的 Svedberg 公式，它是沉降速率法测定分子量的基本公式。应用时应注意：①推导时对质点形状未做任何规定，故公式的应用不受质点形状的限制；②推导时假定各质点的运动是独立的，相互间无影响，故上式为理想公式。实际上 S、D 等物理量皆与浓度有关，均需外延至无限稀释处，方可代入式（3-36）；③计算 M 值需事先知道扩散系数 D 的数值，故亦名沉降＋扩散法。

【例】 实验测得人血红朊在20℃水溶液中的沉降系数 $S=4.48\times10^{-13}$ s，扩散系数 $D=6.9\times10^{-11}$ m^2/s，已知该物质密度 $\rho=1.34\times10^3$ kg/m^3，求其摩尔质量 M。

解：
$$M=\frac{RTS}{D(1-\overline{V}\rho)}=\frac{8.314\times293\times4.48\times10^{-13}}{6.9\times10^{-11}\times(1-1.0/1.34)}=62.3\text{kg/mol}$$

即人血红朊的摩尔质量为 62.3kg/mol。

（2）沉降系数 S 的测定

离心沉降实验在如图 3-13 所示的扇形池中进行。池做成扇形的目的是使沉降沿径向线进行，不致引起对流。沉降实验的内容，主要是测定沉降系数 S 值。若质点较大，在离心场中皆以速率 v 向池底移动，经过 t 时间后，原在界线（图 3-14 中虚线）左方的质点皆移至右方，左方只留下纯溶剂，于是形成一个明显的界线。实际上扩散依然存在，使得界线变得模糊，但这不妨碍界线的确定。界线处浓度变化最大，故$\frac{\mathrm{d}c}{\mathrm{d}x}$-$x$ 曲线上峰所在位置就是界线。$\frac{\mathrm{d}c}{\mathrm{d}x}$-$x$ 曲线可用折射率法直接求得，因此在不同时间测定峰的位置，即可用式（3-35）求得 S 值。

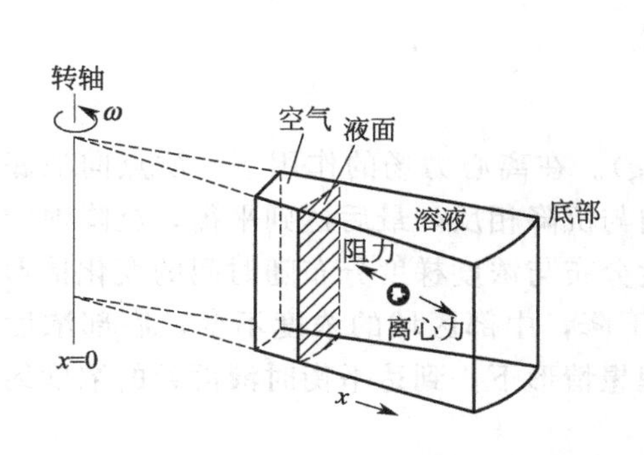

图 3-13　离心沉降的扇形池示意图（不成比例）

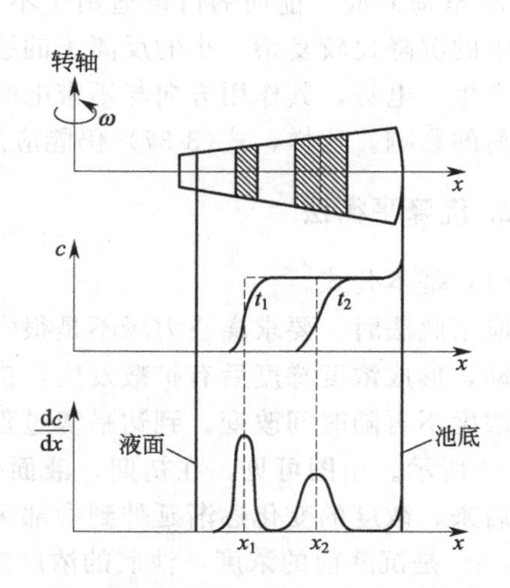

图 3-14　沉降速率实验中界面的移动

（3）影响沉降系数的一些因素

① 沉降系数的浓度依赖性　浓度较大时，特别是质点形状不对称时，各个质点的沉降运动不是独立的，故 S 值随浓度而变。沉降系数的浓度关系，可用下述半经验式表示：

$$S=\frac{S_0}{1+K_s c} \tag{3-38}$$

式中，S_0 是外推到零浓度时的沉降系数；c 是浓度；K_s 是与质点形状有关的常数。通常以 $1/S$ 对 c 作图，呈线性关系，由此外推得 S_0 值，再代入 Svedberg 公式中计算 M 值。

② 多分散性　若样品中含有多个均一的组分，只要其沉降速率不同，得到的沉降图上就有多个峰。从峰的位置和面积，可以确定诸组分的相对含量和各自的沉降系数，如图 3-15 所示。若样品的分子量连续分布，沉降图上界线处有浓度（或浓度梯度）分布区，其起因是多分散性和扩散作用。多分散性引起的界面变宽作用与沉降时间 t 成正比，扩散引起的变宽则与 $t^{1/2}$ 成正比。因此，外推至 $1/t=0$，可消除扩散的影响。这样，界面的变宽特征反映了样品的分子量分布。这是超离心沉降分析的独特优点，即不仅能测定分子量的平均值，也能求出分子量的分布。

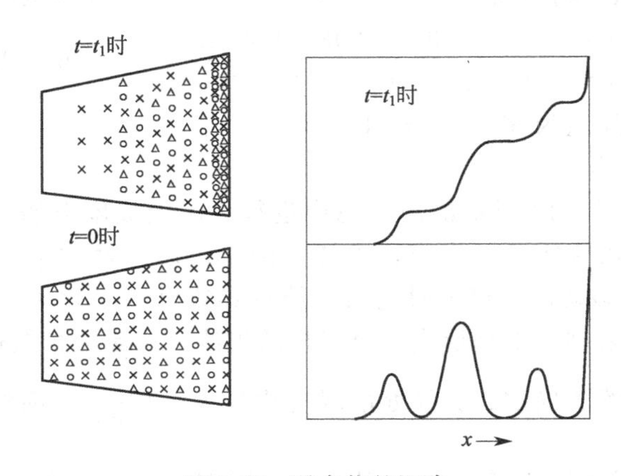

图 3-15　混合物的沉降

③ 电荷效应　前面的讨论适用于不带电的质点，带电胶体（包括大分子电解质）在离心场中的沉降比较复杂。小的反离子的移动速率比沉降的带电胶体来得慢，即落在其后面。于是产生一电势，其作用方向与不带电时不同。通常，在溶液中加入大量中性电解质，来消除电荷的影响。这样，式(3-37) 仍能应用。

2. 沉降平衡法

(1) 基本公式

应用此法时，要求离心力场不是很强（$\approx 10^4$ g）。在离心力场的作用下，质点向池底方向移动，形成浓度梯度后有扩散发生，扩散的方向与沉降相反，最后达到平衡，沉降池中各处的浓度不再随时间改变。到达平衡过程中，浓度分布与浓度梯度分布随时间的变化情形如图 3-16 所示。由图可见，在初期，液面处的浓度下降，中部区域的浓度不变，底部浓度增加；后来，浓度的变化逐渐延伸到中部区域。在理想情形下，到达平衡时液面处的浓度约是 $c_0/2$，c_0 是沉降前的浓度，池底的浓度约为 $2c_0$。

在离心管中，假定横截面的面积为 A，胶体溶液盛于管内，在离心力场的作用下，胶体粒子经过横截面的速率为 $\mathrm{d}m/\mathrm{d}t$，此处浓度是 c，用单位体积内的粒子质量来表示，浓度梯度为 $\mathrm{d}c/\mathrm{d}x$。由于离心力作用的沉降速率为$(\mathrm{d}m/\mathrm{d}t)=cA(\mathrm{d}x/\mathrm{d}t)$。至于扩散作用，根据

Fick 第一定律，其速率为$-DA(\mathrm{d}c/\mathrm{d}x)$。达到平衡时：

$$Ac\frac{\mathrm{d}x}{\mathrm{d}t}=AD\frac{\mathrm{d}c}{\mathrm{d}x} \tag{3-39}$$

由 $f=kT/D$ 及式(3-33) 得：

$$\frac{\mathrm{d}x}{\mathrm{d}t}=\frac{mD(1-\bar{V}\rho)\omega^2 x}{kT}$$

代入式(3-39) 中，积分后得：

$$m=\frac{2kT\ln(c_2/c_1)}{\omega^2(1-\bar{V}\rho)(x_2^2-x_1^2)} \tag{3-40}$$

式中，c_1 为距离轴心 x_1 处的浓度；c_2 为距离轴心 x_2 处的浓度；ω 为离心机的角速度。若要求粒子的摩尔质量 M，则式(3-40) 可写成：

$$M=\frac{2RT\ln(c_2/c_1)}{\omega^2(1-\bar{V}\rho)(x_2^2-x_1^2)} \tag{3-41}$$

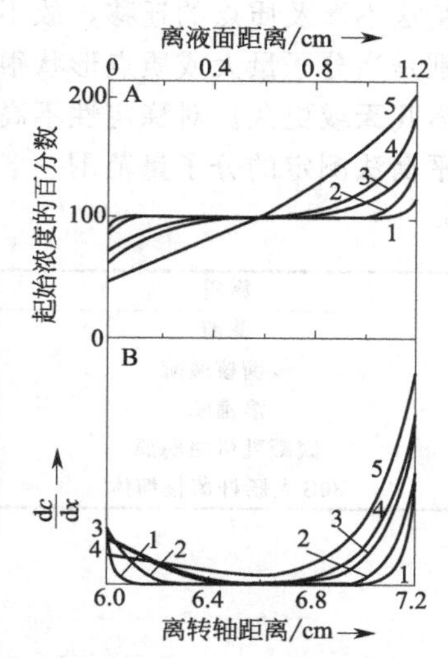

图 3-16　到达平衡过程中的浓度与浓度梯度分布

这就是沉降平衡法的基本公式。式中，c_1 与 c_2 都是经过相当长的一段时间达到平衡以后的浓度，也就是溶胶的扩散力和沉降力相等时的状态。在推导过程中，已假定体系是理想的，故此式是理想公式。对于非理想溶液应当用活度替换浓度。

(2) 影响因素

① 多分散性　若体系为单分散，且质点间无相互作用，则按式（3-41）算出的 M 值与距离 x 值无关。若属多分散，求出的 M 值随离转轴距离的增大而增大，原因是质点大小不同，其所受的离心力也不相等。因此，离转轴远处大质点多，近处则小质点多。根据沉降平衡时的浓度分布曲线和浓度梯度分布曲线，自式（3-41）算出分子量后，再对整个沉降池求平均值，可分别得到样品的 $\bar{M}_w$ 和 $\bar{M}_z$ 值。从平衡法不能直接求出分子量的分布，但可以用 $\bar{M}_z/\bar{M}_w$ 这个比值来描述体系的多分散程度。显然，分子大小均一时，体系的 $\bar{M}_z/\bar{M}_w$ 等于1；偏离 1 越多，则表示分子量分布的范围越宽。

② 电荷的影响　与沉降速率法的情形一样，若胶体质点或大分子带电，离心的结果产生一电势梯度，其作用力方向与离心力相反。此电场影响胶体质点的沉降，使大质点的运动变慢，小离子的运动加快。对扩散的影响则相反。为保持电中性，正负离子应以相同的速率移动。因此，与同密度、同体积的不带电质点相比，带电质点达到沉降平衡时的浓度分布自然不同。对于带电质点，Pederson 导出：

$$M=\frac{2RT(n+1)\ln\dfrac{c_2}{c_1}}{(1-\bar{V}\rho_0)\omega^2(x_2^2-x_1^2)} \tag{3-42}$$

式中，n 是每个质点所带电荷数。质点的电荷数 n 不易确定，因此最好设法消除电荷效应，采用的方法和沉降速率法相同。

(3) 平衡法的优缺点

平衡法的优点是理论健全，从浓度的分布可以直接计算 M，不需要其他辅助数据，是测定分子量的独立方法，也是现有测定大分子量的最准确的物理方法，表 3-6 中的结果即是很好的说明。对于多分散体系，不能直接求得分子量的分布，只能得到其平均值。此外，平衡法不涉及质点的迁移，故不能提供质点形状的数据。此法的最大缺点是实验时间过长，特别是当分子量大或质点形状很不对称时，到达平衡的时间（主要取决于扩散系数 D 值）常需几天或更久。对稳定性不高的体系，如蛋白质或其他生物物质，这是个严重缺点。因此，平衡法测定的分子量范围一般应小于 10^6。平衡法应用不如速率法广。

表 3-6　沉降平衡法的一些结果

物质	自化学式得到的分子量	自沉降平衡法得到的分子量
蔗糖	342.3	341.5
核糖核酸酶	13683	13740
溶菌酶	14305	14500
胰凝乳蛋白酶原	25767	25670
30S 大肠杆菌核糖体	—	900000

第五节　渗透压

一、概述

渗透压和扩散、沉降都属于分子动力学性质，但是渗透压是依数性质，即其效应的大小只取决于质点的数目，而与质点的大小、形状无关。因此，渗透压和沉降平衡一样，属于平衡性质，可以用热力学方法来研究。这是与扩散、沉降速率的重要不同之处。由于憎液胶体是热力学不稳定体系，具有聚结不稳定性，放置时其质点随时间而变化，加上渗透压效应小，故不宜直接用渗透压研究憎液胶体。对于大分子溶液，渗透压是一个重要参数。

在依数性质方法中，只有渗透压适用于测定大分子的分子量，其他方法，如沸点升高、凝固点降低等，引起效应太小，皆不理想。例如，取分子量为 50000 的大分子物质 1g 溶于 100mL 的水中，在理想状态时凝固点降低为 0.0037℃，而渗透压（20℃）为 5cm 水柱高。现在最好的实验技术至多将 ΔT_f 测准至 0.0002℃，而渗透压测准至±0.01cm 却并非难事。渗透压的优越性还不止于此。由于半透膜对低分子杂质来说是可透过的，样品中杂质的影响可以设法消除，而其他依数方法则不能。有时，这些杂质的效应往往远大于大分子本身的效应。因此，渗透压法是测定高聚物分子量的最好方法之一，而分子量的重要性自不待言。渗透压还有实际的重要性，例如，体液维持着一定的渗透压，这是我们赖以生存的一个重要原因。从渗透压的研究，还可得到关于大分子溶液热力学性质的一些基本数据，并了解大分子与溶剂间的相互作用。

为讨论方便起见，在叙述大分子溶液的渗透压公式之前，先简要说明大分子溶液的非理想性。

二、大分子溶液的非理想性

大分子溶液是平衡体系，可以用热力学处理。一般小分子溶液只要浓度低至 1%，它和理想溶液间的差异很小，理想溶液公式可以准确应用无误。大分子溶液则不然，浓度低至 1%时对理想溶液的偏差已相当明显，尤其是线型柔性高聚物。

理想溶液服从 Raoult 定律：

$$p_1 = p_1^0 x_1 \tag{3-43}$$

式中，p_1 和 p_1^0 分别是溶液和纯溶剂的蒸气压；x_1 是溶液中溶剂的摩尔分数。以 p_1/p_1^0 对 x_1 作图应得一直线。一般线型大分子的溶液对 Raoult 定律有很大的负偏差，如图 3-17 所示。

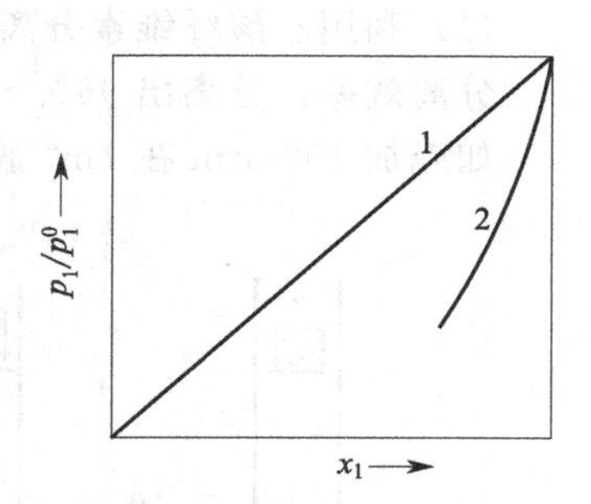

图 3-17 线型大分子溶液对 Raoult 定律有负偏差

1—理想溶液；2—线型大分子溶液

自热力学知，理想溶液的混合热 $\Delta H_m = 0$，即无热效应。混合熵 ΔS_m 为

$$\Delta S_m = -R(n_1 \ln x_1 + n_2 \ln x_2) \tag{3-44}$$

式中，n_1、n_2 是溶剂与溶质的物质的量；x_1、x_2 是其摩尔分数。$\Delta H_m = 0$，说明溶质与溶剂间相互作用能量没有什么差别，而熵的变化只是由混合所产生的无序性引起的。理想溶液的混合自由能可写成

$$\Delta G_m = \Delta H_m - T\Delta S_m = RT(n_1 \ln x_1 + n_2 \ln x_2) \tag{3-45}$$

混合时溶剂的化学势变化 $\Delta\mu_1$ 为

$$\mu_1 - \mu_1^0 = \frac{\partial(\Delta G_m)}{\partial n_1} = RT\ln x_1 \tag{3-46}$$

这是理想溶液遵守的关系式，也是 Raoult 定律的自然结果。

除了少数例外之外，高聚物溶解时都有热效应，即 $\Delta H_m \neq 0$。倘若是放热效应，$\Delta H_m < 0$，如硝化纤维-环己醇，对 Raoult 定律产生负偏差；若为吸热效应，$\Delta H_m > 0$，如橡胶-甲苯，则产生正偏差。更为重要的是，式(3-44) 对大分子溶液不适用，因为推导时假设了溶剂与溶质两种分子的大小相近。对于两种大小相差悬殊的分子的混合，Flory、Huggins 提出格子模型理论进行理论处理，得出线型柔性高聚物溶液有如下的关系式：

$$\Delta S_m = -(n_1 \ln V_1 + n_2 \ln V_2) \tag{3-47}$$

式中，V_1、V_2 是溶剂与高聚物的体积分数。将此式与理想混合熵公式相比较，可以看到形式完全相似，只需用体积分数 V_i 代替摩尔分数 x_i 即可。自式 (3-47) 算出的混合熵值比理想混合熵要大得多。熵值增加很多，是因为和原先的高聚物状态相比，线型大分子在溶液中的构象要多得多，存在的方式大大增加。大分子溶液的混合熵通常比理想值高出几十倍，甚至几百倍。总体来讲，ΔH、ΔS 两个因素中，往往 ΔS 起决定作用，溶解时不论吸热还是放热，大分子溶液对理想溶液总表现出负偏差，即溶剂的活度低于其理想值。

当大分子溶液的浓度很稀时（如质量浓度为 0.1%～0.2%），其行为接近理想溶液，这时理想溶液的定律适用。但对这样的稀溶液进行研究有困难，因它与溶剂的性质相差无几。因此，研究高聚物溶液的工作方法都有一个共同特点，即在几个浓度下对有关的性质进行测量，然后再求出浓度无限稀释时的外推值。

三、大分子溶液的渗透压

1. 理想溶液的渗透压——van't Hoff 公式

为便于讨论，先从叙述理想溶液的渗透压公式开始。如图 3-18 所示，用只能容许溶剂分子通过的半透膜 aa′将溶剂与溶液隔开，溶剂分子将通过此膜扩散到溶液一边，使溶液液柱上升。若在溶剂与溶液两边分别加上外压 p_1、p_2，使 $p_2 > p_1$，则当 Δp $(\Delta p = p_2 - p_1)$

大到某一数值时达到平衡，溶剂停止流入溶液一边。表观看来，这时溶剂不向任何一边流动；实际上，两边的溶剂分子通过半透膜的速率相等、达成平衡。这时的 Δp 即为溶液在实验温度下的渗透压 π。若 $\Delta p<\pi$，渗透作用仍能发生；大于 π 值，则渗透作用逆向进行，称为反渗透。反渗透作用目前正用于海水淡化的实验以及浓缩溶液（果汁、放射性污水）等领域。

（1）利用乙酸纤维素分离海水

分离效率：分离出 96％～98％NaCl；分离速率：0.2cm^3/（s·atm·m^2）

如施加 100 atm 在 1m^2 膜上，则每天可分离出纯水：

$$0.2\times100\times3600\times24=1.728\text{t}$$

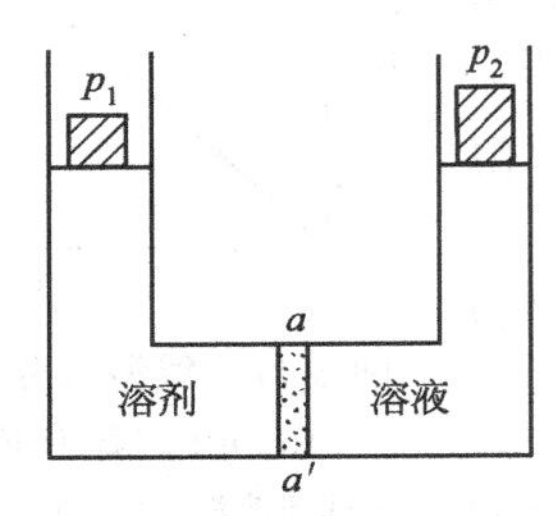

图 3-18　渗透压实验示意图

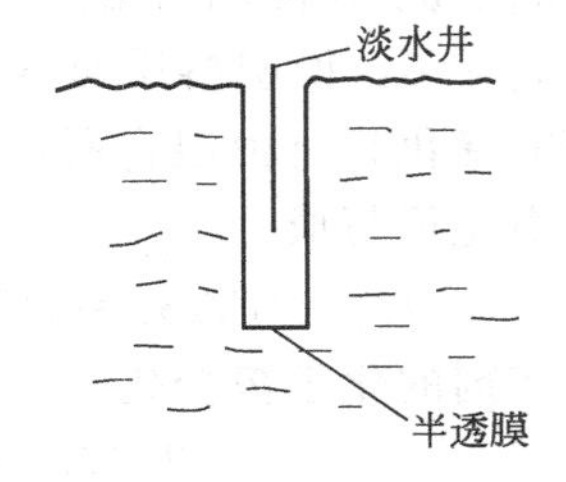

图 3-19　利用反渗透膜现象制造淡水井的示意图

（2）制造淡水井

海水在 25℃时的渗透压为 25atm，相当于 210m 高水柱。由于反渗透膜有着广泛的应用前景，目前已有工业应用，其关键在于增加膜强度，提高分离效率。从理论上讲要将膜的孔径做得很小。利用反渗透膜现象制造淡水井的示意图如图 3-19 所示。

达到渗透平衡时，膜两边溶剂的化学势应相等。膜的一方为压强 p 下的纯溶剂，另一方为压强 $p+\pi$ 下的溶液。额外的压强 π 使溶液中溶剂的化学势增加，恰好抵消了因溶质的存在而引起的化学势的降低，即

$$\mu_1^0(p)=\mu_1(p+\pi,x_1) \tag{3-48}$$

式中，x_1 的含义同前，自式（3-46）可知，对于理想溶液而言，溶质对溶剂化学势的影响可写成

$$\mu_1(p+\pi,x_1)=\mu_1^0(p+\pi)+RT\ln x_1 \tag{3-49}$$

压强对溶剂化学势的影响为

$$\mu_1^0(p+\pi)=\mu_1^0(p)+\int_p^{p+\pi}V_1\mathrm{d}p \tag{3-50}$$

$\bar{V}$ 是溶剂的偏摩尔体积。联合式（3-48）～式（3-50），得出

$$-RT\ln x_1=\pi V_1 \tag{3-51}$$

对于稀溶液

$$\ln x_1=\ln(1-x_2)\approx-x_2\approx-\frac{n_2}{n_1}$$

于是，自式（3-51）得

$$\pi=\frac{RTn_2}{n_1\bar{V}}\approx\frac{n_2}{V}RT=\frac{cRT}{M} \tag{3-52}$$

或

$$\frac{\pi}{c}=\frac{RT}{M} \tag{3-53}$$

此即 van' t Hoff 公式。

式中，π 是渗透压；V 是溶液体积；n_2 是溶质的物质的量；c 是质量浓度，kg/dm^3；M 是溶质分子量。由此可见，从 π 的测量可以计算溶质的分子量。

2. 大分子溶液的渗透压公式

van't Hoff 定律是理想溶液的公式，与理想气体定律一样，它不能准确地表示实际情形。大分子溶液的渗透压可以用浓度幂次方的级数展开式表示。

$$\pi/c=RT(A_1+A_2c+A_3c^2+\cdots) \tag{3-54}$$

式中，A_1、A_2、A_3…为维利系数。由于 van't Hoff 定律是普遍的极限定律，故第一维利系数（也称维里系数）A_1 必等于 $1/M$。

真实溶液的渗透压与 van't Hoff 方程表示的渗透压发生偏差的原因是在实际情况中，渗透压与胶粒的溶剂化及其形态有关，特别是与溶剂和溶质的相互作用有关。在实际溶液中，存在着溶剂与溶剂、溶质与溶质及溶质与溶剂之间的相互作用。第一项的作用在半透膜的两边是相同的，第二项的作用对稀溶液来说不太重要，所以实际上只需要考虑溶剂与溶质之间的相互作用。利用维利系数来校正 van't Hoff 方程，维利系数 A_2、A_3 等数值就是表示溶剂-溶质相互作用的特性，其中数值 A_2 反映溶剂和溶质分子相互吸引力的强弱。若以式(3-54) 中的 π/c 对 c 作图可得图 3-20，这里有如下几种情况。

(1) 当 $A_2=0$，$A_3=0$ 时，链段间相斥、相吸达平衡，即净作用力等于零。维利方程还原为 van't Hoff 方程，溶液为理想溶液。π/c 不受浓度变化的影响，即 (π/c)-c 为一水平直线。

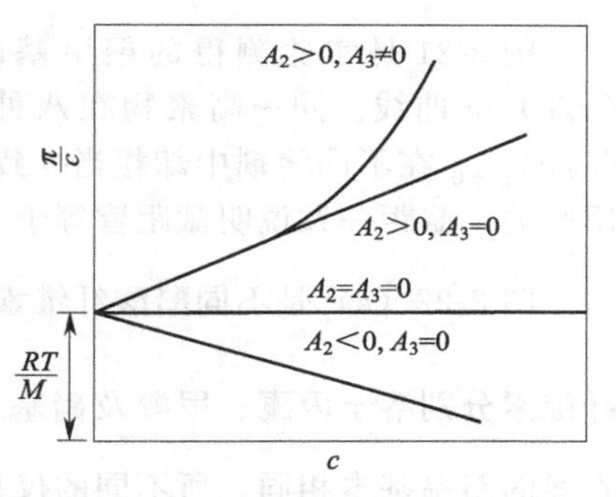

图 3-20 溶液的(π/c)-c 关系图

(2) $A_3=0$，而 $A_2>0$，此时大分子在良溶剂中，大分子与溶剂间相互作用强烈，故大分子线团松懈，链段间相互作用主要表现为排斥，这时 A_2 为正值，则维利方程变为 $\frac{\pi}{c}=RT\left(\frac{1}{M}+A_2c\right)$。因为 $A_2>0$，故实际溶液的渗透压比理想溶液的大，(π/c)-c 图为一直线，且在水平线的上方，π/c 随浓度 c 增大而增大。

(3) $A_3=0$，但 $A_2<0$，这种情况与 (2) 所述情况相反，此时大分子在不良溶剂中，当链段间吸引力占主导地位时，A_2 变成负值，相应地在一定条件下溶质就要沉淀出来。(π/c)-c 图仍为一直线，但是在水平线之下，直线斜率为负值。

(4) $A_3\neq0$，而 $A_2>0$，从式 (3-54) 可见 (π/c)-c 图必为曲线。曲线的斜率为 $\frac{d(\pi/c)}{dc}=A_2+2A_3c$，因 $A_2>0$，故斜率为正值；曲线的凹向，可由其二阶微分确定，$\frac{d^2(\pi/c)}{dc^2}=2A_3$。若 $A_3>0$，则曲线凹向上；若 $A_3<0$，则曲线凹向下。

对大分子稀溶液，c^2 项以后可忽略不计，于是

$$\frac{\pi}{c}=RT\left(\frac{1}{M}+A_2c\right) \tag{3-55}$$

以 π/c 对 c 作图得一直线，外推到 $c\to0$ 处的截距 $(\pi/c)_{c\to0}=RT/M$。由此可以计算高聚物的分子量，从直线的斜率 (RTA_2) 可以求得 A_2。

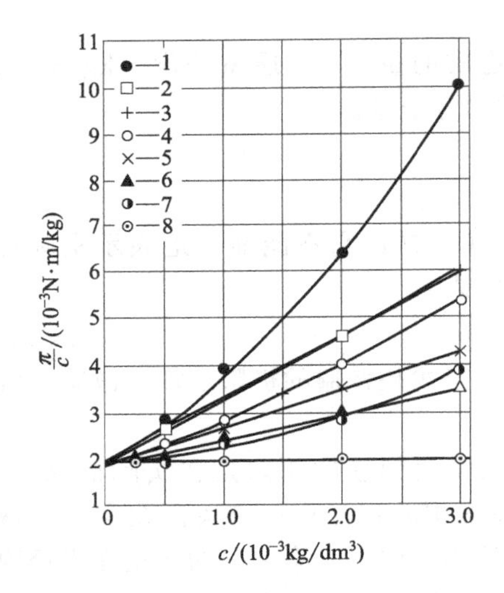

图 3-21　聚甲基丙烯酸甲酯在不同溶剂中的（π/c）-c 图

1—氯仿；2—二氧六环；3—苯；4—四氢呋喃；5—甲苯；6—丙酮；7—二乙酮；8—间二甲苯

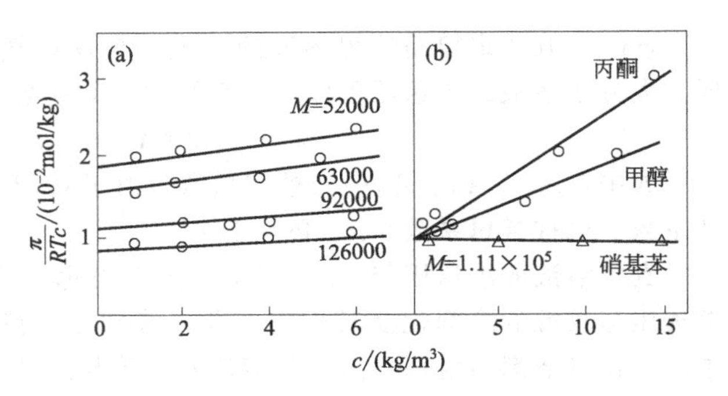

图 3-22　两种试样的$\frac{\pi}{RTc}$-c 图

（a）不同醋酸纤维素的丙酮溶液；

（b）硝基纤维素与 3 种不同溶剂组成的溶液

图 3-21 是实验测得的聚甲基丙烯酸甲酯（数均分子量为 128000）在不同溶剂中的（π/c）-c 曲线。同一高聚物在八种不同的溶剂中的斜率各不相同，而这些曲线的外推值（π/c）$_{c\to 0}$ 在不同溶剂中却相当一致，这说明对理想情形的偏差与高聚物和溶剂间的相互作用有关，截距一致说明截距皆等于 RT/M。

图 3-22（a）是不同醋酸纤维素溶于丙酮组成的溶液的$\frac{\pi}{RTc}$-c 图。图 3-22（b）是硝基纤维素分别溶于丙酮、甲醇及硝基苯所组成的溶液的$\frac{\pi}{RTc}$-c 图。从图 3-22（a）可见，4 条直线的斜率基本相同，所不同的仅是截距。说明它们的摩尔质量是不同的，其值在 52000～126000g/mol 之间；但是第二维利系数 A_2 却相同，即各种醋酸纤维素与丙酮分子间作用力一样。而图 3-22（b）则不同，同一硝基纤维素溶于 3 种不同溶剂中，相应的 3 条$\frac{\pi}{RTc}$- c 直线的斜率不同，但是截距相同。这说明硝基纤维素分子与 3 种溶剂分子相互吸引力并不相同。在丙酮及甲醇中，它们的吸引力很大，$A_2>0$；而在硝基苯中 $A_2<0$，它们的吸引力很弱，即溶剂的溶解能力很弱。

通常，改变温度或改变溶剂的组成，大分子-溶剂体系的 A_2 也随之变化。固定溶剂时，在一定温度下，即 $T=\theta$ 时，$A_2=0$，相应的温度称为 θ 温度，它代表“理想”温度或 van't Hoff 温度。θ 温度值随大分子-溶剂体系而异。同样，若固定温度而改变溶剂的组成，则对应于 $A_2=0$ 的溶剂称为 θ 溶剂。总之，在 θ 温度下或 θ 溶剂中，大分子溶液表现为理想溶液。

近年的研究表明，高聚物的分子量和分子量分布、分子的形状及支化程度等因素对第二维利系数值也有影响，可以从渗透压的研究来验证。

渗透压属于依数性质，对分子量不均一的高聚物而言，在（π/c）-c 图上外推至 $c\to 0$ 处的截距算出数均分子量。因为当浓度低时，可以把溶液渗透压看成各个级分的贡献 π_i

之总和：

$$\pi = \sum_i \pi_i$$

对于分子量均一的级分，可以应用式（3-52），即 $\pi_i = \dfrac{RTc_i}{M_i}$

代入上式得

$$\pi = RT\sum_i \frac{c_i}{M_i}$$

溶液的渗透压可写成

$$\pi = cRT/\bar{M}$$

$\bar{M}$ 是某种平均分子量，其平均性质有待确定。利用 $c = \sum c_i$，合并上两式，则有

$$\bar{M} = \frac{\sum_i c_i}{\sum_i \dfrac{c_i}{M_i}} = \frac{\sum_i n_i M_i}{\sum_i n_i} = \bar{M}_n \tag{3-56}$$

由此证明，渗透压给出的是数均分子量。

综上所述，从渗透压的研究可以完成三件事：①采用可靠的外推方法求得 $(\pi/c)_{c\to 0}$ 之后，可以算出 $\bar{M}_n$；②从最初的斜率求得 A_2 值，它是表征高聚物-溶剂体系的很有用的参数；③在不同温度下测量同一浓度溶液的渗透压，可以推算稀释热 $\Delta\bar{H}_1$ 与稀释熵 $\Delta\bar{S}_1$ 等热力学基本数据，以验证高聚物溶液的统计理论。不过，这要求实验有相当高的准确度。

3. Donnan 平衡与渗透压

前面的讨论限于不带电大分子，带电大分子的情形要更复杂。通常，将带电大分子称作大分子电解质或聚合电解质。现以蛋白质的钠盐为例，它在水中按下式解离

$$Na_zP \longrightarrow zNa^+ + P^{z-}$$

蛋白质离子 P^{z-} 不能透过膜，而反离子 Na^+ 可以透过。若溶液中只有蛋白质，无其他电解质杂质，则情形相当简单。为了保持电中性，Na^+ 必须和 P^{z-} 留在膜的同一侧。在这种情形下，每引入一个蛋白质分子，就有 $z+1$ 个粒子。测渗透压得到的是数均分子量，而无法得到其粒子大小。因此，求得的分子量仅是蛋白质粒子应有值的 $1/(z+1)$。欲得大离子的真正分子量，需知 z 的确切数值，而这并非一件易事。通常，大分子电解质样品中含有电解质杂质、灰分，即使低至0.1%以下，按离子数目计的杂质浓度仍相当可观。有大离子存在时，能透过膜的小离子在膜的两边成不均等的分布，此即Donnan效应或称Donnan平衡。小离子杂质的这种不均等分布自然会产生附加渗透压。因此在测量大分子电解质的渗透压时，必须考虑Donnan效应。

（1）Donnan 平衡

现仍以蛋白质钠盐为例。开始时膜内蛋白质浓度为 m_1（以 mol/L 为单位），膜外的NaCl浓度为 m_2，情形如图 3-23 所示。为维持膜两边溶液的电中性，扩散离子（只能透过膜的小离子）需满足下列任一条件方能透过膜：①左方能扩散的离子与右方同符号的扩散离子同时撞在膜上而进行交换；②同一边符号不同的离子同时撞在膜上。

到达平衡的条件是同一扩散组分在膜两边的化学势相等，即

$$\mu_{NaCl}(膜内) = \mu'_{NaCl}(膜内)$$

所以

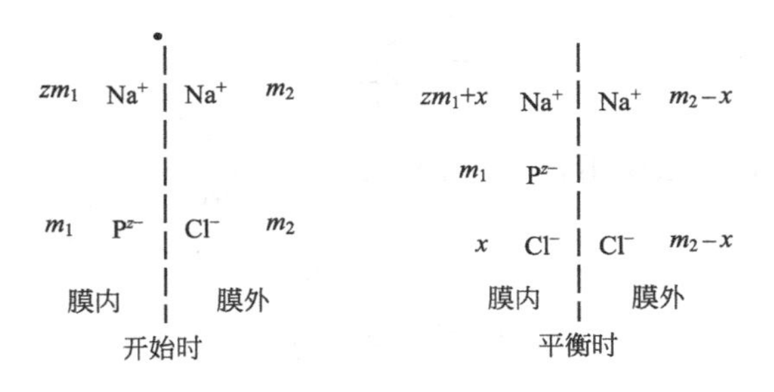

图 3-23 Donnan 平衡示意图

$$RT\ln a_{\mathrm{NaCl}}=RT\ln a'_{\mathrm{NaCl}}$$

或者

$$a_{\mathrm{Na^+}}a_{\mathrm{Cl^-}}=a'_{\mathrm{Na^+}}a'_{\mathrm{Cl^-}}$$

对于稀溶液，可以用浓度代替活度。于是，在平衡时

$$(zm_1+x)\ x=(m_2-x)^2$$

即

$$x=\frac{m_2^2}{zm_1+2m_2} \tag{3-57}$$

平衡时膜外与膜内 NaCl 浓度之比是

$$\frac{[\mathrm{NaCl}]_{外}}{[\mathrm{NaCl}]_{内}}=\frac{m_2-x}{x}=1+\frac{zm_1}{m_2} \tag{3-58}$$

该式很重要，说明以下三点：①由于有不能透过膜的大离子存在，平衡时膜内外的 NaCl 浓度不相等，故产生一附加渗透压，此即上面所说的 Donnan 效应。z 越大，这种效应越显著；②$m_1 \gg m_2$ 时，NaCl 几乎都在膜外边；③$m_2 \gg m_1$ 时，NaCl 在膜两边的分布是均匀的。

（2）大分子电解质的渗透压

设蛋白质溶液的初始浓度是 m_1，每个蛋白质离子的净电荷是 z。为保持电中性，下两式必须成立：

膜内：$[\mathrm{Na^+}]=zm_1+[\mathrm{Cl^-}]$

膜外：$[\mathrm{Na^+}]'=[\mathrm{Cl^-}]'$

式中，[ ] 为用单位体积中的物质的量表示的物质浓度。达到 Donnan 平衡时，下式成立：

$$[\mathrm{Na^+}][\mathrm{Cl^-}]=[\mathrm{Na^+}]'[\mathrm{Cl^-}]'$$

$$[\mathrm{Na^+}]\{[\mathrm{Na^+}]-zm_1\}=[\mathrm{Na^+}]'[\mathrm{Cl^-}]'$$

因此

$$[\mathrm{Na^+}]'=[\mathrm{Na^+}]\left\{1-\frac{zm_1}{[\mathrm{Na^+}]}\right\}^{1/2} \tag{3-59}$$

若 van't Hoff 定律对我们讨论的体系仍适用，则因膜内外浓度差引起的总渗透压为

$$\pi=\frac{RT}{1000}\{m_1+[\mathrm{Na^+}]+[\mathrm{Cl^-}]-[\mathrm{Na^+}]'-[\mathrm{Cl^-}]'\}$$

蛋白质离子浓度改用质量浓度 c_1（$\mathrm{kg/dm^3}$）表示，因 $c_1=m_1M/1000$，M 为其分子量，故上式写成

$$\frac{\pi}{RTc_1}=\frac{1}{M}\left\{1+\frac{[\mathrm{Na}^+]+[\mathrm{Cl}^-]-[\mathrm{Na}^+]'-[\mathrm{Cl}^-]'}{m_1}\right\}$$

令 $[\mathrm{Na}^+]=y$，并利用式（3-59），上式变成

$$\frac{\pi}{RTc_1}=\frac{1}{M}\left\{1+\frac{2y-zm_1-2y\left(1-\frac{zm_1}{y}\right)^{1/2}}{m_1}\right\}=\frac{1}{M}\left\{1+\frac{y}{m_1}\left[1-\left(1-\frac{zm_1}{y}\right)^{1/2}\right]^2\right\}$$

右方根号项可用二项式定理展开：

$$(u+v)^n=u^nv^0+nu^{n-1}v^1+\frac{n(n-1)}{2!}u^{n-2}v^2+\cdots+u^0v^n$$

$$=\sum_{k=0}^{n}C_n^k u^{n-k}v^k$$

即

$$\left(1-\frac{zm_1}{y}\right)^{1/2}=1-\frac{zm_1}{2y}-\frac{z^2m_1^2}{8y^2}-\cdots$$

代入上式，得

$$\frac{\pi}{RTc_1}=\frac{1}{M}\left(1+\frac{z^2m_1}{4y}+\cdots\right)=\frac{1}{M}\left(1+\frac{1000z^2c_1}{4My}+\cdots\right)$$

即

$$\frac{\pi}{c_1}=RT\left(\frac{1}{M}+\frac{1000z^2c_1}{4M^2y}\right) \tag{3-60}$$

从式（3-60）知，对带电的大分子以 π/c 对 c 作图时，由外推所得截距仍可求出大离子的分子量，与其所带电荷无关。与维利展开式比较，可得 $A_2=1000z^2/(4M^2y)$。显然，这一效应完全是由 Donnan 效应引起的，其大小与大分子所带电荷 z 的平方成正比、与带电大分子浓度成正比、与膜内可扩散离子或电解质的浓度成反比。于是，从上述讨论中可自然得出消除 Donnan 效应的措施：

① 增加扩散电解质的浓度；

② 蛋白质溶液浓度不能太大，以稀溶液为宜；

③ 调节 pH 值，使蛋白质分子处于等电点附近，即减少电荷量。但是不能恰在等电点，否则蛋白质不稳定，易于析出。

Donnan 平衡是带电大分子电荷效应的一种表现，其实质是活动性很差的大离子存在时，扩散性很强的小离子的分布或分配规律，而与有无半透膜存在无关，故其应用相当广泛，如明胶吸水膨胀的 pH 依赖性就是一个例子。

四、渗透压的测量

1. 渗透计

渗透计种类很多，在设计上应注意下面几点。首先，达到渗透平衡的速率要快。通常采用的办法是使膜的面积大，测量毛细管的截面小。其次，温度涨落的影响要小，使测量结果精确。渗透池本身相当于一个液体温度计，温度涨落引起的池内溶液体积变化全由毛细管中液面的位置反映出来，因此对恒温的要求十分严格。渗透计的热容量大、渗透池体积小，便于减小温度涨落的影响。最后，渗透计应结构简单、操作方便。实验中需测量几个浓度下的

π 值，以求出外推值，故需避免更换溶液时拆卸装置，如有存留的气泡，也要易于赶出。

这里介绍一种使用方便，达到平衡快的 Fuoss-Mead 渗透计（图 3-24）。两块表面上挖了许多同心圆槽的不锈钢块构成了溶剂池与溶液池，两钢块之间用半透膜隔开，并分别与加料管和毛细管相连。这种类型渗透计的特点是接触面积大、所用液量小。

2. 半透膜

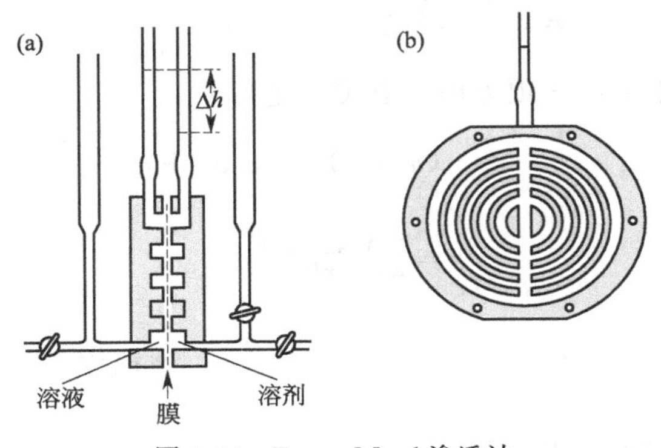

图 3-24 Fuoss-Mead 渗透计

(a) 剖面图；(b) 半轴图

半透膜是测量渗透压中的关键问题。一个理想的半透膜应能挡住所研究的大分子，不和大分子或溶剂反应，溶剂分子的透过性好，以便较快地达到渗透平衡。对于经过分级的分子量很高的物质，这些要求不难达到；对于分子量分布很宽的样品，特别是当其中含有大量较低分子量的物质时，膜漏则成为严重问题：一部分低分子量物质透过膜，使测量结果偏差很大。现举例予以说明。图 3-25 是两个未经分级的硝化纤维样品的 (π/c) -c 曲线，分别在六种透过性不同的膜的实验结果，从图上可以看出，对于其中的低分子量样品（A)，不同的膜给出的 $(\pi/c)_{c\to 0}$ 值相差很大。图 3-26 则表示图 3-25 中的高分子量样品（B）经四次沉淀手续（除去 30%的低分子量样品）后所得试样的 $(\pi/c)_{c\to 0}$ 曲线。实验中仍使用原来的六个膜，但此时得到的 $(\pi/c)_{c\to 0}$ 值与膜无关。

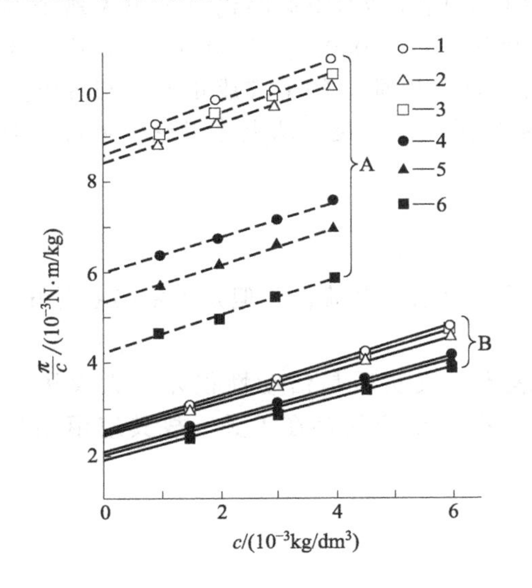

图 3-25 未分级的硝化纤维-乙酸丁酯溶液的(π/c)-c 图

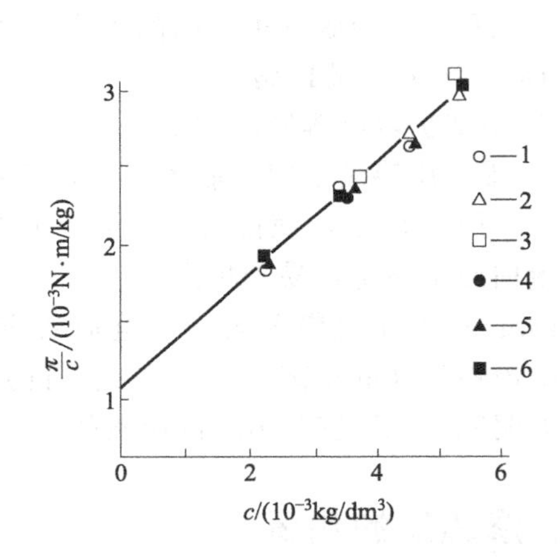

图 3-26 经多次沉淀分级的硝化纤维-乙酸丁酯溶液的(π/c)-c 图

渗透压法测得的是数均分子量，即每个分子不论其大小如何，其贡献是等同的。因此，低分子量部分透过膜发生漏失后，对 $\bar{M}_n$ 数值影响很大。总的来讲，分子量在 1×10^4 以上时，渗透压可以提供可靠的结果；低于 1×10^4 时，现有的半透膜都不够理想；分子量高于 1×10^6 时，因渗透压太低，而影响了测量结果的准确性。所以，适于使用渗透压法测量的分子量范围约是 $10^4\sim10^6$。

实际应用中用得最多的膜是纤维素膜，主要品种有玻璃纸膜、火棉胶膜、去硝基火棉胶膜等。

3. 测量方法

实验测量渗透压的方法有渗透平衡法、升降中点法和速率终点法。第一种为静法，后两种为动法。渗透平衡法比较简单，在恒温下静置一段时间，待到达渗透平衡后记下两边液面的高度差，减去毛细校正项后就是渗透压值。此法缺点是费时较长，一般达平衡需半天，甚至1～2天。升降中点法要快得多，先使渗透计中溶液液面比平衡值高出 Δh，渗透平衡过程中液面将不断下降，记下各个时间的液柱高度，并对时间作图，得到下降曲线（图3-27中的 A 线）；再将溶液液面降至平衡值下面的 Δh 处，以同样步骤可得上升曲线（图3-27中的 B 线）。将两根曲线上对应同一时间的点连接起来，并求其中点，这些中点的连线趋向于一水平线，线所在高度位置即为渗透平衡时的液柱高，再减去毛细校正项就是真正的渗透压值。

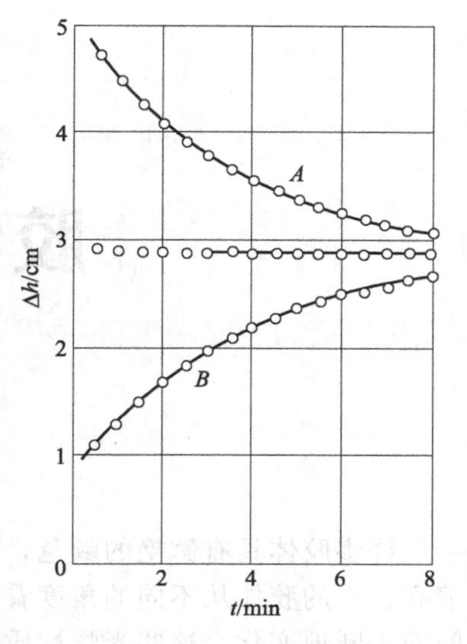

图3-27 Fuoss-Mead的升降中点法

速率终点法是在不同的液面高度差或外加压强下测定溶剂的透过速率 $\mathrm{d}h/\mathrm{d}t$。用 $\mathrm{d}h/\mathrm{d}t$ 对 Δh（或 p）作图，作内差法求出 $\mathrm{d}h/\mathrm{d}t=0$ 时的 Δh 或 p 值，即可计算渗透压。此法无须等待渗透达到平衡，但因测量的是 $\mathrm{d}h/\mathrm{d}t$，故对实验精确度要求更高。

第四章

胶体的光学性质

许多胶体具有鲜艳的颜色，而有些胶体则无色；有的胶体呈现乳光，有些胶体外观却很清亮；有的胶体从不同的角度看，显示不同的绚丽的色彩；有的胶体的颜色还会随着放置时间而不断地变化。这些光学性质和胶体对光的吸收、反射和散射有关，是胶体高度分散性和不均匀性的反映。通过对光学性质的研究，我们不仅可以理解溶胶的一些光学现象，而且能直接观察到胶粒的运动，对确定胶体的大小和形状具有重要意义。

第一节　丁道尔（Tyndall）效应

许多溶胶外观都是有色透明的，一束强烈的光射入溶胶后，在入射光的垂直方向可以看到一道明亮的光带（图 4-1），这个现象首先被 Tyndall 发现，故称为丁道尔效应、丁铎尔效应或丁道尔现象。Tyndall 现象在日常生活中经常见到。例如夜晚的探照灯或观看电影时由放映机所射出的光线在通过空气中的灰尘微粒时，就会产生 Tyndall 现象。

Tyndall 效应是胶体溶液的主要特征，而真溶液或纯液体用肉眼是观察不到上述现象的。Tyndall 效应的另一特点就是带色，如氯化银、溴化银等溶胶，在光透射方向上观察，呈浅红色，在垂直方向上看到的却是蓝色，这个蓝色称为 Tyndall 蓝。

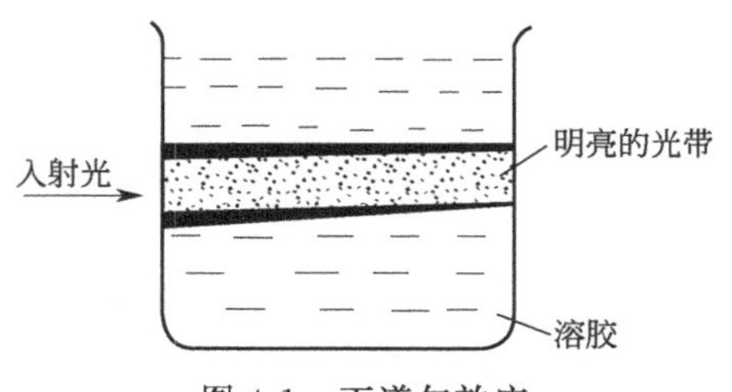

图 4-1　丁道尔效应

当光线射入分散体系时，只有一部分光线能自由通过，另一部分被吸收、反射或散射。对光的吸收主要取决于体系的化学组成，而散射和反射的强弱则与质点大小有关。低分子真溶液的散射极弱；当质点直径远大于入射光波长时（例如悬浮液中的粒子），则主要发生反射，体系呈现浑浊；当质点直径小于光的波长时，就发生散射。可见光的波长大约在 400～700nm 之间，而溶胶粒子的大小在 1～100nm，比可见光的波长小，因此溶胶的 Tyndall 效应的光是散射光，不是反射光。

第二节　Rayleigh 散射

一束光通过介质时在入射光方向以外的各个方向上都能观察到光强的现象，叫作光的散射。产生散射的因素很多，这里只讨论 Rayleigh 散射。1871 年 Rayleigh 应用光的电磁波理论定量解决了散射光强度与入射光性质之间的关系，确立了第一个光散射理论。

一、光散射的基本原理

光波是电磁波，当光照射某一粒子时，若粒子的直径小于光的波长，则光波激发粒子振动。光波中的电矢量 E，使粒子中分子的外层电子相对于其平衡位置做强迫振动，偶极子强度以 μ 表示，其方向是电子指向其平衡位置。偶极子强度与光的电矢量呈正比，即

$$\mu=\varepsilon_0\alpha E$$

式中，α 为介质的极化率；ε_0 为真空介电常数，若入射光沿 y 方向传播，如图 4-2 所示，电矢量是 z 方向的偏振光。这里取偶极子为坐标原点，光的频率为 ω，E_z 是 z 方向上的振幅，则

$$\mu_z=\varepsilon_0\alpha E_z=\varepsilon_0\alpha E\cos\omega t \tag{4-1}$$

式中，t 是时间，可见偶极子是以入射光的频率作简谐运动的。

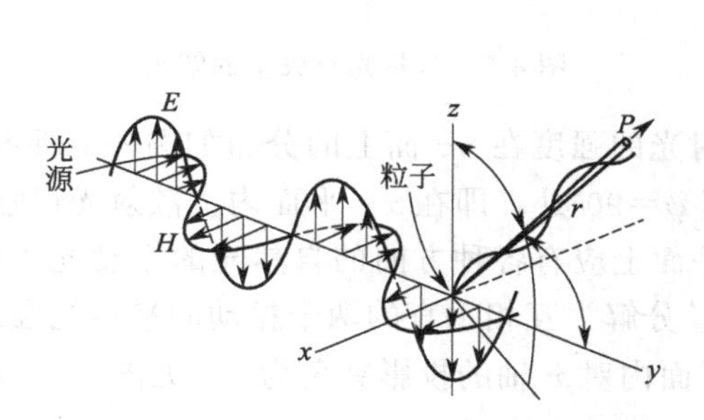

图 4-2　由一个粒子所引起的散射

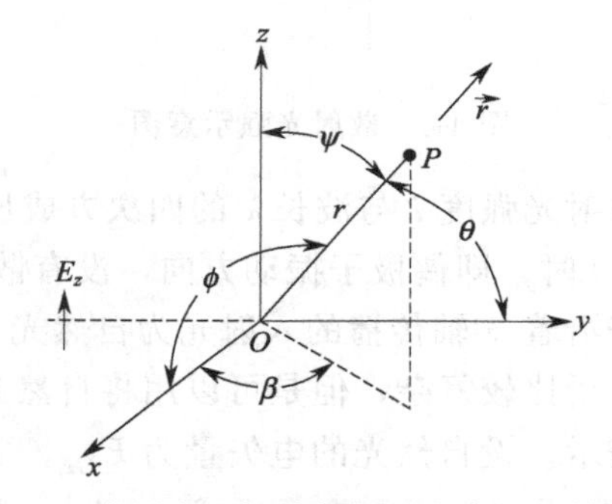

图 4-3　在原点上振动偶极子所产生的散射图

振动的偶极子相当于次级光源，向各个方向发射电磁波，这就是散射光源，也就是我们观察到的散射光。若介质是光学均匀的，无其他粒子存在，则散射光波因相互干涉而抵消，除在入射光方向观察到入射光外，其他方向是看不到散射光的。若介质中有胶体粒子，或因介质分子的热运动而引起局部密度涨落等，介质的极化率和折射率发生了局部变化，破坏了介质的光学均匀性，散射光波没有因相互干涉而抵消，于是就产生了光散射现象，这种散射称为 Rayleigh 散射。

若振动偶极子在坐标的原点上，并在 z 轴方向上振动。在离原点距离为 r 处有一点 P，与 x、y、z 三个轴的夹角分别为 ϕ、θ、ψ。振动偶极子所发射的电磁波的电矢量为 E'，磁矢量为 H'。如图 4-3 所示，r 为光传播方向，E'和偶极子有以下关系：

$$E'=\frac{1}{4\pi\varepsilon_0 rc^2}\frac{\partial^2\mu_z}{\partial t^2}\sin\psi \tag{4-2}$$

式中，ψ 为 r 与 z 轴的夹角；c 为光速。E'是对 z 轴对称的，将式（4-1）微分后代入式（4-2）得

$$|E'|=\frac{\varepsilon_0\alpha\omega^2}{4\pi\varepsilon_0c^2r}E_{Oz}\sin\psi\cos\omega t \tag{4-2a}$$

故散射光的振幅为

$$E'_0=\frac{\alpha\omega^2}{4\pi c^2r}E_{Oz}\sin\psi \tag{4-2b}$$

已知光强与电矢量的振幅平方呈正比，故在 r 方向光散射强度为

$$i=(E'_0)^2=\frac{\alpha^2\omega^4E_{Oz}^2}{16\pi^2c^4r^2}\sin^2\psi$$

因为光的频率为 $\omega=2\pi v$，已知波长 $\lambda=c/v$，故

$$i=\frac{\alpha^2\pi^2E_{Oz}^2}{\lambda^4r^2}\sin^2\psi=\frac{\alpha^2\pi^2}{\lambda^4r^2}I_0\sin^2\psi \tag{4-3}$$

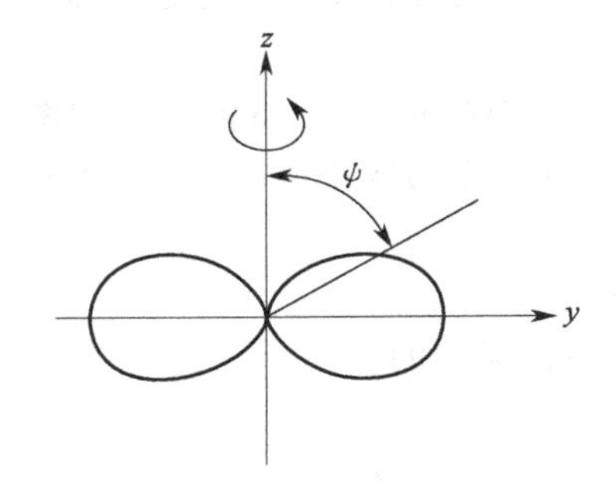

图 4-4　散射光强示意图

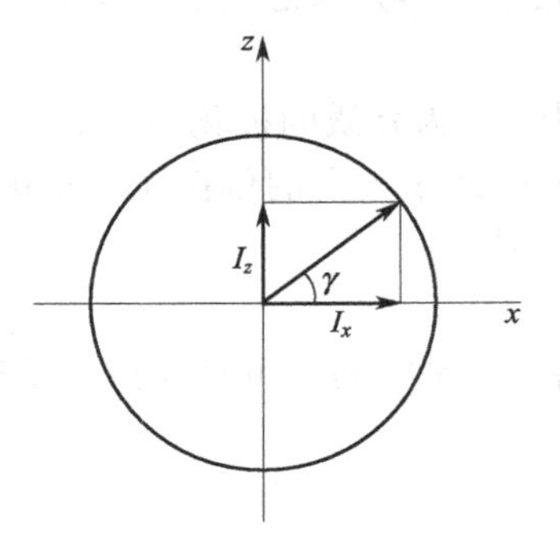

图 4-5　自然光电矢量的解析

散射光强度 i 与波长 λ 的四次方成反比，散射光的强度在 yz 面上的分布如图 4-4 所示。当 $\psi=0$ 时，即偶极子振动方向，没有散射光。当 $\psi=90°$处，即在 xy 平面内，散射光最强。

若沿着 y 轴传播的入射光为自然光，在 xz 平面上应有各种方向的自然光的振动光，用矢量分析比较复杂，但是可以用将自然光的电矢量分解为互相垂直的两个振动的平均光强之和来表示。设自然光的电矢量为 E_{Oz}，它在 xz 平面内对 x 轴的投影夹角为γ，见图 4-5，则

$$I_x=E_x^2=E_{Oz}^2\cos^2\gamma \qquad I_z=E_z^2=E_{Oz}^2\sin^2\gamma$$

I_x 的平均值为

$$\overline{I}_x=\frac{1}{2\pi}\int_0^{2\pi}E_x^2\mathrm{d}\gamma=\frac{1}{2\pi}\int_0^{2\pi}E_{Oz}^2\cos^2\gamma\mathrm{d}\gamma=\frac{1}{2\pi}\int_0^{2\pi}E_{Oz}^2\ \frac{(1+\cos2\gamma)}{2}\mathrm{d}\gamma=\frac{E_0^2}{2}$$

同理，I_z 的平均值为

$$\overline{I}_z=\frac{E_{Oz}^2}{2}$$

因此在 z 方向上的电矢分量使偶极子在 z 方向上振动，对于 P 点上的散射光强，从式（4-3）得

$$i_z=\frac{\alpha^2\pi^2}{\lambda^4r^2}\frac{E_{Oz}^2}{2}\sin^2\psi$$

在 x 方向上的电矢分量使偶极子在 x 方向上振动，同样在 P 点上的散射光强度为

$$i_x=\frac{\alpha^2\pi^2}{\lambda^4 r^2}\frac{E_{Oz}^2}{2}\sin^2\phi$$

式中，ϕ 为 r 与 x 轴的夹角，故总的光强 i 为

$$i=i_x+i_z=\frac{\alpha^2\pi^2}{2\lambda^4 r^2}E_{Oz}^2(\sin^2\phi+\sin^2\psi)$$

令 θ 为 r 与入射方向（即 y 轴）的夹角，从图 4-3 得

$$\cos^2\theta+\cos^2\phi+\cos^2\psi=1$$

故

$$i=\frac{\alpha^2\pi^2 E_{Oz}^2}{2\lambda^4 r^2}(1+\cos^2\theta)$$

或

$$i=\frac{\alpha^2\pi^2 I_0}{2\lambda^4 r^2}(1+\cos^2\theta) \tag{4-4}$$

此式就是自然光的散射公式，I_0 为入射光的光强，在 yz 平面内其散射光强度的角度分布如图 4-6 所示，因为式(4-4) 内无其他角度影响，散射光强只和 θ 角有关，所以光散射面是以 y 轴为中心旋转的哑铃曲面。它有以下几个特征：

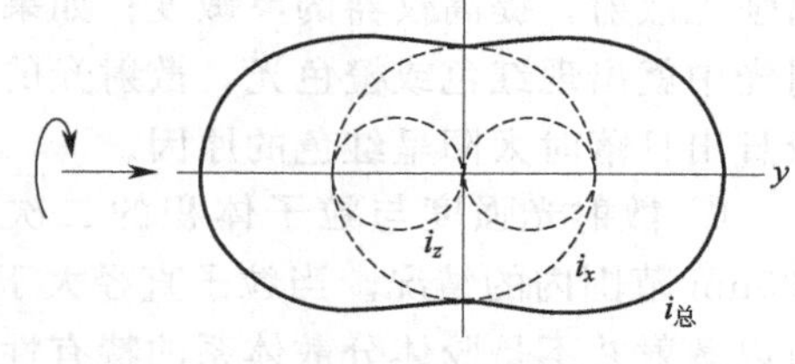

图 4-6　自然光的全散射

① 散射光在 $\theta=0°$和 180°处达最大值，$\theta=90°$处强度最小，只有 0°处的一半；

② $i(\theta)=i(\pi-\theta)$，即前向散射等于后向散射；

③ 在 $\theta=0°$和 180°的方向上，i_x、i_z 均不为零，所以包括一切方向振动的电矢量，故仍为自然光非偏振光，在其他方向观察到的则为部分偏振光，特别是 $\theta=90°$处的散射光是完全偏振的。

二、溶胶的散射现象

以上讨论的是单位体积内只有一个散射中心，所以散射光强度是由一个微粒提供的。若所讨论的是稀溶胶，粒子的间距很大，散射光互不干涉，因此单位体积内散射光强度应当是该体积内各散射质点的散射光之和，于是得

$$i(r,\theta)=\left[\frac{\alpha^2\pi^2}{2\lambda^4 r^2}\right]I_0 N(1+\cos^2\theta) \tag{4-5}$$

式中，N 代表单位体积内的粒子数目，这就是 Rayleigh 散射公式，它有三条假设：

① 只有当粒子远小于入射光的波长时，此式才能成立，一般大约为波长的 $\lambda/20$。这就意味着质点处于均匀的入射光电场中，质点各部分的散射波具有相同的位相，即散射质点可看作点散射源；

② 溶胶浓度低，即质点间距离较大，无相互作用。质点在空间呈无规则分布，具有随机的位相关系，因此单位体积内散射光强度应当是该体积内各散射质点的散射光之简单加和；

③ 质点为各向同性，属非导体，不吸收光。

基于这些假设，Rayleigh 公式适用于由球形非导体小质点构成的稀溶胶或稀溶液。

在 Rayleigh 公式中，已知极化率 α 和介电常数 ε 有以下关系：

$$\alpha=3V\frac{\varepsilon_2-\varepsilon_1}{\varepsilon_2+2\varepsilon_1} \tag{4-6}$$

式中，V 为每个粒子的体积；ε_2 和 ε_1 分别为分散相和分散介质的介电常数。此式称为 Clausius-Mosotti 公式。由电磁理论知 $\varepsilon_r=\widetilde{n}^2$，$\varepsilon_r$ 是相对介电常数，它的定义为 $\varepsilon_r=\varepsilon/\varepsilon_0$，$\varepsilon_0$ 是真空的介电常数，$\widetilde{n}$ 为该物质的折射率，代入式(4-6) 得

$$\alpha=3V\frac{\widetilde{n}_2^2-\widetilde{n}_1^2}{\widetilde{n}_2^2+2\widetilde{n}_1^2} \tag{4-7}$$

$\widetilde{n}_2$ 和 $\widetilde{n}_1$ 分别为分散相和分散介质的折射率，将 α 代入式 (4-5) 得

$$i(r,\theta)=\frac{9\pi^2}{\lambda^4 r^2}\left[\frac{\widetilde{n}_2^2-\widetilde{n}_1^2}{\widetilde{n}_2^2+2\widetilde{n}_1^2}\right]^2 V^2 I_0 N\left(\frac{1+\cos^2\theta}{2}\right) \tag{4-8}$$

这是溶胶的 Rayleigh 散射公式，此关系式告诉我们以下几条规律。

① 散射光强与入射光的波长四次方成反比，因此入射光的波长愈短，引起的散射光强度愈强。在光散射测量中大多数采用短波长的光线（如 436nm 汞线）作为光源，其目的是增强光散射，提高仪器的灵敏度；如果入射光是白光，那么散射光中主要是蓝色、紫色，透射光中就出现红色或橙色光，散射光的颜色与透射光的颜色为互补色。这是天空呈蔚蓝色以及日出日落时太阳呈红色的原因。

② 散射光强度与粒子体积的二次方呈正比，实验证明，这只适用于粒子直径在 5～100nm 范围内的情况。当粒子直径大于 100nm 时，散射光很弱，主要是反射、折射等现象，所以散射并不是胶体分散体系的特有性质，只是在胶体范围内散射光强度最强。

③ 散射光与体系的折射率有关。分散相与分散介质的折射率相差愈大，散射光就愈强。因此分散相与分散介质之间有明显的界面，则散射光很强；反之，如果界面比较模糊，固体表面上亲液性较强，那么散射光就比较弱，不能显示出 Tyndall 效应；若 $n_1=n_2$，则应无散射现象，但实验证明，即使纯液体或纯气体，也有极微弱的散射。Einstein 等认为，这是由分子热运动所引起的密度涨落造成的。局部区域的密度涨落，也会引起折射率发生变化，从而造成体系的光学不均匀性。

④ 散射光强度与单位体积内的粒子数目呈正比。通常所用的“乳光计”就是根据这个原理设计而成的。当测定两个分散度相同而浓度不同的溶胶的散射光强度时，若知一种溶胶的浓度，便可计算出另一种溶胶的浓度；目前测定污水中悬浮杂质的含量时，主要使用乳光计。

这同时也说明了在光散射的测量中除尘的重要性。

⑤ 散射光强度与入射光强度呈正比，因此入射光必须聚敛，这样才能在超显微镜下观察到粒子的光点。

三、瑞利（Rayleigh）比

1. 瑞利（Rayleigh）比的定义

可测量的散射光的强弱取决于测定方法及仪器构造，即 i 与 r 及 θ 有关。为了消除这两个参数的影响，采用 Rayleigh 比 R_θ，其定义为

$$R_\theta=\left(\frac{ir^2}{I_0}\right)_\theta\left(\frac{1}{1+\cos^2\theta}\right) \tag{4-9}$$

Rayleigh 比描述体系的散射能力，单位是 m^{-1}。写出 Rayleigh 比时应注明下标 θ，因不少体系的 Rayleigh 比和散射角有关。表 4-1 中列出了一些体系的 Rayleigh 比的值。

表 4-1　一些体系的 Rayleigh 比的值

物质	R_{90}/m^{-1}	物质	R_{90}/m^{-1}
水($\lambda_0=546.1nm$)	1×10^{-8}	聚苯乙烯溶液（$c=10^{-3}kg/dm^3$，$M=50$ 万）在甲乙酮中	2×10^{-6}
苯($\lambda_0=435.8nm$)	48×10^{-8}	蛋白质水溶液（$c=10^{-3}kg/dm^3$，$M=50$ 万）	2×10^{-6}
聚苯乙烯溶液（$c=10^{-3}kg/dm^3$，$M=50$ 万）在甲苯中	8×10^{-7}	核酸水溶液（$c=10^{-3}kg/dm^3$，$M=800$ 万）	6×10^{-5}

从表中的数值不难看出，物质的光散射强弱与其分子量、浓度、周围环境（溶剂或介质种类）以及光波波长等诸因素有关。

2. 瑞利（Rayleigh）比意义

将式(4-5) 代入式(4-9)：

$$R_\theta=\frac{\pi^2}{2\lambda^4}\alpha^2N \tag{4-10}$$

若将 N 改为质量浓度，用 c（g/mL）来表示，若每个粒子的体积为 V，ρ 为其密度，则 $NV\rho=c$，由式（4-9）、式（4-10）以及式（4-8）可得：

$$R_\theta=\frac{9\pi^2}{2\lambda^4}\left(\frac{\tilde{n}_2^2-\tilde{n}_1^2}{\tilde{n}_2^2+2\tilde{n}_1^2}\right)^2\frac{c}{\rho}V \tag{4-11}$$

若已知质量浓度为 c，测得散射光的强度，利用式（4-11）可计算出粒子体积 V，因此用散射光可求得粒子大小。

若粒子是个大分子，又是一个球形体，那么它的分子质量为 $M=N_AV\rho$。故上式又可表示为：

$$R_\theta=\frac{9\pi^2}{2N_A\lambda^4\rho^2}\left(\frac{\tilde{n}_2^2-\tilde{n}_1^2}{\tilde{n}_2^2+2\tilde{n}_1^2}\right)^2cM \tag{4-12}$$

四、光散射的测量

测量光散射的光散射光度计，其基本结构如图 4-7 所示。通常采用汞灯作为光源，经过滤光片与聚光系统后形成单色平行光（波长为 436nm 或 546nm）。近年大多改用激光光源。盛有样品液的散射池安放在测量室的中央，并处于恒温浴中。接收散射光的光电倍增管安装在以池为中心的转臂上，以测量不同角度上的散射光强。测量室内保持黑暗以减少杂光。光电倍增管的输出信号（正比于散射光强）用灵敏电流计或光子计数读出，

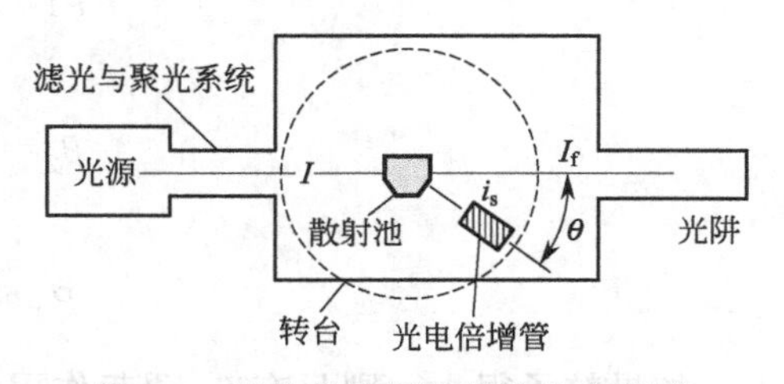

图 4-7　光散射光度计的结构示意图

从入射光束中分出小部分光照射在光电池上，以检测入射光强值。实验时用已知 Rayleigh 比的液体校准，求出仪器常数。由于电子技术的进步，整个测量过程可自动进行，数据的采集和处理可借助于电子计算机迅速完成。

因为尘粒引起的散射将掩盖溶液的真实散射情况，使测量结果失真，故样品液和散射池的光学净化是光散射实验成功的一个关键。用微孔膜（孔径 100～200nm）过滤液体，或用高速离心机离心除尘是通常采用的除尘方法。

第三节 球形大粒子的散射和吸收——Mie 散射

以上讨论的光散射，只限于粒子半径小于波长，而且每个粒子作为一个散射点源，只有诱导电场偶极矩的振动才能产生的散射现象。如果一个粒子上几个部分均能产生诱导偶极矩，那么发射的散射光波彼此之间产生干涉作用，另外，在粒子中还能产生多极电矩和多极磁矩。质点愈大，这种电矩也愈复杂，因此粒径大于波长的粒子就不再遵守 Rayleigh 散射规律。

Mie 从理论上解决了球形粒子的散射问题，由于推导过于复杂，这里仅简单地介绍 Mie 散射内容。他认为球形粒子只有多极电矩和多极磁矩的辐射，可用级数展开式来表示，级数中各项代表各级分波的贡献，各项级数前的系数是 m 和 q 的函数。m 为相对复折射系数，即粒子和介质的折射率之比 $m=n_2/n_1$。令 $q=2\pi a/\lambda$，a 为球状粒子的半径，λ 是入射光在介质中的波长。

若散射只考虑诱导偶极子电矩和磁矩的贡献，那么在垂直和平行观察平面的散射光强度的方程式为

$$i_1=\frac{\lambda^2}{8\pi^2 r^2}\left[\frac{\beta_1}{2}+\frac{1}{2}(\beta_1+P_1)\cos\theta\right]^2 I_0$$

$$i_2=\frac{\lambda^2}{8\pi^2 r^2}\left[\frac{\beta_1}{2}\cos\theta+\beta_2\cos^2\theta-\frac{\beta_2}{2}+\frac{P_1}{2}\right]^2 I_0 \tag{4-13}$$

在入射的非偏振光的强度为 I_0 的作用下，垂直于平面的散射光强度为 i_1，平行于平面的光强为 i_2。β_1、β_2 及 P_1 皆为 m 和 q 的函数。散射光强不与 $1/\lambda^4$ 和粒子大小成正比，散射光的对称性也消失了，而且前向散射大于后向散射。虽然散射粒子仍是各向同性，但是在 90°处的散射光也不完全是平面偏振。

当 $m\leqslant 1.33$，$q\leqslant 1$ 时，式（4-13）中的 β_1、β_2 分别代表电偶极子和电四偶极子的贡献，而 P_1 是磁极子的贡献。它们与 q、m 之间的关系是

$$\beta_1=2q^3\left(\frac{m^2-1}{m^2+2}\right)$$

$$\beta_2=-\frac{q^5}{6}\left(\frac{m^2-1}{m^2+\frac{3}{2}}\right)$$

$$P_1\approx-\frac{q^5}{15}(m^2-1)$$

如果粒子很小，则只有 β_1 项起作用，而 β_2 和 P_1 均可略去。因此在式（4-13）内，将 i_1+i_2 合并，并将 $m=n_2/n_1$ 及 $q=2\pi a/\lambda$ 代入，即为散射光的总光强，就可以得到 Rayleigh 散射公式。

Blumer 对较大粒子的 Mie 散射级数求解，其计算结果见图 4-8。这里 $m=1.25$，表示散射光只随粒子大小（即 q 值）而变，但是在不同角度上将有不同的光强。如果 $q=4$ 或 8，那么在光的强度分布上将出现极大值和极小值。如果入射光是白色的自然光，被照射体系是均分散体系，那么 q 值较高，各个波段颜色成分都有自己的复杂散射图。因此在不同角度观察，体系呈不同颜色。

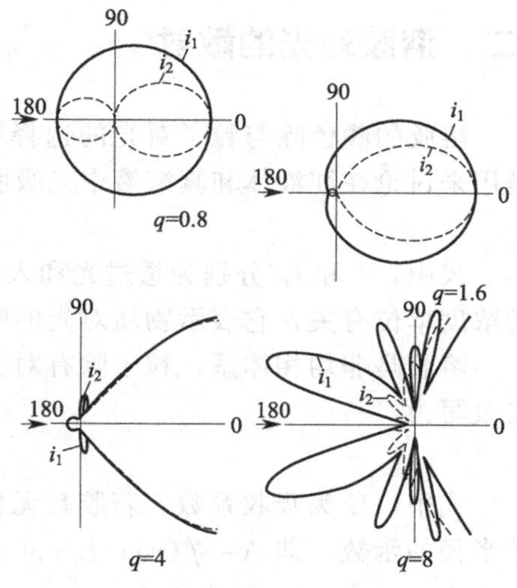

图 4-8　非导体球形质点的线性偏振光的散射极坐标

LaMer 和 Barnes 曾经用白光照射均分散的硫溶胶，发现从不同角度可以看到不同的颜色，这种颜色的排列，称为高级 Tyndall 效应，通常用 HOTS 表示。在硫溶胶内，红色和绿色光带最明显，随散射角的不同位置成比例出现。例如，对粒子半径为 0.3μm 的均分散硫溶胶，出现红色光带的位置是 60°、100° 和 140°。当半径是 0.4μm 时，红色光带的位置是 42°、66°、105°、132° 和 160°。HOTS 现象必须在均分散体系中才能观察到，因为多分散体系的溶胶中各种大小的粒子都有自己的散射分布图，在各个角度上散射光必然会相互干涉，因此不会出现 HOTS 现象。为了证明只有严格的均分散溶胶才有 HOTS 现象，可以将两种粒子大小不同的溶胶，逐步相互混合，并随时观察 Tyndall 现象。实验证明，只要粒子大小相差 2%，溶胶的 HOTS 现象将立即消失。

第四节　胶体的光与色

太阳光和各种光源发的光为原色，物体吸收原色以后的余色称为补色，除原色外均系补色，如月亮、染料等人眼所见的各种颜色。很多溶胶是无色透明的，也有许多溶胶有颜色，例如 $Fe(OH)_3$ 溶胶是红色的，CdS 溶胶是黄色的，金溶胶因粒子大小不同可能是红色的、紫色的或蓝色的。溶胶产生各种颜色是质点对光的吸收、反射和散射的结果。

一、溶胶对光的吸收

若溶胶对可见光的各部分吸收很弱，且大致相同，则溶胶是无色的；若溶胶能选择性吸收某一波长的光，则透过光中该波长部分变弱，透过光就不再是白光，而会呈现某种颜色。例如红色的金溶胶，是由于质点对波长 500～600nm 的可见光（即绿色光）有较强的吸收，因而透过光呈现它的补色——红色。

质点对光的吸收主要取决于其化学结构。当光照射到质点上时，如果光子的能量与使分子从基态跃迁到较高能态所需的能量相同时，这些光子的一部分将被吸收，而能量较高和较低的光子不被吸收。与跃迁所需的能量相对应，每种分子都有自己的特征吸收波长。如果其特征吸收波长在可见光范围内，则此物质显色。例如，AgCl 几乎不吸收可见光，所以它是白色的；AgBr 和 AgI 只吸收蓝色光，所以它们呈黄色和深黄色。

二、溶胶对光的散射

溶胶的颜色除与粒子对光的选择吸收有关外，还与胶粒的散射有关。Beer 光吸收定律是用来讨论在纯液体和真溶液中光吸收的基本规律：

$$I=I_0e^{-Ecd} \tag{4-14}$$

式中，I 和 I_0 分别为透过光和入射光的强度；c 为溶液浓度；E 为吸收常数，与所选用的浓度单位有关，它表示物质对光的吸收能力；d 为吸收层厚度。

溶胶是非均相体系，粒子除有对光的吸收外，还有对光的散射作用。因此，Beer 定律需改写为

$$I=I_0e^{-cd(E+A)} \tag{4-15}$$

式中，E 为吸收系数，若胶粒无色（不吸收光线），则 $E=0$；A 为散射系数，它是离子半径的函数，即 $A=f(r)$；$E+A$ 是消光系数。

三、金属溶胶对光的散射

由于金属胶粒对光有强的选择性吸收，所以 Rayleigh 定律在此不适用。在金属溶胶中，散射光强与粒子大小和波长有关。实验证明，金溶胶的散射光强度，在一定波长下，与粒子大小之间的关系均有一极大值。随粒子变大，散射光强度极大值向长波长方向移动，即主要散射长光波；随粒子变小，散射光强度极大值向短波长方向移动，即主要散射短光波（图 4-9），金溶胶的颜色主要取决于光被粒子的吸收和散射。一般来说，粒子较小时，吸收占优势（散射很弱），长波长的光不易被吸收，所以透过光趋向于波长较长的红光部分，溶胶显红色；当粒子较大时，散射增强，且峰值向长波长方向移动，所以透过光趋向于波长较短的蓝光部分，溶胶显蓝色。图 4-9 中，与粒子半径为 20nm、50nm 和 70nm 的金溶胶相对应的消光最大值处在光谱中为绿光、黄光和红光区，故溶胶分别呈现其补色，即红色、紫色和蓝色。有人曾做过一个很有意思的实验：将蓝色的金溶胶在离心机中分离，由于溶胶是多分散性体系，较大的粒子首先下沉，故溶胶的颜色由蓝变紫，最后呈深红色。

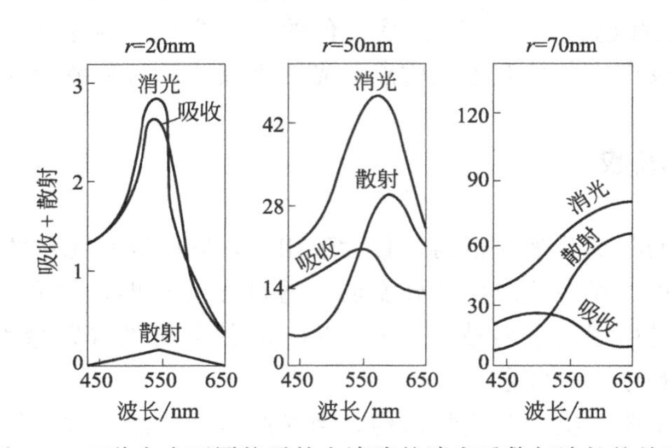

图 4-9　三种大小不同粒子的金溶胶的消光系数与波长的关系

表 4-2　不同大小粒子的银溶胶的颜色

粒子直径/nm	透射光	侧面光
10～20	黄	蓝
25～35	红	暗绿
35～45	红紫	绿
50～60	蓝紫	黄
70～80	蓝	棕红

银溶胶也是一个比较典型的例子，其对光的吸收和散射，也因粒子大小改变而变化（表4-2）。透射光的颜色主要是由光的吸收决定，并且要对着光线的入射方向进行观察；而散射光必须在溶胶的侧面进行观察，这两种颜色常常是互补的。

总之，溶胶的颜色是一个相当复杂的问题，它与粒子大小、分散相与分散介质的性质、光的强弱、光的散射和吸收等问题有关，迄今为止，还没有一个能说明溶胶颜色并包括各种因素在内的定量理论。

第五节　大分子溶液的光散射

一、涨落与光散射

Rayleigh 散射理论是从计算个别质点的散射出发的，故不适用于液体，这是因为液体中分子间的距离很短，散射光有强烈的干涉。Smoluchowski（1908 年）和 Einstein（1910 年）提出了光散射的涨落理论，巧妙地解决了这个问题。他们从折射率或介电常数的局部涨落出发来计算散射光强，在计算时涉及的是涨落的均方值，而不是单个分子的数值，这就避免了细致的微观模型，实际上等于考虑了分子间的相互作用。所以，涨落理论适用于纯液体和溶液的光散射。这两个理论并不矛盾，只是着眼点不相同。

二、溶液的光散射公式

在溶液中，折射率的局部涨落主要是由溶液浓度的局部涨落引起的。由此可见，溶液光散射的 Rayleigh 比应正比于$\overline{(\Delta c)^2}$，即浓度涨落的均方值（注意，浓度涨落的平均值等于零）。现进一步考察浓度涨落现象。显然，浓度涨落起因于分子的热运动，所以$\overline{(\Delta c)^2} \propto kT$。体元的体积（$\Delta V$）越小，溶液浓度越大，越容易出现局部涨落。再者，浓度涨落引起局部浓差，而浓差导致渗透压π，渗透压的作用是抑制局部涨落现象。更确切地说，$\frac{\partial \pi}{\partial c}$值决定抑制作用的强弱，换言之，$\overline{(\Delta c)^2} \propto 1/\left(\frac{\partial \pi}{\partial c}\right)$。总体来讲，$\overline{(\Delta c)^2}$正比于$kT$、$c$、$1/(\Delta V)$、$1/\left(\frac{\partial \pi}{\partial c}\right)$，即

$$\overline{(\Delta c)^2} \propto \frac{kTc}{\Delta V\left(\frac{\partial \pi}{\partial c}\right)} \tag{4-16}$$

这是关于浓度涨落均方值的重要公式。在此基础上，可进一步导出溶液光散射的定量关系式如下：

$$R_\theta=\frac{i_\theta r^2}{I}=\frac{KcRT}{\left(\frac{\partial\pi}{\partial c}\right)}(1+\cos^2\theta)$$

$$K=\frac{2\pi^2 n^2}{N_A\lambda_0^4}\left(\frac{dn}{dc}\right)^2 \tag{4-17}$$

式中，R_θ、i_θ、r、I、θ 的意义同式（4-5），但这里的 R_θ、i_θ 是指溶质的贡献，即溶液项扣去溶剂项后的净效应。其中，n 为溶液的折射率，在稀溶液中可用溶剂的折射率 n_0 代替；dn/dc 为溶液折射率随浓度的变化率，简称折射率梯度，其含义是浓度变化的光学效率；N_A 是 Avogadro 常数；λ_0 是入射光在真空中的波长；R 为气体常数；T 为绝对温度；K 称为光学常数，和波长及体系的光学性质有关。这个公式很重要，它把光散射同体系的热力学性质 $\frac{\partial\pi}{\partial c}$ 相联系起来。从这个意义上讲，光散射是溶液的平衡性质。此式适用于入射光为自然光的情况；如采用线偏振入射光，K 的形式稍有变化。应用此式时有个前提：溶质分子应小于 0.05λ，因为推导时假设了涨落小体元的体积 $\ll\lambda^3$，因而体元里面的溶质分子应比波长小得多。此式还表明，溶液散射的空间图形和特征同式（4-5）也都一样，即 $R_\theta\propto 1/\lambda^4$、$R_\theta\propto c$、前向散射等于后向散射等。所不同的是用 dn/dc 替换 Δn，这正说明涨落理论和质点散射理论是一致的，只是处理问题的角度不同而已。

三、高聚物分子量的测定

大分子溶液渗透压的浓度关系式是

$$\pi=cRT\left(\frac{1}{M}+A_2c+\cdots\right)$$

或

$$\frac{\partial\pi}{\partial c}=RT\left(\frac{1}{M}+2A_2c+\cdots\right)$$

代入式（4-17），对稀溶液 c^2 项以上可略去，得到

$$R_\theta=\frac{Kc}{\frac{1}{M}+2A_2c}(1+\cos^2\theta) \tag{4-18}$$

或

$$R_{90}=\frac{Kc}{\frac{1}{M}+2A_2c} \tag{4-19}$$

也可写成

$$\frac{Kc}{R_{90}}=\frac{1}{M}+2A_2c \tag{4-20}$$

这是光散射法测定高聚物分子量的基本公式，适用于散射分子比入射光波小得多的情形。测量结果以 Kc/R_{90} 对 c 作图，自外推到无限稀处的截距，可算出分子量，从直线斜率可求出 A_2 值。实验中要另行测定溶液的 dn/dc 值，以确定常数 K 值。dn/dc 的测定在示

差折射计中进行，此装置能精确测量 Δn，最小读数可低至 $\Delta n = 3\times10^{-6}$。

和渗透压方法不同，对多分散样品光散射法给出的是重均分子量 $\bar{M}_w$。表 4-3 中列出一些天然和合成大分子的分子量测定结果，并进行比较。可以看出，蛋白质和病毒的 $\bar{M}_n$ 与 $\bar{M}_w$ 几乎没有分别，说明这些天然大分子是单分散的。合成高分子和多糖化合物的 $\bar{M}_n$ 与 $\bar{M}_w$ 相差明显，故分子量不均一。聚苯乙烯化合物分级后，$\bar{M}_w/\bar{M}_n$ 比值显著下降。硝化纤维的分级效果不理想，一些级分的分子量分布仍然相当宽。支链淀粉的分布极其宽，$\bar{M}_w/\bar{M}_n$ 高达 267，这可能和分子中有无序分布的支化点有关。

表 4-3　数均分子量和重均分子量的比较

物质	$\bar{M}_n$（渗透压法）	$\bar{M}_w$（光散射法）	$\bar{M}_w/\bar{M}_n$
β-乳球蛋白	39000	36000	1.0
卵白蛋白	45000	46000	1.0
血清白蛋白	69000	70000	1.0
烟草斑纹病毒	49000000	39000000	(1.0)*
未分级聚苯乙烯	785000	1550000	2.0
B_5 级分	330000	372000	1.13
未分级硝化纤维	94000	273000	3.7
级分 1	35000	41000	1.17
级分 2	89000	128000	1.44
级分 3	257000	573000	2.23
支链淀粉	300000	80000000	267.0

* $\bar{M}_n$ 值用电镜法求得，$\bar{M}_w/\bar{M}_n$ 值必须≥1，此处指定值为 1。

四、Zimm 图和均方半径

当分子尺寸超过 (0.05～0.1)λ 后，同一分子中各部分的散射分波出现内干涉。内干涉不仅引起前、后向散射不对称，而且使实际测出的散射光强除了 $\theta=0°$方向上外，都比式(4-18) 的小。也就是说，R_θ 应乘一校正因子。Debye 指出，在满足 $2q(m-1)\ll1$ 的条件下，可以把大质点的散射视作一群独立的偶极振子的散射，这样，比 Mie 理论的处理简化很多。经这种简化后，在浓度和散射角都不太大的情形下，从理论上可以导出，对内干涉校正之后，式 (4-18) 应写成：

$$\frac{(1+\cos^2\theta)Kc}{R_\theta}=\frac{1}{M}\left(1+\frac{16\pi^2}{3\lambda^2}R_g^2\sin^2\frac{\theta}{2}\right)+2A_2c \tag{4-21}$$

式中，λ 是入射光在介质中的波长；R_g^2 称作均方旋转半径，它的定义是

$$R_g^2=\frac{\sum m_i r_i^2}{\sum m_i} \tag{4-22}$$

R_g 的物理意义是：设质点质量全部集中在一点而仍具有相同的转动惯量时，该点与质心的径向距离即 R_g。利用式 (4-21)，除分子量和 A_2 外，还可求得 R_g^2。为此，需做浓度和角度两个外推。

1. 浓度外推

当 $c\rightarrow0$ 时，下式成立：

$$\left[\frac{(1+\cos^2\theta)Kc}{R_\theta}\right]_{c\to 0}=\frac{1}{M}\left(1+\frac{16\pi^2}{3\lambda^2}R_g^2\sin^2\frac{\theta}{2}\right) \tag{4-23}$$

于是，以 $[(1+\cos^2\theta)\ Kc/R_\theta]_{c\to 0}$ 对 $\sin^2(\theta/2)$ 作图，截距为 $1/M$，自起始斜率和截距的比值可求出 R_g^2。对多分散体系而言，得到的 M 是重均值，R_g^2 是 Z 均值。

2. 角度外推

当 $\theta\to 0$ 时，下式成立：

$$\left[\frac{(1+\cos^2\theta)Kc}{R_\theta}\right]_{\theta\to 0}=\frac{1}{M}+2A_2c \tag{4-24}$$

以 $[(1+\cos^2\theta)\ Kc/R_\theta]_{\theta\to 0}$ 对 c 作图，其截距也是 $1/M$（多分散时则为 $1/\overline{M}_w$），直线斜率为 $2A_2$。

在实际工作中，常采用 Zimm 作图法求出这些物理量。具体做法是：在不同溶液浓度和不同散射角度上测量散射光强；得到的实验结果以 $(1+\cos^2\theta)\ Kc/R_\theta$ 对 $\sin^2(\theta/2)+K'c$ 作图，使成栅格分布。K'是常数，取适当值，使实验点在图中分布匀称。图 4-10 是个典型例子。在 Zimm 图上可以画出 $c=0$ 的外推线和 $\theta=0$ 的外推线。这两条外推线应有相同的截距，即 $1/\overline{M}_w$。从 $c=0$ 外推线的斜率与截距比值可以计算均方半径，从 $\theta=0$ 外推线的斜率可求出第二维利系数。用这种外推方法求算质点的尺寸（均方半径），其适用范围为 $0.05\leqslant R_g/\lambda\leqslant 0.5$。若光源是汞线（436nm 或 546nm），$R_g$ 的范围大致是 20～200nm。对于大小为几十埃的球蛋白质分子，此法不适用，改用波长短得多的 X 射线做散射实验，基于相似的原理，可以求出所要的 R_g 值。

R_g 是个很有用的尺寸参数。若已知质点的几何模型，根据下述关系式可以算出质点或分子的尺寸大小（r，L 或 $\overline{h^2}$）：

球　　$R_g^2=\frac{3}{5}r^2$，r 是球半径

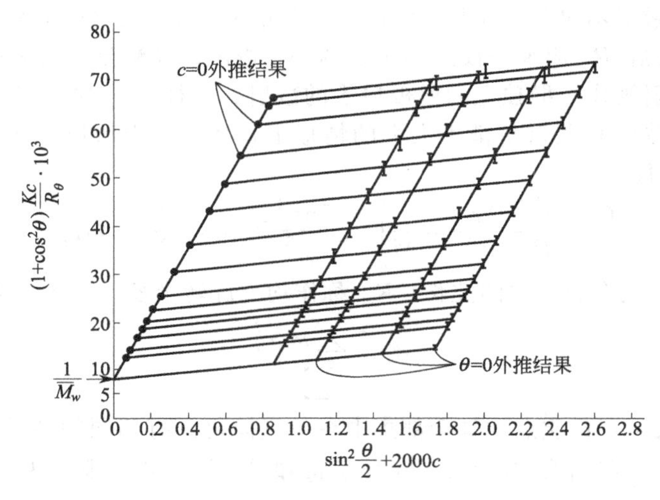

图 4-10　苯硝化纤维级分在丙酮中光散射结果的 Zimm 图

细棒　$R_g^2=L^2/12$，L 是棒长

无规线团　$R_g^2=\frac{1}{6}\overline{h^2}$，$\overline{h^2}$ 是线团的均方末端距

第六节　动态光散射简介

在前面的讨论中，我们一直认为散射光与入射光束的频率相同，即光散射属于弹性散射。实际情况并非完全如此。质点不停地做布朗运动，由于Doppler效应，运动着的质点的散射光频率与入射光频率相比，发生改变。不过频移的幅度很小，因为质点的运动比光速慢很多。质点的速率有个分布，故频移也有分布范围。总的结果是散射光波将以入射光的原频率 ω_0 为中心而展宽，如图4-11所示。展宽的宽度通常用半高半宽 Γ 表示，Γ 简称线宽。理论分析表明，线宽 Γ 和描述质点布朗运动强度的扩散系数 D 成比例，其关系如下：

$$\Gamma=DK^2 \tag{4-25}$$

式中，K 是散射矢量，其大小为（$4\pi n/\lambda_0$）sin（$\theta/2$）。现以质点直径为50nm的稀水溶胶为例：20℃时 D 值是 $8.59\times10^{-12}\mathrm{m^2/s}$，若入射光波长 λ_0 为488nm（蓝光），在90°散射角观测，则相应的 K 值为 $2.42\times10^7\mathrm{m^{-1}}$，展宽后的线宽约是5030Hz，这个数值比原场频率 6×10^{14} Hz小很多，远远小于单色仪或高精度干涉仪的分辨极限。显然，这类实验在激光出现以前无法进行；只有当单色性很好的激光束问世之后，利用拍频技术，才有可能检测出这种小幅度的频移。该技术是根据两个频率在一个非线性元件上混合时，产生的信号频率恰恰是输入的两个频率之差，这一差额称为“差拍”。“差拍”以后，经光电倍增管以阳极信号输出到自动相关仪（或光谱分析仪）。此法的优点是：无需形成界面，对样品无干扰或破坏；且测量迅速，在2～3min内即可完成；准确度高，误差为±1%。从上述讨论可知，光散射属于准弹性散射。

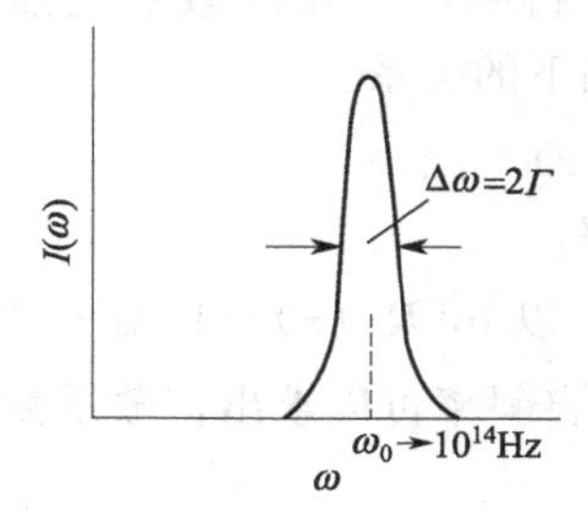

图4-11　质点运动引起散射光的频率展宽

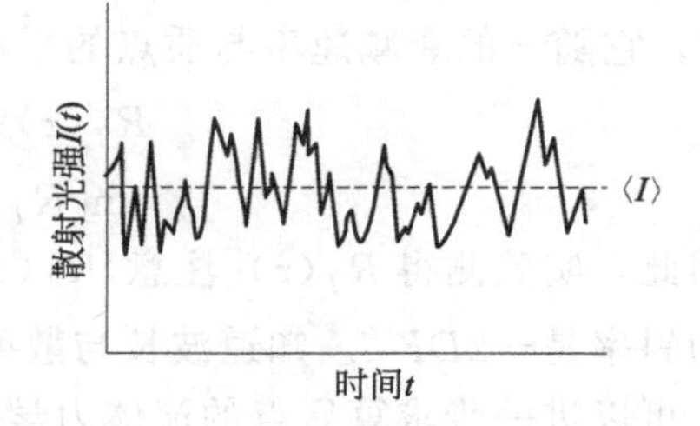

图4-12　散射光强随时间的涨落

我们也可以从散射光强涨落的角度来考察准弹性光散射。现以球形质点为例，质点不停地做布朗运动，于是，散射体积中散射质点的位相关系随时间不断地变化着，其结果是在某处观察到的散射光强也随时间不断地涨落着。前面讲的光散射实验中测量的便是这种涨落的散射光强的时间平均值〈I〉（图4-12中的线）。尽管散射光强随时间的变化是随机的，似无规则可言［图4-13中的（a）］，但在此基础上采用散射光强的时间相关函数对时间作图，却得到一条平滑的衰减曲线，而且是所研究体系的特征曲线［图4-13中的（b）］，其衰减速率为该体系质点布朗运动的强弱所支配。光强时间相关函数［简称光强相关函数，用 R_I

(τ)表示]的定义是，t 时刻的光强 $I(t)$和 $t+\tau$ 时刻的光强 $I(t+\tau)$的乘积对时间的平均值，它表征光强在两个不同时刻（相隔时间为 τ）的相关联程度。$R_I(\pi)$的数学表示式是：

$$R_I(\tau)=\langle I(t)I(t+\tau)\rangle=\lim_{T\to\infty}\frac{1}{T}\int_t^{t+T}I(t)I(t+\tau)\,\mathrm{d}t \tag{4-26}$$

式中，τ 代表延迟时间；T 是观测时间的长短；$<\ \ >$代表时间平均值。

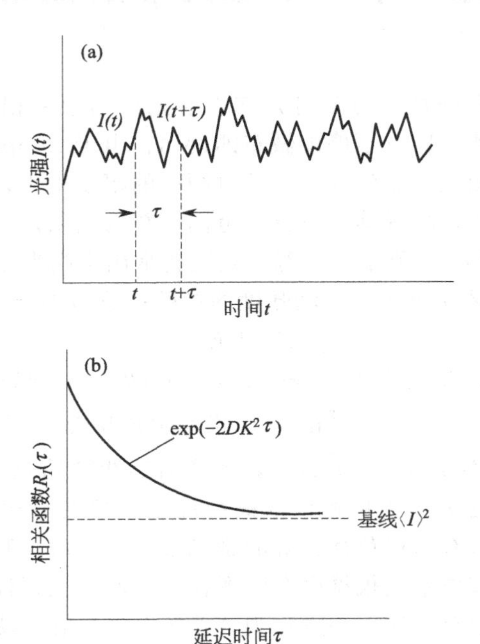

图 4-13　散射光强涨落过程的相关函数

采用相关函数是因为它有两个特点：一是可以用数码技术测出微弱的光信号；二是它能通过傅里叶转换转换成指数光谱的形式进行数据处理，得到归一化的散射光强相关函数 $R_I(\tau)$，它随 τ 的衰减速率与质点的平动扩散系数 D 有如下的关系：

$$R_I(\tau)=1+\exp(-2DK^2\tau)$$

$$\ln[R_I(\tau)-1]=-2DK^2\tau$$

因此，实验测得 $R_I(\tau)$[注意，$R_I(\tau)$是 τ 的函数]后，以 $\ln[R_I(\tau)-1]$对 τ 作图，所得直线的斜率是$-2DK^2$。知道波长与散射角，即得 K，故自斜率可以求出扩散系数 D。利用下式还可以进一步求算质点的流体力学半径 r_h：

$$r_h=\frac{kT}{6\pi\eta D} \tag{4-27}$$

综上所述，本小节讲的光散射是研究散射光强的涨落过程，而光强涨落的快慢与质点的运动密切相关。实际上，除了质点或分子的平动扩散运动外，质点的转动运动、柔性大分子的内部运动等都会引起散射光强的涨落。显然，光散射测量可以提供关于质点这些运动形式的重要信息，即了解质点的动态性质，故称为动态光散射，以区别于前面讲的静态光散射。静态光散射测量的是散射光强平均值，研究的是体系的平衡性质。动态光散射一项重要的实验方法是测量光电子的相关函数，故又称光子相关谱法。激光的出现使光散射从传统上的研究平衡性质发展到能够探测运动性质，并开拓了许多新领域。

第七节　测量胶体颗粒形貌与表面性质的仪器简介

一、电子显微镜

用电子显微镜测小于 100nm 颗粒，可观察形状、大小、厚度，最直观、准确。用可调电波代替光波。电子波波长：

$$\lambda=\sqrt{1.5/U}\,(\text{nm}) \tag{4-28}$$

式中，U 为加速电位差。当 $U=50000\text{V}$ 时，$\lambda=5.47\times10^{-3}\text{nm}$，与蓝光（400nm）差 100000 倍。可见光显微镜的最高放大倍数为 2500 倍；而电子显微镜最高放大倍数可达（25～30）万倍，可观察到零点几个纳米的图像。现在还可观察原子像，在乳状液与生物组织研究中有广泛应用。但是操作需要高真空，不能原位观察，制样过程中会失真。

二、电子能谱

其基本原理是用单色光源（如 X 射线、紫外光）或电子束等去照射样品，使其原子或分子的电子受激发射出来。测量这些电子的能量分布，可以得到很多信息，比如元素分析以及表面电子状态等。电子能谱有多种，以激发光源不同而命名。用 X 射线作为激发光源的电子能谱称为 X 射线光电子能谱（XPS，X-ray Photoeletron Spectroscopy），用紫外光作为激发光源的电子能谱称为紫外光电子能谱（UPS，UV- Photoeletron Spectroscopy）。

三、扫描隧道显微镜

其基本原理是量子理论中的隧道原理。将扫描探针与被研究物质的表面作为两个电极，利用隧道电流对距离的关系可以测出表面上 0.1～0.2nm 的高低差别，但所测的样品必须是导电的。宾尼等在 1986 年又发明了原子力显微镜（AFM），他们利用带有微悬臂的针尖扫描表面，可测出微悬臂与表面的相互作用力，其量级为 $10^{-12}\sim10^{-3}\text{N}$。由此测出表面形态，从而解决了样品必须导电的难题，扩大了扫描隧道显微镜的应用范围。

四、近场光学显微镜

普通光学显微镜中被检测的样品与探测器间的距离 l 远大于波长 λ，属于远场范畴，其分辨极限只能达到所使用的光波波长的一半，即 200～500nm。1928 年，E. H. Synge 提出近场探测原理。1982 年，D. W. Pohl 在扫描隧道显微镜（STM）的基础上，首次实现了扫描近场光学显微术（SN-OM），分辨率达到 25nm（相当于 $\lambda/20$）。在 SNOM 中，光探针与样品的间距及探针上的光阑孔径均远小于波长，所以 SNOM 的分辨率不受衍射极限的限制。SNOM 与扫描隧道显微镜（STM）和原子力显微镜（AFM）在技术上有许多相似之处，但更具优越性。例如，可以利用样品的光学性质来确定纳米尺度下样品的化学性质；可以利用光与物质的相互作用来进行表面修饰、信息存储、信息处理；可以实现非接触式无损探测，因此，特别适用于生物材料的原位探测。

第五章
胶体的电学性质

质点表面带电是胶体的重要特性，质点带电对胶体的许多性质，如动力学性质、光学性质等均有影响。更为重要的是，胶体质点表面带电是憎液胶体，尤其是以水为分散介质的憎液胶体得以稳定的重要原因之一。因此，除了本身的许多实际应用之外，电动（动电）现象的研究还为胶体稳定性理论的发展奠定了基础。

第一节 胶体质点周围的双电层

一、电动现象的发现

1803 年俄国科学家 PeЙcc 发现，在一块湿黏土上插入两只玻璃管，用洗净的细砂覆盖两管的底部，加水使两管的水面高度相等，管内各插入一个电极，接上直流电源（图 5-1），经过一段时间后便发现：在正极管中，黏土微粒透过细砂层逐渐上升，使水变得浑浊，而水层却慢慢下降。与此同时，在负极管中，水不浑浊，但水面渐渐升高。这个实验充分说明，黏土颗粒带负电，在外电场的作用下，向正极移动。后来发现，任何溶胶中的胶粒都有这样的现象：带负电的胶粒向正极移动，带正电的胶粒向负极移动，人们把这种现象称为电泳。电泳现象说明胶体粒子带电，其电荷符号可以根据它向哪个电极移动来判断。在 PeЙcc 实验中，水在外加电场的作用下，通过黏土颗粒间的毛细通道向负极移动的现象称为电渗。后来 Wiedemann 等发现，不用黏土而用毛细管或多孔瓷片甚至棉花等，也可以观察到电渗现象。

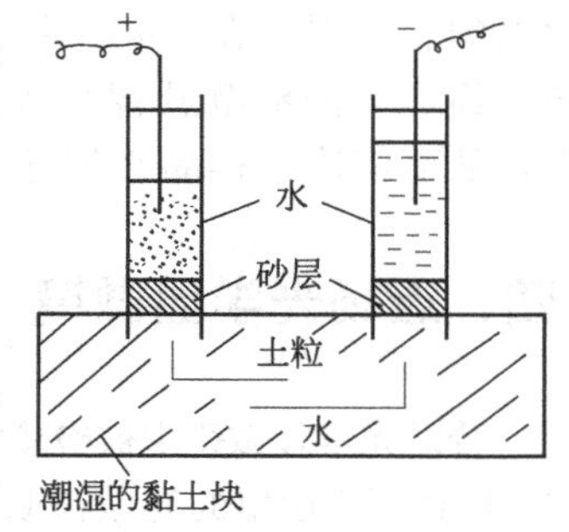

图 5-1 PeЙcc 实验

电泳和电渗都是在电场的作用下，相接触的固体与液体间发生相对运动的现象，只不过电泳里观察到的是质点的运动，在电渗里则是固体不动而液体运动。如果在外力作用下使固液两相发生相对运动，则可能形成电场。1861 年 Quincke 发现，若用压力使液体通过毛细管或粉末压成的多孔塞，则在毛细管或塞的两端产生电位差，即流动电势，是电渗的反过程。在多孔地层中，水通过泥饼小孔所产生的流动电势在油井电测工作中具有重要意义。此外，在通过硅藻土、黏土等滤床的过滤中，流动电势也可沿管线造成危险的高电位，因此这种管线往往需要接地。1880 年又发现电泳的反过程：粉末在液相中下降，可以在液体中产生电势降，此即沉降电势，或称 Dorn 效应。面粉厂、煤矿等的粉尘爆炸可能与沉降电势有关。

电泳、电渗、流动电势与沉降电势统称为电动现象。它们或是因电而动（电泳与电渗），或是因动而生电（流动电势与沉降电势）。固-液体系中的电动现象是最常见的，但液-液、液-气与固-气体系中也存在着电动现象。电动现象清楚地说明了悬浮在液体中的质点是带电的，质点表面上电荷的来源则是下面要讨论的内容。

二、质点表面电荷的来源

1. 电离

有些质点本身含有可解离的基团，例如蛋白质有可以离子化的羧基或氨基，在低 pH 时氨基的离子化占优势，形成NH_4^+使蛋白质分子带正电；在高 pH 时羧基的解离占优势，形成—COO^-使蛋白质分子带负电；在某个 pH 值，蛋白质分子的净电荷为零，此 pH 值称为该蛋白质的等电点。无机胶体也有类似情形。硅溶胶质点（SiO_2）随溶液中 pH 的变化可以带正电或负电荷：

$$SiO_2 + H_2O \rightleftharpoons H_2SiO_3 \longrightarrow HSiO_3^- + H^+$$
$$\longrightarrow SiO_3^{2-} + 2H^+$$
$$\longrightarrow HSiO_2^+ + OH^-$$

肥皂属缔合胶体（也称胶体电解质），在水溶液中它是由许多可电离的小分子 RCOONa 缔合而成的，由于 RCOONa 可以电离，故质点表面可以带电。

2. 吸附

固体表面对液相中电解质正、负离子的不等量吸附而获得电荷。影响对电解质正、负离子不等量吸附的因素主要有两个。一是因为阳离子的水化能力一般比阴离子强，而水化能力强的离子往往留在溶液中，水化能力弱的离子则容易被吸附在固体表面，所以固体表面带负电荷的可能性比带正电荷的可能性大。例如溶液中 Ag^+ 的浓度大于 $10^{-5.5}mol/dm^3$，过量的 Ag^+ 使胶粒表面带正电荷，而只要 I^- 的浓度超过 $10^{-10.5}mol/dm^3$，过量的 I^- 就会使胶粒表面带负电荷。其次，实验证明，凡是与固体表面上物质具有相同元素的离子优先被吸附，这个规则通常被称为 Fajans 规则。例如，

$$AgNO_3 + KBr \longrightarrow AgBr\downarrow + KNO_3$$

用 $AgNO_3$ 和 KBr 制备 AgBr 溶胶时，AgBr 颗粒表面容易吸附 Ag^+ 或 Br^-，而对 K^+、NO_3^- 的吸附就很弱。这是因为 AgBr 晶粒表面上容易吸附能继续形成结晶的离子。至于颗粒究竟吸附 Ag^+ 还是 Br^-，取决于溶液中 Ag^+ 或 Br^- 的过量情况。其中 Ag^+ 和 Br^- 是 AgBr 颗粒表面电荷的来源，溶液中 Ag^+ 或 Br^- 的浓度直接影响质点的表面电势，故称其为决定电势离子，其他离子，如 K^+、NO_3^-、H^+、OH^- 等，对于 AgBr 颗粒的表面电势而言是不相干离子。

3. 离子的不等量溶解

离子型的固体物质有两种电荷相反的离子，如果这两种离子的溶解是不等量的，那么固

体表面上也可以获得电荷。例如，在 AgI 的晶格中，银离子的活动能力较强，结合力小于碘离子，所以 Ag^+ 比 I^- 更容易“溶解”，AgI 粒子易于带负电。

4. 晶格取代

黏土由铝氧八面体和硅氧四面体的晶格组成。天然黏土中 Al^{3+}（或 Si^{4+}）的晶格点往往被一部分低价的 Mg^{2+}、Ca^{2+} 所取代，结果使黏土晶格带负电。为维持电中性，黏土表面就吸附了一些正离子，而这些正离子在水中因水化而离开表面，于是黏土颗粒就带负电。由山东大学研制并已实现工业化的正电荷溶胶，就是用高价阳离子取代低价阳离子得到的，已广泛应用于油田。

5. 非水介质中质点荷电的原因

在非水介质中质点荷电的原因研究得比较少。比较古老的说法是，质点和介质间因摩擦而带电。但是这种说法并无直接的证据。Coehn 曾研究过非水介质中质点的荷电规律。他认为，两相接触时对电子有不同的亲和力，这就使电子由一相流入另一相。一般说来，由两个非导体构成的分散体系中，介电常数较大的一相将带正电，另一相则带负电。例如，玻璃小球（$\varepsilon=5\sim6$）在水（$\varepsilon=81$）中带负电，在苯（$\varepsilon=2$）中带正电。这个规则常称为 Coehn 规则。但玻璃在二氧杂环己烷（$\varepsilon=2.2$）中荷负电，不符合 Coehn 规则。因此，Coehn 规则并没有得到公认。

目前有许多人认为，非水介质中质点的电荷也来源于离子选择吸附。体系中离子的来源，有可能是因为某些有机液体全部或部分解离，也可能是因为含有某些微量杂质（例如水）。

三、胶团结构

因为每个胶团的大小常在 1～100nm 之间，故每一胶团必然是由许多分子或原子聚集而成的。例如用稀 $AgNO_3$ 溶液和 KI 溶液制备 AgI 溶胶时，由反应生成的 AgI 首先形成不溶性的质点，即所谓的“胶核”，它是胶体颗粒的核心。研究证明，AgI 胶核也具有晶体结构，它的表面很大，故制备 AgI 溶胶时，如 $AgNO_3$ 过量，按 Fajans 规则，胶核易从溶液中选择性地吸附 Ag^+ 而荷正电，留在溶液中的 NO_3^-，因受 Ag^+ 的吸引必围绕于其周围。但离子本身又有热运动，毕竟只可能有一部分 NO_3^- 紧紧地吸引于胶核近旁，并与被吸附的 Ag^+ 一起组成所谓的吸附层。胶核与吸附层组成胶粒，胶粒与分散层中的反离子组成胶团。胶团分散于液体介质中便是通常所说的溶胶。若 KI 过量，则 I^- 优先被吸附，并使胶粒荷负电。

大分子物质（如蛋白质、石花菜、淀粉、海藻酸等）质点上的电荷大多是表面基团电离的结果。又如土壤胶体中的腐殖质多以胶态形式存在，它们不仅成分复杂（有时就是混合物），构造也很复杂。这些质点表面上的电荷，既有吸附也有电离因素。因此，对于这类物质的胶团结构，只能用其主要成分的结构单位表示，或者画出示意图来表示。

黏土胶粒表面上的电荷主要起因于晶格取代（当然也有电离）。例如，仅由晶格取代引起带电的钠微晶高岭土的胶团可表示为：

$$\{m[(Al_{3.34}Mg_{0.66})(Si_8O_{20})(OH)_4](0.66m-x)Na^+\}^{x-}\cdot xNa^+$$

在石油中胶质和沥青质相互结合成胶团，它们的基本单元结构都是以稠合芳环为核心，包括非烃化合物在内的复杂混合物，难以用胶团结构式表示。

第二节 双电层模型

从能量最低原则考虑，质点表面上的电荷不会聚在一处，而势必分布在整个质点表面上。但质点与介质作为一个整体是电中性的，故质点周围的介质中必有与表面电荷数量相等而符号相反的过剩离子存在，这些离子称为反离子。质点的表面电荷与周围介质中的反离子构成所谓双电层。关于双电层的内部结构，曾经提出过以下模型。

一、Helmholtz 平板电容器模型

Helmholtz 在 1879 年最早提出的双电层结构类似于平板电容器（图 5-2），质点的表面电荷构成双电层的一层，反离子平行排列在介质中，构成双电层的另一层。两层之间的距离很小，约等于离子半径。在双电层内电势直线下降，表面电势 Ψ_0 与表面电荷密度 σ 之间的关系与平板电容器的情形相同：

$$\sigma=\frac{\varepsilon\Psi_0}{\delta} \tag{5-1}$$

式中，δ 为两电层之间的距离；ε 为介质的介电常数。

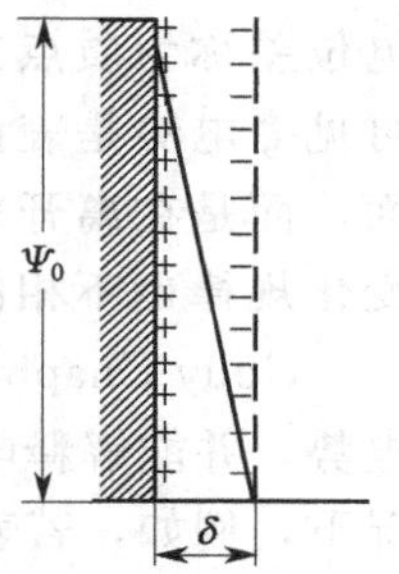

根据 Helmholtz 双电层模型，在外加电场作用下，带电质点和溶液中的反离子分别向不同的电极运动，于是发生电动现象。这一模型对于早期的电动现象研究起过一定作用，但它无法区分表面电势与 ζ 电势。后来的研究表明，与质点一起运动的结合水层厚度远较 Helmholtz 模型中的双电层厚度大。如果是这样，根据 Helmholtz 模型根本不应有电动现象发生，因为双电层作为一个整体应该是电中性的。

图 5-2 Helmholtz 平板双电层模型

二、Gouy-Chapman 扩散双电层模型

针对 Helmholtz 模型中存在的问题，Gouy（1910 年）和 Chapman（1913 年）提出了扩散双电层模型。为了得到双电层内的电荷与电位的分布，Gouy-Chapman 做了如下假设：

① 固体表面是无限大的平面，表面电荷均匀分布；

② 扩散层中的反离子视为点电荷，其分布服从 Boltzman 能量分布定律；

③ 正负离子所带的电荷符号相反，而数目相等，整个体系为电中性；

④ 溶剂的介电常数在整个扩散层内处处相等。在平衡时，离子的分布应当遵守 Boltzman 能量分布定律。

Gouy-Chapman 指出，溶液中的反离子受两个相互对抗的力的作用：静电引力使反离子趋向表面，热扩散运动使反离子在液相中均匀分布，反离子的平衡分布是这两种对抗作用的总结果。它不会是规规矩矩地束缚在质点表面附近，而是扩散地分布在质点周围的介质里。由于静电吸引，质点附近的反离子浓度较大。越远离质点，电场的作用越小，反离子过剩的程度也逐渐减弱，直到在某一距离处反离子与同号离子的浓度相等，如图 5-3 所示。图中的 AB 曲线表示电位随距离的变化。

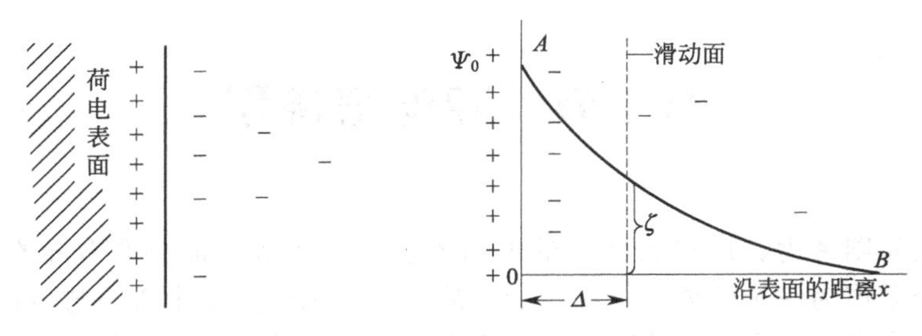

图 5-3　扩散双电层模型及电势变化

由于在水溶液中质点总是结合着一层水（其中含有部分反离子），此水和其中的反离子可视为质点的一部分，故在电泳时固-液之间发生相对位移的“滑动面”应在双电层内距表面某一距离 Δ 处。该处的电位与溶液内部的电势之差即为 ζ 电势。显然，ζ 电势的大小取决于滑动面内反离子浓度的大小。进入滑动面内的反离子越多，ζ 电势越小，反之则越大。ζ 电势的数值可以通过电泳或电渗速率的测定计算出来。同时也只有当粒子和介质做反向移动时才能显示出来，所以 ζ 电势也称电动电势。带电质点的表面与液体内部的电位差称为质点的表面电势，亦称热力学电势，它取决于溶液中决定电势离子的浓度。可见 ζ 电势是表面电势 Ψ_0 的一部分。由于固液两相发生相对运动的边界并不在质点的表面，而是在离开表面某个距离的液体内部，因此，ζ 电势与表面电势的数值不等，二者的变化规律也不相同。

Gouy-Chapman 的扩散双电层模型克服了 Helmholtz 模型的缺点，区分了表面电势与 ζ 电势，并能解释电解质对 ζ 电势的影响，但也遇到了不少的困难，尤其是在高表面电位的情况下，例如，若表面电势 $\Psi_0=300\text{mV}$，溶液中电解质浓度为 $1\times10^{-3}\text{mol/L}$ 时，计算出表面附近反离子的浓度达 160mol/L。出现这种现象的原因，是假定电荷都是点电荷，不考虑带电粒子的体积，即忽略了离子半径。另外，根据 Gouy-Chapman 的理论，同价离子对双电层的影响应该相同，ζ 电势的绝对值随离子浓度的增加而下降，且总是与表面电位同号，但实验结果表明，同价离子对 ζ 电势的影响也会有明显的差别，ζ 电势还可能随离子浓度增加而改变符号，这些都是 Gouy-Chapman 的模型所不能解释的。

三、Stern 模型

Stern 指出，Gouy-Chapman 模型的问题在于点电荷的假设。实际上溶液中的电荷都是以离子的形式存在的，对于真实离子，Stern 认为：①真实离子有一定的大小，因此限制了它们在表面上的最大浓度和离固体表面的最近距离；②真实离子与带电固体表面之间，除了静电作用之外，还有非静电的相互作用。例如范德华吸引作用，由于这种吸引作用与离子的本性有关，所以又称为特性吸附作用。

1924 年 Stern 提出以一个假想平面，把 Gouy-Chapman 的扩散双电层可分为两层，此平面叫作 Stern 平面，并认为该平面与固体平面之间的区域内，由于静电吸引力和足够大的范德华引力克服了热运动，离子连同一部分溶剂分子与表面牢固结合，称为 Stern 层，又称紧密层。这层的离子成为特性吸附离子，这些特性吸附离子的电性中心构成假想的 Stern 平面。这些离子的分布不符合玻尔兹曼能量分布定律，而是遵循朗格缪尔单层吸附理论。紧密层的厚度 δ 由被吸附离子的大小决定。在此层中电势变化的情况与平板模型相似，电势由

Ψ_0（表面电势）直线下降为 Ψ_S，即 Stern 平面上的电势，在 Stern 层之外，另一层相似于 Gouy-Chapman 双电层中的扩散层（电势随距离的增加呈曲线下降），其大小由本体溶液的浓度决定。质点表面总有一定数量的溶剂分子与其紧密结合，因此在电动现象中这部分溶剂分子与粒子将作为一个整体运动，在固-液相之间发生相对移动时也有滑动面存在。尽管滑动面的确切位置并不知道，但可以合理地认为它在 Stern 层之外，并深入到扩散层之中。Stern 模型及电势变化示于图 5-4 中，由图 5-4 可见，滑动面处的电势（ζ 电势）略低于 Stern 电势。在足够稀的溶液中，由于扩散层厚度相当大，而固相所束缚的溶剂化层厚度通常只有分子大小的数量级，因此 ζ 和 Ψ_S 电势可近似相等，并无多大误差。但当电解质浓度很大时，ζ 和 Ψ_S 电势的差别也将增大，不能再视为相同了。倘若质点表面上吸附了非离子型表面活性剂或高分子物质，而滑动面明显外移，此时 ζ 和 Ψ_S 电势也会有较大的差别。特别要注意的是，当溶液中含有高价反离子或表面活性剂离子时，质点对它们发生强的选择性吸附，此吸附目前常称为特性吸附。由于特性吸附吸附了大量的这些离子，从而使 Stern 层的电势反号［图 5-5(a)］，即 Ψ_S 的电势符号将与 Ψ_0 的电势符号相反，这时胶粒所带电荷符号也相反。同理，若能克服静电斥力而吸附了大量的同号离子，则可能使 Stern 层的电势高于表面电势 Ψ_0［图 5-5(b)］。

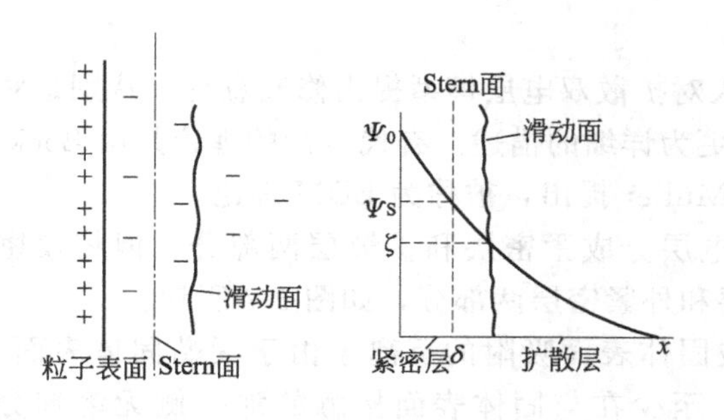

图 5-4　Stern 双电层模型及电势变化

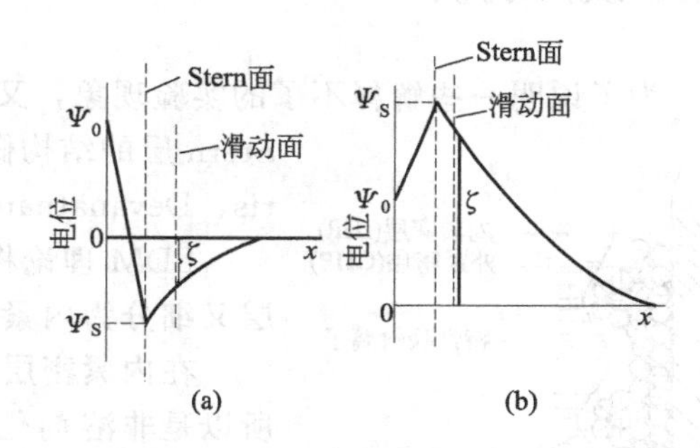

图 5-5　Stern 电位的变化

(a) 吸附高价反离子使 Ψ_S 反号；
(b) 吸附同号离子使 Ψ_S 升高

检验反离子在粒子表面上是否产生特性吸附最方便的方法是：在被研究的体系中加入该反离子并同时测量 Zeta 电势，若能使粒子电荷反号，说明表面有特性吸附。例如，在含有高岭土的污水中（污水的 pH 值为 7.5，高岭土的等电点为 3.8）加入铝聚沉剂，当加入量超过 40×10^{-6} mol/L 时，电荷反号，Zeta 电势由负值转变为正值［图 5-6(a)］，在 pH 值为 8.9 的白炭黑混悬液中加入阳离子表面活性剂，当其浓度超过 30 μmol/L 时亦可使电荷反号［图 5-6(b)］。这些结果都说明铝聚沉剂或阳离子表面活性剂可在荷负电的高岭土或白炭黑表面上发生特性吸附。

Stern 模型考虑到离子的大小，而且规定了紧密层中反粒子的最大吸附量，从而避免了 Gouy-Chapman 模型得出的反离子在表面附近不合理的高浓度。由于 Stern 模型区分了静电性吸附与非静电性吸附，使 Gouy-Chapman 模型无法解释的某些动电现象也得到了较合理的说明。因此，比起 Gouy-Chapman 模型来，Stern 模型前进了一步，但此理论进行定量计算尚有困难，而双电层的扩散层部分完全沿用 Gouy-Chapman 理论处理，因此，在定量处理动电现象或胶体稳定性问题时，多数场合仍采用 Gouy-Chapman 理论，只是将 Ψ_0 换成 Ψ_S 而已。

关于吸附层的详细结构、介质的介电常数随离子浓度和双电层电场的变化以及表面电荷

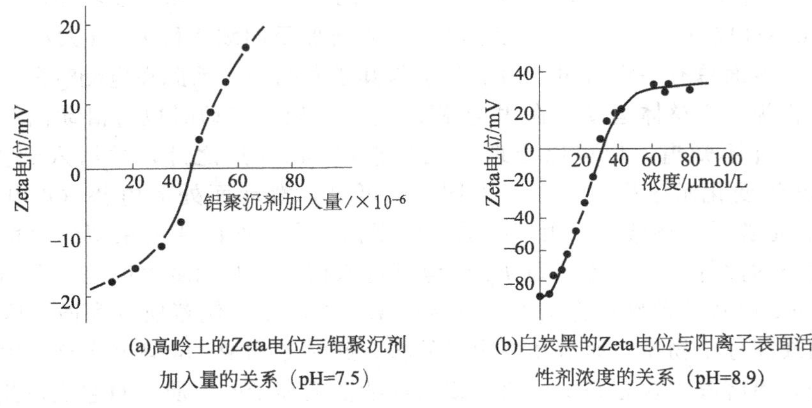

图 5-6 Zeta 电位的变化

的不均匀分布等问题均未解决，所以该理论仍在发展中。

四、发展现状

为了说明一些解释不了的实验现象，又有人对扩散双电层模型提出修改意见，特别是对Stern层的结构做了更为详细的描述。有代表性的理论是由Bockris、Devanathan和Muller提出，被称为BDM理论。

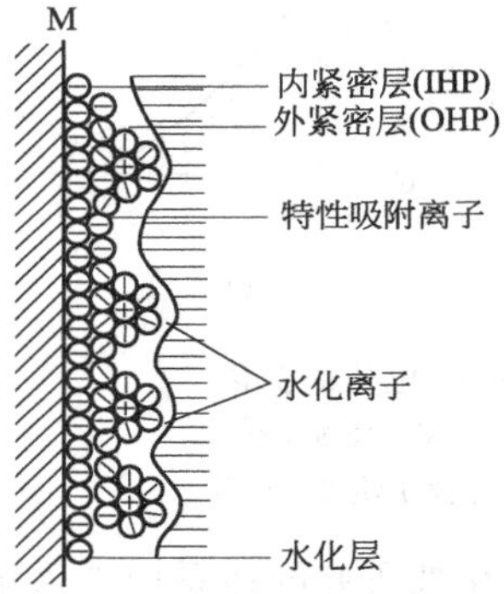

M

内紧密层(IHP)

外紧密层(OHP)

特性吸附离子

水化离子

水化层

图 5-7 BDM 双电层模型示意图

BDM理论将双电层分成紧密层和扩散层两部分，但将紧密层又细分为内紧密层和外紧密层两部分，如图5-7所示。

在内紧密层中被固体表面吸附的反离子由于紧贴固体表面，所以是非溶剂化的，至少在与固体表面接触的那一侧无溶剂分子。由这层反离子中心构成的面称为内Helmholtz面（IHP）。Stern层内，在IHP以外的反离子则是溶剂化的反离子，以这些离子的中心构成外Helmholtz面。分布在外紧密层中的反离子是不均匀且断续的，因而存在电荷不连续效应。这种效应的存在可以解释一些Gouy-Chapman-Stern（GCS）理论无法说明的实验现象，从而使BDM理论更加令人信服。尽管如此，目前的各种双电层理论尚未达到尽善尽美的地步，仍在充实和完善之中。

第三节 扩散双电层的数学计算

要进行双电层的数学计算，模型必须清楚而合理，Stern模型虽然比较清楚，但以此模型为基础所导出的扩散双电层公式相当复杂，公式中许多参数无法直接确定，这使它难以定量计算。但此模型的扩散层部分完全可以用Gouy-Chapman理论处理，因此目前普遍讨论Gouy-Chapman扩散双电层模型的数学计算。

Gouy-Chapman对扩散双电层内的电荷与电势分布进行了定量处理。其基本假设如下：

(a) 质点表面是平面，y 和 z 方向无限大，而且表面电荷均匀分布；

(b) 离子扩散只存在于 x 方向，扩散规律服从 Boltzmann 分布；

(c) 为简化计算，假设溶液中只有一种对称电解质，正、负离子的电荷数目相等，其正负离子的价数均为 z，整个体系为中性；

(d) 溶剂的介电常数在整个扩散层内都是一样的。

若固体表面带正电荷，电势为 Ψ_0，同号离子与异号离子的分布如图 5-8(a) 所示，这两种离子的浓度变化情况如图 5-8(b) 所示。在距离固体表面一定距离的范围内，同号离子与异号离子的含量不同，所得到的净电势如图 5-8(c) 所示，用 Ψ 表示。

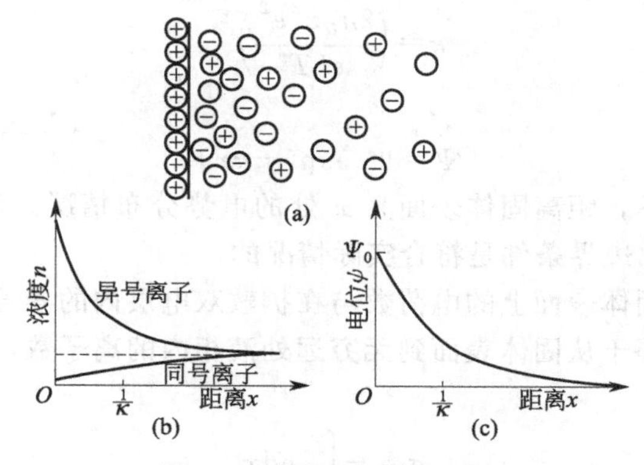

图 5-8 扩散双电层示意图

一、电荷分布

因为只考虑一个方向，且固体表面又是无限的，所以 Poisson 公式可写成：

$$d^2\Psi/dx^2=-\rho/\varepsilon \tag{5-2}$$

设与固体表面相距 x 处的电势为 Ψ，该处每单位体积内正、负离子数分别为 n_+ 和 n_-，n_0 表示在溶液单位体积内正、负离子的总数。假设正、负离子的价数相同，绝对值都等于 z，那么正、负离子在固体表面附近的分布可表示如下：

$$n_-=n_0\exp\left(\frac{ze\Psi}{kT}\right)$$

$$n_+=n_0\exp\left(-\frac{ze\Psi}{kT}\right) \tag{5-3}$$

式中，e 是单位电荷电量，那么在 x 处的单位体积内电荷密度 ρ 为

$$\rho=\sum z_i n_i e \tag{5-4}$$

如果只有正、负离子，则

$$\rho=ze(n_+-n_-) \tag{5-5}$$

将式(5-3) 代入式(5-5) 得

$$\rho=zen_0\left[\exp\left(-\frac{ze\Psi}{kT}\right)-\exp\left(\frac{ze\Psi}{kT}\right)\right]=-2zen_0\sinh\left(\frac{ze\Psi}{kT}\right) \tag{5-6}$$

二、电势分布

将式(5-6) 代入式(5-2)，得 Poisson-Boltzmann 公式：

$$\frac{d^2\Psi}{dx^2}=\frac{2zen_0}{\varepsilon}\sinh\left(\frac{ze\Psi}{kT}\right) \tag{5-7a}$$

表面电势很低时，即 $ze\Psi/(kT)\ll 1$：

$$\sinh\left(\frac{ze\Psi}{kT}\right)\approx\frac{ze\Psi}{kT}$$

$$\frac{d^2\Psi}{dx^2}=\frac{2n_0z^2e^2}{\varepsilon kT}\Psi=\kappa^2\Psi \tag{5-7b}$$

$$\kappa=\left(\frac{2n_0z^2e^2}{\varepsilon kT}\right)^{\frac{1}{2}} \tag{5-8}$$

由式(5-7b) 得

$$\Psi=\Psi_0\exp(-\kappa x) \tag{5-9}$$

此式适用于低电势下，距离固体表面为 x 处的电势分布情况。当 $x\rightarrow\infty$ 时，$\Psi=0$；而当 $x\rightarrow 0$ 时，$\Psi=\Psi_0$，此边界条件是符合实际情况的。

根据电中性原理，固体表面上的电荷数与在扩散双电层内的异号电荷数相等，所以，固体单位面积上的电荷数等于从固体表面到无穷远处液相内的离子数，所以固体表面的电荷密度为

$$\sigma=-\int_0^{\infty}\rho dx$$

将式(5-2) 代入得

$$\sigma=\varepsilon\int_0^{\infty}\left(\frac{d^2\Psi}{dx^2}\right)dx$$

积分得

$$\sigma=\varepsilon\left|\frac{d\Psi}{dx}\right|_0^{\infty}$$

因为在无穷远处 $d\Psi/dx=0$，故

$$\sigma=-\varepsilon(d\Psi/dx)_0 \tag{5-10}$$

在低电势情况下，对式(5-9) 微分，代入上式得

$$\left(\frac{d\Psi}{dx}\right)_0=\lim_{x\rightarrow 0}[-\kappa\Psi_0\exp(-\kappa x)]=-\kappa\Psi_0$$

所以

$$\sigma=\varepsilon\kappa\Psi_0 \tag{5-11}$$

与式(5-1) 相比，$1/\kappa$ 相当于平板电容器模型的厚度 δ。所以通常把 $1/\kappa$ 作为扩散双电层厚度的一种量度。

令 c 为离子的物质的量浓度：

$$\kappa=\left(\frac{2n_0z^2e^2}{\varepsilon kT}\right)^{\frac{1}{2}}=\left(\frac{2N_Acz^2e^2}{\varepsilon kT}\right)^{\frac{1}{2}} \tag{5-12}$$

从电解质溶液理论可知，$1/\kappa$ 也是离子氛的厚度，与电解质中离子的价数和浓度有关。若有 i 种离子，总浓度为 $\sum_i c_i$，溶液的离子强度 $I=(1/2)\sum_i z_i^2c_i$。所以，当有多种离子存在时，式(5-12) 要改写为

$$\kappa=\left(\frac{2e^2N_A\sum z_i^2c_i}{\varepsilon kT}\right)^{1/2}=2\left(\frac{e^2N_AI}{\varepsilon kT}\right)^{1/2} \tag{5-13}$$

在25℃的同价离子水溶液中，式(5-12) 可改写成：

$$\kappa=0.328\times10^{10}\left(\frac{c_i z_i^2}{\text{mol/dm}^3}\right)^{1/2}\cdot \text{m}^{-1}$$

由此式可计算出各种电解质溶液在不同浓度时的 κ^{-1} 值。例如对于1：1型电解质溶液，浓度为 0.1mol/dm^3，$\kappa^{-1}=1\text{nm}$；浓度为 0.01mol/dm^3，$\kappa^{-1}=30.4\text{nm}$。对于2：2型电解质溶液，浓度为 0.01mol/dm^3，$\kappa^{-1}=15\text{nm}$。这个厚度与平板电容器模型的厚度相仿。表5-1给出了25℃时不同浓度值下的 κ^{-1}，可见随 c 增加，κ^{-1} 迅速减小，高价电解质的影响更大，即电解质使双电层厚度减小，除了其浓度因素外，其价数也是重要的影响因素。图5-9是各类电解质在不同浓度下的电势分布曲线。图中曲线表明，凡是电解质浓度大的、离子价数高的曲线，电势分布区较窄，电势曲线下降较快，扩散层厚度也较薄。图中黑点代表 κ^{-1} 值。

表5-1　25℃时不同电解质浓度值下的双电层厚度

$c/(\text{mol/dm}^3)$	κ^{-1}/nm		
	NaCl	$CaCl_2$	$MgSO_4$
1×10^{-4}	30.4	17.6	15.2
1×10^{-3}	9.61	5.57	4.81
1×10^{-2}	3.04	1.76	1.52
1×10^{-1}	0.961	0.557	0.481
1.00	0.304	0.176	0.152

如果固体表面电势 Ψ_0 不太低，那么上述近似就不能引用，得到下列关系：

$$\gamma=\gamma_0\exp(-\kappa x) \tag{5-14}$$

其中：

$$\gamma=\frac{\exp[ze\Psi/(2kT)]-1}{\exp[ze\Psi/(2kT)]+1}$$

$$\gamma_0=\frac{\exp[ze\Psi_0/(2kT)]-1}{\exp[ze\Psi_0/(2kT)]+1} \tag{5-15}$$

由式(5-14) 不易直接看出 Ψ 与 Ψ_0 之间的函数关系，但在几种特定的条件下，此关系变得简单：

① 若 Ψ_0 很小，则

$$\exp[ze\Psi_0/(2kT)]\approx1+\frac{ze\Psi_0}{2kT}$$

$$\gamma_0\approx\frac{ze\Psi_0}{4kT}$$

同理：

$$\gamma\approx\frac{ze\Psi}{4kT}$$

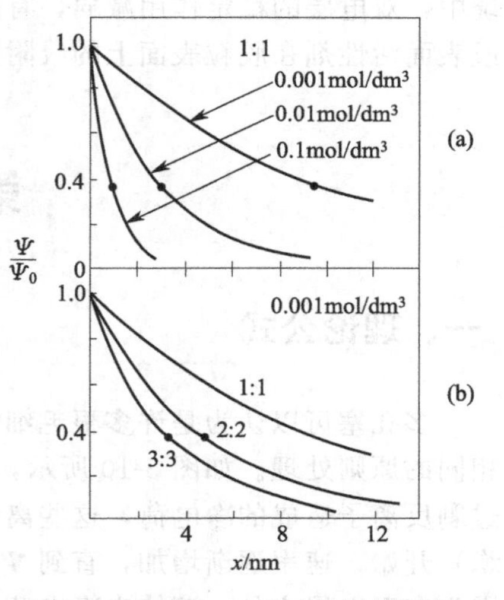

图5-9　按Debye-Hückel近似的双电层电位与表面距离的关系

(a) 1：1型电解质的三种浓度溶液；(b) 三种不同价数的 $0.001\ \text{mol/dm}^3$ 电解质溶液

于是式(5-14) 就转化成为式(5-9)。实际上，只要 Ψ_0 不太高，式(5-9) 的近似程度就相当好。

② Ψ_0 虽不是很小，但在距表面较远处 ($\kappa x>1$)，Ψ 必定很小，因此，式(5-14) 中的 γ 可以用 $ze\Psi/4kT$ 近似代替，于是：

$$\Psi \approx \frac{4kT}{ze}\gamma_0 e^{-\kappa x} \tag{5-16}$$

此式表明，不管表面电势 Ψ_0 多大，在双电层的外缘部分，Ψ 总是随距表面的距离而呈指数下降。

③ 若 Ψ_0 很高，$ze\Psi_0/kT \gg 1$，则 $\gamma_0 \cong 1$，式(5-16) 进一步简化为：

$$\Psi \approx \frac{4kT}{ze}e^{-\kappa x} \tag{5-17}$$

远离表面处的电势 Ψ 不再与 Ψ_0 有关。

三、非水介质中的双电层理论

上面讲了水介质中的双电层理论和数学计算，因为许多概念和公式在非水系统中同样适用，所以这里也作简单介绍。从目前看有几点比较明确。

① 在非水系统中胶体颗粒表面也带有电荷，有些系统的 ζ 电势可高达数十毫伏。

② 通常的溶胶稳定性理论（DLVO 理论）在非水介质中照样适用。由于非水系统中的离子浓度很低，所以 κ 值很小，双电层厚度很大，电势随距离的降低比水介质中缓慢得多。虽然非水介质中胶粒表面的电荷密度很低，但介质的介质常数和离子浓度很低，致使 $\zeta_{非水}$ 较高。

③在稀的非水系统中，系统的稳定性取决于 $\zeta_{非水}$，$\zeta_{非水}$ 越高，系统越稳定；在浓的系统中，双电层的稳定作用减弱，有的研究结果表明，ζ 电势与稳定性无关，这可能与高分子或表面活性剂在胶粒表面上的吸附所产生的空间稳定作用有关。

第四节　电　渗

一、理论公式

多孔塞可以认为是许多根毛细管的集合。因此，可以按与一根毛细管中发生的电渗流动相同的原则处理。如图 5-10 所示，外加电场方向与固液界面平行。由于在扩散层内存在着过剩反离子造成的净电荷，这些离子在电场作用下带着液体运动，自 $x=\delta$（固定吸附层外缘）开始，速率逐渐增加，直到 $\Psi=0$ 处液体的速率达到最大值。在这之后速率保持不变，因为在双电层之外，液体中净电荷为零，不再受电场力作用，自然也不应有速率梯度存在。

在电渗流动达到稳定状态时，液体所受的电场力与黏性力应恰好抵消。考虑扩散层内一个厚度为 dx、面积为 A、距表面 x 处的体积元，该处的电荷密度为 ρ，外加电场场强为 E，如图 5-11 所示，作用在该体积元的力为：

$$E\rho A\,dx + \eta A\left(\frac{dv}{dx}\right)_{x+dx} - \eta A\left(\frac{dv}{dx}\right)_x = 0$$

或

$$E\rho\,dx = -\eta\left(\frac{d^2v}{dx^2}\right)dx \tag{5-18}$$

将式(5-2) 代入上式，得

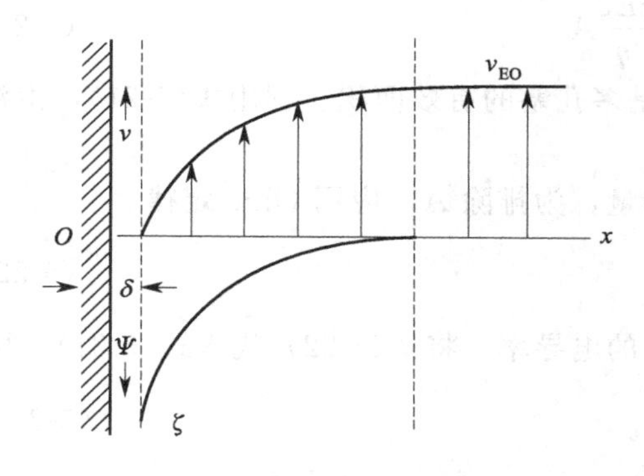

图 5-10　电渗流动的速率分布示意图

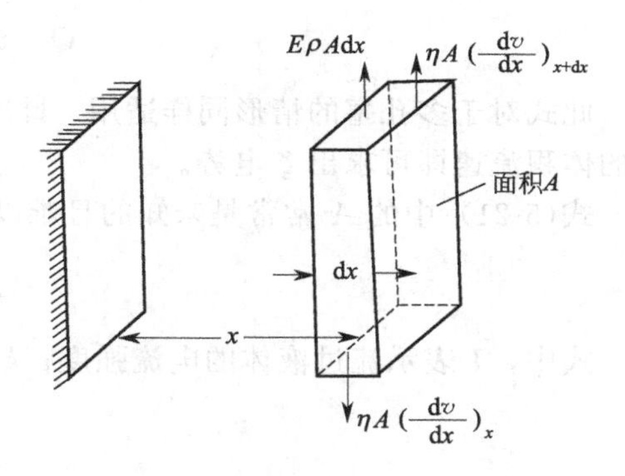

图 5-11　电渗时流体元受力示意图

$$\varepsilon E\,\frac{\mathrm{d}^2\Psi}{\mathrm{d}x^2}=\frac{\mathrm{d}}{\mathrm{d}x}\left(\eta\,\frac{\mathrm{d}v}{\mathrm{d}x}\right)$$

积分后得到

$$\varepsilon E\,\frac{\mathrm{d}\Psi}{\mathrm{d}x}=\eta\,\frac{\mathrm{d}v}{\mathrm{d}x}+C$$

C 为积分常数。因为在双电层之外，$\mathrm{d}\Psi/\mathrm{d}x=\mathrm{d}v/\mathrm{d}x=0$，所以 $C=0$，于是

$$\varepsilon E\,\frac{\mathrm{d}\Psi}{\mathrm{d}x}=\eta\,\frac{\mathrm{d}v}{\mathrm{d}x}$$

再积分，利用 $x=\delta$ 处，$\Psi=\zeta$、$v=0$ 的边界条件，得到

$$v=\frac{\varepsilon E}{\eta}(\Psi-\zeta)$$

在双电层之外，$\Psi=0$，v 保持恒定，即

$$v_{\infty}=-\frac{\varepsilon E}{\eta}\zeta \tag{5-19}$$

实际上，双电层厚度一般远小于毛细管半径。因此，可以认为做电渗流动的液体在管中以恒速 v_{∞} 流动。式(5-19) 中负号的意义：若 ζ 为正值，则电渗流动的方向与电场方向（规定由正至负）相反，通常皆将负号略去。

单位场强下由于电渗造成的液体流速称为电渗速率。

$$v_{\mathrm{EO}}=\frac{v_{\infty}}{E}=\frac{\varepsilon\zeta}{\eta} \tag{5-20}$$

自实验测出液体的电渗速度，即可由式(5-20) 计算出固液之间的 ζ 电势。大多数体系的 ζ 电势都是几十毫伏。

二、电渗的实验测量

1. 体积法

进行电渗实验时，毛细管的管径一般都远大于双电层的厚度。因此，双电层内液体的流动可不予考虑，整个管内的液体都以式(5-19) 表示的速率流动。若毛细管截面积为 A，则单位时间内流经毛细管的液体体积为

$$Q=v_{\infty}A=\frac{\varepsilon E\zeta}{\eta}A \tag{5-21}$$

此式对于多孔塞的情形同样适用。此时，A 是多孔塞的有效面积。利用式(5-21)，由液体的体积流速即可求出 ζ 电势。

式(5-21) 中的 A 常常是未知的且难以测定的量，为排除 A，应用 Ohm 定律

$$AE=\frac{I}{k} \tag{5-22}$$

式中，I 表示流过液体的电流强度；k 为液体的电导率。将式(5-22) 代入式(5-21)，得

$$Q=\frac{\varepsilon\zeta I}{\eta k} \tag{5-23a}$$

或

$$\zeta=\frac{\eta k}{\varepsilon I}Q \tag{5-23b}$$

于是，由液体的体积流速、电导率和电流强度即可求出 ζ。其中，电流强度 I 应包括两部分：①表面上通过的电流 I_s；②溶液内部通过的电流 I_b，由于表面上存在双电层，两部分的电导率是不同的，分别为 k_s 和 k_b，故

$$I=I_b+I_s$$

$$I=E(\pi R^2k_b+2\pi Rk_s)$$

$$EA=\frac{I}{k_b+\dfrac{2k_s}{R}}$$

因此校正后 ζ 电势为

$$\zeta=\frac{\eta Q\left(k_b+\dfrac{2k_s}{R}\right)}{I\varepsilon} \tag{5-24}$$

R 愈小，则表面电导愈显著，$R\rightarrow\infty$，则表面电导将消失。

2. 反压法

如果图 5-12 中测量液体流速的细管不是水平放置，而是垂直放置，则液体的电渗流动将造成装置两边的液面高度差，此压差使液体向与电渗相反的方向流动。随着电渗的进行，液面高度差越来越大，在压差达到某一数值时，反压造成的液体流动恰与电渗流动相抵消(图 5-13)，体系达到稳定状态，这时的压差 p 称为平衡反压。反压造成的液体流量可以用 Poiseuille 公式表示：

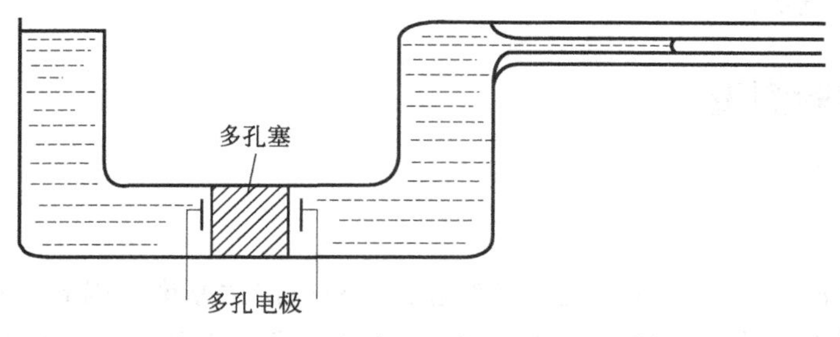

图 5-12　测量电渗时液体流速的实验装置

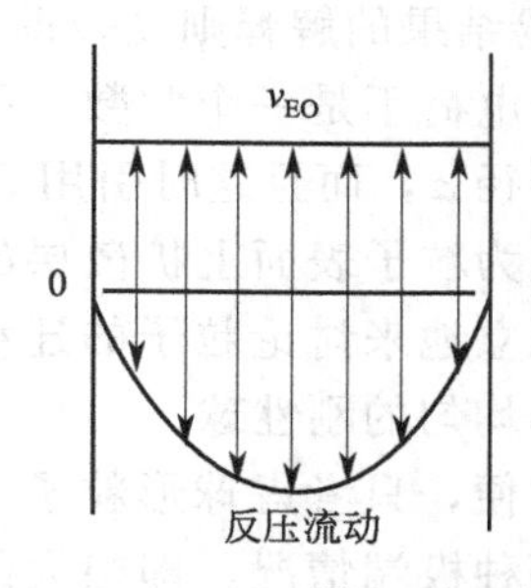

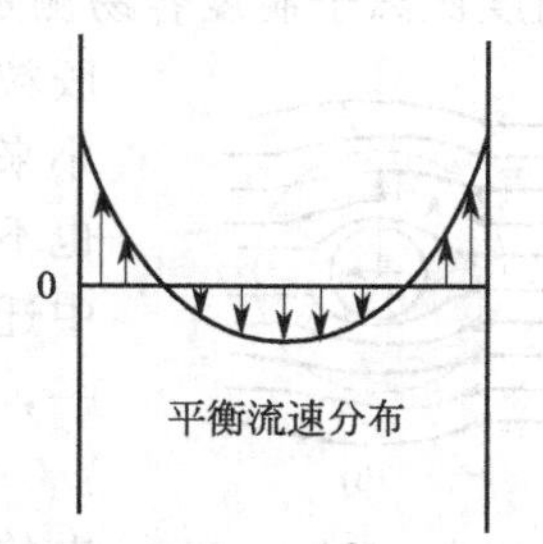

图 5-13　电渗管内流速分布示意图

$$\overleftarrow{Q}=\frac{\pi R^4 p}{8\eta l}$$

式中，R 和 l 分别是毛细管的半径与长度。电渗造成的液体流量为

$$\overrightarrow{Q}=\frac{\varepsilon E\zeta}{\eta}\pi R^2$$

平衡时，$\overleftarrow{Q}=\overrightarrow{Q}$，于是

$$p=\frac{8\varepsilon E\zeta l}{R^2}=\frac{8\varepsilon\zeta V}{R^2} \tag{5-25}$$

此式表示平衡压差只由所加电势 V 决定，而与毛细管的长度（或塞的厚度）无关。对于多孔塞的情形，上式中的 R 是塞中毛细管的平均半径，因此，平衡压差也与塞的大小无关。

第五节　电　泳

一、理论公式

在电场作用下溶液里的离子定向迁移现象，与带有电荷的溶胶粒子的电泳现象，从本质上看是一致的。若一电场强度为 E，溶胶粒子所带的电荷为 q，电场作用于粒子的力为 F，则

$$F=qE$$

在电场作用下胶体粒子的运动受到介质阻力影响，而阻力在通常情况下和速率成正比，若摩擦阻力系数为 f，故

$$F=fv$$

到达匀速运动时，作用力和阻力相等：

$$v=\frac{qE}{f}=\frac{qE}{6\pi\eta a} \tag{5-26}$$

所以 v 是由两个相反的力所决定的，但是 v 与电场强度有关，令 μ 为单位电场强度下的移动速率，μ 称为电泳淌度，故

$$\mu=\frac{q}{6\pi\eta a} \tag{5-27}$$

溶胶粒子的淌度比离子淌度容易测定。但是实验结果的解释则复杂得多。首先，由于溶胶粒子所带离子电荷不是一个常数，所以不能由淌度大小来确定粒子半径 a，而且这时引用 Stokes 公式来处理也不够恰当，因为粒子表面上扩散层的离子也会在电场中迁移，不能孤立地来讨论粒子的迁移，且粒子形状不一，更不是大小均匀的刚性球。

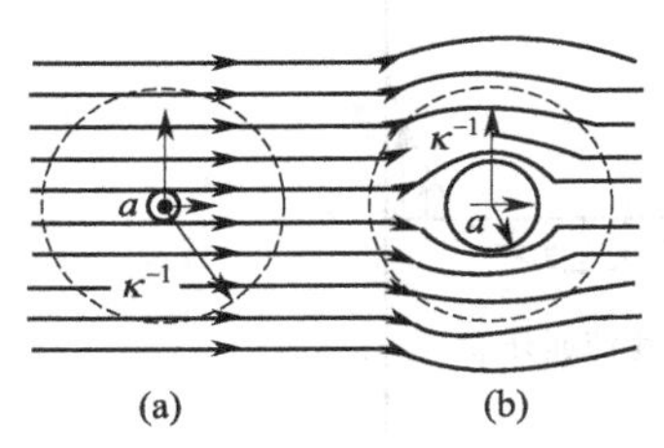

图 5-14 (a) κa 很小；(b) κa 很大时半径为 a 的球形粒子附近的流线（虚线表示扩散层厚度 κ^{-1}）

为了讨论方便，只考虑球形粒子，而且粒子是不导电的，并计算两种极端情况，即很大的粒子和很小的粒子。如以 κ^{-1} 作为长度的单位来衡量，上述两种情况为：κa 很大和 κa 很小时粒子的电泳。图 5-14 是这两种情况的示意图，流线代表电场，虚线代表在固体表面上的扩散层。当 a 很小时，流线的变化可以忽略不计，若 a 很大时，流线以切线型流过表面。

1. κa 较小情况下的 ζ 电位

由于粒子半径 a 较小，而扩散层的电荷分布较远。因此可将溶胶粒子近似地作为一个点电荷处理，用 Poisson 公式描述，并变换为极坐标，则

$$\nabla^2\Psi=\frac{1}{r^2}\frac{\partial}{\partial r}\left(r^2\frac{\partial\Psi}{\partial r}\right)+\frac{1}{r^2\sin\theta}\frac{\partial}{\partial\theta}\left(\sin\theta\frac{\partial\Psi}{\partial\theta}\right)+\frac{1}{r^2\sin^2\theta}\left(\frac{\partial^2\Psi}{\partial\theta^2}\right)=-\frac{\rho}{\varepsilon} \tag{5-28a}$$

若电位和电荷密度仅是 r 的函数，以点电荷为中心的各圆球面上都是等电位的，因此

$$\frac{1}{r^2}\frac{\partial}{\partial r}\left(r^2\frac{\partial\Psi}{\partial r}\right)=-\frac{\rho}{\varepsilon} \tag{5-28b}$$

由式(5-3) 和式(5-4) 得

$$\rho=\sum_i z_i n_i e=\sum_i z_i e n_{i0}\exp(-\frac{z_i e\Psi}{kT})$$

因为是低电压，$z_i e\Psi < kT$，将指数展开，仅取其两项，即：

$$\rho=\sum_i z_i e n_{i0}(1-\frac{z_i e\Psi}{kT})$$

因为溶液是电中性的，即 $\sum_i z_i e n_{i0}=0$，将式(5-11) 即 $\sigma=\varepsilon\kappa\Psi_0$ 代入：

$$\rho=-\sum_i\frac{z_i^2 n_{i0}e^2\Psi}{kT}=-\varepsilon\kappa^2\Psi \tag{5-28c}$$

将 ρ 代入式(5-28b) 得

$$\frac{1}{r^2}\frac{\partial}{\partial r}\left(r^2\frac{\partial\Psi}{\partial r}\right)=\kappa^2\Psi \tag{5-29}$$

引入变量 x，并定义 $x=r\Psi$。因为

$$\frac{d\Psi}{dr}=\frac{1}{r}\frac{dx}{dr}-\frac{x}{r^2}$$

$$\frac{d}{dr}\left(r^2\frac{\partial\Psi}{\partial r}\right)=\frac{d}{dr}\left(r\frac{dx}{dr}-x\right)=r\frac{d^2x}{dr^2}$$

所以式(5-29) 变为

$$\frac{d^2x}{dr^2}=\kappa^2x$$

此式的通解为

$$x = A\exp(-\kappa r) + B\exp(\kappa r)$$

即

$$\Psi = \frac{A\exp(-\kappa r)}{r} + \frac{B\exp(\kappa r)}{r}$$

当 $r \to \infty$时，$\Psi=0$，因为右边第一项为零，因此 $B=0$。现在只需要确定积分常数 A，已知：

$$\Psi = \frac{A}{r}\exp(-\kappa r) \tag{5-30}$$

沿着粒子半径积分到无限值，就可得到粒子电荷值以外的全部溶液电荷值，因此

$$\int_a^{\infty} 4\pi r^2 \rho \mathrm{d}r = -q \tag{5-31}$$

由式(5-28c) 和式(5-30) 得

$$\rho = -\varepsilon\kappa^2\Psi = -\varepsilon\kappa^2 \frac{A}{r}\exp(-\kappa r)$$

代入式(5-31) 得

$$\int_a^{\infty} 4\pi A\varepsilon\kappa^2 r\exp(-\kappa r)\mathrm{d}r = q$$

利用分步积分法得

$$A = \frac{q}{4\pi\varepsilon}\frac{\exp(\kappa a)}{1+\kappa a}$$

将 A 代入式(5-30) 得

$$\Psi = \frac{q}{4\pi\varepsilon}\frac{\exp(\kappa a)}{1+\kappa a}\frac{\exp(-\kappa r)}{r}$$

因为 κa 很小，故得

$$\Psi = \frac{q}{4\pi\varepsilon r}\exp(-\kappa r) \tag{5-32}$$

由于粒子的移动，在其表面上必然带一层液体，这层液体的厚度大约为两个分子厚。因为稀溶液的扩散双电层分布较宽，κ^{-1} 的数值很大，把胶粒表面水化层也包括在 a 之内不会有很大的误差，所以移动的粒子表面上的电位就是 ζ 电位。故

$$\zeta = \frac{q}{4\pi\varepsilon a}\exp(-\kappa a) \tag{5-33a}$$

因为 κa 很小，用级数展开后得

$$\zeta = \frac{q}{4\pi\varepsilon a}\frac{1}{\exp(\kappa a)} \approx \frac{q}{4\pi\varepsilon a}\frac{1}{1+\kappa a} \tag{5-33b}$$

又可写成：

$$\zeta = \frac{q}{4\pi\varepsilon a} - \frac{q}{4\pi\varepsilon(a+\kappa^{-1})} \tag{5-33c}$$

在这里 ζ 电位的物理概念比较明确，即相当于两个同心圆球电容器上的电位，一个是半径为 a 的圆球，球面上电荷为 q，另一个圆球半径为 $a+\kappa^{-1}$，球面上电荷为 $-q$。两球面间隔为 κ^{-1}。

因 κa 较小，故式(5-33b) 变为

$$\zeta=\frac{q}{4\pi\varepsilon a}$$

将式(5-27) 代入，得电泳淌度：

$$\mu=\frac{\varepsilon\zeta}{1.5\eta} \tag{5-34}$$

实践证明，当 κa 小于 0.1 时，式(5-34) 对球形粒子是十分适用的，此式称为 Hückel 公式。在水溶液中，通常很难满足 Hückel 公式要求的 $\kappa a \ll 1$ 的条件。例如，半径为 10nm 的质点在 1-1 电解质水溶液中要达到 $\kappa a=0.1$，需要电解质浓度低至 1×10^{-5} mol/L。但是在低电导的非水介质中，往往需要应用 Hückel 公式。

2. κa 较大情况下的 ζ 电位

胶体粒子表面上的扩散层厚度与球形粒子的半径相比，a 远大于 κ^{-1}，这相当于电解质浓度很高时，把固体表面看作平面，或曲率较小。假设固体的单位体积的表面积为 A，若离开表面 x 处对表面的黏滞力为

$$F_x=\eta A\left(\frac{\mathrm{d}v}{\mathrm{d}x}\right)_x$$

距离为 $x+\mathrm{d}x$ 处作用在表面 A 上的黏滞力为

$$F_{x+\mathrm{d}x}=\eta A\left(\frac{\mathrm{d}v}{\mathrm{d}x}\right)_{x+\mathrm{d}x}$$

式中，v 代表粒子与周围介质之间的相对运动速率，若研究距表面的距离为 x，厚度为 $\mathrm{d}x$ 的液层，单位体积的黏滞力应当为

$$F_{黏}=\eta A\left[\left(\frac{\mathrm{d}v}{\mathrm{d}x}\right)_{x+\mathrm{d}x}-\left(\frac{\mathrm{d}v}{\mathrm{d}x}\right)_x\right]$$

因为

$$\left(\frac{\mathrm{d}v}{\mathrm{d}x}\right)_{x+\mathrm{d}x}=\left(\frac{\mathrm{d}v}{\mathrm{d}x}\right)_x+\left(\frac{\mathrm{d}^2v}{\mathrm{d}x^2}\right)\mathrm{d}x$$

故

$$F_{黏}=\eta A\left(\frac{\mathrm{d}^2v}{\mathrm{d}x^2}\right)\mathrm{d}x$$

在稳定状态下，作用于单位体积内的电场力与黏滞力相等，电场力为

$$F_{电}=E\rho A\,\mathrm{d}x=-A\varepsilon E\,\frac{\mathrm{d}^2\Psi}{\mathrm{d}x^2}\mathrm{d}x$$

在作用力和阻力相等的情况下，粒子以速率 v 做匀速移动，故得

$$\eta\,\frac{\mathrm{d}^2v}{\mathrm{d}x^2}=-\varepsilon E\,\frac{\mathrm{d}^2\Psi}{\mathrm{d}x^2}$$

在靠近固体表面处，假设 η 和 ε 是常数，

$$\frac{\mathrm{d}}{\mathrm{d}x}\left(\eta\,\frac{\mathrm{d}v}{\mathrm{d}x}\right)=-E\,\frac{\mathrm{d}}{\mathrm{d}x}\left(\varepsilon\,\frac{\mathrm{d}\Psi}{\mathrm{d}x}\right)$$

积分后得

$$\eta\,\frac{\mathrm{d}v}{\mathrm{d}x}=-\varepsilon E\,\frac{\mathrm{d}\Psi}{\mathrm{d}x}+C \tag{5-35}$$

在离开固体表面很远处，($\mathrm{d}v/\mathrm{d}x$) 及 ($\mathrm{d}\Psi/\mathrm{d}x$) 均等于零，故 $C=0$，此处有两个限制

条件：其一是在切面上 $v=0$，$\Psi=\zeta$，其二是在双电层外层，$\Psi=0$，v 相当于粒子移动速率，所以

$$\eta\int_{v}^{0}\mathrm{d}v=-\varepsilon E\int_{0}^{\zeta}\mathrm{d}\Psi$$

$$\eta v=E\varepsilon\zeta$$

或

$$\mu=\frac{v}{E}=\frac{\varepsilon\zeta}{\eta} \tag{5-36}$$

此式称 Helmholtz-Smoluchowski 公式，适用于 κa 大于 100 的情况。

比较式(5-34)和式(5-36)，溶胶粒子的电泳淌度，可以表示如下：

$$\mu=k\frac{\varepsilon\zeta}{\eta} \tag{5-37}$$

式中，k 是与 κa 数值有关的常数，当 $\kappa a<0.1$ 时，$k=1/1.5$；当 $\kappa a>100$，则 $k=1$。

3. $0.1<\kappa a<100$

其实在溶胶中上述两种极限情况是不多的，常遇到的是介于两者之间，但是在这种条件下，数学处理很困难，因为可变参数太多，又不能利用边界条件，为此做如下的限制条件：

① 胶体粒子是非导体的小球；

② 稀溶液、粒子间无作用力；

③ 双电层结构符合 Gouy-Chapman 模型，并满足 $e\Psi kT<1$，不会因有外电场而变形，切面符合 Stern 层界面；

④ 在双电层内 ε 和 η 为常数；

⑤ 双电层内的电位和外加电场的处理，可以简单地叠加。

根据这些条件，可以求得 κa 在 0.1 到 100 之间的 ζ 电位和淌度之间的关系为

$$\mu=\frac{\varepsilon\zeta}{1.5\eta}\left\{1+\frac{1}{16}(\kappa a)^2-\frac{5}{48}(\kappa a)^3-\frac{1}{96}(\kappa a)^4+\frac{1}{96}(\kappa a)^5-\left[\frac{1}{8}(\kappa a)^4-\frac{1}{96}(\kappa a)^6\right]\exp(\kappa a)\int_{\infty}^{\kappa a}\frac{\exp(-t)}{t}\mathrm{d}t\right\} \tag{5-38}$$

该式称为 Henry 公式。当 $\kappa a\to 0$ 时可变为式(5-34)；当 $\kappa a\to\infty$ 时，又可还原为式(5-36)。所以 Henry 公式的重要性是弥补了这两个公式的缺陷，但是应当注意的是在外电场作用下会引起扩散层形变的这一事实。这种形变对粒子的迁移速率影响相当大。因为在电场作用下，粒子的电荷中心与离子氛中心分别向相反方向移动，正负中心不能重合。若外电场移去后，这种不对称现象要经过一段时间才能消失，这段时间称为松弛时间。由于粒子与离子氛向相反方向移动，变形的离子氛对粒子移动有拖曳作用，这种现象叫作弛缓效应，也称为滞后效应（图 5-15）。上述两种现象都是离子氛形变的结果，它们之间的关系十分复杂，很难用一般数学方法处理，必须用电子计算机来解决。图 5-15 就是电子计算机处理后的结果，此结果告诉我们：凡是在低电位（$\zeta<25\mathrm{mV}$）下，不管 κa 多大，弛缓效应均能忽略。同样 κa 在极大或极小时，不管 ζ 电位多大，弛缓效应都可忽略不计。但是，凡是 κa 在 0.1～100 之间以及高电位情况下，由于弛缓效应的影响，胶粒的流动阻力可升到最高值，Henry 公式的偏差也增大，从图中可看出 ζ 电位愈高则偏差愈大。此外，还应注意到相反离子的价数影响。研究的结果表明，高价离子加强了弛缓效应，这种影响在图中是无法描述的。

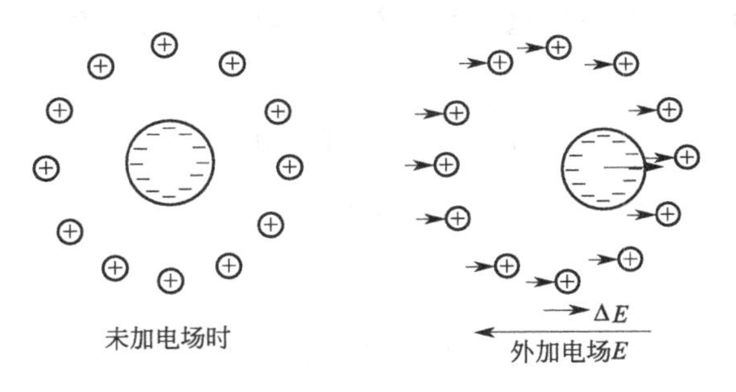

图 5-15　滞后效应的产生

二、电泳的实验方法

电泳是研究胶体粒子在电场下移动的实验，是目前发展最快、技术最新的实验手段之一，测定电泳的仪器和方法也是多种多样的，归纳起来有以下几类。

1. 颗粒电泳——显微电泳

把溶胶置于水平的玻璃管内进行，管的截面可以是圆形的，也可以是矩形的，在玻璃管的两端装上适当电极，对于盐浓度低于 0.01mol/L 的情形，用铂黑电极比较方便；若盐浓度较高，也可以用其他可逆性电极，例如 $Cu/CuSO_4$ 或 Ag/AgCl，以防止电极极化，任何电极都应避免发生气泡。胶粒在外加电场作用下的运动速率可通过显微镜直接观测。

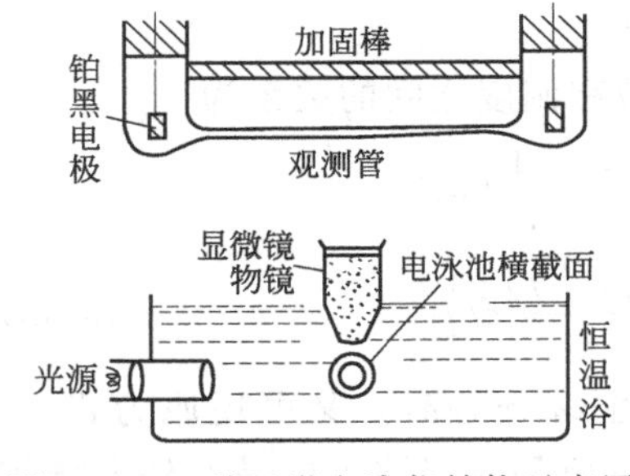

图 5-16　一种显微电泳仪结构示意图

圆柱形容器制作方便、测定快速、用量少且便于恒温，在黑暗背景下可以用超显微镜观察溶胶粒子的电泳。电泳速率是通过监测一个溶胶粒子移动一定距离（约 100μm）的时间来测定的。把电场强度调节到在此距离内所需时间约 10s 左右，比这速率快的要引入时间误差，太慢则是由于布朗运动也会导致误差。并且可以通过改变电流方向得到同一水平的两个速率，这样就可以消除因流动所引入的误差。一般要重复 20 次实验，并取其平均值，才能得到真正的电泳速率。影响电泳速率的因素很多，诸如：溶液的 pH 和离子强度、外加多价离子、表面活性剂以及某些化学试剂等，都能影响表面电荷，从而引起电泳速率的变化。

在显微电泳的实验过程中，伴生的电渗效应使测定方法复杂化。因为在微型玻璃容器的表面上总是带电荷的，能在管壁上产生电渗，所以在玻璃管的中心部位液体流速最快。在管中液体的流速分布不均匀，呈抛物线形状，观察到颗粒电泳速率是液体回流和电渗相互制约的结果，所以必须在“静止层”观察才能不受毛细管容器的电流影响。对圆柱形容器，如管半径为 R，则是从离容器表面 $0.146R$ 的地方，一直到毛细管的中心都可以算是静止层。如果容器表面与颗粒的 ζ 电位相同，在容器中心部位的电泳速率为真实电泳速率的两倍。要消除电渗流影响的更好方法是采用一种适当的聚合物，覆盖在电泳池的内表面上。例如 1974 年，C. J. Van Oss 等使用琼脂糖（一种多糖）将电泳池的内壁及两端覆盖，完全消除了电渗。这样粒子移动的速率与池深度无关。

用显微镜直接观察颗粒电泳的速率时，研究的颗粒必须在显微镜下能明显看到，所以粗颗粒的悬浮体、乳状液用这种电泳仪来测定比较合适。若是可溶性物质，可以先用油滴或颗粒吸附，在电场下研究这种物质的电性质。

2. 电泳光散射技术

电泳光散射技术是将激光光散射与显微电泳技术结合起来的新技术。由于显微电泳不容易精确测定粒子的位移，而激光光散射正好弥补了这一点，所以这种新技术实际上是用激光光散射测定粒子在外电场作用下的位移，以获得其精确的电泳速率。它具有测量速度快、分辨率高和适应范围宽等优点。

在无外电场作用下散射光的频谱方程式为：

$$I(\omega)=NA^2\frac{DK^2/\pi}{(\omega-\omega_0)^2+(DK^2)^2} \tag{5-39}$$

式中，K 为光散射矢量，$K=\frac{4\pi n_0}{\lambda_0}\sin\frac{\theta}{2}$；$\lambda_0$ 为入射光在真空中的波长；n_0 为介质的折射率；θ 为散射角；ω、ω_0 分别为散射光及入射光的角频率；D 为扩散系数；A 为几何振幅因子；N 为散射中心数目。

当有外电场作用时，由于散射中心——带电粒子发生位移，散射光的频谱发生“Dopper”漂移，其漂移大小正比于粒子的电泳速率。因而可以从频谱的漂移来确定电泳速率。在有外电场作用时的散射光的频谱方程式为：

$$I(\omega)=NA^2\frac{DK^2/\pi}{(\omega-\omega_0+K_x u_E E)^2+(DK^2)^2} \tag{5-40}$$

式中，K_x 为光矢量在粒子移动方向上的分量，即 $K_x=K\cos\frac{\theta}{2}$；$u_E$ 为电泳速率；E 为外加电场强度。

图 5-17 描述了无外加电场存在及有外加电场存在时的散射光频谱线。从图可见，加了外电场后散射光的频谱线的形状并没有改变，仅仅发生了中心频率漂移。从无外加电场时的中心频率为（$\omega-\omega_0$）漂移到有外加电场时的中心频率为（$\omega-\omega_0+K_x u_E E$）处。因此，所产生的频率漂移$\Delta\omega=K_x u_E E$。实际可测定出$\Delta\omega$、$K_x$ 及 E，从而可以确定电泳速率 u_E。

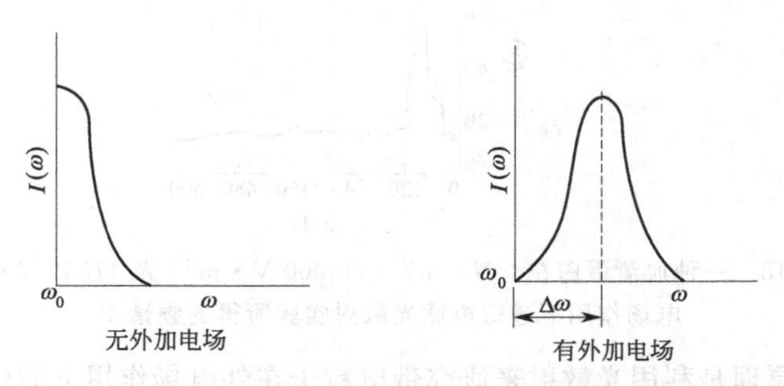

图 5-17　无外加电场存在及有外加电场存在时散射光频谱线

电泳光散射的分辨率 R 定义为频率漂移$\Delta\omega$ 与频谱线的半峰高半波宽 Γ 的比率。而 $\Gamma=$

DK^2，故

$$R=\frac{K_x u_E E}{DK^2}=\frac{\lambda_0 u_E E\cos\dfrac{\theta}{2}}{4\pi nD\sin\dfrac{\theta}{2}} \tag{5-41}$$

从式(5-41) 可见，要提高电泳光散射的分辨率，一种方法是增加式中的分子值，即使散射矢量 K 尽量平行于带电粒子移动方向，使 K_x 得到最大值；另一种方法是减小分母值，即用小角光散射进行实验。由此可见，具有最大分辨率的电泳光散射应该是在外电场的电力线、入射光相互垂直下进行小角光散射。此外，该式还指出分辨率随着电场强度、入射光波长及粒子的电泳速率的增大而增大；而随着扩散系数的增加而减小。粒子的电泳速率与其所带电荷成正比；扩散系数则与温度成正比。所以低温、高电荷粒子的条件有利于提高电泳光散射的分辨率。

图 5-18 描述了一种血清蛋白溶液（pH=9.4）在 10℃、散射角 $\theta=3°25'$以及电场强度分别为 $0V\cdot m^{-1}$、$10000V\cdot m^{-1}$ 和 $17500\ V\cdot m^{-1}$ 情况下的电泳光散射频谱线。从图可见，在无外电场作用时，光散射的频谱线只有一个峰值，其半峰高半波宽为 6.9Hz，从而可以求得其扩散系数 $D=6\times10^{-11}m/s$。当加上外电场后，原来的一个峰分为两个峰。而且随着外电场强度的增加，两个峰有更大的漂移，分辨率也从 8 提高到 14。从中心频率的漂移，可以确定它们的电泳速率 u_E。第一个峰的 $u_E=24.8\times10^{-9}m/(s\cdot V)$，这是该血清蛋白二聚体的电泳速率，由于它的尺寸较大，中心频率漂移较小，电泳速率也较小；而第二个峰的 $u_E=35.6\times10^{-9}m/(s\cdot V)$，这是该血清蛋白单体的电泳速率。由于它尺寸较小，中心频率漂移较大，电泳速率也较大。由于这两者的电泳速率相差不大，在普通的电泳实验中无法将它们区分，而电泳光散射却能做到。

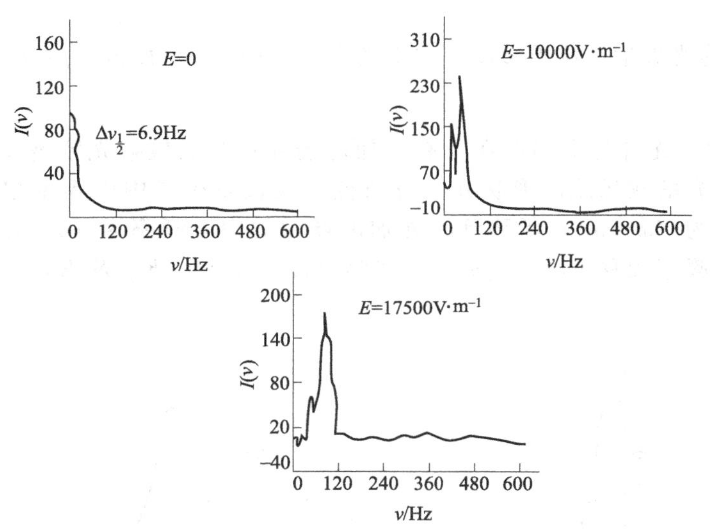

图 5-18 一种血清蛋白在 $0\ V\cdot m^{-1}$、$10000\ V\cdot m^{-1}$ 及 $17500\ V\cdot m^{-1}$ 电场作用下进行电泳光散射实验所得的频谱图

电泳光散射的原理是利用光散射来研究带电粒子在外电场作用下的位移速率，因此其装置是激光光散射仪和显微电泳的结合。图 5-19 是一种典型的电泳光散射装置图。这种电泳光散射仪有如下几个特点。

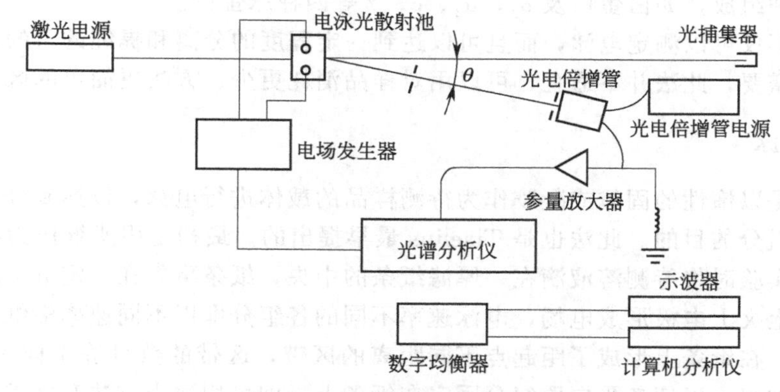

图 5-19 电泳光散射装置图

① 光源为激光光源，其目的是提高入射光的强度及单一性，从而提高光散射的分辨率；

② 带有电极的光散射池，要求入射的激光能够通过并且垂直于外电场，使它具有最大分辨率；

③ 进行小角光散射，可以提高分辨率；

④ 光散射的检测装置采用差拍光谱技术，这样能把 10Hz 左右的中心频率漂移分辨出来。

3. 界面移动法

界面移动法的原理是，测定溶胶或大分子溶液与分散介质间的界面在外加电场作用下的移动速率。图 5-20 是一种界面移动电泳仪示意图。电泳池由一 U 形管构成，两臂上有刻度，底部有口径与管径相同的活塞，顶部装有电极。待测溶液由漏斗经一带活塞的细管自底部装入 U 形管，直到样品的液面高过两臂上的活塞。关上活塞，用滴管吸走活塞之上的溶液，然后小心地加入分散介质，使两臂的液面等高。插上电极，打开两臂上的活塞，即可进行测量。对于混浊的或有色的胶体溶液，界面的移动可直接观察。对于无色的溶胶或大分子溶液，则必须利用紫外吸收或其他光学方法。

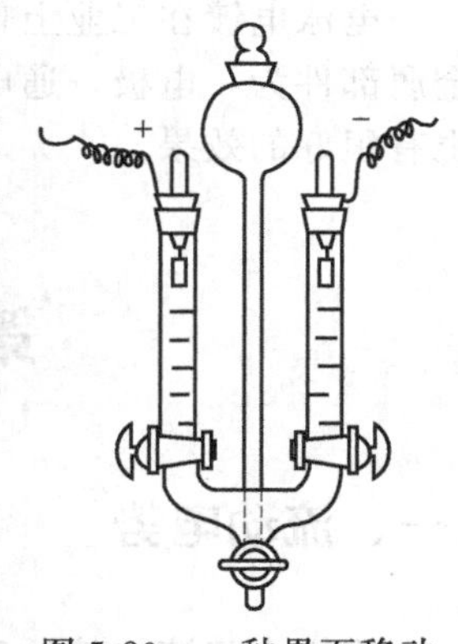

图 5-20 一种界面移动电泳仪

界面移动法的困难之一，是与溶胶形成界面的介质的选择。因为 ζ 电势对介质成分十分敏感，所以，应使质点在电泳过程中一直处于原来的环境。根据这一要求，最好采用溶胶中分离出的分散介质。但介质的电导可能与溶胶不同，造成界面处电场强度发生突变，其后果是两臂界面的移动速率不等。为减少此项困难，应尽量用稀溶胶，以降低溶胶质点对电导的贡献。工作温度应选在 0～4℃，因为此时水的密度最大，而且密度的温度系数 $d\rho/dt$ 最小，可以减小温度的影响，此外由于通过电流会产生热，从而引起对流，所以电流要尽可能小。

此法由 Tiselius 改进后，广泛用于各种带电的大分子，尤其是蛋白质的研究。有的蛋白质溶液含有几种不同组成的蛋白质，经电泳后，在分界面附近分成若干浓度峰，每一个峰代表一种组成的特征速率，分界面由此而逐渐变宽，只要在电泳过程中避免变温、对流等干扰，就可精确地分离出各种组成的蛋白质。例如，人的血清，原先简单地认为是球蛋白，实际上含有好几种组成，如白蛋白及 α_1、α_2、β、γ 等四种球蛋白。

这种方法不仅可以测定电泳，而且可以达到一定程度的分离和提纯的目的。如果单纯为了分析化学的需要，此法并不适宜，可以用对样品消耗更少、方法更简单的区带电泳。

4. 区带电泳

区带电泳是以惰性的固体或凝胶作为待测样品的载体进行电泳，以达到分离与分析电泳速率不同的各组分的目的。此法也是 Tiselius 最早提出的。最初是用滤纸作为载体，所以又称纸上电泳。实验时将待测溶液滴在一厚滤纸条的中央，纸条事先在一定 pH 值的缓冲液中浸泡。在纸条上夹上电极形成电场，电泳速率不同的各组分即以不同速率沿纸条运动。经过一段时间之后，在纸条上形成了距起点不同距离的区带，区带的数目等于样品中的组分数。将纸条干燥并加热，以使各蛋白质组分固定在纸条上，即可用适当方法对之进行分析。

纸的作用是排除电泳时的扩散和对流运动。近年来多用其他材料例如醋酸纤维素、淀粉凝胶、聚丙烯酰胺凝胶或氧化硅薄层等代替滤纸。特别是浓的凝胶，它可以在比较大的范围内起分子筛的作用，具有特殊的高度分离能力。例如，用聚丙烯酰胺凝胶来分离血清可以得到 25 种组分，过去用滤纸或界面移动法，只能得到五种。

电泳技术在农业（如基因分析、遗传育种、种子纯度等）和法医（如亲子鉴定、指纹分析）等方面都有主要的应用。

目前工业上的“静电除尘”实际上就是烟雾气溶胶的电泳现象。带有尘粒的气流在高压直流电场（30～60 kV）下因电极放电而使气体电离、尘粒吸附阴离子而荷负电并迅速向正极（集尘极）移动，最后也因放电而下落。静电除尘的效率可达 99%，但成本较高。

陶瓷工业中利用电泳使黏土与杂质分离，可得很纯的黏土，用以制造高质量的瓷器。

电泳电镀在工业上也有广泛的应用。例如，电泳镀漆就是将油漆配成稀乳状液，以待镀金属部件为一电极，通电后，油漆质点因电泳而均匀地沉积在镀件上。天然橡胶、胶乳电镀也有很好的效果。

第六节　流动电势与沉降电势

一、流动电势

用压力将液体挤过毛细管或多孔塞，液体将扩散层中的反离子也带走了，这种电荷的传送构成了流动电流 I_s。与此同时，液体内由于电荷的积累而形成了电场，此电场引起通过液体的反向传导电流 I_c。当 $I_c = I_s$ 时，体系达到平衡状态，此时在毛细管两端构成的电位差称为流动电势。图 5-21 是一种观测流动电势的装置示意图。

在测定流动电势时要注意避免电流损耗，要用高内阻电位计，或用极低电阻的微电计，电极的装置严格要求对称。用往复泵来回改变液体的流动方向，其目的是防止或减少电极的极化。

若毛细管长度为 l，半径为 R，在管子两端的压力差为 p，由此两端产生的电动势为 E，液体在管中流动为层流，那么由流变学可得距毛细管中心的轴线 r 处流速为

$$v(r)=\frac{p}{4\eta l}(R^2-r^2)$$

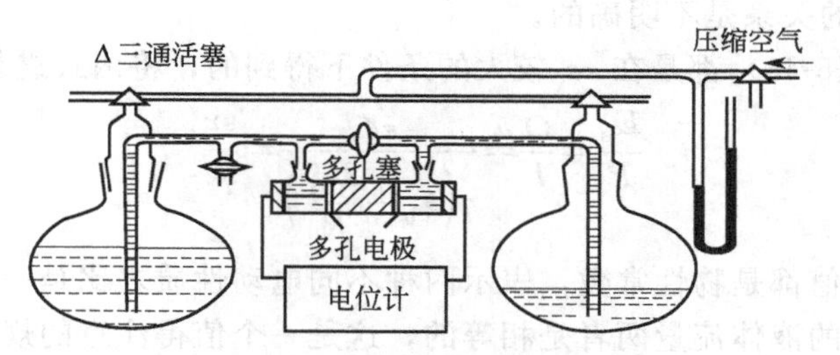

图 5-21 流动电势装置示意图

由毛细管流出的总体积为 Q，则由该式得毛细管流出液体体积流率为

$$\frac{\mathrm{d}Q}{\mathrm{d}t}=\frac{p}{4\eta l}(R^2-r^2)2\pi r\,\mathrm{d}r$$

电流大小与液体流过毛细管的速率成正比，ρ 为体积电荷密度，则

$$\mathrm{d}I_s=\rho\frac{\mathrm{d}Q}{\mathrm{d}t}=\frac{\rho p}{4\eta l}(R^2-r^2)2\pi r\,\mathrm{d}r \tag{5-42}$$

令 x 为距毛细管壁的距离，$x=R-r$，而扩散层厚度极薄，故 $x\ll R$，经计算，式(5-42) 可近似地表示为

$$\mathrm{d}I_s\approx-\frac{\rho\pi p}{\eta l}R^2x\,\mathrm{d}x$$

这里是圆柱体的表面，可用式(5-2)：

$$\mathrm{d}I_s=\frac{\pi\varepsilon pR^2}{\eta l}\left(\frac{\mathrm{d}^2\Psi}{\mathrm{d}x^2}\right)x\,\mathrm{d}x$$

流过毛细管的总电流为

$$I_s=\frac{\pi\varepsilon pR^2}{\eta l}\int_0^R\left(\frac{\mathrm{d}^2\Psi}{\mathrm{d}x^2}\right)x\,\mathrm{d}x$$

边界条件为 $x=0$ 时，$\Psi=\zeta$，$x=R$ 时，$\Psi=0$、$\mathrm{d}\Psi/\mathrm{d}x=0$，所以

$$I_s=\frac{\pi\varepsilon pR^2}{\eta l}\left(x\frac{\mathrm{d}\Psi}{\mathrm{d}x}-\int_0^R\frac{\mathrm{d}\Psi}{\mathrm{d}x}\mathrm{d}x\right)_0^R=\frac{\pi\varepsilon pR^2}{\eta l}\zeta=\frac{Ap\varepsilon\zeta}{\eta l} \tag{5-43}$$

式中，I_s 是液体流动时的电流，无法精确测定，但可以用补偿法测得毛细管两端的电位差，即流动电位，两者关系为 $E_s=\frac{I_s l}{k_b A}$，k_b 为电解质溶液的电导率，故

$$E_s=\frac{\varepsilon p\zeta}{k_b\eta} \tag{5-44}$$

式(5-44) 表明，流动电势的大小与介质的电导率成反比。碳氢化合物的电导通常比水溶液要小几个数量级，这样，在泵送此类液体时，产生的流动电势相当可观。高压下极易产生火花，加上这类液体易燃，因此必须采取相应的防护措施，以消除由于流动电势的存在而造成的危险。例如，在泵送汽油时规定必须接地，而且，常加入油溶性电解质，以增加介质的电导。

已知表面部分的电导为 k_s，它不同于溶液内部的电导 k_b：

$$E_s=\frac{\varepsilon p\zeta}{\eta\left(k_b+\frac{2k_s}{R}\right)} \tag{5-45}$$

如能测定流动电位 E_s，就能得到 ζ 电位，但是目前无法测定 k_b 和 k_s 之间的差别，所

以 E_s 和 ζ 电位之间的关系是不明确的。

式(5-23a) 和式(5-45) 都是在 κa 较大的条件下得到的，将两式进行对比得

$$\frac{E_s}{P}=\frac{Q}{I}=\frac{\varepsilon\zeta}{\eta\left(k_b+\frac{2k_s}{R}\right)}=\frac{\varepsilon\zeta}{\eta k} \tag{5-46}$$

式中右边几个数值都是物性常数，表示两种不同电动性质之比是一定值，即单位压力的流动电位与单位电流的液体流量两者是相等的，这是一个值得注意的规律。而且，二者都与毛细管的尺寸无关。

二、沉降电势

和在讨论电泳时借用电渗公式的情形相似，如果 $\kappa a \gg 1$，式(5-44) 可以直接用于沉降电势，但式中的 p 需换成沉降中的驱使压强

$$p=4/3\pi a^3(\rho_1-\rho_0)n_0 g$$

式中，a 为质点半径；ρ_1 和 ρ_0 分别是质点及液体的密度；n_0 为单位体积内的质点数。将上式代入式(5-44)，得到

$$E_{sd}=\frac{4\pi a^3(\rho-\rho_0)n_0 g\varepsilon\zeta}{3\eta k_b} \tag{5-47}$$

此式适用于 $\kappa a \gg 1$ 的情形，因为此时质点周围的双电层可以看作平板形的，沉降电势才可以与流动电势类比。对于一般情形，和电泳的情况相似，式(5-47) 的右方需乘一校正因子，即

$$E_{sd}=\frac{4\pi a^3(\rho-\rho_0)n_0 g\varepsilon\zeta}{3\eta k_b}f \tag{5-48}$$

式中，f 是 κa 与 ζ 的函数，其定量关系与电泳的相同。

第六章 胶体的稳定性

胶体体系的稳定性是一个具有理论意义与应用价值的课题，历来受到人们的重视。P. Hiemenz 说："胶体化学是在研究胶体稳定性过程中发展起来的"。胶体体系的稳定性是指某种性质（例如分散相浓度、颗粒大小、体系黏度和密度等）有一定程度的不变性。正是这些性质在"一定程度"内的变化不完全相同，就必然对稳定性有不同的理解，为此，宜用热力学稳定性、动力学稳定性和聚集稳定性三者来表征。

① 热力学稳定性　胶体体系是多相分散体系，有巨大的界面能，故在热力学上是不稳定的；但也不排斥在一定条件下，可以制取热力学稳定的胶体体系，如微乳液在热力学上是稳定的。

② 动力学稳定性　动力学稳定性是指在重力场或离心力场中，胶粒从分散介质中析离的程度。胶体体系是高度分散的体系，分散相颗粒小，有强烈的布朗运动，能阻止其因重力作用而引起的下沉，因此，在动力学上是相对稳定的。

③ 聚集稳定性　聚集稳定性是指体系的分散度随时间变化的情况。例如体系中含有一定数目的细小胶粒，由于某种原因，团聚在一起形成一个大粒子并不再被拆散，这时体系中不存在细小胶粒，即分散度降低，这称为体系的聚集稳定性差，反之，若体系中的细小胶粒长时间不团聚，则体系的聚集稳定性高。

胶体本质上是热力学不稳定体系，但又具有动力学稳定性，这是矛盾的，在一定条件下它们可以共存，在另一条件下又可以转化。制备出来的溶胶能在相当长的一段时间内保持稳定（例如 Faraday 制备的金溶胶放置了几十年才聚沉）。

本章所涉及的胶体稳定性，均指体系是化学稳定的，即其中不涉及化学反应。

第一节　电解质的稳定与聚沉作用

一、老化现象

如果利用硝酸银与氯化钾反应制备氯化银胶体，刚沉淀的 AgCl 颗粒一般都极细，但是静置一段时间后，特别是在稍高的温度下，颗粒长大。因为固体颗粒越小，其溶解度越大，沉淀出来的 AgCl 颗粒中显然不会颗粒粒径完全相同，但每个颗粒皆为它的饱和溶液所包围。设有邻近的两个小颗粒，较小的饱和浓度是 c_1，较大的是 c_2。因 $c_1 > c_2$，有溶质自 c_1 扩散进入 c_2，但是对于稍大的颗粒，c_2 又是饱和浓度，因此，扩散进来的溶质必然沉淀在大颗粒之上。同时，有一部分溶质扩散离开，小颗粒周围的浓度降至饱和浓度以下，因而小颗粒继续溶解，溶解下来的溶质又扩散至 c_2，而沉淀于大颗粒之上。此种变化不断进行，小颗粒越来越小，大颗粒越来越大。这种靠小质点溶解而质点自动长大的过程称为老化。

老化主要受溶质由小质点向大质点的扩散过程控制。升高温度会提高扩散速率，因而老化将加快。只有严格的单分散体系才无老化现象，实际体系几乎都是多分散的，因此老化是一种普遍现象；但是老化不会无限制地进行下去，因为质点长大到一定大小之后，尺寸不同引起的溶解度差别就微不足道了，老化过程也就趋于停止。

老化有很多实际用途。化学分析时常将沉淀老化，以使其易于过滤，这叫作 Qstwald 熟化法。卤化银的感光性能与其颗粒大小有密切关系，在感光乳剂制造中常设法控制制得的卤化银溶胶的老化时间，得到一定感光度的胶片。

二、胶粒的电荷

大部分水溶胶都带电。表 6-1 中列出了一些胶体颗粒的电荷。

表 6-1　一些胶体颗粒的电荷

带负电荷的胶体颗粒	带正电荷的胶体颗粒
Au、Pt、Ag、Hg…	Pb、Bi、Fe、Cu…
金属(As、Sb、Cd…)硫化物	金属(Cu、Fe、Al、Cr、Th…)硫化物
AgX(X 过量)	AgX(Ag 过量)
蛋白质(在碱液中)	蛋白质(在酸液中)
酸性染料($Dye^- H^+$)	碱性染料($Dye^+ H^-$)

三、聚沉现象

在适当条件下可制得樱桃色的金溶胶，若在此溶胶中加入很少量的电解质（例如氯化钠），则溶胶的颜色变化为红色→紫→蓝，最后完全沉淀。颜色的改变是颗粒自小而大的表现。这种用试剂使胶体的颗粒长大以至沉淀的过程叫作聚沉。聚沉是溶胶不稳定的主要表现。溶胶质点因吸附离子带电而稳定，但若加入的电解质过多，反而会使质点聚结而析出。无论是憎液胶体、亲液胶体还是缔合胶体，只要加入足够量的电解质，一般皆能使其沉淀。憎液胶体与其他胶体不同之处是，它们对电解质十分敏感，使其沉淀所需的电解质用量远比其他胶体少。聚沉与定量分析时的沉淀反应不同。用 Cl^- 使 Ag^+ 沉淀时，Cl^- 的量需与 Ag^+ 相当，沉淀才能完全，即沉淀剂与沉淀之间有定量关系；但是憎液胶体聚沉时，所用电解质之量远少于析出的固体，二者之间无定量关系，也没有化学反应。因为与普通的沉淀反应不同，故将这种现象叫作聚沉，即许多胶体质点聚在一起而下沉。另外，高分子物质、非电解质、机械作用等也能引起溶胶聚沉。

利用电解质使胶体聚沉的实例很多。在豆浆中加入卤水做豆腐就是一例，豆浆是荷负电的大豆蛋白胶体，卤水中含有 Ca^{2+}、Mg^{2+}、Na^+ 等离子，故能使荷负电的胶体聚沉。又如江海接界处，常有清水和浑水的分界面，这实际上是海水中的盐类对江河中荷负电的土壤胶体聚沉后的结果，而小岛和沙洲的形成正是土壤胶体聚沉后的产物。

聚沉与老化虽然都是质点长大的过程，但二者的机理不同。在聚沉过程中胶体质点形成所谓的附聚体，附聚体中原来的各质点仍保持其独立性，稍加一些胶溶剂或除去聚沉剂，即可重新将其分散。若经过老化，这些质点长成一个或几个大块，则不能利用胶溶剂使其分散。

聚沉是胶体不稳定性的主要表现，关于胶体的不稳定性的讨论将主要针对聚沉现象进行。

四、聚沉的实验方法

聚沉是胶体质点在外加物质作用下的聚结作用，所以凡是能测定颗粒大小的方法都可以用来研究聚沉，例如显微镜、光散射等。

取十个干净试管，装上等量的溶胶，加入不同量的电解质使其浓度为0.01mol/L，0.02 mol/L，…，0.1mol/L，静置两小时后观察。设只有电解质浓度大于0.06mol/L的试管中才有胶体析出，则使胶体聚沉的电解质浓度必在0.05～0.06mol/L之间。设浓度在0.058mol/L以下的溶胶皆是清亮的，则可认为58mmol/L为该电解质的聚沉值。聚沉值，即在指定情形下使溶胶聚沉所需电解质的最低浓度（以mmol/L为单位）。显然，聚沉值与实验条件有关。另外，还可以用聚沉率即聚沉值的倒数来表示电解质的聚沉能力。

五、聚沉的实验规律

1. Schulze-Hardy 规则

Schulze（1882年）和Hardy（1900年）分别研究过电解质的价数及浓度对聚沉的影响，得出结论：起聚沉作用的主要是反离子，反离子的价数越高，其聚沉效率也越高。此规则的正确性可从表6-2看出。

表6-2　几种溶胶的聚沉值（mmol/L）

电解质	As_2S_3(负电)	Au(负电)	电解质	$Fe(OH)_3$(正电)	$Al(OH)_3$(正电)
LiCl	58	—	NaCl	9.25	43.5
NaCl	51	24	KCl	9.0	—
KNO_3	50	25	$(1/2)Ba(NO_3)_2$	14	46
$(1/2)K_2SO_4$	65.5	23	KNO_3	12	60
HCl	31	5.5			
$CaCl_2$	0.65	0.41	K_2SO_4	0.205	0.30
$BaCl_2$	0.69	0.35	$K_2Cr_2O_7$	0.195	0.63
$UO_2(NO_3)_2$	0.64	2.8	$MgSO_4$	0.22	—
$MgSO_4$	0.81	—			
$AlCl_3$	0.093	—	$K_3Fe(CN)_6$	—	0.080
$(1/2)Al_2(SO_4)_3$	0.096	0.009			
$Ce(NO_3)_3$	0.080	0.003			

根据双电层的Stern模型，双电层内反离子浓度远大于同号离子浓度，影响双电层的主要因素是反离子。反离子的价数越高，扩散层的厚度就越薄，同时会有更多的反离子进入Stern层而使Ψ_δ降低，从而使胶体的稳定性降低，因此，Schulze-Hardy规则可以由Stern双电层模型得到定性的说明。

一般来说，一价反离子的聚沉值约在25～150mmol/L之间，二价反离子的聚沉值约在0.5～2mmol/L之间，三价反离子的聚沉值约在0.01～0.1mmol/L之间，三类离子的聚沉值的比例大致符合1∶$(1/2)^6$∶$(1/3)^6$，即聚沉值与反离子价数的六次方成反比。该规则对于估计电解质聚沉值的大小十分有用。但是这些比例只能代表数量级，有时甚至连数量级也不能正确表示。例如，若以三价离子的聚沉值为1，则二价离子的聚沉值可比三价离子的聚沉值大7～200倍，一价离子的聚沉值比三价离子的聚沉值可大500～10000倍。因为除了反离子的价数之外，还需要考虑它们的化学性质以及离子大小、同号离子的影响等多种因素，只考虑反离子的电荷就将问题过于简化了。另外，Schulze-Hardy规则只适用于不相干的电解质。根据Fajans规则，能与胶体的组成离子生成不溶物的反离子特别容易被吸附。例如，Ag^+与负的AgI溶胶上的I^-形成AgI，或Cu^{2+}与负的SnO_2溶胶上的SnO_3^{2-}形成$CuSnO_3$。这样一来，胶体表面上的电荷大大减少，故这些离子的聚沉值比一般的不相干离子的聚沉值要小得多。

2. 离子的大小

同价数的反离子的聚沉值虽然相近，但仍有差别，一价离子的差别尤为明显。若将一价离子按其聚沉能力排列，则对于正离子，大致为：

$$H^+ > Cs^+ > Rb^+ > NH_4^+ > K^+ > Na^+ > Li^+$$

对于负离子是：

$$F^- > IO_3^- > H_2PO_4^- > BrO_3^- > Cl^- > ClO_3^- > Br^- > I^- > CNS^-$$

同价离子聚沉能力的这一次序，称为感胶离子序（Lyotropic Series）或Hofmeister次序。从表6-3可以看出，它和离子水化半径由小到大的次序大致相同，因此，聚沉能力可能是受水化离子大小的影响。水化层的存在削弱了静电引力，因此，反离子的水化半径越大，越不易被质点吸附，聚沉能力也因而较弱。对于高价离子，价数的影响是主要的，离子大小的影响就不那么明显了。

感胶离子序是对无机小离子而言的，对于大的有机离子，因其与胶体质点之间有很强的van der Waals吸引，易被吸附，所以与同价小离子相比，聚沉能力要大得多。以表6-3中的负的AgI溶胶为例，$C_{12}H_{25}(CH_3)_3N^+$的聚沉值约为0.01，远小于同价的K^+、Na^+等小离子。

表6-3　离子半径对负的AgI溶胶聚沉值的影响

电解质	聚沉值/(mmol/L)	离子半径/Å	
		水化后*	水化前
$LiNO_3$	165	2.31	0.78
$NaNO_3$	140	1.76	1.00
KNO_3	135	1.19	1.33
$RbNO_3$	126	1.13	1.48
$Mg(NO_3)_2$	2.6	3.32	0.75
$Zn(NO_3)_2$	2.5	3.26	0.83
$Ca(NO_3)_2$	2.4	3.00	1.05
$Sr(NO_3)_2$	2.38	3.00	1.20
$Ba(NO_3)_2$	2.26	2.78	1.38

注：* 离子水化半径由极限电导及Stokes定律算出，绝对值可能有较大出入，但相对次序是正确的。

3. 同号离子的影响

虽然影响聚沉的主要因素是反离子，但同号离子并非毫无影响。有些同号离子，特别是大的有机离子，由于和质点的强烈的 van der Waals 吸引而被吸附，从而改变了质点的表面性质，降低了反离子的聚沉能力。例如，对于 As_2S_3 溶胶，KCl 的聚沉值是 49.5mmol/L，KNO_3 是 50mmol/L，甲酸钾是 85mmol/L，乙酸钾是 110mmol/L，而 $\frac{1}{3}$ 柠檬酸钾是 240mmol/L。一般说来，大的或高价的负离子对负胶体有一定的稳定作用（即降低正离子的聚沉效率），大的或高价正离子对正胶体也有同样的稳定作用。

4. 不规则聚沉

有时，少量的电解质使溶胶聚沉，电解质浓度高时，沉淀又重新分散成溶胶；浓度再高时，又使溶胶聚沉。这种现象叫作不规则聚沉，多发生在以大离子或高价离子为聚沉剂的情形。

自电泳实验知道，不规则聚沉的发生是由于高价或大的反离子在胶体质点上的强烈吸附。电解质浓度超过聚沉值时溶胶聚沉，此时质点的 ζ 电势降至零附近。浓度再增加，质点会吸附过量的高价离子或大离子而重新带电，于是溶胶又稳定（图 6-1），但此时所带电荷与原先相反。再加入电解质，由于反离子的作用又使溶胶聚沉。此时，体系内电解质浓度已经很大，质点表面对大离子的吸附已经饱和，故再增加电解质浓度也不能使沉淀重新分散。图 6-1 表示一个带正电的胶体质点发生不规则聚沉时 ζ 电势的变化。对于靠静电稳定的憎液胶体，存在一个临界 ζ 电势，若质点的 ζ 小于 ζ_c，则发生聚沉。多数胶体的 ζ_c 在 30mV 左右。只要 $|\zeta|>\zeta_c$，不管符号如何，皆可达到稳定，这就是发生不规则聚沉的原因。

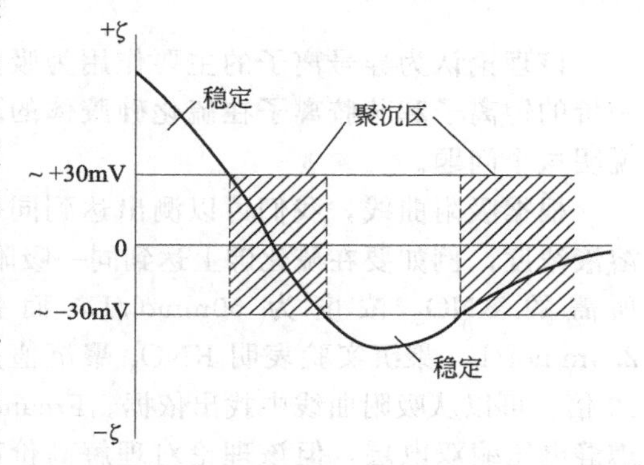

图 6-1 不规则聚沉示意图

5. 互沉现象

一般说来，电性相同的胶体混合后没有变化（也有例外）。但若将电性相反的胶体混合，则发生聚沉，这称为互沉现象。聚沉的程度与两胶体的比例有关，在等电点附近沉淀最完全；若两种胶体比例相差很大，沉淀则不完全。上述现象最明显的解释是，两种胶体上的电荷相互中和。此种看法基本正确，但是不能忘记，除了电性中和之外，两种胶体上的稳定剂也可能相互作用形成沉淀，从而破坏了胶体的稳定性。例如 As_2S_3 和用 Raffo 法制得的胶体硫皆是负电性的，但能相互沉淀，这是因为 As_2S_3 的稳定剂 S^{2-} 和硫质点上的稳定剂 $S_5O_6^{2-}$ 反应：

$$5S^{2-}+S_5O_6^{2-}+12H^+ = 10S\downarrow +6H_2O$$

互沉现象并不限于憎液胶体，缔合胶体（如正离子与负离子皂）、大分子胶体（如带正电与带负电的蛋白质）等皆有此性质。互沉现象有很多实际用途，用明矾净水即是一例。水中的悬浮物通常带负电，而明矾的水解产物 Al$(OH)_3$ 却带正电，两种电性相反的胶体互相吸引而聚沉，从而达到净水的效果。

6. 微波对溶胶稳定性的影响

AgI、AgBr、$FePO_4$ 等溶液经加热，或在微波场中处理，均可使其产生沉淀，而 $Fe(OH)_3$ 胶体经加热不被破坏，但在微波场中处理，特别在提高功率的情况下，则吸光度增加，并有少量沉淀产生。这些现象说明，微波对胶体稳定性的影响，除有热效应外，还有“非热效应”现象。

关于“非热效应”机理还有待深入研究。但从结果说，从DLVO理论看，它能改变由DLVO理论建立的平衡使其更易被打破，降低了体系的总势能曲线的能垒高度，故易于聚结沉降。

第二节　DLVO理论

在DLVO理论之前，人们试图用各种理论来说明胶体。

一、Freundlich理论

该理论认为异号离子的主要作用为吸附。用同样是一价的钾离子和苯胺离子在硫化砷胶体的聚沉作用可以说明这个问题。

根据吸附曲线，我们可以测出达到同一吸附量时的溶液浓度，例如要在硫化砷上达到同一吸附量（图6-2），所需的KNO_3浓度为50mmol/L，而盐酸苯胺为2.5mmol/L，聚沉实验表明KNO_3聚沉值是盐酸苯胺的20倍，可以从吸附曲线中找出依据。Freundlich理论不考虑静电压缩双电层，但该理论对理解高价离子的反符号和无电荷离子的聚沉作用是有用的。

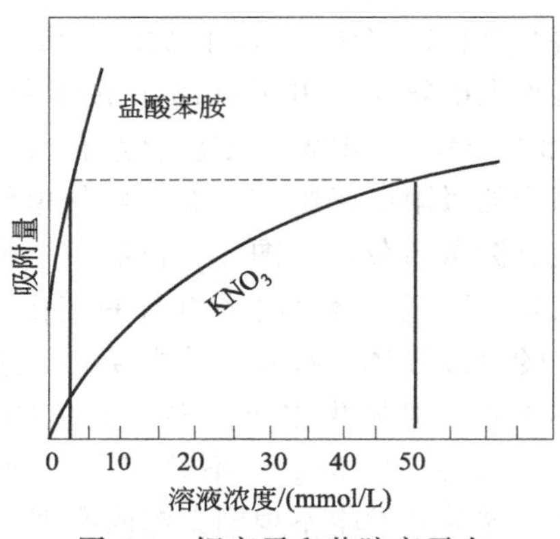

图6-2　钾离子和苯胺离子在硫化砷胶体上的吸附曲线

二、Mueller理论

根据Debye-Hückel理论，离子氛围半径

$$r=3.08\times10^{-8}\frac{1}{\sqrt{\sum z^2 c}} \tag{6-1}$$

式中，z为离子价，即离子浓度越大，价数越高，离子氛围越小，越不稳定。提出了压缩双电层的概念，即认为扩散层中的异电离子量是恒定的，ζ电势的降低无需从离子由扩散层转移到Helmholtz层来解释。

扩散层电荷η可以由下式计算：

$$\eta=\sqrt{\frac{DRTc}{2\pi}}\sqrt{\frac{1}{n_+}\left(e^{\frac{-n_+F\zeta}{RT}}-1\right)+\frac{1}{n_-}\left(e^{\frac{+n_-F\zeta}{RT}}-1\right)} \tag{6-2}$$

式中，D是水的介电常数；c是电解质浓度；n_+、n_-是正、负离子的化合价；F是法拉第常数；ζ是ζ电势。

三、Rabinovich理论

Rabinovich采用电导滴定的方法，得出图6-3的结果。第一部分是离子交换吸附，立即发生。交换其内部 Helmholtz 层离子，因而电导有较大的变化，第二部分是压缩双电层，与 Helmholtz 层无离子交换作用，电导变化不大。

四、DLVO 理论

这个理论分别由苏联学者 Derjaguin、Landau 和荷兰学者 Verwey、Overbeek 四人提出，是目前对胶体稳定性和电解质的影响解释得比较完善的理论。此理论以溶胶粒子间的相互吸引力和相互排斥力为基础，当粒子相互接近时，这两种相反的作用力就决定了溶胶的稳定性，现分别讨论如下。

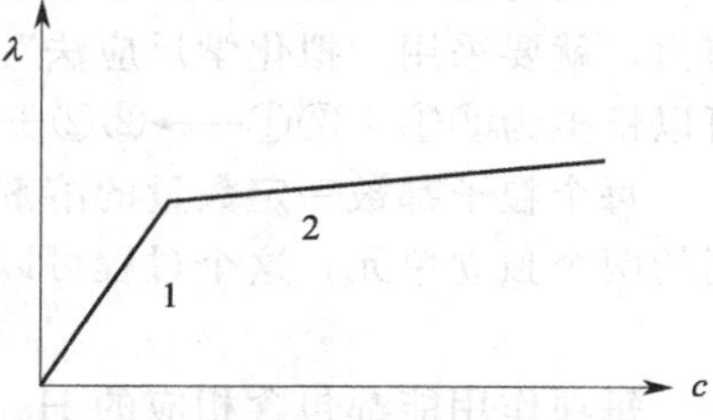

图 6-3　用电解质对胶体进行电导滴定

（c 为电解质浓度，λ 为电导值）

1. 两个粒子间的引力——范德华引力

任何两粒子之间总存在着相互吸引力，这就是范德华引力。指的是以下三种涉及偶极子的长程相互作用：两个永久偶极子之间的相互作用、永久偶极子与诱导偶极子之间的相互作用、诱导偶极子之间的色散相互作用。上述三种相互作用全是负值，即表现为吸引，其大小与粒子间的距离的六次方成反比，也称为六次律。除了少数的极性分子之外，对于大多数分子，色散相互作用在三类作用中占支配地位。

胶体质点可以看作大量分子的集合体。Hamaker 假设，质点间的相互作用等于它们的各分子对之间的相互作用的加和，对于两个彼此平行的平板质点，得出单位面积上的相互作用能为：

$$\phi_A = -\frac{A}{12\pi D^2} \tag{6-3}$$

式中，D 为两板之间的距离；A 为 Hamaker 常数，其数值与组成质点的分子之间的相互作用参数有关，因此是物质的特征常数。A 值越大，吸引力越大，大概在 $10^{-19} \sim 10^{-20}$J 之间。

Hamaker 常数是个重要的常数，直接影响 ϕ_A 的大小。计算 A 有两个途径：①微观法，即从分子的性质（例如极化度、电离能等）出发，计算质点的 A 值；②宏观法，即将质点及介质看作连续相，从它们的介电性质随频率的变化得出 A。表 6-4 列出了一些常见物质的 Hamaker 常数值。由于不同的方法得到的结果不同，故列出的 A 值均有一范围，这也说明 Hamaker 常数的准确计算与测定仍是一个有待解决的问题。

表 6-4　一些常见物质的 Hamaker 常数值

物质	$A/10^{-20}$J(宏观法)	$A/10^{-20}$J(微观法)	物质	$A/10^{-20}$J(宏观法)	$A/10^{-20}$J(微观法)
水	3.0～6.1	3.3～6.4	石英	8.0～8.8	11.0～18.6
离子晶体	5.8～11.8	15.8～41.8	碳氢化合物	6.3	4.6～10
金属	22.1	7.6～15.9	聚苯乙烯	5.6～6.4	6.2～16.8

相距很近时，两球表面间距离为 H，H 要比粒子半径 a 小得多，可以近似得到两粒子之间的相互引力作用能为：

$$\phi_A = -\frac{Aa}{12H} \tag{6-4}$$

式(6-3) 和式(6-4) 适用于质点大小比质点间距离大得多的情形，实际胶体的多数情形

符合此要求。若质点很小，则必须考虑板厚与球半径的校正，相应的公式变成

$$\phi_A=-\frac{A}{12\pi}\left[\frac{1}{D^2}+\frac{1}{(D+2\delta)^2}-\frac{2}{(D+\delta)^2}\right] \tag{6-5}$$

$$\phi_A=-\frac{A}{12}\left[\frac{4a^2}{H^2+4aH}+\frac{4a^2}{(H+2a)^2}+2\ln\frac{H^2+4aH}{(H+2a)^2}\right] \tag{6-6}$$

式中，δ 为板的厚度。

以上讨论是在真空条件下进行的，没有考虑溶剂的影响，如果考虑溶剂和分散相之间的引力，就要采用“拟化学反应法”。若①代表溶剂，②代表固体粒子，那么粒子的聚沉过程可以模拟为②①+②①⟶②②+①①。

每个粒子都被一定数量的溶剂分子所包围，当粒子相互接近后，生成一对双粒子和双溶剂的两个独立单元，这个过程可以作为一个动力学过程来处理，过程的作用能变化为：

$$\Delta\phi=\phi_{11}+\phi_{22}-2\phi_{12} \tag{6-7}$$

每项作用能都包含相应的 Hamaker 常数，因为每个作用能的其他条件（如距离、大小）相同，仅溶质与溶剂的分子性质不同，所以作用能 ϕ 在指定条件下，可以用 Hamaker 常数来表示作用能的大小，故

$$A_{212}=A_{11}+A_{22}-2A_{12} \tag{6-8}$$

式中，212 表示两个胶体粒子为溶剂所隔开；A_{212} 称为有效 Hamaker 常数；A_{11} 与 A_{22} 分别是介质与质点本身的 Hamaker 常数。如进行近似处理，设

$$A_{12}=\sqrt{A_{11}A_{22}} \tag{6-9}$$

这种假设在溶液理论中是常见的，故

$$A_{212}=(A_{11}^{1/2}-A_{22}^{1/2})^2 \tag{6-10}$$

式(6-10) 表明，同一物质的质点间的 van der Waals 作用永远是相互吸引，介质的存在使此吸引作用减弱。实际测得各种物质的 A，数量级均在 10^{-20}J 左右，所以 A_{212} 是 10^{-21}J 数量级。但是习惯上所用的是真空条件下 Hamaker 常数。介质的性质与质点的越接近，质点间的相互吸引越弱。如果 $A_{11}=A_{22}$，则 $A_{212}=0$，即 $V=0$，粒子间的相互引力消失，停止聚集，变成稳定溶胶，要达到这一点，主要是要使溶胶粒子性质与溶剂性质相同，这时 $A_{11}=A_{22}$，溶剂化极好的溶胶粒子就可以满足这一要求。

2. 两个粒子间的排斥力

胶体粒子都带有电荷，具有相同电荷的粒子之间存在着相互排斥力，其大小取决于粒子电荷数目和相互间距离。粒子间的排斥力作用能对抗粒子间吸引力，使溶胶保持稳定，为了计算粒子间排斥力，首先应弄清在固体表面上的电位分布情况。

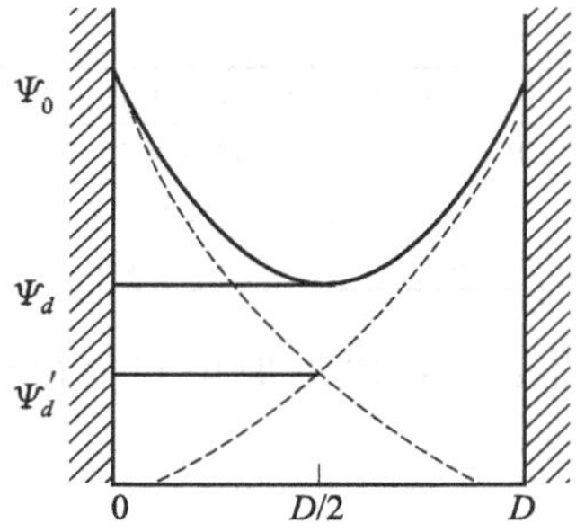

平行板之间的相互作用力：带电的质点和双电层中的反离子作为一个整体是电中性的，因此，只要彼此的双电层尚未交联，两个带电质点之间并不存在静电斥力。只有当质点接近到它们的双电层发生重叠，改变了双电层的电势与电荷分布，才产生排斥作用。计算双电层的排斥作用，最简便的办法是采用 Langmuir 的方法，将斥力当作由两双电层重叠之处过剩离子的渗透压力所引起的。图 6-4 表示两个表面电势为 Ψ_0 的平板质点接近至双电层相互重叠的情形，虚线表示原来的电势分

Ψ_0

Ψ_d

Ψ_d'

0　$D/2$　D

图 6-4　两双电层交联区的电势分布

布，实线表示双电层交联后的电势分布。由于两个平板的表面电势相同，交联后的 Ψ（D）曲线必然在板间呈对称分布，在 $d=D/2$ 处达到最低值 Ψ_d（交联前该处的电势值为 Ψ_D'）。交联区的离子浓度自然与前不同，根据 Boltzmann 分布定律，两板中间（$x=D/2$）处的离子浓度为

$$n_+=n_0\exp(-ze\Psi_d/kT) \qquad n_-=n_0\exp(ze\Psi_d/kT) \tag{6-11}$$

总离子浓度

$$n=n_0\exp(-ze\Psi_d/kT)-n_0\exp(ze\Psi_d/kT)$$

其中，$e^x-e^{-x}=2\sinh x$

$$n=-2n_0\sinh(ze\Psi_d/kT)$$

在双电层之外的溶液内部，$\Psi=0$，总离子浓度 $n=2n_0$。板间与板外离子浓度的不同造成了渗透压力，由于前者总是大于后者，所以渗透压力表现为斥力。单位板面积上的斥力为

$$dp=-\rho d\Psi$$

对 z-z 对称性电解质来说，体积电荷密度 $\rho=zen$，则：

$$dp=-zend\Psi=2zen_0\sinh(ze\Psi_d/kT)d\Psi$$

当 $\Psi=0$ 时，$p=p_0$，当 $\Psi=\Psi_d$ 时，$p=p_d$，在这一边界条件下积分得：

$$p=2n_0kT[\cosh(ze\Psi_d/kT)-1] \tag{6-12}$$

F_R 为 $x=d$ 处的剩余压力，欲求相应的排斥能 ϕ_R，须将剩余压力沿作用距离积分：

$$\phi_R=-2\int_{\infty}^{d}p\,dd=-2\int_{\infty}^{d}n_0kT[\cosh(ze\Psi_d/kT)-1]dd \tag{6-13}$$

因为 cosh（$ze\Psi_d/kT$）与 d 的关系很复杂，故式(6-13）的普遍解不易求得。但若双电层的交联程度不大，$\kappa d>1$ 时，Ψ_d 与 Ψ_d'都很小，此时可近似地认为

$$\Psi_d=2\Psi_d'$$

$$\cosh(ze\Psi_d/kT)\approx1+1/2(ze\Psi_d/kT)^2$$

在距表面较远处（$\kappa x>1$），电势

$$\Psi\approx(4kT/ze)\gamma_0\exp(-\kappa x) \tag{6-14}$$

因此，

$$\Psi_d'=\frac{4kT}{ze}\gamma_0e^{-\kappa d}$$

$$\Psi_d=\frac{8kT}{ze}\gamma_0e^{-\kappa d} \tag{6-15}$$

将这些结果代入式(6-13）积分后得到

$$\phi_R=\frac{64n_0kT}{\kappa}\gamma_0^2e^{-2\kappa d}=\frac{64n_0kT}{\kappa}\gamma_0^2e^{-\kappa D} \tag{6-16}$$

ϕ_R 表示两平板质点的双电层在单位面积上的排斥能，其中

$$\gamma_0=\frac{\exp(ze\Psi_0/2kT)-1}{\exp(ze\Psi_0/2kT)+1}$$

式(6-16）说明，排斥能只通过 γ_0 与 Ψ_0 发生关系，在表面电势很高时，γ_0 趋于 1，ϕ_R 就几乎与 Ψ_0 无关，而只受电解质浓度与价数的影响。

对于球形质点，情形要复杂得多，目前只能对几种特定情形求得近似解。例如在 $\kappa d\gg1$，重叠程度很小时，两球形质点双电层间的排斥能为

$$\phi_R=\frac{64n_0kT}{\kappa^2}\pi a\gamma_0^2e^{-\kappa H} \tag{6-17}$$

式中，a 为质点半径；H 为两球间最近距离。

3. 质点间的相互作用能

从式(6-4) 和式(6-17) 出发，用 DLVO 理论说明胶体稳定性的实验现象。质点间相互作用能 $\phi_T=\phi_A+\phi_R$，以 ϕ_T 对距离作图，即得总势能曲线，如图 6-5 所示，ϕ_A 只在很短的距离内起作用，ϕ_R 的作用则稍远些。当 $H\rightarrow0$ 时，$\phi_A\rightarrow\infty$，吸引力随着粒子的接近而迅速增加。ϕ_R 随着距离的接近而升高，它的增加接近一个常数。而粒子间距离较远时，ϕ_A 和 ϕ_R 均为零。当粒子逐渐接近时，首先起作用的是排斥作用能，即有一定排斥力；如果粒子能克服 ϕ_R 并进一步靠近，直到某一距离时，ϕ_A 才能起作用。随后粒子愈接近，ϕ_A 的影响愈显著。所以总势能曲线的形状决定于 ϕ_A 和 ϕ_R 的相对大小。图中 ϕ (1) 是斥力大于吸引力的势能曲线，能够使胶体粒子保持稳定，ϕ (2) 表示在任何距离下斥力都不能克服粒子之间的引力，因此会相互聚集，最终产生沉淀。

在曲线 ϕ (1) 上有一最高点，叫势垒，只有粒子的动能超过这一点时才能聚沉，所以势垒的高低往往标志着溶胶稳定性的大小。曲线 ϕ (2) 上没有势垒，这表明在任何情况下，粒子都将产生聚沉。有时势垒远高于粒子热运动的动能，粒子的碰撞动能不能超过此势垒，因而阻止了粒子的聚沉。

决定势能曲线形状的因素有以下三个。

① A 的影响　这里指的是有效 Hamaker 常数 A_{212}，是由分散相和分散介质的化学性质所决定的。当分散相很少时，溶剂对分散相的作用可以忽略不计。图 6-6 表示当 κ 和 Ψ_0 保持不变时，不同的 A_{212} 对势能曲线的影响，$\kappa=10^7\text{cm}^{-1}$；$\Psi_0=103\text{mV}$；$T=25℃$；面积为 4nm^2，势垒高度随 A 的增加而减少。

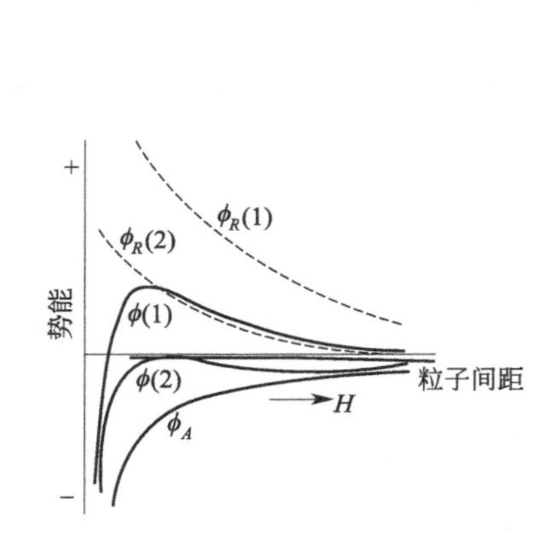

图 6-5　总势能曲线示意图

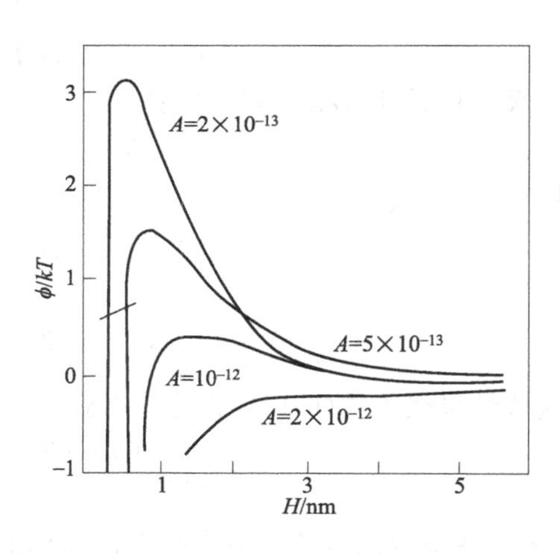

图 6-6　不同 A 的势能曲线

② Ψ_0 的影响　Ψ_0 对两个颗粒间的排斥势能起着十分重要的作用，图 6-7 就表示在 A 和 κ 相同的情况下，Ψ_0 对势能曲线的影响，$a=10^{-7}\text{m}$；$T=298\text{K}$；$A=10^{-19}\text{J}$；$\kappa=10^8\text{m}^{-1}$。它表示，曲线上势垒高度随 Ψ_0 的增加而升高。通常用 ζ 电位作为讨论胶体稳定性的依据，因为 ζ 电位是通过电动现象，测得溶胶电性质的唯一数据。其实这里用 ζ 电位来讨论似乎不够严格，因为溶胶粒子的滑动面随实验条件而变，所以 ζ 电位不是一个定值。

③ 电解质浓度的影响　图 6-8 是在 Ψ_0 和 A 固定不变时，不同 κ 值对势能曲线形状的

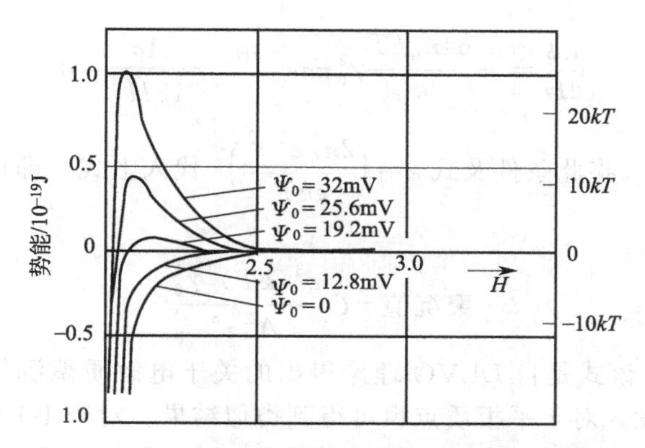

图 6-7 表面电位 Ψ_0 对两球形粒子间势能的影响

影响，$a=10^{-7}$m；$T=298$K；$A=10^{-19}$J；$\Psi_0=25.6$mV，表明 κ 值越小，势垒越高，体系也就越稳定。而电解质浓度增加或其价数增大，都会导致其 κ 值增大，体系趋于不稳定。

κ 应包括两项变量，即电解质的浓度及其离子价数，关于价数影响将在下面讨论。图 6-8 中表明，若为 1∶1 型电解质，当浓度小于 10^{-3} mol/L 时都有势垒。在 $10^{-2}\sim10^{-3}$ mol/L 间势垒消失，这就是溶胶的 1∶1 型电解质聚沉浓度。

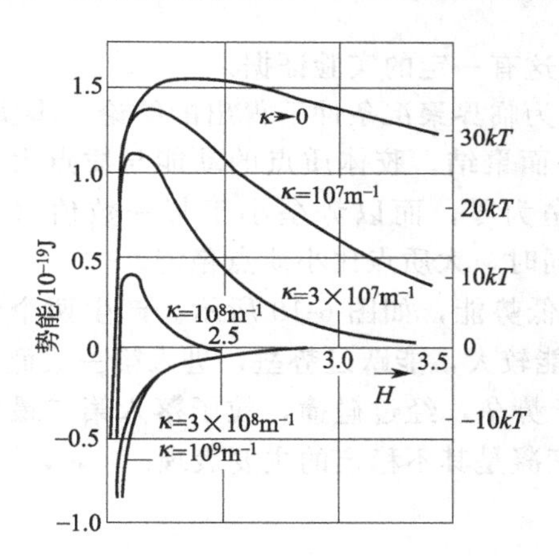

图 6-8 不同电解质浓度 κ 对两球形粒子间势能的影响

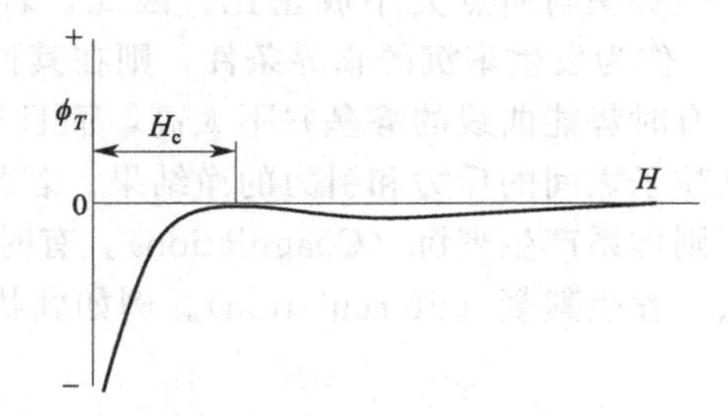

图 6-9 处于临界聚沉状态的势能曲线

4. 临界聚沉浓度

势垒的高度随溶液中电解质浓度的增大而降低，当电解质浓度达到某一数值时，势能曲线的最高点恰为零，势垒消失，体系由稳定转为聚沉，这就是临界聚沉状态，这时的电解质浓度即该胶体的聚沉值（图 6-9）。由图可知，处于临界聚沉状态的势能曲线在最高点处必须同时满足两个条件。

$$\phi=\phi_R+\phi_A=0$$

$$\frac{\mathrm{d}\phi}{\mathrm{d}H}=\frac{\mathrm{d}\phi_R}{\mathrm{d}H}+\frac{\mathrm{d}\phi_A}{\mathrm{d}H}=0$$

由式(6-4) 和式(6-17) 得到：

$$\frac{64n_0kT}{\kappa^2}\gamma_0^2\pi ae^{-\kappa H_c}-\frac{Aa}{12H_c}=0$$

$$\frac{d\phi}{dH}=-\frac{64n_0kT}{\kappa}\gamma_0^2\pi a e^{-\kappa H_c}+\frac{Aa}{12H_c^2}=0$$

自上两式求得 $\kappa H_c=1$，将此条件及式 $\kappa=\left(\frac{2n_0z^2e^2}{\varepsilon kT}\right)^{\frac{1}{2}}$ 代入上式，即可得到发生聚沉时的聚沉值：

$$聚沉值=C\frac{\varepsilon^3(kT)^5\gamma_0^4}{A^2z^6} \tag{6-18}$$

式中，C 为常数。该式是自 DLVO 理论得出的关于电解质聚沉作用的重要结果。由式(6-3) 和式(6-16) 出发，对于平板质点也可得到类似结果。对于 1-1 电解质，若取典型的聚沉值为 100mmol/L，Ψ_δ 为 75mV，按式(6-18) 求出的有效 Hamaker 常数 $A=8\times10^{-20}$J，这与直接从理论上算出的 A 值（表 6-4）也在数量级上相符。

由式(6-18) 可以看出以下几点。

① 在表面电势较高时，γ_0 趋于 1，聚沉值与反离子价数的六次方成反比，这就是 Schulze-Hardy 规则所表示的实验规律。在表面电势很低时，$\gamma_0\approx ze\Psi_0/4kT$，于是聚沉值与 Ψ_0^4/z^2 成正比；在一般情形下，视表面电势的大小，聚沉值与反离子价数的关系应在 z^{-2} 与 z^{-6} 之间变化，这与实验事实大体相符。

② 聚沉值与介质的介电常数的三次方成正比。这有一定的实验证据。

③ 聚沉值与质点大小无关，这是在规定零势垒为临界聚沉条件下得出的结论。事实上，质点总是具有一定动能，能够越过一定高度的势垒而聚结。胶体质点的动能与质点大小无关，但势垒与质点大小成正比。因此，若不以势垒为零，而以势垒小于某一数值（例如 $5kT$）作为发生聚沉的临界条件，则在其他条件相同时，大质点比小质点稳定。

有时势能曲线的势垒并不太高，而且有两个最低势能，如图 6-10 所示。产生两个势能穴是粒子之间的斥力和引力的净结果。若粒子的动能较大，能跃过势垒，进入第一最低势能点，则体系产生聚沉（Coagulation）。有时动能小于势垒，经过碰撞，粒子落入第二最低势能点，发生絮凝（Flocculation）。例如乳状液中，絮凝是其不稳定的主要表现。

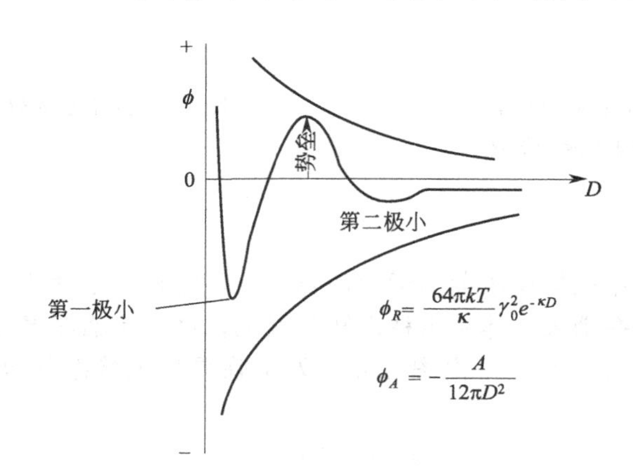

图 6-10 两个颗粒或平板接近时的势能图

势垒的大小是胶体能否稳定的关键。粒子要发生聚沉，必须越过这一势垒才能进一步靠拢。如果势垒很小或不存在，粒子的热运动完全可以克服它而发生聚沉，从而呈现聚结不稳定性；如果势垒足够大，粒子的热运动无法克服它，则胶体将保持相对稳定。一般势垒高度超过 15 kT（k 是 Boltzmann 常数）时，就可阻止粒子由于热运动碰撞而产生的聚沉。

第一极小值比第二极小值低得多，在第一最低势能点的粒子所形成的沉淀往往紧密而稳定。在第二最低势能点的粒子所形成的体系，结构是疏松的，而且是不牢固的、不稳定的，外界稍有扰动，结构就破坏。所以它具有特殊的性质，例如触变性等。这些性质还将对某些气溶胶、乳状液的稳定起着十分重要的作用。

图 6-11 表示了电解质浓度（或价数）和质点大小对胶体稳定性影响的一般情形。

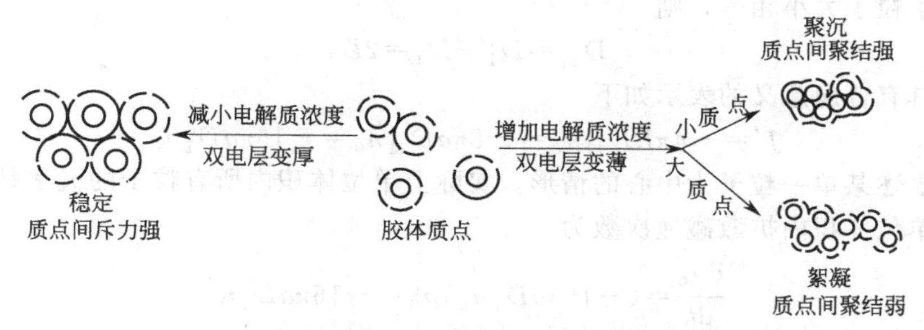

图 6-11　电解质浓度和质点大小对胶体稳定性的影响

第三节　快速聚沉动力学

自热力学的观点，憎液胶体都是不稳定的。平常所说的稳定与否，都是指聚沉速率的相对快慢，因此，聚沉速率是胶体稳定性的定量反映。从 DLVO 理论可知，胶体稳定的原因是总势能曲线上势垒的存在。倘若势垒为零，则质点的互相接近必导致聚结；若有势垒存在，则只有一部分导致聚结。前一种情形称为快聚沉，后者则是慢聚沉。

在快聚沉时，质点之间因无势垒存在，凡碰即聚，聚结速率取决于碰撞频率，而碰撞频率则由布朗运动即质点的扩散速率决定，于是聚沉速率问题转化为质点向另一质点扩散的问题。

Smoluchowski 于 1917 年将扩散理论用于聚沉，讨论了单分子球形分散体的聚沉速率。假定开始时溶胶粒子大小相同，单位体积内粒子数为 n_0，在某一时间，粒子间斥力突然消失，这种消失可以由加入电解质引起，也可由其他因素引起，斥力一旦消失，聚沉立即开始。若考察一个粒子并以它为中心，那么在 r 为半径的球面上其他粒子与它的碰撞概率，可以用 Fick 第一定律来表示，即

$$-\frac{\mathrm{d}n}{\mathrm{d}t}=DS\,\frac{\mathrm{d}n}{\mathrm{d}r} \tag{6-19}$$

式中，S 是球的表面积，即 $S=4\pi r^2$；D 是扩散系数，令 J 为单位时间内传过球面的粒子数，即

$$J=\frac{\mathrm{d}n}{\mathrm{d}t}=-4\pi r^2 D\,\frac{\mathrm{d}n}{\mathrm{d}r} \tag{6-20}$$

假设在某一状态下，$r=\infty$处，$n=n_0$，积分上式得

$$n=n_0+\frac{J}{D}\frac{1}{4\pi r}$$

若粒子半径为 a，在 $2a$ 处，$n=0$，令 $r=2a=R$，故

$$J=-4\pi RDn_0=-8\pi Dan_0 \tag{6-21}$$

上述推导中假定参考质点是静止的，实际上，参考质点也与其他质点一样在做布朗运动，此时，式(6-21) 中的 D 应是两个都在做布朗运动的质点间的相对扩散系数，如果粒子间的相互作用可以忽略，彼此是独立的，两个粒子大小相同的扩散系数应当是

$$D_{12}=D_1+D_2$$

如果两个粒子大小相等，则

$$D_{11}=D_1+D_1=2D_1$$

所以，具有普遍意义的表示如下：

$$J'=-4\pi RD_{11}n_0=-8\pi aD_{11}n_0=-16\pi aD_1n_0 \tag{6-22}$$

此式仅描述某单一粒子为中心的情形，实际上单位体积内所有粒子的概率是等同的，故单位时间、单位体积内扩散碰撞次数为

$$\frac{dn_0}{dt}=(-16\pi aD_1n_0)n_0=-16\pi aD_1n_0^2 \tag{6-23}$$

Smoluchowski 从动力学出发，假设任何两个粒子的碰撞，都作为两分子反应，如果原始粒子数为 n_0，按动力学公式：

$$\frac{dn_0}{dt}=-k_0n_0^2$$

所以

$$k_0=8\pi D_1R=16a\pi D_1 \tag{6-24}$$

事实上，实际体系比较复杂，各种大小的粒子都有，粒子数目随时间不断在变动，如果假设开始时粒子（即碰撞前的粒子，叫一级粒子）数为 n_0，经过一段时间后，粒子数变为 n，因为两个一级粒子碰撞生成二级粒子，一个一级粒子与一个二级粒子碰撞可以生成三级粒子，依此类推，共有 i 种 i 级粒子。所以总粒子数 n 应包括一级粒子数 n_1，二级粒子数 n_2，…，i 级粒子数 n_i。

如果只考虑一级粒子数（$D_{11}=2D_1$），它在溶液中消失速率为

$$\frac{dn_1}{dt}=-k_1n_1^2=-4\pi RD_{11}n_1^2=-8\pi RD_1n_1^2 \tag{6-25}$$

积分后得

$$n_1=\frac{n_0}{1+8\pi RD_1n_0t}=\frac{n_0}{1+(2t/\tau)} \tag{6-26}$$

式中，τ 称为聚沉时间，$\tau=\frac{1}{4\pi RDn_0}$。

已知 $D=kT/6\pi\eta a$，代入上式，则

$$\tau=3\eta/(4kTn_0) \tag{6-27}$$

在室温下（$T=298\text{K}$），如以水为介质 $\eta=0.01$，则聚沉时间 $\tau\approx2\times10^{11}/n_0$，如取每立方厘米粒子数为 10^{11}，则 $\tau\approx2\text{s}$。大多数溶胶的浓度为 10^{14} 粒子/cm^3。所以，$\tau\approx1/500\text{s}$，显然聚沉时间太短了，只有用特殊方法才能测定聚沉速率。

实际上，式(6-25) 并不代表一级粒子聚沉的真实过程。因为在一定时间以后，一级粒子及多级粒子聚沉都已形成，所生成的一级粒子不仅可以与一级粒子 n_1 相碰撞，还可以和其他各级粒子 n_k 相碰。i 级和 j 级粒子间的碰撞频率为

$$b_{ij}=4\pi D_{ij}R_{ij}n_in_j \tag{6-28}$$

式中，b_{ij} 表示 i 级粒子与 j 级粒子在每秒钟内相互碰撞数；n_i 为每单位体积内的 i 级粒子数；n_j 为 j 级粒子数；D_{ij} 为 i 级粒子和 j 级粒子扩散系数之和；R_{ij} 是两者半径之和。若 k 级粒子是由 i 级粒子和 j 级粒子相碰而成，即 $i+j=k$。但也可以由任何其他粒子与 k 级粒子相碰而消失，所以 k 级粒子生成速率为

$$\frac{\mathrm{d}n_k}{\mathrm{d}t}=\frac{1}{2}\sum_{i=1}^{k-1}\sum_{j=k-1}^{1}4\pi D_{ij}R_{ij}n_in_j-n_k\sum_{i=1}^{\infty}4\pi D_{ik}R_{ik}n_i \tag{6-29}$$

式(6-29) 右边第一项的系数是1/2，表明 i 级粒子与 j 级粒子相碰，和 j 级粒子与 i 级粒子相碰是一样的，但是二者均在相加项内出现，故用1/2。第二项表示 k 级粒子的消失速率，第一项表示 k 级粒子的形成速率

因为
$$D_{ij}=D_i+D_j\text{，}R_{ij}=a_i+a_j$$

式中，a_i 和 a_j 分别为 i 级粒子和 j 级粒子的半径，因为 $D=kT/6\pi\eta a$，在一定条件下，$Da=$常数，所以

$$D_1a_1=a_iD_i=a_jD_j$$

故

$$R_{ij}D_{ij}=(D_i+D_j)(a_i+a_j)=D_1a_1(2+\frac{a_i}{a_j}+\frac{a_j}{a_i})$$

因为粒子半径相差不大，所以

$$a_i/a_j+a_j/a_i=2$$

因此
$$D_{ij}R_{ij}=4a_1D_1=2RD_1$$

式(6-29) 可写成：

$$\frac{\mathrm{d}n_k}{\mathrm{d}t}=4\pi D_1R(\sum_{i=1}^{k-1}\sum_{j=k-1}^{1}n_in_j-2n_k\sum_{i=1}^{\infty}n_i) \tag{6-30}$$

如果考虑全部粒子的变化，则

$$\frac{\mathrm{d}(\sum_{k=1}^{\infty}n_k)}{\mathrm{d}t}=4\pi D_1R(\sum_{i=1}^{\infty}\sum_{j=1}^{\infty}n_in_j-2\sum_{i=1}^{\infty}\sum_{k=1}^{\infty}n_in_k)$$
$$=4\pi D_1R(-\sum_{i=1}^{\infty}\sum_{j=1}^{\infty}n_in_j)=-4\pi D_1R(\sum_{k=1}^{\infty}n_k)^2 \tag{6-31}$$

积分得：

$$\sum_{k=1}^{\infty}n_k=\frac{n_0}{1+4\pi RD_1n_0t}=\frac{n_0}{1+(t/\tau)} \tag{6-32}$$

式中，$\sum_{k=1}^{\infty}n_k$ 代表总的粒子，它随时间增长而逐渐减小，如图6-12中曲线所示。根据式(6-30)、式(6-31) 及式(6-32) 可以计算出各级粒子数目随时间变化的关系式。随着时间增加，单聚体逐步下降，多聚体逐步增加。当 $t=T$ 时，颗粒减去一半，故可将 T 称为凝结时间。

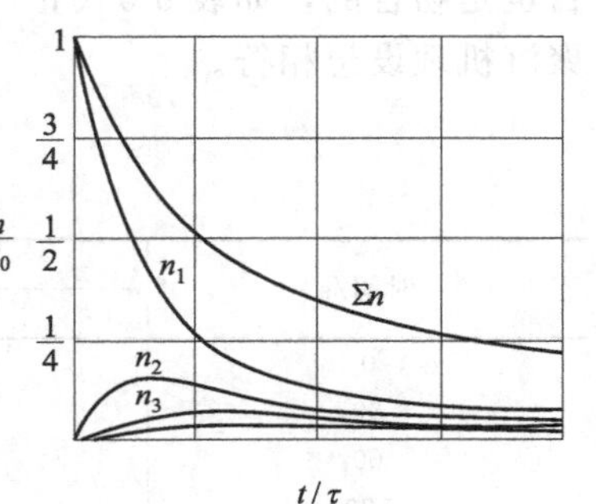

图6-12　凝结时粒子数的变化

要求出一级粒子的数目与时间的关系时，由式(6-30) 得：

$$\frac{\mathrm{d}n_1}{\mathrm{d}t}=-2\times4\pi D_1R_1n_1(\sum_{k=1}^{\infty}n_k) \tag{6-33}$$

在 $t=0$ 时的粒子数为 n_0，经过 t 时间后，溶液中有 n_1

个粒子，对式(6-33) 积分得

$$n_1=\frac{n_0}{[1+(t/\tau)]^2} \tag{6-34}$$

如求二级粒子数目，则式(6-30) 变为

$$\frac{dn_2}{dt}=4\pi DR(\sum_{i=1}^{2-1}\sum_{j=2-1}^{1}n_in_j)-4\pi DR(2n_2\sum_{i=1}^{\infty}n_i)$$

$$\frac{dn_2}{dt}=4\pi DRn_1^2-4\pi DR\times 2n_2(\sum_{i=1}^{\infty}n_i) \tag{6-35}$$

将式(6-32) 及式(6-34) 代入式(6-35) 得

$$\frac{dn_2}{dt}+4\pi DR\times 2n_2\left(\frac{n_0}{1+(t/\tau)}\right)=4\pi DR\frac{n_0^2}{[1+(t/\tau)]^4}$$

解此微分方程式得

$$n_2=\frac{n_0(t/\tau)}{[1+(t/\tau)]^3} \tag{6-36}$$

用同样的方法可以求得各种粒子级数的关系式：

$$n_3=\frac{n_0(t/\tau)^2}{[1+(t/\tau)]^4}$$

$$\cdots$$

$$n_k=\frac{n_0(t/\tau)^{k-1}}{[1+(t/\tau)]^{k+1}}$$

作出快速聚沉时各级粒子数与时间的曲线，如图 6-12 所示。

Smoluchowski 对于快速聚沉的数学处理，综合起来有如下规定：

① 粒子的聚沉过程以双分子反应的方式进行；

② 聚沉时间 τ 与粒子数 n_0 成反比；

③ 快速聚沉与电解质浓度无关，因为快速聚沉粒子间所有斥力都已忽略；

④ 较快的聚沉也可以说成是粒子间的远距离吸引力，但粒子要真正相互接触才有聚沉作用，所以各种处理方式及聚沉时间的表示，都是合理的。

为验证 Smoluchowski 的处理是否正确。对一定浓度的金溶胶，利用超显微镜（或光散射仪）测定一定时间内的粒子数目和聚沉时间，结果如表 6-5（Ⅰ）所示，它表明从理论计算得到的粒子数目，与直接目测得到的粒子数目十分相近。比较粗的高岭土悬浮体的粒子数目也是吻合的，如表 6-5（Ⅱ）所示，而且聚沉时间 τ 接近于常数，这表明实验结果与上述聚沉机理设想相符。

表 6-5 快速聚沉的实例

（Ⅰ）金溶胶（$a=0.512$nm）

时间/s	金溶胶粒子数$\times10^{-8}$		聚沉时间 τ/s
	观察	计算($\tau=79$)	
0	20.20	20.20	—
30	14.70	14.40	80
60	10.80	11.19	69
120	8.25	7.74	83
240	4.89	4.78	76
480	3.03	2.71	85

(Ⅱ) 高岭土悬浮体

时间/s	高岭土粒子数$\times10^{-8}$		聚沉时间 τ/s
	观察	计算($\tau=330$)	
0	5.0	5.0	—
105	3.90	3.80	372
180	3.18	3.23	314
255	2.92	2.82	358
335	2.52	2.46	335
420	2.00	2.20	280
510	1.92	1.96	318
600	1.75	1.77	323
1020	1.54	1.22	(452)
2340	1.15	0.62	(699)

第四节 缓慢聚沉动力学

与电解质的浓度和性质有关的聚沉称为缓慢聚沉，因为在不含有电解质或电解质浓度很低的溶胶内，溶胶粒子间有排斥力，足以阻止粒子间自动聚集。这种斥力是由溶胶周围的离子氛引起的，而且ζ电位将决定排斥力的大小。以相斥势垒高低来代表ζ电位，只有动能大于势垒的粒子才能越过势垒，产生相互聚集，所以对描述快速聚沉的式(6-20) 应加以修正：

$$J=\frac{\mathrm{d}n}{\mathrm{d}t}=-4\pi r^2 D\frac{\mathrm{d}n}{\mathrm{d}r}+\text{阻力因子} \tag{6-37}$$

阻力因子是指阻止粒子穿过半径为 r 的球面的因素，若相斥作用能为 ϕ_R，则斥力等于 $\mathrm{d}\phi_R/\mathrm{d}r$，斥力除以阻力系数即等于运动速率，所以$\left(\frac{\mathrm{d}\phi_R}{\mathrm{d}r}\frac{1}{f}\right)$代表某粒子撞在某粒子周围的势垒上所产生的方向相反的弹性碰撞速率，若距离中心离子为 r 处的粒子浓度为 n。因为是一球面 $4\pi r^2$，所以阻力因子为$\left(\frac{\mathrm{d}\phi_R}{\mathrm{d}r}\frac{4\pi r^2 n}{f}\right)$。阻力因子代表了在斥力作用下单位时间内离开参考质点的质点总数，是与式(6-37) 中第一项的相反方向粒子流，所以它们的符号相反。

$$J=-4\pi r^2\left(D\frac{\mathrm{d}n}{\mathrm{d}r}+\frac{n}{f}\frac{\mathrm{d}\phi_R}{\mathrm{d}r}\right) \tag{6-38}$$

假设粒子是球形的，将 $f=kT/D$ 代入得

$$J=-4\pi r^2\left(D\frac{\mathrm{d}n}{\mathrm{d}r}+\frac{nD}{kT}\frac{\mathrm{d}\phi_R}{\mathrm{d}r}\right) \tag{6-39}$$

若中心粒子也在运动，就要将 D 改成 $2D$，上式就变成：

$$J=-8\pi r^2 D\left(\frac{\mathrm{d}n}{\mathrm{d}r}+\frac{n}{kT}\frac{\mathrm{d}\phi_R}{\mathrm{d}r}\right) \tag{6-40}$$

即

$$\frac{\mathrm{d}n}{\mathrm{d}r}+\frac{n}{kT}\frac{\mathrm{d}\phi_R}{\mathrm{d}r}=-\frac{J}{8\pi r^2 D} \tag{6-41}$$

解此微分方程式得

$$n\exp\left(\frac{\phi_R}{kT}\right)=-\int\exp\left(\frac{\phi_R}{kT}\right)\frac{J}{8\pi r^2 D}\mathrm{d}r+\text{常数} \tag{6-42}$$

当 $r=\infty$ 时，$n=n_0$，$\phi_R=0$，由式(6-42) 可求得

$$n_0=-\left[\int\exp\left(\frac{\phi_R}{kT}\right)\frac{J}{8\pi r^2 D}\mathrm{d}r\right]_{r=\infty}+\text{常数} \tag{6-43}$$

当 $r=2a$ 时，$n=0$，同样可得

$$0=-\left[\int\exp\left(\frac{\phi_R}{kT}\right)\frac{J}{8\pi r^2 D}\mathrm{d}r\right]_{r=2a}+\text{常数} \tag{6-44}$$

由式(6-43) 和式(6-44) 得

$$n_0=-\frac{J}{8\pi D}\int_{2a}^{\infty}\exp\left(\frac{\phi_R}{kT}\right)r^{-2}\mathrm{d}r \tag{6-45}$$

这里的粒子消失仍用双分子反应的动力学方法处理。两粒子相接触的最短距离为 $2a$，所以 ϕ_R 最低处不应为 $-\infty$。在这里的粒子消失速率应等于 Jn_0，由式(6-45) 得

$$\frac{\mathrm{d}n}{\mathrm{d}t}=Jn_0=\frac{-8\pi D n_0^2}{\int_{2a}^{\infty}\exp\left(\frac{\phi_R}{kT}\right)r^{-2}\mathrm{d}r}=-k_s n_0^2 \tag{6-46}$$

式中，

$$k_s=\frac{8\pi D}{\int_{2a}^{\infty}\exp\left(\frac{\phi_R}{kT}\right)r^{-2}\mathrm{d}r} \tag{6-47}$$

k_s 称为缓慢聚沉的速率常数。令 k_r 为快速聚沉速率常数，从式(6-24) 得

$$k_r=8\pi D_1 R=16\pi D_1 a$$

两者之间的关系为

$$k_r=k_s W \tag{6-48}$$

式中，W 称为稳定性比（Stability Ratio），它具有势垒的物理意义。用作用能 ϕ 来代表排斥作用能 ϕ_R 更恰当，所以从式(6-48) 得

$$W=2a\int_{2a}^{\infty}\exp\left(\frac{\phi}{kT}\right)r^{-2}\mathrm{d}r \tag{6-49}$$

W 是一个很重要的函数，它代表溶胶体系稳定性能。当 $W=1$ 时，从式(6-48) 知，缓慢聚沉与快速聚沉的速率相等。而 ϕ 是电解质浓度的函数，利用溶胶的电性质及 DLVO 理论，做某些近似处理后，即得

$$\lg W=-K_1\lg c+K_2 \tag{6-50}$$

式中，c 是电解质浓度（mmol/L）。对于某种溶胶体系，在一定温度下，K_1 和 K_2 是常数。若介质是水，在 25℃时的常数为

$$K_1=2.06\times10^9(a\gamma^2/z^2) \tag{6-51}$$

任何溶胶的聚沉都可以用双分子反应来处理，从式 $\frac{\mathrm{d}n_0}{\mathrm{d}t}=-k_0 n_0^2$ 得

$$\frac{1}{n}-\frac{1}{n_0}=kt \tag{6-52}$$

式中，n_0 是原始溶胶的粒子数，经过 t 时间后的粒子数是 n，只要随时记录粒子数 n，从式(6-52) 就可以求得聚沉速率常数 k。

测定粒子数目可以用超显微镜方法，通过计数器或摄影，就可得粒子数目。如果溶胶是快速聚沉，速率常数k不随溶胶中电解质浓度c而改变，所以$W=1$，即$\lg W=0$。如果是缓慢聚沉，粒子间存在着相互排斥的作用能ϕ_R，所以聚沉常数k与电解质浓度c有关。不同浓度的电解质有不同的速率常数。

图 6-13 是已制备好的五种不同半径的均分散碘化银溶胶，用三种电解质在不同浓度下测得它们的聚沉速率。在$\lg W=0$即$W=1$处的电解质浓度，称为临界聚沉浓度，表示从缓慢聚沉转向快速聚沉的转折浓度。图中的转折点即各电解质的聚沉值。总之，从图 6-13 的实验结果说明了以下几个方面的事实。

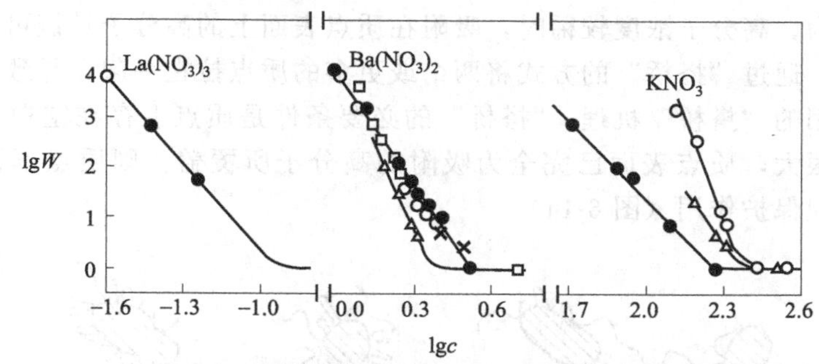

图 6-13 不同电解质对五种不同大小的碘化银溶胶的聚沉

不同溶胶的平均半径：●—52nm；▲—65nm；○—22.5nm；△—158nm；□—53nm

① $\lg c$ 与 $\lg W$ 有很好的线性关系。

② 在$W=1$时的电解质浓度为临界聚沉浓度，实验表明它与阳离子的价数有关，对一价、二价、三价的阳离子，其临界聚沉浓度分别是：0.199mmol/L、2.82×10^{-3} mmol/L、1.3×10^{-4} mmol/L，比例关系是 1428∶20∶1。这个比例系数与 Schulze-Hardy 规则的比例相符，这也证实了 DLVO 理论的正确；

③ 图 6-13 表明，缓慢聚沉均在$\lg W<4$，即$W<10^4$的情况下进行。通过计算，对于一般典型溶胶$\phi_R\approx15kT$，即势垒为$15kT$，因此要得到一个比较稳定的胶体，其粒子之间势垒至少为$15kT$，否则无法抵消粒子的热运动碰撞。

大小不同的粒子溶胶的直线斜率K_1并不相同，因为在聚沉过程中溶胶粒子不可能以相同方式聚集、沉淀，溶胶粒子分布也十分复杂，存在着不同大小的聚集体，与理想模型总是存在着某些差异。

第五节 高分子化合物的絮凝作用

一、高分子化合物的絮凝机理

早就发现，在溶胶或悬浮体内加入极少量的可溶性高分子化合物，可导致溶胶迅速沉淀，沉淀呈疏松的棉絮状，这类沉淀称为絮凝物，这种现象称为絮凝作用，能产生絮凝作用的高分子化合物称为絮凝剂。天然的高分子絮凝剂有明胶、淀粉和改性多糖等。20 世纪 50 年代以前对高分子化合物的絮凝作用认识不够，曾称其为敏化作用，到了 60 年代以后，由于高分子溶液理论取得了很大进展，人工合成的高分子絮凝剂大量问世，才对高分子的絮凝作用有了初步认识。

高分子的絮凝作用与电解质的聚沉作用完全不同，由电解质所引起的聚沉过程比较缓慢，所得到的沉淀颗粒紧密、体积小，这是由于电解质压缩了溶胶粒子的扩散双电层。早期使用的高分子絮凝剂多是高分子电解质，它们的作用被认为是简单的电性中和作用。若高分子电解质的大离子与胶体所带的电荷相反，则能发生聚沉作用，至少也会由于电性中和而促进其他电解质的聚沉作用。但后来发现，起絮凝作用的并不限于电荷与胶体相反的高分子电解质，一些非离子型的高分子电解质（如聚氧乙烯、聚乙烯醇），甚至某些带同号电荷的高分子电解质，也能对胶体起絮凝作用。因此，电性中和绝非高分子絮凝作用的唯一原因。

现在一般认为，高分子浓度较稀时，吸附在质点表面上的高分子长链可能同时吸附在另一质点的表面上，通过"搭桥"的方式将两个或更多的质点拉在一起，导致絮凝，这就是发生高分子絮凝作用的"搭桥"机理。"搭桥"的必要条件是质点上存在空白表面。倘若溶液中的高分子浓度很大，质点表面已完全为吸附的高分子所覆盖，则质点不再通过搭桥而絮凝，此时高分子起保护作用（图 6-14）。

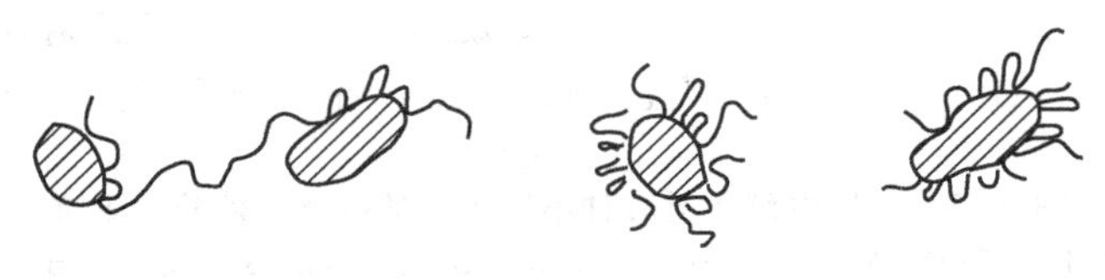

图 6-14　高分子的絮凝与保护作用

DLVO 理论对电解质的聚沉作用的描述比较完善，但是目前对搭桥作用的机理只能进行定性说明。可是，絮凝作用比聚沉作用有更大的实用价值。因为絮凝作用具有迅速、彻底、沉淀疏松、过滤快、絮凝剂用量少（有的体系中每升样品仅需几毫克）等优点，特别是对于颗粒较大的悬浮体尤为有效。这对于污水处理、钻井泥浆、选择性选矿，以及化工生产流程的沉淀、过滤、洗涤等操作都有极重要的作用。

二、高分子絮凝的微观动力学

从微观动力学来讨论上述絮凝过程，若固体粒子表面上被高分子吸附所覆盖的表面分数是 θ，没有被吸附的空白表面分数是 $1-\theta$。假定胶体粒子在絮凝过程中的减少速率也类似双分子反应，那么在溶胶内粒子减少速率为

$$-\frac{\mathrm{d}n}{\mathrm{d}t}=k_1 n\theta n(1-\theta)=k_1 n^2\theta(1-\theta) \tag{6-53}$$

式中，n 是单位体积内粒子数，$n\theta$ 表示已被高分子在表面上覆盖部分，要产生絮凝作用，要求在固体表面上的高分子要与其他粒子固体表面的空白部位联结，才能产生搭桥作用，因此粒子消失速率正比于 $n\theta n$ $(1-\theta)$。

胶体粒子达到某一聚集度时，絮凝物就有了一定大小，假设絮凝物是球形，它的半径为 a，那么从絮凝物中脱离出来生成初级粒子的速率，即解絮凝的速率为

$$\frac{\mathrm{d}n}{\mathrm{d}t}=k'_2 a \tag{6-54}$$

此式的条件如下：

① 若不吸附高分子（$\theta=0$），絮凝物将自行裂解，即 $dn/dt\to\infty$；

② 若粒子完全为高分子覆盖（$\theta=1$），高分子无法搭桥，所以 $dn/dt\to\infty$，絮凝物也可以自行崩溃；

③ 若粒子表面有一半为高分子覆盖，这样最易搭桥，絮凝物最稳定。此时 $\theta=0.5$，dn/dt 最小。

要满足上述条件，k'_2 与 θ 的关系是

$$k'_2=k_2[\theta(1-\theta)]^{-1}$$

故

$$\frac{dn}{dt}=\frac{k_2a}{\theta(1-\theta)} \tag{6-55}$$

絮凝作用的最佳状态应当是絮凝物稳定，生成絮凝物的速率与絮凝物解离的速率相等，即 $\frac{dn}{dt}=-\frac{dn}{dt}$，所以

$$k_1n^2\theta(1-\theta)=\frac{k_2a}{\theta(1-\theta)}$$

絮凝物的半径是

$$a=\frac{k_1}{k_2}n^2\theta^2(1-\theta)^2=Kn^2\theta^2(1-\theta)^2 \tag{6-56}$$

絮凝物的半径越大，则絮凝越彻底、完全。只有当 $\theta=0.5$ 时，在式(6-56) 中的 a 才最大。所以高分子覆盖固体粒子表面达 $\theta=0.5$ 时，是絮凝最佳条件。

絮凝物的沉降不同于一般溶胶或悬浮体粒子的沉降。絮凝物是由粒子构成的网形结构，中间还夹杂着分散相，所以是疏松的团状物。这种沉降过程不能用 Stokes 公式来描述。因为没有个别粒子的沉降，看到的只是絮凝物界面的移动，界面移动的沉降过程则有下列简单经验公式：

$$\frac{t}{h_0-h}=\alpha+\beta t \tag{6-57}$$

式中，h_0 是沉降面的最初高度，经过时间 t 后，沉降面的高度为 h，α 和 β 是与时间无关的常数。以 $t/(h_0-h)$ 对 t 作图，得一直线，从它的截距和斜率可求得 α 和 β 两常数值。

若在开始时絮凝面沉降速率为 v_0，絮凝物最后沉降体积的高度为 h_f，经验常数 α 和 β 的物理意义是

$$a=\frac{1}{v_0}$$

$$\beta=\frac{1}{h_0-h_f}$$

式(6-57) 是经验公式，仅适用于两种情况，即固体粒子含量要相当高；絮凝作用要进行得又快又完全。

三、高分子化合物的絮凝特点

① 起絮凝剂作用的高分子化合物一般具有链状结构，凡是分子构型是交联，或者有支链结构，其絮凝效果就差，甚至没有絮凝能力。

② 任何絮凝剂的加入量都有一最佳值，此时的絮凝效果最好，超过此值，絮凝效果就

下降，若超出很多，反而起保护作用。用絮凝物的沉降速率表示絮凝效果，将沉降速率对絮凝剂的加入量作图，如图 6-15 所示，絮凝剂用量为 136g/t 左右，沉降最快。

根据研究分析，最佳值大约为固体粒子表面吸附高分子化合物达到饱和时的一半的吸附量。因为这时高分子在固体粒子上搭桥的概率最大。所以高分子化合物的最佳絮凝浓度与固体粒子含量有关。LaMer 曾研究聚丙烯酰胺对硅胶的絮凝，最佳浓度与固体含量有如下关系式：

$$c_M=(1+bkW)^2 b^{-1}$$

$$c_M=\frac{1}{b}+2kW+bk^2W^2 \tag{6-58}$$

式中，W 是分散粒子的质量分数；c_M 是絮凝剂的最佳浓度；k 是与粒子细度有关的常数；b 相当于 Langmuir 吸附的吸附常数。高分子化合物在固体粒子表面上的吸附，通常 b 比较大，k 比较小。所以 $c_M \approx 2kW$。最佳絮凝浓度 c_M 与固体粒子的质量分数呈线性关系。

③ 高分子化合物的分子量对絮凝的影响是明显的，高分子的分子量越大，则搭桥能力越强，絮凝效率也越高，如图 6-16 所示。一般说来具有絮凝能力的高分子的分子量至少在 10^6 左右，但是分子量不能无限大，过高的分子量不仅溶解困难，大分子运动迟缓，而且吸附的固体粒子空间距离太远，不易聚集，达不到絮凝效果。

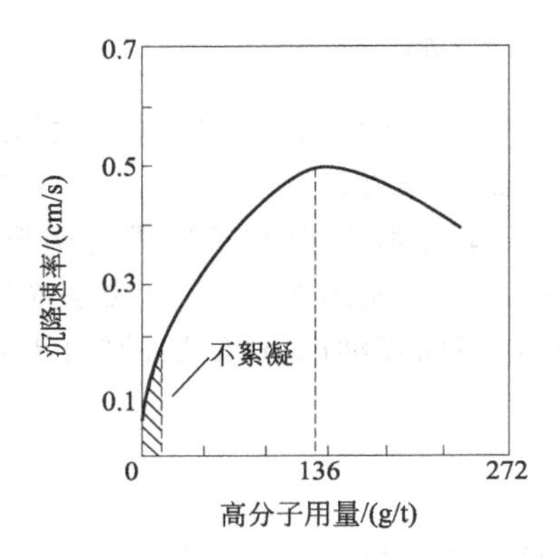

图 6-15 用聚丙烯酰胺絮凝 3～5 目硅胶悬浮体

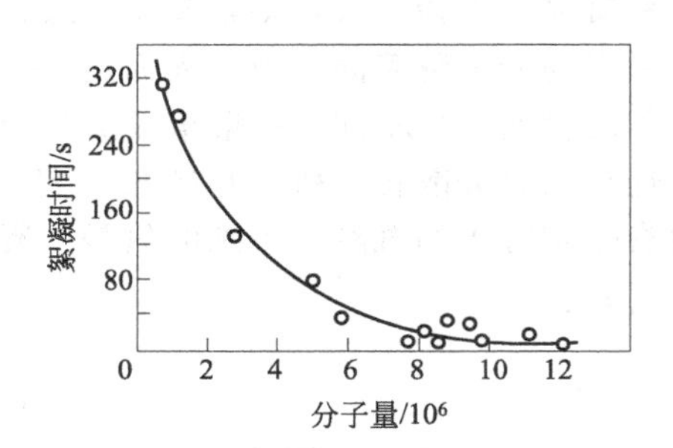

图 6-16 2mL 0.025%的不同分子量的聚苯乙烯磺酸钠加到 100mL 10%的蒙脱土悬浮体内时分子量与絮凝时间的关系

④ 高分子化合物的基团性质与絮凝有关，有良好絮凝作用的高分子化合物至少应有能吸附于固体表面的基团，同时这种基团能溶解于水中，所以基团的性质对絮凝效果有十分重要的影响。常见的基团有：—COONa、—$CONH_2$、—OH、—SO_3Na 等。这些极性基团的特点是亲水性强，在固体表面上能吸附。产生吸附的原因，现在公认的应当包括氢键和范德华引力，其实并非所有固体表面上都能吸附这些基团，吸附力的大小常取决于溶液和固体表面性质。所以在絮凝过程中，常通过调节 pH，外加高价离子、有机大离子以及表面活性剂等措施，使高分子化合物在某些固体表面上有选择性地吸附，而在另外的一些固体表面上不吸附。这样可以在混合的悬浮体内产生选择性絮凝，为分离、提纯、选矿等提供了方便。

⑤ 絮凝过程是否迅速彻底取决于絮凝物的大小和结构、絮凝物的性能与絮凝剂的混合条件、搅拌的速率和强度，甚至容器的形状、絮凝剂浓度、加入药剂的速率等都有影响。由于因素复杂，很难用数学关系式来表达。一般要求混合均匀、搅拌缓慢、絮凝剂浓度低、投药速率较慢为好。如果搅拌剧烈有可能把絮凝物打散，又成稳定溶胶。

四、高分子絮凝剂的种类及优点

近年来，高分子絮凝剂发展十分迅速，表 6-6 为一些常用的高分子絮凝剂。其中用得最多的是聚丙烯酰胺，约占全部絮凝剂用量的 70%以上。聚丙烯酰胺的类型很多，不仅有不同分子量的聚丙烯酰胺，而且它的—$CONH_2$ 基团可以水解为—COONa 基团。在全部基团内羧酸钠基团所含的百分数称为水解度，它代表在聚丙烯酰胺分子内阴离子基团的含量。

表 6-6　常用的高分子絮凝剂

来源	非离子型	阴离子型	阳离子型	两性
天然产物	刺槐豆粉 淀粉			动物胶 蛋白
天然产物的衍生物	糊精			
合成高分子	聚氧乙烯 聚丙烯酰胺	水解聚丙烯酰胺 聚丙烯酸钠 磺甲基聚丙烯酰胺	聚氨烷基丙烯酸甲酯 聚乙烯烷基吡啶 聚乙烯胺 聚乙烯吡咯	

高分子絮凝剂与无机絮凝剂相比，有以下优点。

① 效率高，用量一般仅为无机絮凝剂的 1/200 到 1/30。

② 絮块大、沉降快。由于质点靠高分子拉在一起，故絮块强度大，易于分离。

③ 在合适的条件下可进行选择性絮凝，这在矿泥回收中特别有用。

第六节　高分子化合物的稳定作用

人们对高分子的稳定作用认识已有悠久历史，例如，制造墨汁时就是利用动物胶使炭黑稳定地悬浮在水中。古埃及壁画上的颜色也是用酪素来使之稳定的。现代工业上制造油漆、照相乳剂等，均利用高分子作为稳定剂。这种稳定作用的理论是 20 世纪 60 年代之后才逐渐发展起来的，虽然现在还未发展成统一的定量理论，但其进展很快，已成为近年来胶体稳定性研究中的重要课题。

在溶胶中加入一定量的高分子化合物或缔合胶体，能显著提高溶胶对电解质的稳定性，但其 ζ 电势却常因这些物质的加入而降低，这些事实表明，除了电的因素之外，还有其他的稳定机构在起作用，即高分子化合物吸附在溶胶粒子的表面上，形成一层高分子保护膜，包围了胶体粒子，把亲水性基团伸向水中，并具有一定厚度，所以胶体质点在相互接近时吸引力就大为削弱，而且有了这一层黏稠的高分子膜，还会增加相互排斥力，因此增加了胶体的稳定性。这种现象称为保护作用，近年来又称为空间稳定作用。

一、高分子化合物的稳定规律

关于高分子化合物对溶胶的稳定性作用，大致有以下规律。

① 高分子稳定剂的结构特点　作为有效的稳定剂，高分子必须一方面和质点有很强的

亲合力，以便能牢固地吸附在质点表面上；另一方面又要与溶剂有良好的亲合性，以便分子链充分伸展，形成厚的吸附层，达到使质点不聚结的目的。因此，作为稳定剂使用的高聚物分子的长链中要含有两种性能不同的基团：

停靠基团，对质点有很强的亲合力；

稳定基团，对溶剂有很强的亲合力。

最有效的高分子稳定剂通常是具有如图 6-17 所示结构的共聚物。A 构成高分子链的停靠基团，B 构成稳定部分。A 和 B 的分子量比例要适当，以达到吸附作用与稳定作用的最优搭配。一般说来，M_A 应大致等于 nM_B，n 是附着在 A 骨架上的 B 链数。

② 高分子的浓度与分子量的影响　一般说来，分子量越高，高分子在质点表面上形成的吸附层就越厚，稳定效果也越好。许多高分子还有一临界分子量，低于此分子量的高分子无保护作用。

高分子浓度的影响则比较复杂。吸附的高分子要能在盖住溶胶粒子表面才起保护作用，即需要在胶粒表面上形成一个包围层，再多的高分子并不能增加它的保护作用。可以在 0.0008 mol/L AgBr 溶胶中加入明胶，再用 0.1 mol/L KNO_3 来聚沉溶胶，用光密度表示溶胶的稳定性，可见明胶用量在 10^{-3}[g/(100mL)]浓度能使溶胶稳定，再多加明胶也不能增加溶胶的稳定性。

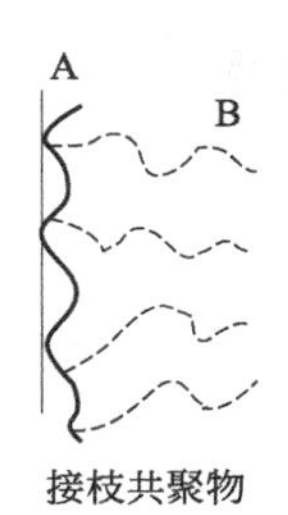

嵌段共聚物

图 6-17　高分子稳定剂的结构

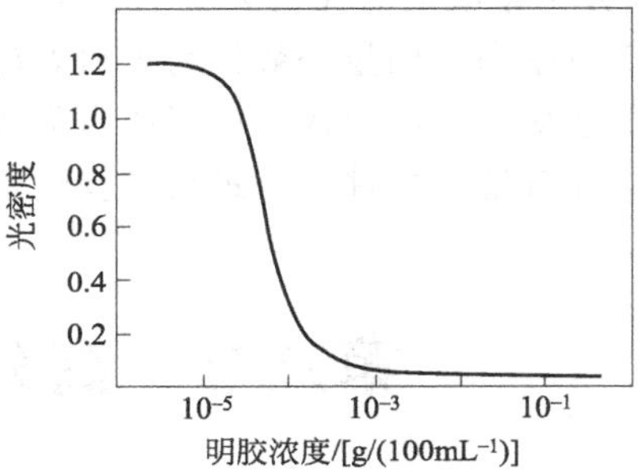

图 6-18　0.0008 mol/L AgBr 用 0.1 mol/L KNO_3 聚沉

③ 溶剂的影响　在良溶剂中，高分子链段伸展、吸附层厚、稳定作用强。在不良溶剂中，高分子的稳定作用变差。实验中发现，若在介质中逐渐加入非溶剂，在介质刚好转变为高分子的 θ 溶剂时，分散质点开始聚沉。对于一种溶剂而言，改变温度相当于改变它对高分子的溶剂性能。用高分子稳定的分散体系，其稳定性常随温度而变，且其絮凝温度（c. f. t.）与高分子-溶剂体系的 θ 温度基本一致，表 6-7 的实验结果说明了这一点。

表 6-7　空间稳定的分散体系的临界絮凝温度（c. f. t.）与 θ 温度

稳定剂	分子量	分散介质	c. f. t. /K	θ/K
聚氧乙烯	10000	0.39mol/dm^3	318±2	315±3
	96000	$MgSO_4$ 水溶液	316±2	
	1000000	$MgSO_4$ 水溶液	317±2	
聚丙烯酸	9800	0.2 mol/dm^3	287±2	287±5
	51900	HCl 溶液	283±2	
	89700	HCl 溶液	281±2	
聚异丁烯	23000	二甲基丁烷	325±1	325±2
	150000	二甲基丁烷	325±1	

④ 溶胶性质的变化　溶胶被保护以后，它的一些物理化学性质，例如电泳、对电解质的敏感性等会产生显著的变化。这时体系的物理化学性质与所加入的高分子物质的性质相近。例如，未经保护的溴化银溶胶，电泳速率是溶液中 Ag^+ 浓度的函数，加入 0.1%明胶以后，电泳速率与 Ag^+ 浓度无关，而与 pH 有关，这显然是明胶的作用。

⑤ 添加方式的影响　因为高分子在溶胶表面上吸附要有一定时间，所以加的方法和混合次序对溶胶稳定性有影响。例如，先把明胶加到 $Fe(OH)_3$ 溶胶内再加 NH_4OH，不会有聚沉现象；如果将 NH_4OH 先加到明胶溶液内，再将明胶加到 $Fe(OH)_3$ 溶胶内，则立即发生聚沉，这说明明胶在 $Fe(OH)_3$ 溶胶粒子上的吸附需要一定时间。

⑥ 高分子化合物的稳定能力　为衡量各种高分子化合物对溶胶的稳定能力，Zsigmondy 提出“金数”法，他规定了为保护 10mL 0.0006%金溶胶，在加入 1mL 10% NaCl 溶液后，要求在 18h 内不聚沉所需要的高分子化合物的最少毫克称为金数，聚沉是指金溶胶由红变蓝。以后又有人提出“红数”法，就是 100mL 0.001%刚果红溶胶，在 0.16mol KCl 作用下，10min 内仍不变色所需要的高分子化合物的最少毫克称为红数。表 6-8 中列出了几种常用天然高分子化合物的保护作用。

表 6-8　天然高分子化合物的保护作用　　单位/mg

名称	金数	红数
明胶	0.0018	2.500
铬蛋白钠	0.010	0.400
血红蛋白	0.05	0.800
蛋白	0.15	2.000
淀粉	25.00	20.000
皂素	15.00	—

表中数据说明“金数”和“红数”仅有相对意义，例如说明明胶对金溶胶的稳定能力最好，但在“红数”中却较差。显然高分子的稳定性能常因溶胶的性质而异。所以金数一词没有实际价值，可是高分子化合物的保护名称却一直沿用至今。

近年来人们发现高分子化合物不仅能对抗电解质的聚沉，而且使胶体的其他性能也发生显著的变化，例如溶胶可以在长时间内保持粒子大小不变的抗老化性，在很宽的温度范围内保持恒定不聚沉的抗温性。这时溶胶已失去某些原有的憎液溶胶特征，如溶胶沉淀后能自动再散开，又形成溶胶而无需对体系作功。所以这些性质的突变已不能用“保护”一词来概括了，人们认为用提高溶胶的空间稳定性的概念比较合适，表示不单限于对电解质的对抗。

二、稳定机构的判断

Napper 等试图从热力学角度讨论高分子的稳定作用。当高分子覆盖了溶胶粒子以后，由于布朗运动，粒子间产生了碰撞。这种碰撞有两种结果：一种是斥力大于引力，溶胶仍保持原状；另一种是引力大于斥力，引起絮凝沉淀。这两种情况可以用热力学中的 Gibbs 函数来描述。第一种情况 $\Delta G_R>0$，表示体系稳定；第二种情况是 $\Delta G_R<0$，表示体系不稳定，有絮凝的趋势。胶体粒子吸附高分子以后，希望体系稳定，就要求 $\Delta G_R>0$。已知：

$$\Delta G_R=\Delta H_R-T\Delta S_R$$

所以 ΔG_R 取决于 ΔS_R 和 ΔH_R，要满足 $\Delta G_R>0$，有三种方式：

① ΔH_R 与 ΔS_R 皆为正，但 $\Delta H_R>T\Delta S_R$；

② ΔH_R 与 ΔS_R 皆为负，但 $|\Delta H_R| < |T\Delta S_R|$；

③ ΔH_R 为正，ΔS_R 为负。

对于第一种情形，焓变起稳定作用，熵变反之，故称之为焓稳定型；第二种情形中，ΔH_R 与 ΔS_R 皆为负值，但是 ΔS_R 对 ΔG_R 的贡献超过了 ΔH_R，对体系起稳定作用的是熵，称为熵稳定型；第三种情形则是焓和熵对体系的稳定都有贡献，称为焓-熵结合型稳定型。自热力学可知：

$$\left[\frac{\partial \Delta G}{\partial T}\right]_p = -\Delta S_R$$

因此，由体系的稳定性随温度的变化可以判断 ΔS_R 的符号，从而推断稳定机构属于何种类型。如表 6-9 所示。

表 6-9　稳定机构的判断

ΔH_R	ΔS_R	$\lvert\Delta H_R/T\Delta S_R\rvert$	ΔG_R	类型	发生絮凝	实例
+	+	>1	+	焓	加热时	聚氧乙烯-水
−	−	<1	+	熵	冷却时	聚苯乙烯-甲苯
+	−	>1 <1	+	焓+熵	不受温度影响	聚乙烯醇-二氧六环/水

熵稳定的物理意义可以用类似于压缩气体的方式来描述。两个溶胶粒子相互接近时，就会压缩吸附层内的高分子，被压缩的高分子的构型熵减少，这是一个不能自发进行的过程。同时，被压缩的链节类似于被压缩气体分子，要对另一胶粒做膨胀功，这是一个热力学自发过程，稳定了胶体粒子。焓稳定以聚氧乙烯链为例，溶胶粒子外层是聚氧乙烯链节，与水分子发生缔合作用，水分子以氢键固定在氧乙烯链上。当固体粒子相互接近时，表面上氧乙烯链会相互穿插，由于链段接触使部分水分子从链上落下来。据计算每个水分子需要 $0.5kT$ 的能量才能从氧乙烯链上落下来变成自由状态的水分子，这就需要从环境中吸收能量。同时释放出来的水分子要比固定状态的水分子自由度大，显然不是一个自发过程，因此可使溶胶稳定。

第七节　空间稳定性理论简介

一、空间稳定性理论

DLVO 理论对解释憎液水溶液溶胶及其他一些胶体的应用是成功的。这是由于 DLVO 理论认为胶体的稳定因素主要来源于双电层重叠的静电斥力。而电解质稳定的憎液溶胶往往符合这一条件。然而应用 DLVO 理论来解释一些高聚物或非离子型表面活性剂存在的胶体体系的稳定性时，往往是不成功的。例如 Romo 发现 TiO_2 在丁胺中是不稳定的，此时 ζ 电位＝－12.7mV；但是同样是 TiO_2 在三聚氰酰胺或是亚麻油中，具有相同或略低的 ζ 电位时，却是稳定的。如按 DLVO 理论，ζ 电位越大，扩散层重叠的斥力势能就越大，胶体就越趋稳定，然而，事实并非完全如此。其原因是 DLVO 理论忽略了静电斥力势能以外的一些因素，其中一个是吸附聚合物层的作用。在聚合物稳定的水溶胶，特别是非水溶胶中，稳定的主要因素是吸附的聚合物层而不是扩散层。吸附聚合物层对胶体稳定性的影响主要有三个方面：第一，带电聚合物被吸附会增加胶粒之间的静电斥力势能，这一点与吸附简单离子的影响相同，同样可以用 DLVO 理论处理；第二，高聚物的存在通常会减小胶粒间的 Hamaker 常数，因而也就减少了范德华引力势能；第三，由于聚合物的吸附而产生一种新的斥力势能——空间斥力势能。

20 世纪 70 年代以来，Hesselink 等用热力学、统计力学方法研究高分子溶液的分子形态，用于阐明高分子对溶胶的稳定作用，取得较好的结果，这就是 HVO 理论。在此仅作一般性介绍。

吸附在固体表面上的高分子形态有三种：卧式（Train）、环式（Loop）和尾式（Tail）。卧式是全部分子的链节都躺在固体的表面上，环式是分子两端都吸附在固体表面，尾式则仅有一端吸附于固体表面。所以在固体表面上高分子并不是简单的紧密整齐排列的单分子吸附层，而是具有一定的分布形式，通常用链节密度描述。用统计方法可以得到各种形态的高分子链节密度分布。如果固体粒子是六方晶格，现在只考虑一个方向上的链节分布，如高分子呈尾式吸附，则在 x 方向上，第 k 个链节，相距固体表面距离为 x，出现的概率为 P_1（i，k，x）。i 为链节长度为 l 的链节数。按正则分布为

$$\int_0^\infty P_1(i,k,x)\mathrm{d}x=1$$

令 $\rho_1(x)$ 为固体表面上垂直距离的链节密度分布，经计算得

$$\rho_1(x)=6(il^2)^{-1}\int_x^{2x}\exp\left(-\frac{3t^2}{2il^2}\right)\mathrm{d}t \tag{6-59}$$

式中，t 是 x 的函数。对于环式的无序高分子链节密度分布为

$$\rho_2(x)=\frac{12x}{il^2}\exp\left(-\frac{6x^2}{il^2}\right) \tag{6-60}$$

若将这两种密度分布对距离作图，得图 6-19，其中

$$a=\frac{x}{\sqrt{\frac{2}{3}il^2}},\rho(a)=(\frac{2}{3}il^2)^{1/2}\rho(x)$$

$$\int_0^\infty \rho(a)\mathrm{d}a=1$$

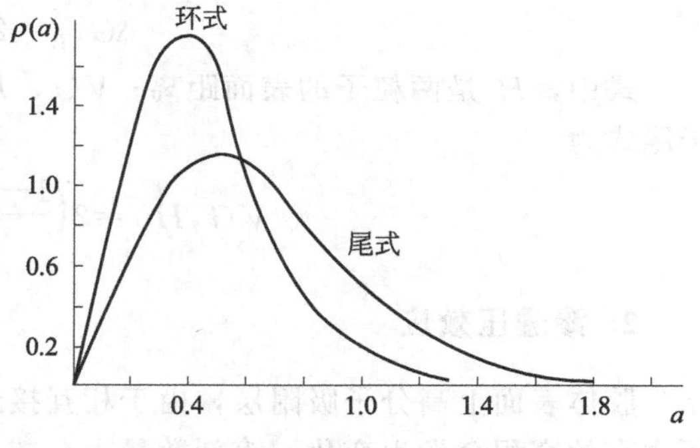

图 6-19　大分子的链节密度分布

可见尾式分布较远，环式比较集中。当两个固体平面靠近时，这种分布曲线会向固体表面压缩，它的最概然分布 ρ（a）还会升高，显然，会阻碍两个固体平面的靠拢。

二、胶粒吸附高分子后的排斥作用能

现在要计算胶粒吸附高分子以后，相互接近时的粒子间相互排斥的作用能，首先考虑两个限制条件。

① 在固体表面上，已吸附的分子与溶液中的分子呈平衡状态。

② 胶体粒子相互碰撞时，固体表面的吸附量不变，也就是吸附在界面上的高分子的卧式部分链节数不变，伸向溶液内的链节将作重新排列。

当粒子相互碰撞时，吸附层会发生两种变化，如图 6-20 所示，这两种都是极限情况。

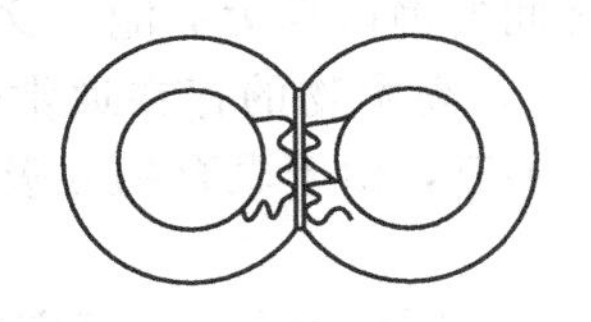

(a)
体积限制效应
(压缩而不穿透)

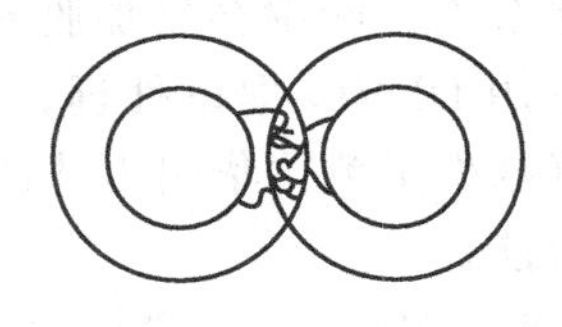

(b)
渗透压的限制效应
(穿透而不压缩)

图 6-20　两种稳定机构示意图

① 表示吸附层被压缩没有相互渗透，变形部分是相互作用的区域；其排斥作用能来自被吸附的大分子的压缩变形，是构型熵的损失，称之为体积限制效应。

② 表示粒子表面上吸附层互相穿插，不压缩被吸附的分子，构成了相互渗透的透镜区；其排斥作用能来自局部浓度增高，产生局部渗透压，所以称之为渗透压的限制效应。

其实这两种极限情况都是理想情况，在实际体系中这两种作用都有，只是所起作用不同。现在分别计算这两种排斥的作用能。

1. 体积限制效应

用每个单位面积上吉布斯函数的变化 ΔG_{VR} 来表示排斥作用能。ΔG_{VR} 值来自被吸附的高分子构型熵损失，如果每个高分子都是等长的，共有 i 个链节，在每单位固体表面上有 v 个尾数（或环数），经计算每单位面积上吉布斯函数的变化为

$$\Delta G_{VR}=2vkTV(\mathrm{i,H}) \tag{6-61}$$

式中，H 是两粒子的表面距离；$V(i,\ H)$ 称为体积限制函数。若 $H/(il^2)^{1/2}>1$，对于尾式为

$$V(i,H)=2\left(\frac{1-12H^2}{il^2}\right)\exp\left(-\frac{6H^2}{il^2}\right) \tag{6-62}$$

2. 渗透压效应

胶体表面上高分子吸附层，由于相互接近产生部分交叉，相互穿插区域内的每个高分子所占有的容积会发生变化，溶剂数量也会减少，所以产生渗透压力。若令$<h^2>^{1/2}$ 为高分子的末端均方根距，α 是高分子的膨胀系数，则

$$\Delta G_M=2\left(\frac{2\pi}{9}\right)^{3/2}(\alpha^2-1)kTv^2\langle h^2\rangle M(i,H) \tag{6-63}$$

式中，$M(i,\ H)$ 称为混合限制函数，若 $H/(il^2)^{1/2}>1$，则

$$M(i,H)=(3\pi)^{1/2}\left(\frac{6H^2}{il^2-1}\right)\exp\left(-\frac{3H^2}{il^2}\right) \tag{6-64}$$

以上计算是基于如下三个假定：

① 吸附层内链节密度分布是均匀的；

② 运用了 Flory-Huggins 的高分子溶液理论；

③ 重叠区域内链节浓度是两个吸附层浓度之和。

可以计算出两个平行板间相互吸引的吉布斯函数为：

$$\Delta G_A=-\frac{A}{12\pi}\frac{1}{H^2} \tag{6-65}$$

所以吸附了高分子的两个固体平面，相互接近时单位面积上 ΔG 变化为

$$\Delta G=\Delta G_A+\Delta G_{\mathrm{M}}+\Delta G_{\mathrm{VR}} \tag{6-66}$$

将式（6-61）、式（6-63）和式（6-65），代入式（6-66）以后得

$$\Delta G=2vkTV(i,H)+2\left(\frac{2\pi}{9}\right)^{3/2}v^2kT(\alpha^2-1)\langle h^2\rangle M(i,H)-\frac{A}{12\pi}\frac{1}{H^2} \tag{6-67}$$

式（6-67）揭示了高分子形态的各项参数对吉布斯函数变化的影响。将各项参数代入上列各式，可以求得各种作用能曲线，如图 6-21 所示。A 是 Hamaker 常数，w 是每单位质量固体表面上吸附量，吸附量用克表示，$w=vM/N_{\mathrm{A}}$。图 6-21 中的虚线是各种作用能曲线，它是三个虚线之和。从图中可以看出在较远距离时范德华力占优势。当到达某距离时斥力突然升高，排斥作用能占优势，而且粒子愈接近排斥作用能愈显著，这种性质与扩散双电层有明显差别。同时还应注意到这里有两个最低点，其深度用 ΔG_{M} 表示，这是根据设想条件计算得来的。若粒子表面是平面型的，它们相互有关的表面积是 S。每个边长是 $0.1\mu\mathrm{m}$，其他参数见图。所以第一个最低点 $\Delta G_{\mathrm{M}}=2\times10^{-10}\mathrm{J/cm^2}$（$=5kT$），第二个最低点是 $\Delta G_{\mathrm{M}}=4\times10^{-11}\mathrm{J/cm^2}$。$\Delta G_{\mathrm{M}}$ 的深度是决定胶体的稳定状态，可以将 ΔG_{M} 乘上有关表面积与粒子热动能相比较，当 $|\Delta G_{\mathrm{M}}S|>kT$，体系不稳定，粒子彼此间以一定距离黏结，并形成结构。当 $|\Delta G_{\mathrm{M}}S|<kT$，粒子不会连接，体系是稳定的。

用高分子化合物稳定的胶体，因为有体积限制的排斥作用能与渗透压排斥作用能，所以有两个最低点，当粒子的 $|\Delta G_{\mathrm{M}}S|>5kT$ 时，粒子的黏结很牢固，相互间距离为 10nm 左右，如果粒子间聚结的倾向性不大，即 $5kT>|\Delta G_{\mathrm{M}}S|>kT$，粒子的黏结不太牢固，稍有搅动粒子又分散开，静止后又联结在一起，这种现象称为触变性。

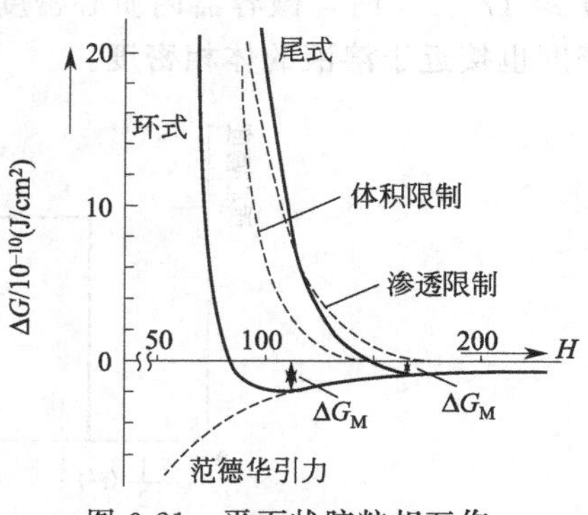

图 6-21　平面状胶粒相互作用的各种势能曲线

在图 6-21 中还可以看到渗透限制的排斥作用能，在相同距离下要大于体积限制的排斥作用能，所起作用的距离也要远些，这说明尾式的稳定效果要优于环式。事实上，高分子在固体表面上单纯尾式是不大可能的，往往是尾式和环式的混合，所以实际体系的作用能曲线是处在图中尾式和环式曲线之间。

以上讨论的是在两平行板之间的排斥作用能，对于球形排斥作用能也可以采用 Derjaguin 的方法处理，若球的半径为 a，则排斥作用能为

$$\phi_R=2\pi a\int_{H_0}^{\infty}(\Delta G_{VR}+\Delta G_M)\,\mathrm{d}H \tag{6-68}$$

第八节　空位稳定性理论简介

高分子化合物在固体表面上有两种情况，即吸附与不吸附。对胶体粒子而言，前者可以产生空间稳定，主要是靠吸附层降低引力势能及吸附层重叠时产生的空间斥力势能；而后者也可以使胶粒稳定，即所谓空位稳定性（Depletion Stability）。当高分子不吸附于固体表面，

甚至是负吸附，在固体表面上的高分子浓度低于体相浓度，在表面上形成空缺的表面吸附层。这样的体系高分子浓度达到一定程度以后，导致斥力势能占优势，也会起到稳定胶体的作用。如果浓度达不到，空位层的重叠会导致吸引力势能占优势，起到絮凝作用，称为空位絮凝作用（Depletion Flocculation）。

从定性角度来讨论空位稳定性理论。如果是两块平行板，设板之间为一微型容器，当两板靠近时，会将容器中溶液挤走。在此过程中有两种力：一种是两板之间的范德华引力，另一种是斥力。由于是负吸附，所以在微容器内高分子浓度小于本体溶液浓度。当两块平行板相互靠近时，高分子化合物从稀溶液向浓溶液里转移，这是体系的吉布斯函数增大过程，不是自发过程，使两平面分离。然而，应当注意溶剂从稀溶液扩散到浓溶液是自发过程，这种溶剂的渗透压力将使两平行板靠近，导致胶体絮凝。因此高分子的浓度是决定这两种力大小的重要因素，也就是决定胶体的絮凝或稳定因素。在高浓度下，微型容器内要将较多的高分子移向溶液中去需要较多的能量，两平行板靠近比较困难，胶体呈稳定状态，称为“空位稳定性”。如果高分子浓度不大，微容器内高分子不多，甚至没有，移出并不困难，无法挡住两块板的靠近，胶体出现絮凝现象。

Napper 曾这样讨论，若两平面相距为 H，高分子的末端均方根距为 $\langle r\rangle^{1/2}$。图 6-22 表示高分子在固体表面上的质心密度分布与链节密度分布。从图中可见，当两固体平面距离为 $H\geqslant \langle r^2\rangle^{1/2}$ 时，微容器内质心密度分布与液体本体密度相同，而在 $H=\langle r^2\rangle^{1/2}$ 时的链节密度也接近于溶液的体相密度。

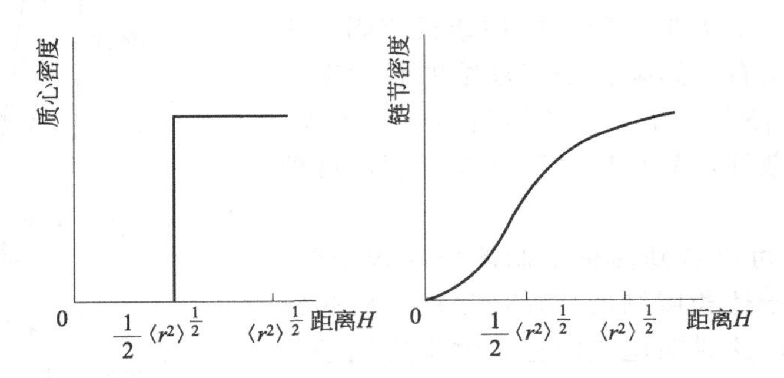

图 6-22　在某平面上聚合物的质心密度分布和链节密度分布

当两个固体平行板相互接近时，有三种情况：第一种 $H>2\langle r^2\rangle^{1/2}$ 时，如图 6-23（a）所示，是将单个平面上的链节分布实行简单组合不发生重叠，所以溶液从微容器内挤出时，体系的吉布斯函数不发生变化。第二种 $\langle r^2\rangle^{1/2}\leqslant H\leqslant 2\langle r^2\rangle^{1/2}$，如图 6-23（b）所示，两平行板平面靠近时，吸附层的链节发生重叠，但在微容器内空位数增加，链节总密度减少，在两板间的链节密度呈抛物线分布，中间为最大值。这是微容器内低浓度的高分子向高浓度体相溶液中迁移过程，其结果是微容器内总浓度进一步降低，导致体系的吉布斯函数增加，因此两平行板之间会产生斥力。第三种 $H<\langle r^2\rangle^{1/2}$，由于两平行板过于靠近，在两平面之间的空间没有高分子化合物，只有纯溶剂，因此链节密度为零。所以两平面进一步靠拢时，只能挤走纯溶剂，这是一个“冲稀”过程，是自发过程，其结果是体系吉布斯函数减少，再加上范德华引力，所以相互间吸引力占优势，最终导致胶体聚沉。

这三种情况可以用作用能曲线来描述，见图 6-24。当 $H>2\langle r^2\rangle^{1/2}$ 时，两平面不发生作用，作用能为零。在 $\langle r^2\rangle^{1/2}\leqslant H\leqslant 2\langle r^2\rangle^{1/2}$ 时，空位层内发生高分子链节重叠而产生斥力，在作用能曲线上出现势垒。在 $H=\langle r^2\rangle^{1/2}$ 时，作用能为最大值，即作用能曲线上的势垒最高处。

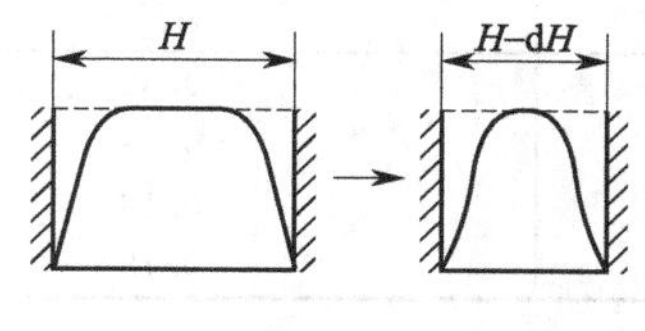

(a) $H>2\langle r^2\rangle^{1/2}$

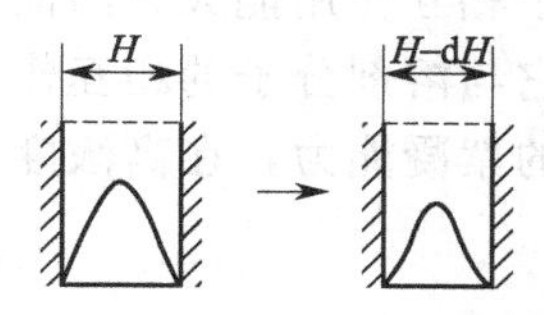

(b) $\langle r^2\rangle^{1/2}\leqslant H\leqslant 2\langle r^2\rangle^{1/2}$

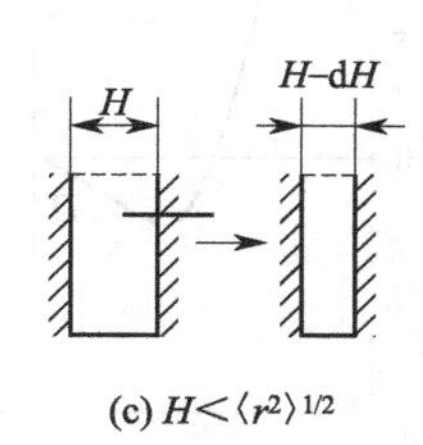

(c) $H<\langle r^2\rangle^{1/2}$

图 6-23　两平行板平面在不同距离时板间聚合物密度分布

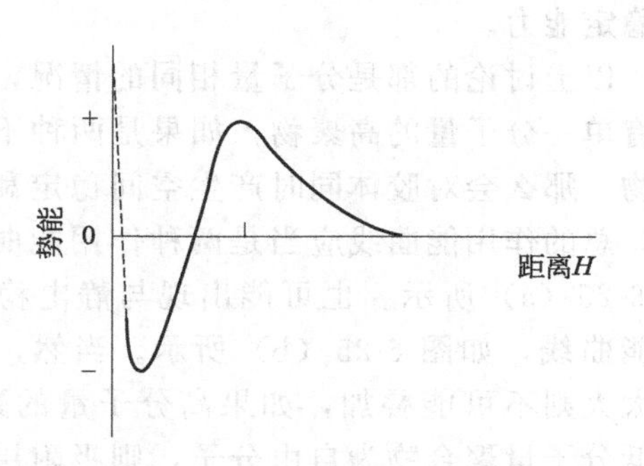

图 6-24　两平行板平面在不被吸附的聚合物溶液之间的势能曲线

根据以上讨论，显然空位稳定性与高分子的分子质量及浓度有关。Napper 用不同分子量聚氧乙烯来聚沉聚苯乙烯乳胶，用临界絮凝浓度（CFC）和临界稳定浓度（CSC）来衡量。临界絮凝浓度是指开始絮凝时的高分子浓度，用体积分数 φ_2^* 表示。临界稳定浓度是指胶体的作用能为峰值时足以使胶体稳定的相应浓度，此浓度用体积分数 φ_2^{**} 表示，在高浓度时总是大于 φ_2^* 值，所以可用 φ_2^* 和 φ_2^{**} 来讨论影响胶体的稳定因素。

从表 6-10 中的数据可见，高分子的分子量越大，它的 φ_2^* 和 φ_2^{**} 值越小，这就意味着如果是好的絮凝剂，也一定是好的稳定剂。这一点与上述讨论的图像也是吻合的。

表 6-10　不同分子量的聚氧乙烯对聚苯乙烯乳胶的 φ_2^* 和 φ_2^{**} 值的影响

聚合物相对分子质量	φ_2^*	φ_2^{**}
4000	0.22	0.55
6000	0.16	0.30
10000	0.055	0.21
20000	0.03	0.14
300000	0.01	0.04

胶体粒子大小也会影响高分子化合物的聚沉和稳定的能力。表 6-11 列出聚氧乙烯的絮凝浓度（φ_2^*）及稳定浓度（φ_2^{**}）与粒子半径 r 之间的关系。r 大则 φ_2^* 和 φ_2^{**} 小，这说明高聚物对于粗分散体系有较好的絮凝作用和稳定作用。

表 6-11　胶粒半径（r）对聚氧乙烯的 φ_2^* 和 φ_2^{**} 值的影响

胶粒半径 r/nm	φ_2^*	φ_2^{**}
19.4	0.056	0.36

胶粒半径 r/nm	φ_2^*	φ_2^{**}
38.8	0.039	0.30
77.2	0.026	0.23
155.2	0.017	0.18
310.4	0.010	0.15

应当重视溶剂性质的影响，因为溶剂能直接影响高聚物的溶解度及其分子在溶液中的形状，良好的溶剂可以使高分子充分伸展。因为它与溶剂分子相互作用能大，因而 φ_2^* 和 φ_2^{**} 值都较小。对不良溶剂来说，高分子在溶液中呈卷曲状。它与溶剂分子的相互作用小，因而 φ_2^* 和 φ_2^{**} 值都较大。可见良好溶剂在低浓度下具有更强的絮凝能力，在高浓度下具有更强的稳定能力。

以上讨论的都是分子量相同的情况，实际上不大可能有单一分子量的高聚物，如果是两种不同分子量的高聚物，那么会对胶体同时产生空间稳定和空位稳定。这时，总的作用能曲线应当是两种作用能曲线的叠加，如图 6-25（a）所示。也可能出现与静电稳定相结合的作用能曲线，如图 6-25（b）所示。当然，两者分子量相差太大则不可能叠加，如果高分子量的聚合物被吸附，而低分子量聚合物为自由分子，则吸附层厚度大于空位层厚度，主效应为吸附层的作用，即为空间稳定性。但是，如果低分子量聚合物被吸附，而高分子量聚合物是自由分子，则吸附层厚度小于空位层厚度，空位稳定性起主要作用。Fleer 的工作可以同时解决空位稳定和空间稳定，是比较成功的。

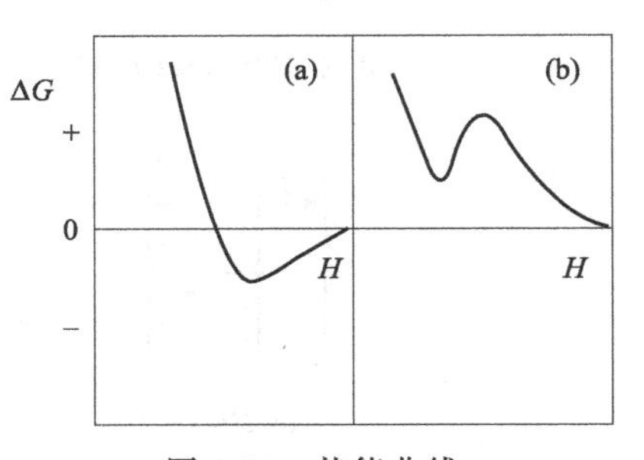

图 6-25　势能曲线

（a）空位稳定与空间稳定相结合的势能曲线

（b）空位稳定与静电稳定相结合的势能曲线

第七章 表面活性剂

在许多工业部门，表面活性剂都是不可缺少的化学助剂，其优点是用量小而收效大。特别是第二次世界大战之后，随着石油化学的发展，工业合成表面活性剂兴起，进一步拓展了表面活性剂的应用。如今，表面活性剂在民用和工业洗涤、石油、纺织、农药、医药、冶金、采矿、机械、建筑、航空、食品等领域中都得到了广泛的应用。

第一节 表面活性剂的定义和结构

一、表面活性剂定义

物质溶于水后对水的表面张力的影响大致有三种情况，如图 7-1 所示。第一类是溶液的表面张力随着溶液浓度的增加而略有上升，见曲线 1，如无机盐、酸和碱等。第二类是随着溶液浓度的增加，表面张力逐渐下降，见曲线 2，如低分子醇胺和羧酸等极性有机化合物。第三类是随着溶液浓度的增加，溶液的表面张力先是急剧地下降，到了一定浓度后，表面张力趋于恒定值，见曲线 3，如肥皂中的硬脂酸钠、洗衣粉中的烷基苯磺酸钠等。通常将使水的表面张力降低的性质称为表面活性，能降低水的表面张力的物质称为表面活性物质，所以，上述第二类和第三类均属于表面活性物质。

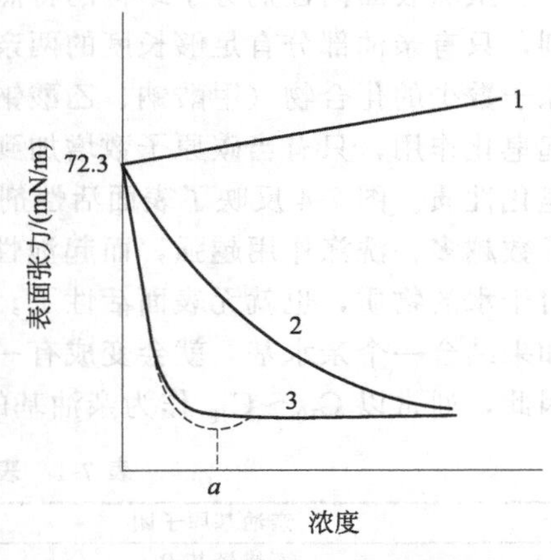

图 7-1 表面张力与水溶液浓度的关系

有时也不能只从降低表面张力的角度来定义表面活性物质，因为在实际使用时，有时并不要求降低水的表面张力。例如，对固体表面产生润湿或反润湿，对乳状液的乳化和破乳等，所需物质并不一定能降低水的表面张力，也被称为表面活性物质。所以，应该认为，凡是能够使体系的表面状态发生明显变化的物质，都可称为表面活性物质。

尽管第二类和第三类物质均具有表面活性，但第三类物质在其浓度极低时，即可显著降低水的表面张力，而且这类物质可在溶液中形成胶束等聚集体，从而产生增溶、去污等作用，而第二类物质则不具备这些性质。因此，常常称第三类物质为表面活性剂，而将第二类物质称为助表面活性剂。

二、表面活性剂的结构特点

表面活性分子由性质截然不同的两部分组成，一部分是与油有亲和性的亲油基（也称憎水基），另一部分是与水有亲和性的亲水基（也称憎油基）。因而表面活性物质又叫双亲物质。表面活性物质的分子常表示为“—○”，“—”表示亲油部分，“○”表示亲水部分。

肥皂的亲水基来自亲水基团羧酸钠（—COONa）；洗衣粉（烷基苯磺酸钠）的亲水基是磺酸钠（$—SO_3Na$），分别示于图 7-2 和图 7-3 中。亲水基有许多种，而实际能作为表面活性剂亲水基原料的只有较少的几种，亲水基常连接在表面活性剂分子亲油基的一端（或中间）。作为特殊用途，有时也用甘油、山梨醇、季戊四醇等多元醇作为亲水基。能作为亲油基原料的更少，大多来自天然动植物油脂和合成化工原料，它们的化学结构很相似，只是碳原子数和端基结构不同。表 7-1 列出的是具有代表性的亲水基和亲油基。从某种意义来讲，表面活性剂的研制就是寻找价格低廉、货源充足而又有较好理化性能的亲油基和亲水基原料。

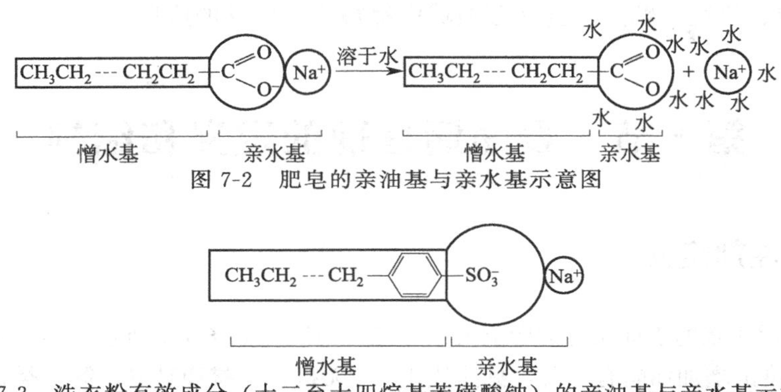

图 7-2　肥皂的亲油基与亲水基示意图

图 7-3　洗衣粉有效成分（十二至十四烷基苯磺酸钠）的亲油基与亲水基示意图

虽然表面活性剂分子结构的特点是两亲性分子，但并不是所有两亲性分子都是表面活性剂，只有亲油部分有足够长度的两亲性物质才是表面活性剂。例如在脂肪酸钠盐系列中，碳原子数少的化合物（甲酸钠、乙酸钠、丙酸钠、丁酸钠等）虽皆具有亲油基和亲水基，但不起皂化作用，只有当碳原子数增加到一定程度后，脂肪酸钠才表现出明显的表面活性，具有皂化性质。图 7-4 反映了表面活性剂性能与亲油基中碳原子数的关系。从图 7-4 可见，碳原子数越多，洗涤作用越强，而起泡性却以 $C_{12}\sim C_{14}$ 最佳。如果碳原子数过多，则将成为不溶于水的物质，也就无表面活性了。大部分天然动植物油脂都是含 $C_{10}\sim C_{18}$ 的脂肪酸酯类，如果结合一个亲水基，就会变成有一定亲油性、亲水性的表面活性剂，且有良好的溶解性。因此，通常以 $C_{10}\sim C_{18}$ 作为亲油基的研究对象。

表 7-1　表面活性剂的主要亲水基和亲油基

亲油基原子团	亲水基原子团
石蜡烃基 R—	磺酸基$—SO_3^-$
烷基苯基 R—⌬—	硫酸酯基　$—O—SO_3^-$

续表

亲油基原子团	亲水基原子团
烷基酚基 R—⟨苯环⟩—O—	氰基—CN
脂肪酸基 $R—COO^-$	羧基—COO^-
脂肪酰胺基 R—CONH—	酰胺基 —C(=O)—NH—
脂肪醇基 R—O—	羟基—OH
脂肪胺基 R—NH—	铵基 —N<
马来酸烷基酯基 R—OOC—CH— R—OOC—CH_2	磷酸基 —P(=O)(O^-)(O^-)
烷基酮基 $R—COCH_2—$	巯基—SH
聚氧丙烯基 O—$(CH_2—CH(CH_3)—O)_n$	卤基—Cl，—Br 等
	氧乙烯基—$CH_2—CH_2—O—$

注：R 为石蜡烃链，碳原子数为 8～18。

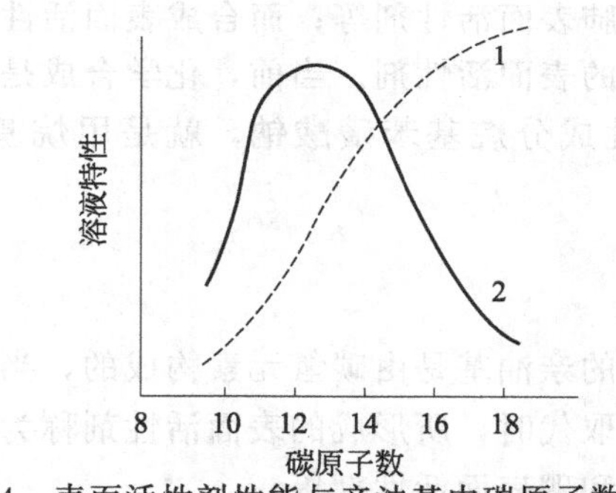

图 7-4　表面活性剂性能与亲油基中碳原子数的关系

1—洗涤力；2—起泡性

第二节　表面活性剂的分类

一、表面活性剂的分类方法

1. 按离子型分类

离子型分类法是常用的分类法，它实际上是化学结构分类法。人们希望将表面活性剂的作用机理与其化学组成联系在一起，借以寻找性质与作用的规律。

表面活性剂溶于水后，按离解（也称解离）和不离解分为离子型表面活性剂和非离子型表面活性剂。离子型表面活性剂又可按产生电荷的性质分为阴离子型、阳离子型和两性型表面活性剂。

2. 按溶解性分类

按在水中的溶解性，表面活性剂可分为水溶性表面活性剂和油溶性表面活性剂两类，前者占绝大多数，油溶性表面活性剂日显重要，但其品种仍不很多。

3. 按分子量分类

分子量大于10000的表面活性剂称为高分子表面活性剂，分子量在1000～10000的表面活性剂称为中分子表面活性剂，分子量在100～1000的表面活性剂称为低分子表面活性剂。

常用的表面活性剂大都是低分子表面活性剂。中分子表面活性剂中聚醚型表面活性剂，即聚氧丙烯与聚氧乙烯缩合的表面活性剂，在工业上占有特殊的地位。高分子表面活性剂的表面活性并不突出，但在乳化、增溶特别是分散或絮凝性能上有独特之处，有发展前途。

4. 按来源分类

按照表面活性剂的来源，人们将表面活性剂分为天然表面活性剂和合成表面活性剂。天然表面活性剂是指自然界动物、植物和微生物产生的表面活性剂，如存在于哺乳动物肺部，在呼吸过程中发挥重要功能的肺表面活性剂等；而合成表面活性剂是人类利用石油化工和天然油质原料通过化学反应合成的表面活性剂。当前，化学合成是人们获得表面活性剂的主要手段，如洗衣粉中的主要活性成分烷基苯磺酸钠，就是用烷基苯经磺化、中和等步骤制得的。

5. 按元素组成分类

一般的，常规表面活性剂的亲油基是由碳氢元素构成的，当亲油基中的碳元素或氢元素部分（或全部）地被其他元素取代时，所形成的表面活性剂称为元素表面活性剂。常见的有氟表面活性剂、硅表面活性剂和硼表面活性剂等。

6. 按用途分类

表面活性剂按用途可分为表面张力降低剂、渗透剂、润湿剂、增溶剂、分散剂、絮凝剂、起泡剂、消泡剂、杀菌剂、抗静电剂等。

此外还有反应性特种表面活性剂等。

二、表面活性剂的结构特点及应用

1. 阴离子型表面活性剂

在水中解离后，起活性作用的是阴离子基团。典型阴离子型表面活性剂的化学结构如表7-2所示。

① 羧酸盐型　通式为：RCOOMe（Me^{z+}为金属离子，z为价数），代表品种有：

肥皂：R—COONa　　（R为C_{16}～C_{18}）

油酸钾：$C_{17}H_{33}COOK$

硬脂酸铝：$(C_{17}H_{35}COO)_3Al$

② 硫酸酯盐型　通式为：$R—O—SO_3Me$，代表品种有：

十二烷基硫酸钠 $C_{12}H_{23}OSO_3Na$，有良好的乳化、起泡性能，常用于牙膏中。

③ 磺酸盐型　通式为：$R—SO_3Me$，代表品种有：

烷基苯磺酸钠：R—⟨苯环⟩—SO_3Na，其中R为 C_{12}～C_{14}，以 C_{12} 为主，是洗衣粉中的有效活性物质。它在硬水中不产生沉淀。能耐一定的酸和碱，表面活性好。其原料来自石油，是目前产量最大的一种合成洗涤剂原料。

渗透剂 OT（Aerosol OT）：渗透剂是磺化琥珀酸双酯型表面活性剂的商品名称，渗透剂 OT 是其中最著名的，它是具有两个支链亲油基的另一种形式的磺酸盐型表面活性剂，分子式为

$$\begin{array}{l} C_8H_{17}OOCCH_2 \\ \quad\quad\quad\quad\;\; | \\ C_8H_{17}OOCCH—SO_3Na \end{array}$$

。

④ 磷酸酯盐型　主要用作抗静电剂和乳化剂，一般使用高级醇磷酸盐，代表性产品有：

高级醇磷酸酯二钠盐：如 $C_{16}H_{33}OPO_3Na_2$ 等。

高级醇磷酸双酯钠盐：如 $(C_{12}H_{25}O)_2PO_2Na$ 等。

表 7-2　典型阴离子型表面活性剂的化学结构

化学结构	名称
$R—(COO^-)_nMe^+$	长链烷基羧酸盐
$R—COO^-\ Me^{2+}$，R 上连 SO_3^-	长链烷基磺酸羧酸盐
$R—COO^-\ Me^{(n+1)+}$，R 上连 $OPO_3H_{(3-n)}$	长链烷基磷酸羧酸盐
$R—CON(CH_3)_2CH_2COO^-Me^+$	长链烷基肌氨酸盐
$R—OSO_3^-\ Me^+$	长链烷基硫酸盐
$R—(OCH_2CH_2)_n—OSO_3^-\ Me^+$	长链烷基聚氧乙烯硫酸盐
$R—CH—SO_3^-Me^+$，CH 上连 CH_2OH	1-羟基-2-磺酸盐
R—⟨苯环⟩—$SO_3^-Me^+$	长链烷基苯基磺酸盐
R—⟨萘环⟩—$SO_3^-Me^+$	长链烷基萘基磺酸盐
$R—OPO_3H_{(3-n)}Me^{n+}$	长链烷基磷酸盐

2. 阳离子型表面活性剂

阳离子型表面活性剂分子在水中电离后，表面活性剂分子主体带正电荷，它们都是含氮有机化合物，也就是有机胺的衍生物，典型阳离子型表面活性剂的化学结构如表 7-3 所示。常见的阳离子型活性剂有以下四种类型。

① 胺盐型　$[RNH_3]Cl$，即 $RNH_2 \cdot HCl$

② 季铵盐型　RNR'_3Cl

③ 吡啶盐型　[R—N⟨吡啶环⟩—] Cl

④ 多乙烯多胺盐型　$RNH[CH_2\text{-}CH_2NH]_nH \cdot mHCl$（$m \leqslant n+1$）

这类表面活性剂洗涤性能差，但杀菌力强，可用于外科手术器械的消毒和油田注水驱油时的杀菌。作为化纤助剂，它有良好的抗静电性能和对加工纤维的柔软性，也是良好的染色助剂及沥青和硅油等的乳化剂。

表 7-3　典型阳离子型表面活性剂的化学结构

化学结构	名称
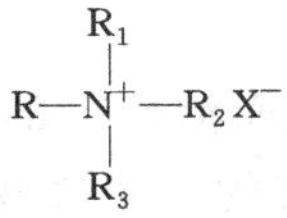 $R-N^+(R_1)(R_3)-R_2\ X^-$	季铵盐类
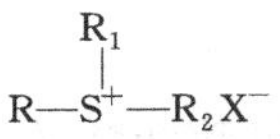 $R-S^+(R_1)-R_2\ X^-$	硫铵盐类
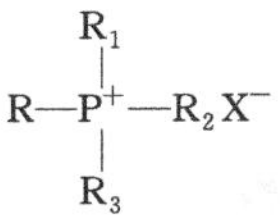 $R-P^+(R_1)(R_3)-R_2\ X^-$	磷铵盐类
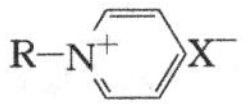 R—N⁺(吡啶环) X^-	长链烷基吡啶季铵盐
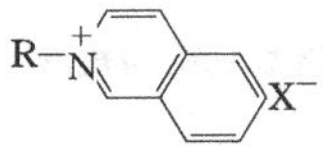 R—N⁺(萘啶环) X^-	长链烷基萘啶季铵盐
 R—N⁺(吡啶环)—(吡啶环)N⁺—R_1 X^{2-}	长链烷基联吡啶季铵盐

3. 两性型表面活性剂

从广义上讲，分子结构中含有两种及两种以上极性基团的表面活性剂均可称为两性型活性剂，可将其分为非离子-阴离子型、非离子-阳离子型、阴离子-阳离子型和阴离子-阳离子-非离子型四类。典型的产品如下。

① 氨基酸型　十二烷基氨基丙酸钠 $C_{12}H_{25}NHCH_2CH_2COONa$

② 甜菜碱型　十八烷基二甲基甜菜碱 $C_{18}H_{37}-N^+(CH_3)_2-CH_2COO^-$

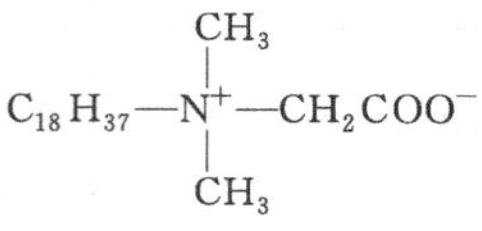

这类表面活性剂具有许多独特的性质，例如，对皮肤的低刺激性，具有较好的抗盐性，且兼备阴离子型和阳离子型两类表面活性剂的特点，既可用作洗涤剂、乳化剂，也可用作杀菌剂、防霉剂和抗静电剂。因而，两性离子表面活性剂是近年来发展较快的一类。典型两性型表面活性剂的化学结构如表 7-4 所示。

表 7-4　典型两性型表面活性剂的化学结构

化学结构	名称
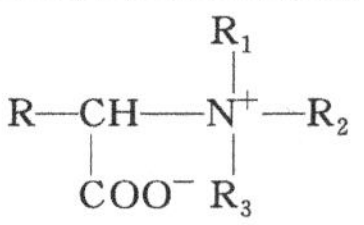 $R-CH(COO^-)-N^+(R_1)(R_3)-R_2$	C-甜菜碱

续表

化学结构	名称
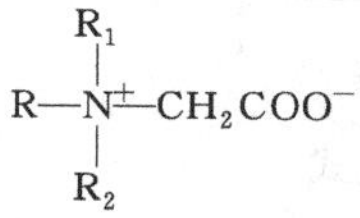 $R-N^{+}(R_1)(R_2)-CH_2COO^-$	N-甜菜碱
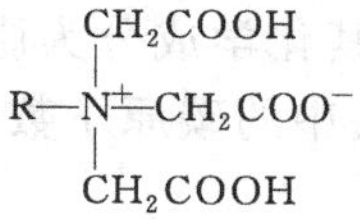 $R-N^{+}(CH_2COOH)_2-CH_2COO^-$	长链烷基三氨基乙酸
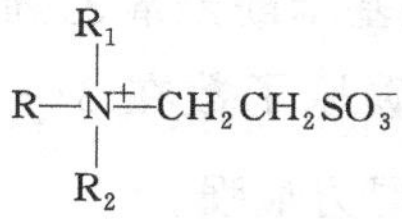 $R-N^{+}(R_1)(R_2)-CH_2CH_2SO_3^-$	*N*,*N*-二烷基牛磺酸
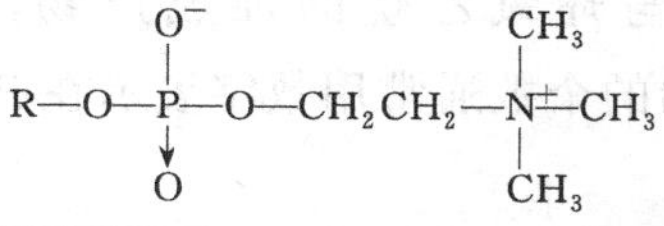 $R-O-P(O^-)(\rightarrow O)-O-CH_2CH_2-N^{+}(CH_3)_3$	长链烷基缩醛磷脂酰胆碱

4. 非离子型表面活性剂

这类表面活性剂溶于水后不发生解离，其极性部分大多为氧乙烯基、多元醇。典型非离子型表面活性剂的化学结构如表 7-5 所示。它包括两大类，即聚乙二醇型（也叫聚氧乙烯型）和多元醇型表面活性剂。

（1）聚乙二醇型表面活性剂

聚乙二醇型表面活性剂的亲水性主要来自聚乙二醇基［即聚氧乙烯基 $(CH_2CH_2O)_n$］，该基团又称环氧乙烷（EO），能与亲油基上的活泼氢原子结合，整个分子就变成水溶性的，结合的氧乙烯基越长，水溶性就越好。如果适当控制氧乙烯基长度，就可以制成由油溶性（EO 数低于 5～6）到水溶性（EO 数在 10 以上）的各种非离子型表面活性剂，因而可制成的品种规格极多，用途也极为广泛。

聚乙二醇型表面活性剂在无水状态时是锯齿型的长链分子，但溶于水后则成为曲折型，亲水性的氧原子被水分子拉出来处于链的外侧，亲油性的—CH_2—处于里面（图 7-5），因而链周围就变得容易与水结合，从总体来看，好像是一条亲水性基团，显示出相当大的亲水性。

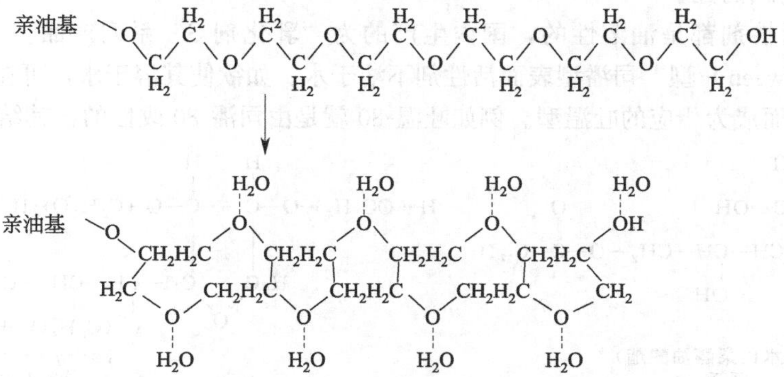

图 7-5　聚乙二醇型表面活性剂的链型变化

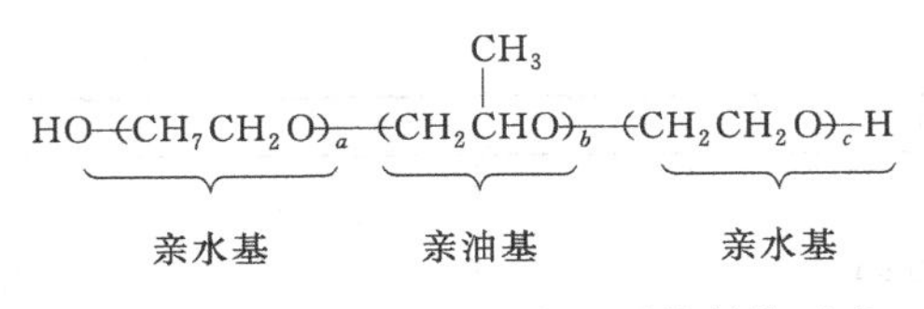

图 7-6　聚醚型非离子型表面活性剂的通式

以下是常见的几种。

① 平平加（Peregal）型表面活性剂　平平加是商品名，其化学成分为脂肪醇聚氧乙烯醚，也叫聚氧乙烯烷基醇醚，通式为 RO（$CH_2CH_2O)_nH$，R 中的碳原子数在 8～18 之间，n 在 1～45 之间。

② OP 型表面活性剂　OP 型表面活性剂的化学成分为烷基苯酚聚氧乙烯醚，也叫聚氧乙烯烷基苯酚醚，通式为 $R-C_6H_4-O-(CH_2CH_2O)_n-H$，R 中的碳原子数在 8～12 之间，$n$ 在 1～15 之间。当 $n=8\sim10$ 时，其水溶液的表面张力最低，润湿力最强。

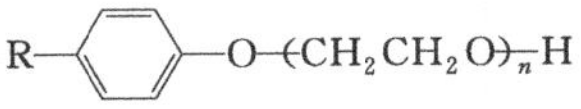

③ P 型表面活性剂　P 型表面活性剂是苯酚与环氧乙烷的加成产物，通式为 $C_6H_5-O-(CH_2CH_2O)_n-H$，n 一般在 1～40 之间。聚氧乙烯的个数通常用数字表示在 P 的后面，如 P-30 即 $C_6H_5-O-(CH_2CH_2O)_{30}-H$。

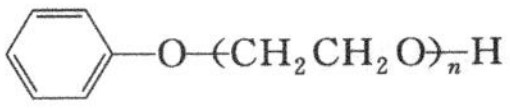

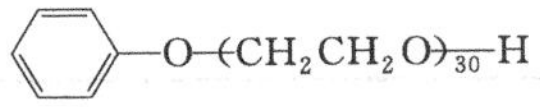

④ Pluronic 型表面活性剂　Pluronic 型表面活性剂是聚丙二醇和环氧乙烷的加成产物，最初以“聚醚”商品名出现，故称之为聚醚型非离子型表面活性剂，其通式如图 7-6 所示，亲油基被夹在两端的亲水基之中。分子量 1000～2500 的聚丙二醇可作亲油基。

⑤ 脂肪酸-聚氧乙烯型表面活性剂　脂肪酸-聚氧乙烯型表面活性剂的通式为 RCOO—$(CH_2CH_2O)_nH$，R 一般含 12～18 个碳。

⑥ 其他聚乙二醇型表面活性剂　除上述 5 种外，还有脂肪酰胺-聚氧乙烯等，通式为 $RN\begin{matrix}-(CH_2CH_2O)_m-H \\ -(CH_2CH_2O)_n-H\end{matrix}$，R 中碳原子数一般为 12～18，$m$ 和 n 的数值不一定相同，通常都不相等。

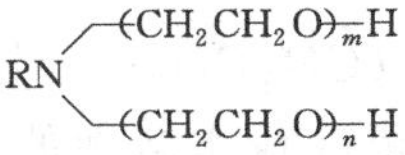

（2）多元醇型表面活性剂

多元醇型表面活性剂的亲水基主要是羟基，但也有不少是混合型的，即在多元醇的某个羟基上再接上一个聚氧乙烯链。它们主要是脂肪酸和多羟基醇作用而生成的酯。由于在多元醇分子上有高级脂肪酸的亲油基，故水溶性差。其中常见的有以下几种。

① 司潘（Span）型　司潘型表面活性剂是山梨醇酐和各种脂肪酸形成的酯。不同的脂肪酸决定了不同的商品牌号。如：司潘-20 是山梨醇酐和月桂酸生成的酯。司潘-40 是山梨醇酐和棕榈酸生成的酯。

这类表面活性剂都是油溶性的，国内生产的为“乳化剂 S”系列产品。

② 吐温（Tween）型　司潘型表面活性剂不溶于水。如欲使其溶于水，可在未酯化的羟基上接聚氧乙烯，从而成为相应的吐温型。例如吐温-80 就是由司潘-80 改性的，其结构如图 7-7 所示。

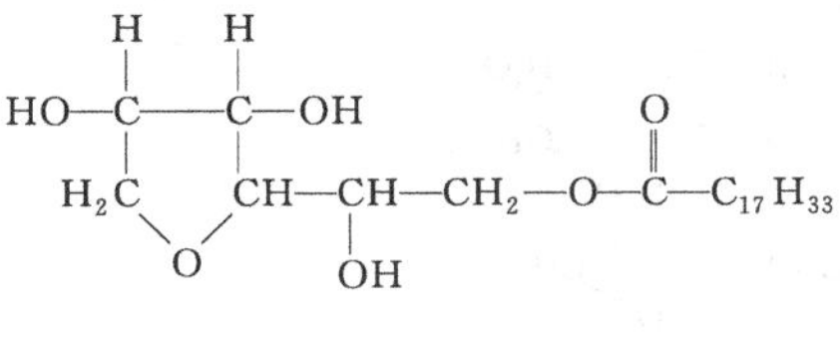

（失水山梨醇油酸酯）
司潘-80

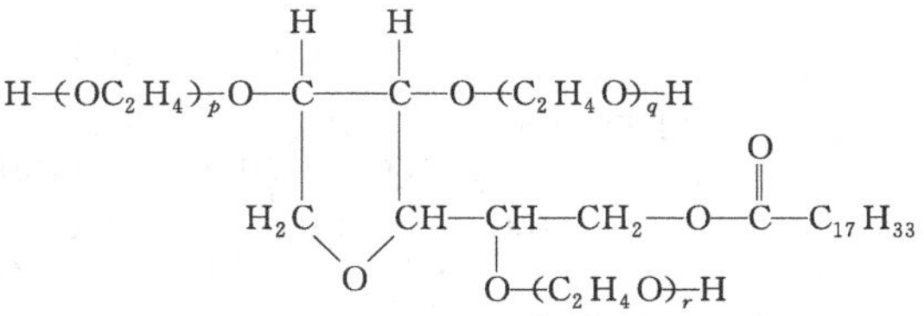

$(p+q+r=20)$
吐温-80

图 7-7　司潘-80 和吐温-80 的结构

在国内生产的这类表面活性剂为“乳化剂 T”系列产品。因为它们无毒，主要用于食品工业和医药工业。

典型非离子型表面活性剂的化学结构如表 7-5 所示。

表 7-5　典型非离子型表面活性剂的化学结构

化学结构	名称
$R—(OCH_2CH_2)_n—OH$	长链烷基聚氧乙烯醇
$R—(OCH_2CH_2CH_2)_n—OH$	长链烷基聚氧丙烯醇
$R—COO(CH_2CH_2O)_n—OH$	长链烷基聚氧乙烯酯
$R—COOCH_2CHOHCH_2OH$	长链烷基甘油单酯
$R—COO—CH_2—C(CH_2OH)_3$	长链烷基季戊四醇单酯
R—COO—CH₂CH(山梨聚糖环，含 HO、OH、OH)	长链烷基山梨聚糖醇单酯
$R—(CH_2CH_2O)_n$	长链烷基冠酯
$R—S(\rightarrow O)—R_1$	长链烷基硫氧
$R—S(\rightarrow O)—(CH_2)_n—OH$	长链烷基磺酰
$R—S—(CH_2CH_2O)_n—H$	长链烷基聚氧乙烯硫醚
$R—N(R_2)(\rightarrow O)—R_1$	长链烷基二烷基氧化胺
$R—(CH_2CH_2NH)_n$	长链烷基氮冠酯
$R—P(R_2)(\rightarrow O)—R_1$	长链烷基二烷基氧化膦
$R—CONH(CH_3)CHOHCHOHCHOHCH_2OH$	*N*-甲基葡萄糖胺

5. 高分子表面活性剂

分子量在数千到 1 万以上并具有表面活性的物质，一般称作高分子表面活性剂。最早使用的高分子表面活性剂是天然海藻酸钠和各种淀粉。1951 年首次合成了以聚皂命名的高分子表面活性剂（即聚 1-十二烷基-4-乙烯基吡啶溴化物），1954 年才合成出 Pluronic 型高分子表面活性剂。此后，合成高分子表面活性剂产品的开发和应用研究不断取得进展，使用范围遍及不同领域。高分子表面活性剂有天然型、改性天然型和合成型三种。从分子结构来看，有接枝共聚物和嵌段共聚物。它也有离子型、非离子型及两性型之分，如聚氧乙烯、聚氧丙烯二醇醚（即氧化剂 4411）是一类非离子型高分子表面活性剂，这就是著名的原油破乳剂。聚 4-乙烯溴代十二烷基吡啶是阳离子型表面活性剂，聚丙烯酸钠是阴离子型表面活性剂。表 7-6 列出了高分子表面活性剂的分类及一些实例。

表 7-6 高分子表面活性剂的分类及一些实例

分类	亲水基	高分子表面活性剂		
		天然系	半合成系	合成系
阴离子型	羧酸基	海藻酸钠 果胶酸钠 腐殖酸盐 咕吨树胶	羧甲基纤维素 羧甲基淀粉 丙烯酸接枝淀粉 水解丙烯腈接枝淀粉	丙烯酸共聚物 马来酸共聚物 水解聚丙烯酰胺
	磺酸基		木质素磺酸盐 铁铬木质素磺酸盐	缩合萘磺酸盐 聚苯乙烯磺酸盐
	硫酸、酯基			缩合烷基苯醚硫酸酯
阳离子型	氨基	壳聚糖	阳离子淀粉	氨基烷基丙烯酸酯共聚物 改性聚乙烯亚胺
	季铵基			含有季铵基丙烯酸酰胺共聚物 聚乙烯苯甲基三甲铵盐
两性型	氨基、羧基等	水溶性 蛋白质类		$\text{+}C_2H_4N\text{—}C_2H_4\text{—}N\text{+}_n$（N上分别连 $C_{12}H_{25}$ 和 CH_2COOH）
非离子型	多元醇及其他	淀粉	淀粉改性产物 甲基纤维素 乙基纤维素 羟乙基纤维素	聚乙烯醇 聚氧乙烯聚氧丙烯醚 聚乙烯基醚 聚丙烯基醚 EO 加成产物 聚乙烯吡咯烷酮

高分子表面活性剂一般具有以下特征：

① 降低表面张力的能力小，多数不形成胶束；

② 分子量高，渗透力弱；

③ 起泡力差，但形成的泡沫稳定；

④ 乳化力好；

⑤ 分散力或凝聚力优良；

⑥ 多数低毒。

其中，高分子表面活性剂在降低表面张力、渗透力、起泡力方面的性能不如低分子表面活性剂，而在乳化力、分散力以及低毒性方面的性能优于低分子表面活性剂。

基于上述特征，高分子表面活性剂有以下用途，并得到广泛的应用（表 7-7）。

① 由于高分子有提高溶液黏度的作用，故高分子表面活性剂适用于增黏剂、凝胶剂；

② 高分子表面活性剂有改变流变学的特性，可作颜料、油墨等的黏弹性调整剂；

③ 高分子表面活性剂有黏着性及强度，可作黏结剂、结合剂和纸张增强剂；

④ 高分子表面活性剂易在粒子表面上吸附，可根据其浓度而分别用作凝聚剂、分散剂、胶体稳定剂；

⑤ 高分子表面活性剂乳化力好，可作乳化剂；

⑥ 高分子表面活性剂还可作保湿剂、抗静电剂、消泡剂、润滑剂等。

表 7-7 高分子表面活性剂的应用

应用方面	用途	高分子表面活性剂①		
		阴离子型	阳离子型	非离子型
家庭洗涤用品	胶体稳定剂、防污垢再沉积剂、黏结剂、金属离子整合剂、分散剂、保湿剂、防静电剂	○△□	□	○△□
纤维工业	经纱凝胶剂、各种油剂	○△□		○□

续表

应用方面	用途	高分子表面活性剂①		
		阴离子型	阳离子型	非离子型
食品发酵工业	食品添加剂	○△□		
化妆品、医药工业	增黏剂、结合剂、凝胶化剂	○△□		○△□
造纸工业	增强剂、表面加工剂、凝聚剂、分散剂、消泡剂	○△□		○△□
颜料、涂料、油墨、油漆工业	分散剂、黏弹性调整剂、黏结剂	△□		△□
合成树脂、橡胶工业	乳化剂、分散剂	△□	□	△□
印刷工业	结合剂、分散剂、防静电剂	□		△□
石油工业	絮凝剂、分散剂、增黏剂、乳化剂、破乳剂、金属离子螯合剂	○△□		□
陶瓷工业	分散剂、结合剂、增塑剂	○△□		○△□
农业	保湿剂、土壤改良剂	□		□
环保	水处理用絮凝剂		□	□

①高分子表面活性剂类别：○为天然系；△为半合成系；□为合成系。

三、新型表面活性剂

1. 含氟表面活性剂

含氟表面活性剂主要是指在表面活性剂的碳氢链中氢原子全部被氟原子取代的全氟表面活性剂，例如，全氟辛酸钾：$CF_3(CF_2)_6COO^-K^+$；全氟癸基磺酸钠：$CF_3(CF_2)_8CF_2SO_3^-Na^+$。

含氟表面活性剂的特点如下。

① C—F 键能大，故其化学稳定性与热稳定性均高；

② 含氟分子之间的相互吸引力小，因此它的表面张力小，可使水的表面张力降到 20mN/m 以下，而且既憎水又憎油，摩擦系数小；

③ 折射率小；

④ 绝缘性能高；

⑤ 含氟表面活性剂既不亲油又不亲水，因此降低油/水界面张力的能力很差。

表 7-8 列出含氟表面活性剂与碳氢表面活性剂的比较。

含氟表面活性剂有高度的化学稳定性和表面活性，故耐强酸、强碱、强氧化剂和高温，可作镀铬电解槽中的铬酸雾防逸剂，既可用作防水又防油的纺织品、纸张及皮革的表面涂敷剂，也可用于抑制挥发性有机溶剂的蒸发。

表 7-8　含氟表面活性剂与碳氢表面活性剂的比较

性能	含氟表面活性剂	碳氢表面活性剂
最低表面张力/(mN/m)	15	27
最低界面张力*/(mN/m)	11.5	1～2

注：* 质量分数各为 0.1% 的 $C_8F_{17}COONa$、$C_{13}H_{27}COONa$ 水溶液与环己烷的界面张力。

2. 有机硅表面活性剂

有机硅表面活性剂是 20 世纪 60 年代问世的一种新型特殊表面活性剂，它的分子结构与一般碳氢表面活性剂相似，也是由亲水基、中间连接基及亲油基组成。所不同的是以硅氧烷基为疏水基，一般是二甲硅烷的聚合物，其表面活性仅次于含氟表面活性剂。如含有 2～5 个聚甲基硅氧烷环氧乙烷加成物，可将水的表面张力降至 20～21mN/m，对苯乙烯塑料表面有良好的润湿性，接触角接近于零。

有机硅表面活性剂憎水性较强，不长的硅氧烷链就能使化合物具有表面活性。在分子结构中，由于既含有有机基团又含有硅元素，因而这种表面活性剂除具有二氧化硅的耐高温、耐气候老化、无毒、无腐蚀、生理惰性等特点外，又具有碳氢表面活性剂的较高表面活性、乳化、分散、润湿等性能。

目前合成的有机硅表面活性剂有下列几类。

① 聚醚改性有机硅表面活性剂　在憎水性的聚硅氧烷分子中嵌段或接枝亲水性的聚醚基团，可生成亲水性的聚硅氧烷-聚醚共聚物，其亲水-憎水性能可以通过结合聚醚量的多少来调节。这类共聚物中的有机部分与有机硅部分之间又可分为用 Si—O—C 键联结的和用 Si—C 键联结的两大类。含 Si—O—C 键的共聚物是可水解的表面活性剂，其溶液经一段时间后会析出硅油相。而含 Si—C 键的共聚物是不可水解的表面活性剂，其水溶液很稳定。它们的代表性化合物分别为：

$$(CH_3)_3Si{+}OS(CH_3)_2{+}_3OSi(CH_3{+}_2CH_2{+}C_2H_4O{+}_xCH_3$$

$$
\begin{array}{l}
\quad | \\
-Si-CH_2-CH_2-PEO \\
\quad | \\
-Si{+}CH_2{+}_3O-CH_2-\underset{\displaystyle OH}{\underset{|}{CH}}-CH_2-O-PEO \\
\quad |
\end{array}
$$

式中，x 可取 13.4、11.8 及 8.2 等；PEO 是聚环氧乙烯。

② 含硫酸盐或磺酸盐化合物的有机硅表面活性剂　这类有机硅表面活性剂的合成方法是，先将硅烷或含氢硅氧烷与不饱和的环氧化合物发生加成反应，生成环氧有机硅烷，而后再与亚硫酸盐（除亚硫酸氢钠外，也可用亚硫酸氢钾、亚硫酸氢铵、亚硫酸氢钙、亚硫酸氢铝、亚硫酸氢镁等）反应。其代表性化合物如：

$$[(CH_3)_3SiO]_2\overset{\displaystyle CH_3}{\overset{|}{Si}}-C_3H_6-O-CH_2-\overset{\displaystyle OH}{\overset{|}{CH}}-SO_3Na$$

③ 有机硅季铵盐化合物　有机硅季铵盐化合物属阳离子有机硅表面活性剂。其合成方法为含 Si—H 键化合物在氯铂酸或铂黑催化下与卤代烯烃发生加成反应，生成卤代有机硅烷，然后在惰性溶剂中与叔胺反应而得，有机硅表面活性剂的用途十分广泛，主要有以下 6 个方面。

(a) 纺织品柔软剂、整理剂　可处理天然织物、化纤和混纺纤维，处理后的纤维摩擦力小、吸湿性好、易加工而无断丝，具有黏合力，手感柔软。具有环氧基团的共聚物整理剂还可使纤维抗静电、耐污染及容易洗涤等。

(b) 泡沫稳定剂、消泡剂　分子结构不同的硅表面活性剂，有的有稳泡作用，有的有消泡作用。前者可用于聚氨酯泡沫生产及泡沫灭火剂中，后可用于油漆、甲基纤维素溶液、染料、润滑油、液压流体、维生素生产中。

(c) 洗涤剂　作为洗涤剂的有机硅表面活性剂具有低泡、高效等特点，可制成碗碟洗涤剂、皮革洗涤剂；用于玻璃的清洗，可使玻璃具有抗静电、抗起球性能；用于洗发及修饰头发，不仅易于梳理和保持发型持久，而且使头发有丝绸般的光泽和柔软感，同时对皮肤和眼睛无刺激性。

(d) 破乳剂、乳化剂　有机硅表面活性剂可用于原油破乳、防蜡阻塞。它作为乳化剂时专用于化妆品。

(e) 涂料　有机硅表面活性剂可作为涂料涂于木质、塑料、陶瓷、金属等表面，还可用于一些特殊用途的涂层，如热敏基片涂层、压力灵敏涂层、辐射处理涂层、皮革代用品表面涂层、透明塑料薄板抗静电涂层等。

(f) 生产用助剂　有机硅表面活性剂还可用作润滑脱模剂、抛光剂、防霉剂等。

3. 含硼表面活性剂

含硼表面活性剂如硼酸单甘油酯

$$\begin{array}{l} CH_2COOCR \\ | \\ CHOH \qquad OH \\ | \qquad\quad / \\ CH_2OB \\ \qquad\quad \backslash \\ \qquad\quad OH \end{array}$$

，具有沸点高、不易挥发、高温下稳定等特点，与高分子化合物有良好的相容性，常用于合成树脂的抗静电剂。

4. 双子型表面活性剂

含氟、含硅的表面活性剂一般都具有较高的表面活性，但价格高。近年来出现了一种新型表面活性剂，称为双子型表面活性剂 Geminis 或 Dimeric，也常译为二聚表面活性剂，是由两个单链单头基普通表面活性剂在离子头基处发生化学键联结而成，如图 7-8 所示是桥连基团所处位置不同而形成的两种 Geminis 表面活性剂。

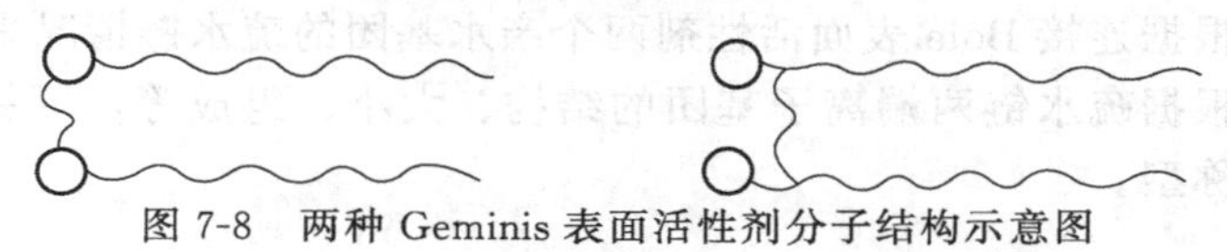

图 7-8　两种 Geminis 表面活性剂分子结构示意图

Geminis 表面活性剂与普通表面活性剂一样，也有离子型和非离子型的各种类型。Geminis 表面活性剂的桥连基团变化繁多，可柔可刚，可长可短。常见的桥连基团有碳氢链、聚氧乙烯基、聚亚甲基、聚二甲苯基、对二苯代乙烯基等。双子型表面活性剂具有比普通表面活性剂高得多的表面活性，而其临界胶团浓度 CMC 则低两个数量级，表面张力可低 5～10mN/m，离子型 Geminis 表面活性剂的 Krafft 点常低于 0℃。Geminis 表面活性剂也可与其他表面活性剂混合使用，有良好的协同效应。

除了影响普通表面活性剂活性大小的各种因素外，桥连基团的结构性质是决定 Geminis 表面活性剂活性的最主要因素。一般来说，桥连基团柔性好，亲水性强，且有一定长度时，在界面上桥连基团可适当弯曲，Geminis 分子可较为紧密地排列，表面张力明显降低。下面以具有如图 7-9 所示结构的 Geminis 型表面活性剂为例阐述其物理化学性质。表 7-9 列出一些典型 Geminis 型表面活性剂的 CMC、c_{20}（表面张力达 20mN/m 时的浓度）及 σ_{CMC}。为便于比较，表中同时列出了普通表面活性剂 $C_{12}H_{25}SO_4Na$ 和 $C_{12}H_{25}SO_3Na$ 的表面活性数据。

C_{10}—O　SO_4Na　Y　C_{10}—O　SO_4Na

A

C_{10}—O　O　SO_3Na　Y　C_{10}—O　O　SO_3Na

B

图 7-9　Geminis 型表面活性剂 A、B 结构

表 7-9　Geminis 型表面活性剂的表面性质

类型	Y	CMC/(mmol/L)	σ_{CMC}/(mN/m)	c_{20}/(mmol/L)
A	$—OCH_2CH_2O—$	0.013	27.0	0.0010

续表

类型	Y	CMC/(mmol/L)	σ_{CMC}/(mN/m)	c_{20}/(mmol/L)
B	—O—	0.033	28.0	0.008
B	$—OCH_2CH_2O—$	0.032	30.0	0.0065
B	$—O(CH_2CH_2O)_2—$	0.060	36.0	0.0010
$C_{12}H_{25}SO_4Na$		8.1	39.5	3.1
$C_{12}H_{25}SO_3Na$		9.8	39.0	4.4

注：A、B、Y 含义与图 7-9 相同。

5. Bola 型表面活性剂

Bola 是南美土著人的一种武器的名称，其最简单的形式是一根绳的两端各连接一个球。Bola 型表面活性剂是由一个疏水链两端各接一个亲水基团而成，如图 7-10 所示。其结构式为：

$$X(CH_2)_{16}N^+(CH_3)_3Br$$

其中，X 为—COOH、—COOM 或 $CHOHCH_2OH$ 等。Bola 表面活性剂的分类方法有多种。此类物质按照亲水基可分为离子型（阳离子或阴离子）和非离子型。作为 Bola 表面活性剂的疏水基既可以是直链饱和碳氢基团或碳氟基团，也可以是不饱和的、带分支的或带有芳香环的基团。根据连接 Bola 表面活性剂两个亲水基团的疏水链情况来划分，有双链型、单链型及半环型；根据疏水链两端离子基团的结构、大小、组成等，可将 Bola 表面活性剂分为对称型和非对称型。

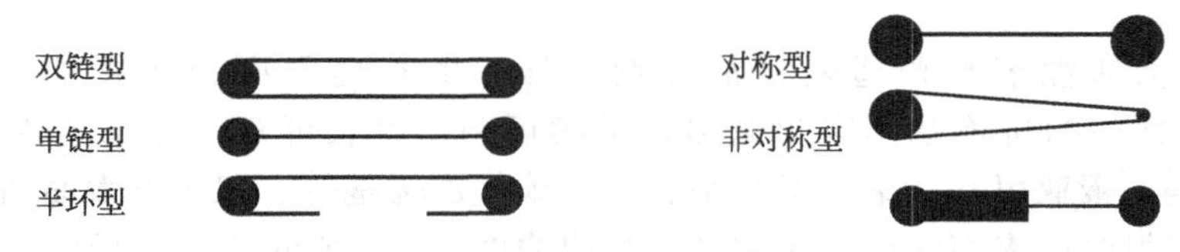

图 7-10　Bola 型表面活性剂分子示意图

Bola 型表面活性剂 Krafft 点较低，溶解性能好，但是表面活性不高（CMC 和 σ_{CMC} 都大），其溶液的表面张力有以下两个特点。

① 降低水表面张力的能力不是很强。例如，十二烷基二硫酸钠水溶液的最低表面张力为 47～48mN/m，而十二烷基硫酸钠水溶液的最低表面张力为 39.5mN/m。这可能是因为 Bola 型表面活性剂具有两个亲水基，表面吸附分子在溶液表面将采取倒 U 形构象，即两个亲水基团伸入水中，弯曲的疏水链伸向气相。于是，构成溶液表面吸附层的最外层是亚甲基；而亚甲基降低水的表面张力的能力弱于甲基，所以，Bola 型表面活性剂降低水表面张力的能力较差。

② Bola 型表面活性剂的表面张力-浓度曲线往往出现两个转折点。如二硫酸盐的表面张力-浓度对数图和微分电导-浓度图上都有两个转折点，被称为第一 CMC 和第二 CMC。实验表明，二硫酸盐在第一 CMC 和第二 CMC 之间只形成聚集数很小的"预胶束"，几乎没有加溶能力。浓度高于第二 CMC 时，溶液中形成非常松散的、强烈水化的胶束，加溶量增大，但仍小于十二烷基硫酸钠胶束的加溶量。上述结果表明，Bola 型表面活性剂的离子性基团在聚集时保持了大部分的结合水，故聚集体十分松散。相比而言，通常所称的胶束均具有水不能渗入的疏水核。这类两亲分子有特殊的界面性质和聚集行为，热稳定性好，在生物膜模拟方面有极好的应用前景。如在水中，可以形成 Bola 型化合物的单分子层囊泡，构成高热

稳定性的模拟类脂膜；可参与普通两亲化合物形成的双层脂膜，以改善其稳定性；或形成连接双层类脂膜的离子或电子通道。Bola 表面活性剂形成的有序聚集体作为化学反应的微环境在催化、纳米材料模板合成、药物缓释等方面已有应用。

6. 树枝状高分子

树枝状高分子（Dendrimer）是 1985 年由美国 Dow 化学公司的 Tomilia 博士和 South Flotida 大学的 Newkome 教授几乎同时独立开发的一类三维、高度有序并且可以从分子水平上控制、设计分子大小、形状、结构和功能基团的新型高分子表面活性剂，它们高度支化的结构（图 7-11 和图 7-12）和独特的单分散性使这类表面活性剂具有特殊的性质和功能。

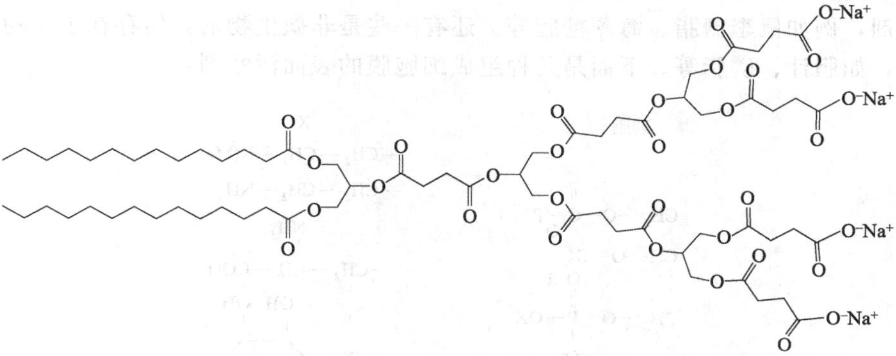

图 7-11　一种树枝状高分子表面活性剂

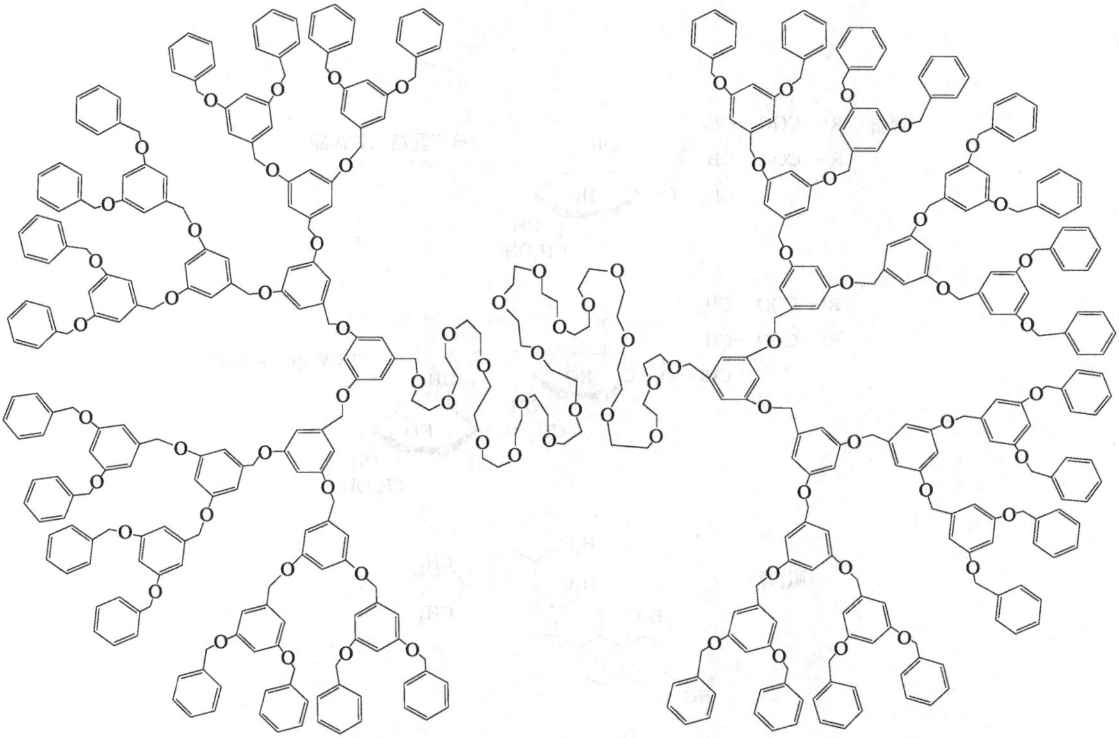

图 7-12　高度支化的树枝状的高分子

树枝状高分子表面活性剂的端基多为亲水基，从核心向外支化的链多为亲油基，它们被端基包围在分子内部，形成一个亲油“洞穴”，虽然结构特殊，但它们具有较高的表面活性，同时具有胶束的性质。

树枝状高分子随着支化数的增加，分子结构逐渐接近于球形。虽然与传统的表面活性剂的分子结构不同，但分子中也含有亲油基和亲水基，故它们具有相近的性质。与传统高分子相比，树枝状高分子具有结构明确、非结晶性、黏度低、溶解性能好、末端可导入大量的反应性或功能性基团等特点，所以作为新型表面活性剂将具有广阔的应用前景。

7. 生物表面活性剂

生物表面活性剂是近些年发展起来的。如由酵母、细菌作为培养液，生成有特殊结构的表面活性剂，例如鼠李糖脂、海藻糖脂等。还有一些是非微生物的，但存在于生物体内的表面活性剂，如胆汁、磷脂等。下面是几种组成细胞膜的表面活性剂：

磷脂

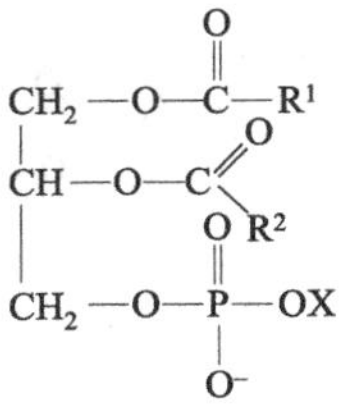

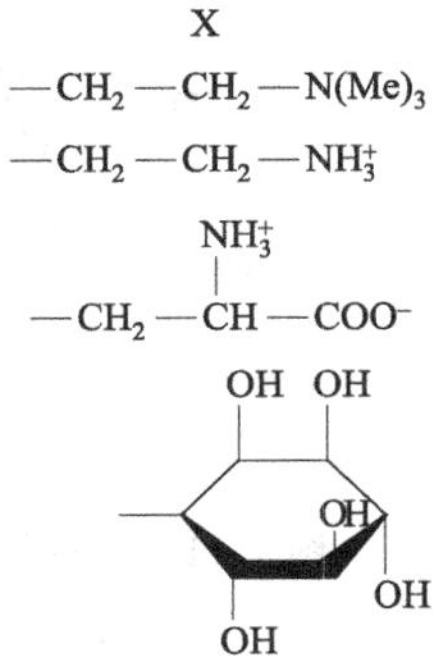

X

$—CH_2—CH_2—N(Me)_3$

$—CH_2—CH_2—NH_3^+$

糖脂

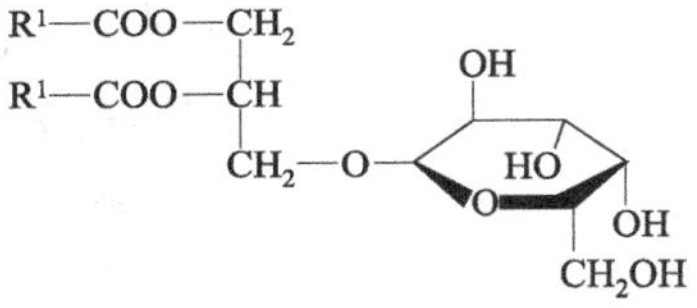

单半乳糖二甘油酯

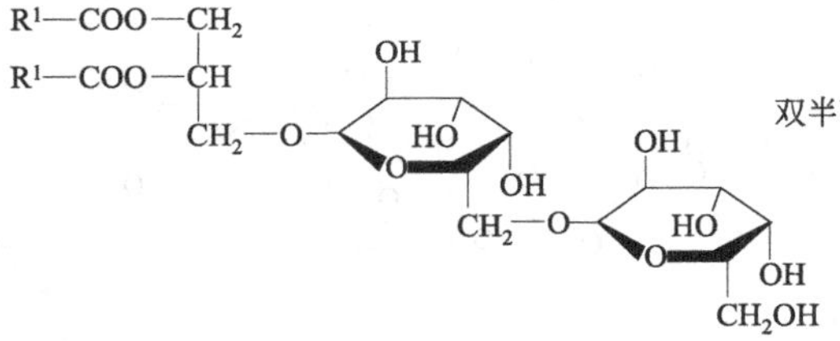

双半乳糖二甘油酯

胆甾醇

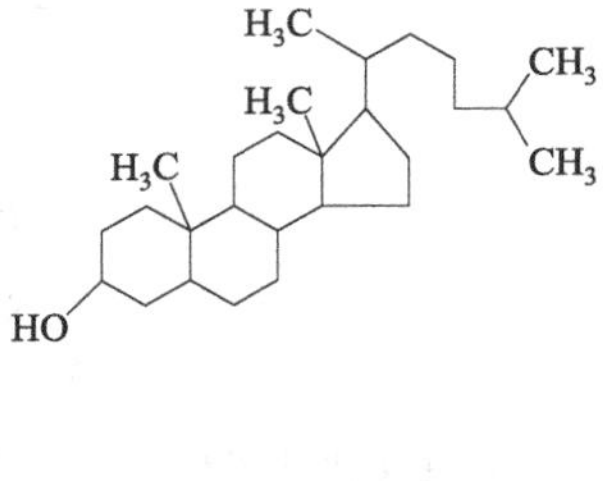

8. 绿色表面活性剂

绿色表面活性剂不是表面活性剂分类中新的类别，这是一个相对的概念，其品种和质量是随市场的需求和科学技术的发展而不断变化的。绿色表面活性剂是由天然可再生资源加工、对人体刺激小、易生物降解的表面活性剂。20 世纪 90 年代以来发展了三大绿色表面活性剂。

① 烷基多苷（APG）及烷基葡萄糖酰胺（MEGA）。

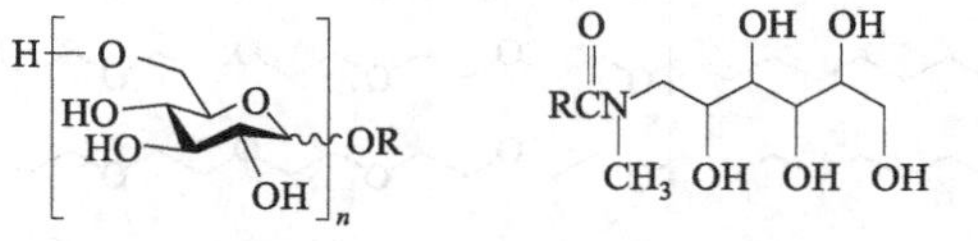

烷基多苷(APG)　　烷基葡萄糖酰胺(MEGA)

② 醇醚羧酸盐（AEC），即 $RO(CH_2CH_2O)_nCH_2COOM$；酰胺醚羧酸盐（AAEC）。

③ 单烷基磷酸酯（MAP），即 $RO(CH_2CH_2O)_n\underset{\underset{OM}{|}}{P}OOH$，其中 R 为烷基，$n=0\sim3$，M 为 Na、K 或 TEAC（三乙醇胺）；单烷基醚磷酸酯（MAEP）。它们共同的特点是生物降解性能好，对皮肤刺激性小，有良好的表面活性，与其他表面活性剂的复配性能好。如 APG 特别适用于餐具洗涤液、香波等洗涤剂。AEC 除可作为洗手液、香波和温和型化妆品的洗涤剂，在纤维、造纸、石油工业等也有广泛应用。MAP 是优良的起泡剂、乳化剂和抗静电剂，广泛用于化纤、纺织、皮革、塑料、造纸等行业，它也是一种多功能化妆品原料，可作为吸湿剂、保湿剂、润湿剂、块皂添加剂及护发剂。烷基糖苷脂肪酸酯则是优良的乳化剂、润肤剂和增稠剂。以烷基糖苷为活性组分，可配成强酸条件下的表面活性剂，用于汽车及机械的清洗，能防止金属的腐蚀。

9. 可聚合/反应型表面活性剂

在工农业生产领域，表面活性剂在使用后不可避免地会残留在最终产品中，从而可能导致一些副作用的发生。比如，在涂料工业中，表面活性剂往往作为分散剂添加至涂料配方中，但是当涂料涂刷成膜后，涂料中的表面活性剂会向膜表面迁移，从而对涂料的稳定性带来不利影响。针对这种仅在某一环节需要表面活性剂，而又不希望应用后发生副作用的场合，人们开发了一类可聚合/反应型表面活性剂。通常这类表面活性剂分子中含有一种可聚合/反应的基团或官能团，只要在后续工艺中添加少量的引发剂或反应物，就可以引发表面活性剂分子间的聚合［图 7-13（a）］或其他反应，使表面活性剂失效。

10. 开关型表面活性剂

在一些应用领域，例如新材料的制备等，希望从最终产品中除去表面活性剂，但这往往不是一件容易的事。为此人们制得了开关型表面活性剂［图 7-13（b）］，即给表面活性剂分子安上了一个开关，打开时，分子具有表面活性，成为表面活性剂，而关闭时则分子没有表面活性，易于从体系中分离，还能重复使用。例如 *N′*-长链烷基-*N*，*N*-二甲基乙基脒就是一种 CO_2/空气开关型表面活性剂，当向其中通入 CO_2 时，得到 *N′*-长链烷基-*N*，*N*-二甲基乙基脒碳酸氢盐，这是一种表面活性物质，如果通入空气或氮气，则又返回到 *N′*-长链烷基-*N*，*N*-二甲基乙基脒，它不具有表面活性。用其作为胶束模板制备纳米颗粒，在完成纳米颗粒制备后只要向体系中通入空气，即可使其失活分离，而通入 CO_2 后即可重复使用。可用的开关还包括电化学开关、温度开关、酸碱开关、光开关、离子开关等。

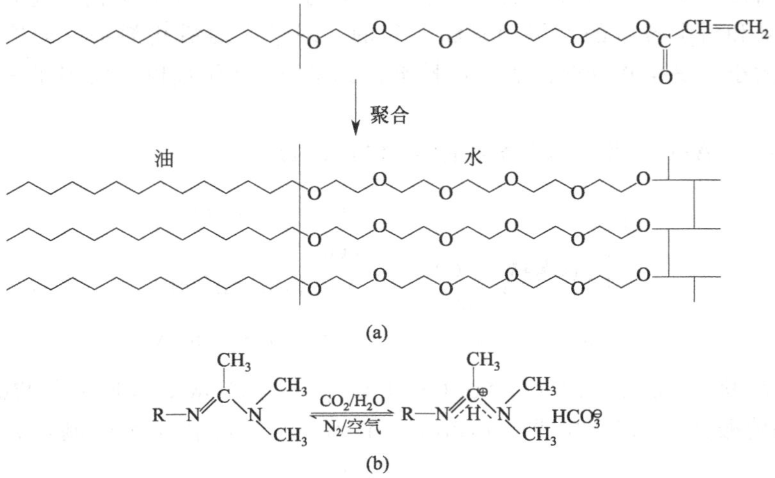

图 7-13　可聚合型表面活性剂（a）和开关型表面活性剂（b）工作原理图

第三节　表面活性剂的临界胶束浓度（CMC）

一、表面活性剂的临界胶束浓度（CMC）

在图 7-1 的曲线 3 中，溶液表面张力与表面活性剂浓度关系曲线上有一特征 a，过了 a 点以后浓度虽然继续增加，溶液表面张力却不再变化，以十二烷基硫酸钠为例，这个特征浓度大约为 0.008mol/dm^3。从图 7-14 还可以看出：十二烷基硫酸钠的其他物理化学性质也有突变现象。实验证明，几乎所有表面活性剂都有这一特征浓度。凡是浓度低于此值时，其摩尔电导率、渗透压等性质与一般强电解质相似，这是可以理解的，因为十二烷基硫酸钠在水中解离。过了 a 点以后，即使活性剂的浓度增加，溶液的渗透压也不会明显升高，这就意味着离子数目不再增加。1912 年，McBain 在大量实验的基础上提出，当溶液中表面活性剂浓度增加时，这种具有憎水和亲水基团的活性分子，就会被吸附到气-液界面定向排列。活性分子在表面上聚集的结果是表面张力降低。当溶液浓度增加到一定值时，表面就被一层定向排列的分子所覆盖。这时，即使溶液的浓度再增大，表面上也不能再容纳更多的分子，表面浓度达到最大值（Γ_∞），因此表面张力不会再降低。若继续增大体系的浓度，溶液内部将发生聚集，活性剂分子形成疏水基团朝内，亲水基团朝向水相的聚集体，这样可使界面能降到最低。这种聚集体称为胶束。从热力学观点看，这种具有表面活性的胶束溶液和一般胶体体系不同，是稳定体系。开始大量形成胶束时的表面活性剂浓度称为临界胶束浓度，用 CMC 来表示。

临界胶束浓度是表面活性剂最重要的参数之一，是表面活性的量度。CMC 是表面活性剂在溶液中开始形成大量胶束时的浓度，此时溶液的性质发生很大的变化，许多性质如胶束的增溶、催化、润湿及乳化作用等都要在 CMC 以上发生。每种表面活性剂在某温度下都有

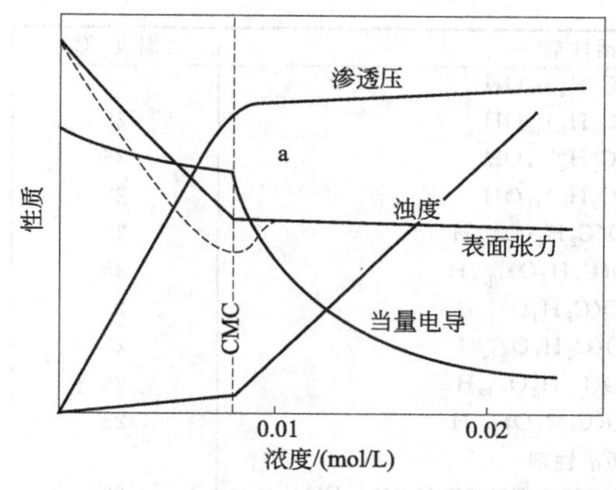

图 7-14　十二烷基硫酸钠溶液的物理性质

其特定的 CMC 值，见表 7-10。

表 7-10　一些表面活性剂的 CMC 值

表面活性剂	温度/℃	CMC/(mol/L)
阴离子型表面活性剂		
$C_{12}H_{25}COOK$	25	1.25×10^{-2}
$C_{12}H_{25}SO_4Na$	40	8.7×10^{-3}
$C_{14}H_{29}SO_4Na$	40	2.4×10^{-3}
$C_{16}H_{33}SO_4Na$	40	5.8×10^{-4}
$C_{12}H_{25}SO_3Na$	40	9.7×10^{-3}
$C_{14}H_{29}SO_3Na$	40	2.5×10^{-3}
$C_{12}H_{25}SO_4\cdot N(CH_3)_3C_4H_9$	—	2.38×10^{-3}
$C_{12}H_{25}SO_4\cdot N(CH_3)_3C_{10}H_{21}$	—	2.1×10^{-4}
$(C_{12}H_{25}SO_4)_2Ca$	54	2.6×10^{-3}
$(C_{12}H_{25}SO_4)_2Mg$	25	1.8×10^{-3}
阳离子型表面活性剂		
$C_{12}H_{25}NH_2\cdot HCl$	30	1.6×10^{-2}
$C_{16}H_{33}NH_2\cdot HCl$	55	8.5×10^{-4}
$C_{18}H_{37}NH_2\cdot HCl$	60	5.5×10^{-4}
$C_{10}H_{21}N(CH_3)_3Br$	25	6.8×10^{-2}
$C_{12}H_{25}N(CH_3)_3Br$(DTAB)	25	1.6×10^{-2}
$C_{14}H_{29}N(CH_3)_3Br$	30	2.1×10^{-3}
$C_{16}H_{33}N(CH_3)_3Br$(CTAB)	25	9.2×10^{-4}
$C_{12}H_{25}(NC_5H_5)Cl$	25	1.5×10^{-2}
$C_{16}H_{33}(NC_5H_5)Cl$	25	9.0×10^{-4}
$C_{18}H_{37}(NC_5H_5)Cl$	25	2.4×10^{-4}
两性离子型表面活性剂		
$C_8H_{17}N^+(CH_3)_2CH_2COO^-$	27	2.5×10^{-1}
$C_8H_{17}CH(COO^-)N^+(CH_3)_3$	27	9.7×10^{-2}
$C_{10}H_{21}CH(COO^-)N^+(CH_3)_3$	27	1.3×10^{-2}
$C_{12}H_{25}CH(COO^-)N^+(CH_3)_3$	27	1.3×10^{-3}
非离子型表面活性剂		
$C_6H_{13}(OC_2H_4)_6OH$	20	7.4×10^{-2}
$C_8H_{17}(OC_2H_4)_6OH$	—	9.9×10^{-3}
$C_{10}H_{21}(OC_2H_4)_6OH$	—	9×10^{-4}
$C_{12}H_{25}(OC_2H_4)_6OH$	25	8.7×10^{-5}
$C_{12}H_{25}(OC_2H_4)_9OH$	—	1×10^{-5}

续表

表面活性剂	温度/℃	CMC/(mol/L)
$C_{12}H_{25}(OC_2H_4)_{12}OH$	—	1.4×10^{-3}
$C_{12}H_{25}(OC_2H_4)_{14}OH$	25	5.5×10^{-5}
$C_{12}H_{25}(OC_2H_4)_{23}OH$	25	6.0×10^{-5}
$C_{12}H_{25}(OC_2H_4)_{31}OH$	25	8.0×10^{-5}
$C_9H_{19}C_6H_4O(C_2H_4O)_{9.5}H$	25	$(7.8\sim9.2)\times10^{-5}$
$C_9H_{19}C_6H_4O(C_2H_4O)_{10.5}H$	25	$(7.5\sim9)\times10^{-5}$
$C_9H_{19}C_6H_4O(C_2H_4O)_{15}H$	25	$(1.1\sim1.3)\times10^{-4}$
$C_9H_{19}C_6H_4O(C_2H_4O)_{20}H$	25	$(1.35\sim1.75)\times10^{-4}$
$C_9H_{19}C_6H_4O(C_2H_4O)_{30}H$	25	$(2.5\sim3.0)\times10^{-4}$
$C_9H_{19}C_6H_4O(C_2H_4O)_{100}H$	25	1.0×10^{-3}
硅表面活性剂		
$(CH_3)_3SiO[Si(CH_3)_2O]Si(CH_3)_2CH_2(C_2H_4O)_{8.2}CH_3$	25	5.6×10^{-5}
$(CH_3)_3SiO[Si(CH_3)_2O]Si(CH_3)_2CH_2(C_2H_4O)_{12.8}CH_3$	25	2.0×10^{-5}
$(CH_3)_3SiO[Si(CH_3)_2O]Si(CH_3)_2CH_2(C_2H_4O)_{17.3}CH_3$	25	1.5×10^{-5}
$(CH_3)_3SiO[Si(CH_3)_2O]_9Si(CH_3)_2CH_2(C_2H_4O)_{17.3}CH_3$	25	5.0×10^{-5}
氟表面活性剂		
$C_8F_{17}COONa$	30	9.1×10^{-3}
$C_{10}F_{21}COONa$	60	4.3×10^{-4}
$C_3F_7(OCF(CF_3)CF_2)OCF(CF_3)COONH_4$	20	7.5×10^{-4}
$C_3F_7(OCF(CF_3)CF_2)_2OCF(CF_3)COONH_4$	20	4.0×10^{-4}
$C_3F_7(OCF(CF_3)CF_2)_3OCF(CF_3)COONH_4$	20	7.6×10^{-5}

表面活性剂浓度达到 CMC 时，水的表面张力降到最低，通常用 σ_{CMC} 表示。CMC 和 σ_{CMC} 是表面活性剂的两个重要参数，可用 CMC 衡量表面活性剂降低表面张力的效率，用 σ_{CMC} 衡量表面活性剂降低表面张力的效能。

胶束的理论是研究离子型表面活性剂时提出的，现已证实非离子型表面活性剂也可以形成胶束。离子型表面活性剂胶束是由表面活性离子缔合而成的，由于部分反离子呈扩散状分布，所以该类胶束是带电的，有时称其为胶体电解质。非离子型表面活性剂胶束也是由表面活性分子缔合而成的，但不属于胶体电解质。由于表面活性剂都是通过缔合而成胶束，所以这种溶液统称为缔合胶体，或胶束溶液。

二、胶束

1. 胶束自发形成的原因

(1) 能量因素

众所周知，表面活性剂的碳氢链具有疏水性，与水分子的亲和力弱，因此碳氢链与水的界面能较高，疏水基有逃离水相的趋势。逃离水相的方式之一是在溶液浓度不太高或 CMC 以下时在表面吸附，当达饱和状态后，在溶液内部形成缔合物即胶束，以减小界面自由能。

(2) 熵驱动机理

由前所述，胶束形成的过程是表面活性剂在溶液中由无序的单体分子向有序组合体变化的过程，应是熵减的过程，但胶束形成的热力学函数结果表明该过程是熵增的过程，如表7-11所示。

表 7-11　生成胶束的热力学函数

表面活性剂	$\Delta G_m^\ominus$ /(kJ/mol)	$\Delta H_m^\ominus$ /(kJ/mol)	$T\Delta S_m^\ominus$ /(kJ/mol)	$\Delta S_m^\ominus$ /[J/(K·mol)]
$C_7H_{15}COOK$	−12.12	13.79	25.92	87.78
$C_8H_{17}COONa$	−15.05	6.27	21.32	71.06
$C_{10}H_{21}SO_4Na$	−18.81	4.18	22.99	75.24
$C_{12}H_{25}SO_4Na$	−21.74	−1.25	20.48	66.88
$(DC_{12}AOH)^+Cl^-$ ①	−22.99	−1.25	21.74	71.06

①为十二烷基二甲基氧化胺盐酸盐。

这是因为表面活性剂溶于水后，是以水合状态存在于溶液中的，也包括疏水基—R $(H_2O)_n$。而在胶束形成过程中，疏水基彼此相互聚集。

$$—R(H_2O)_n + —R(H_2O)_n \longrightarrow —R\cdot R— + 2nH_2O$$

结果是原来包围疏水基—R的水分子被排挤出来，使水由定向结合的有序状态变为自由的无序状态，于是体系的熵增加。这个过程称为疏水过程。该过程是吸热的，这也反映了存在脱水过程。正因为胶束生成是自发的，疏水效应使得胶束生成是熵增过程。

还有一种解释是在水溶液中，非极性分子运动受到周围水分子网络结构的限制，而在缔合体的疏水内核中，则有较大自由度。

2. 胶束的结构

胶束的结构包括两部分：内核和外层。在水溶液中，胶束内核由彼此缔合的疏水基构成，形成非极性微区。在其内核与溶液之间是水化的表面活性剂极性基外层。邻近极性基的—CH_2—基团具有一定的极性，其周围存在着水分子，因为此时水分子有一定取向，又称结构水，也称为渗透水。介于内核与极性头之间的—CH_2—基团构成栅栏层。该层也可认为是胶束外壳的一部分。离子型和非离子型的胶束结构不完全相同。

离子型表面活性剂的胶团结构如图7-15（a）所示。由图可见，离子型胶束外层（壳）的反离子一部分与离子头基结合，形成紧密层或Stern层，还有一部分处于扩散层中，以保持胶束的电中性。

非离子型表面活性剂的胶束结构如图7-15（b）所示。与离子型不同的是，它没有双电层结构，其外壳由柔顺的聚氧乙烯链及醚键原子结合的水构成。

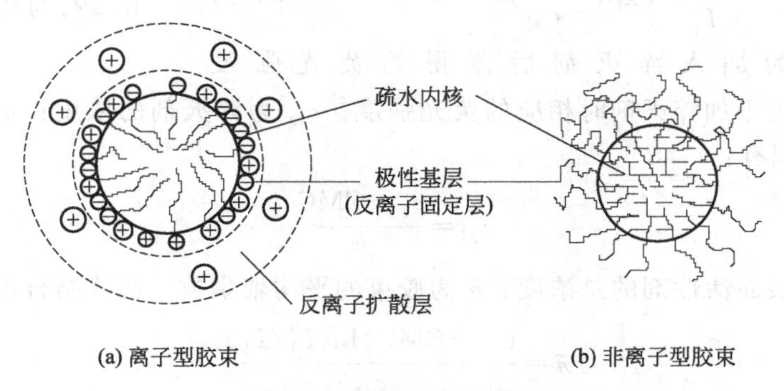

图 7-15　胶束结构示意图

胶束的外壳不是光滑的面，这是由于胶束中的分子或离子与溶液中的单体在不停地进行交换，同时溶液中表面活性剂单体分子进行热运动，这些均会使胶束外壳波动。

3. 胶束的大小

胶束的大小一般是用聚集数来度量的。聚集数是缔合成一个胶束的单个表面活性剂分子或者离子的数目。由于形成胶束的表面活性剂分子结构、浓度及其他因素不同，胶束的聚集数可以相差很大。通常两亲分子水溶液的胶束聚集数分布在 $2\sim10^5$ 范围内，但是对于大分子而言，也可以形成单分子胶束。胶束聚集数的测定方法一般有如下几种。

（1）光散射法

胶束聚集数的测定常用光散射法，其原理是用光散射法测出胶束分子量，或称胶束量，再除以表面活性剂分子的分子量，即可得胶束聚集数，聚集数也是平均值。

若体系中表面活性剂的总浓度为 c，形成胶束的表面活性剂浓度应为 $c-\mathrm{CMC}$，将胶束视为大分子，由式（4-20）可得：

$$\frac{K(c-\mathrm{CMC})}{\Delta R_\theta}=\frac{1}{M_m}+2A_2(c-\mathrm{CMC}) \tag{7-1}$$

考虑到溶剂中杂质的影响，式中，ΔR_θ 为表面活性剂溶液的瑞利比减去溶剂的瑞利比。式中，M_m 为胶束量，显然，胶束聚集数 $n=M_m/M$，M 为表面活性剂分子量。将十四烷基三甲基溴化胺水溶液的瑞利比 ΔR_θ 与其浓度的关系数据用式（7-1）处理，得到如图 7-16 所示直线，由直线在纵轴上的截距可得胶束量 M_m。再根据十四烷基三甲基溴化胺的分子量（M），可得胶束聚集数 $n=M_m/M$。

（2）荧光探针法

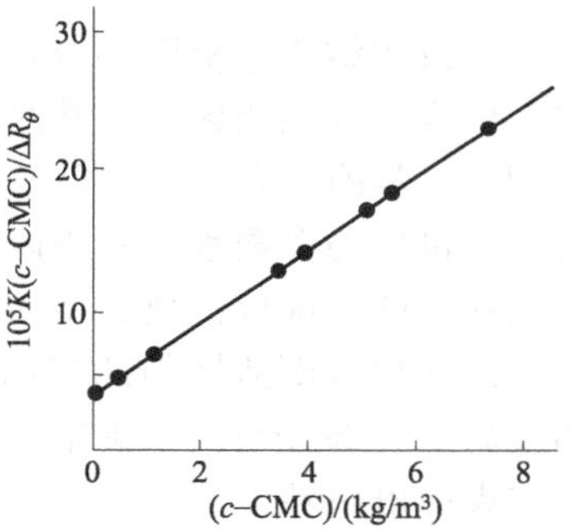

如果向体系中加入荧光淬灭剂（使荧光探针分子失去发射荧光能力的物质），且淬灭剂分子也像探针分子一样，全部增溶于胶束中，则探针分子和淬灭剂分子将以同样的方式随机分布于胶束中。当胶束的浓度远大于探针和淬灭剂浓度时就会出现这样的情况：一部分探针分子处于含有淬灭剂（至少一个分子）的胶束中，不再发射荧光，而另一部分探针分子处于不含淬灭剂的空胶束中，仍然能够发射荧光，假定探针分子和淬灭剂分子在胶束中的分布服从泊松分布，则体系的荧光强度服从下式：

$$\frac{I_1}{I_1^0}=\exp\left(-\frac{c_\mathrm{Q}}{c_\mathrm{M}}\right) \tag{7-2}$$

图 7-16 用式（7-1）处理十四烷基三甲基溴化胺水溶液的瑞利比 ΔR_θ 与其浓度的数据图

式中，I_1 为加入淬灭剂后测得的荧光强度（372.7nm）；I_1^0 为不加淬灭剂时相应的荧光强度；c_Q 为淬灭剂的浓度；而 c_M 为胶束的浓度。对表面活性剂有：

$$c_\mathrm{M}=\frac{c_t-\mathrm{CMC}}{\bar{n}} \tag{7-3}$$

式中，c_t 为表面活性剂的总浓度；$\bar{n}$ 为胶束的平均聚集数。两式结合得到：

$$\bar{n}=\frac{(c_t-\mathrm{CMC})\ln(I_1^0/I_1)}{c_\mathrm{Q}} \tag{7-4}$$

选择适当的淬灭剂浓度 c_Q，使得当 c_Q 变化时，$\bar{n}$ 不发生显著变化，则可以获得胶束聚集数$\bar{n}$，该法称为稳态荧光探针法。

聚集数还可以通过其他试验手段测定，如扩散法、黏度法、超离心法、电泳淌度法、小角中子散射等。表7-12列出了部分表面活性剂水溶液的胶束分子量与聚集数。

表7-12 部分表面活性剂在水溶液中的胶束大小

表面活性剂①	介质	胶束量	聚集数	测定方法
C_8SO_4Na	H_2O	4600	20	光散射
$C_{10}SO_4Na$	H_2O	13000	50	光散射
$C_{12}SO_4Na$	H_2O	17800	62	光散射
$C_{12}SO_4Na$	0.02mol/L,NaCl	19000	66	光散射
$C_{12}SO_4Na$	0.02mol/L,NaCl	29500	101	光散射
$C_{12}SO_4Na$	H_2O	23200	80	电泳淌度
$C_{10}N(CH_3)_3Br$	H_2O	10200	36.4	光散射
$C_{12}N(CH_3)_3Br$	H_2O	15400	50	光散射
$C_{12}NH_3Cl$	H_2O	12300	55.5	光散射
$C_{12}NH_2Cl$	0.0157mol/L,NaCl	20500	92	光散射
C_9COONa	0.013mol/L,NaBr	740	38	光散射
$C_{11}COOK$	H_2O	11900	50	光散射
$C_{11}COOK$	1.6mol/L,KBr	(90000)	360	扩散-黏度
	0.1mol/L,K_2CO_3	27000	110	扩散-黏度
$C_{11}COONa$	0.013mol/L,KBr	12400	56	光散射
$C_{15}COONa$	0.013mol/L,KBr	47300	170	光散射
二丁基苯磺酸钠	H_2O	66600	170	光散射

①表中略去各表面活性剂主碳链氢原子数。

4. 胶束的形状

(1) 胶束的形状

胶束有不同的形状：球状、棒状、六角束、层状等，见图7-17。

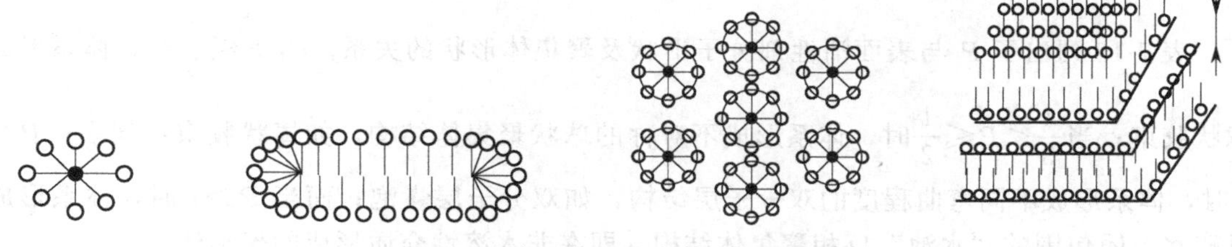

图7-17 常见的四种胶束结构示意图

光散射法的研究表明，在超过CMC一定浓度范围内，胶束是对称的球形，而且聚集数不变。例如$C_{12}H_{25}Na$水溶液在CMC时胶束的聚集数为73，随着浓度增加，仍能保持不变。一般而言，只要超出CMC不多，没有其他添加物时，胶束大多呈球形。在浓度较高或其他情况下，胶束的形状是不对称的，如椭球状、扁球状等。

在10倍于CMC或更高浓度的溶液中，胶束一般是非球形的。Dedye根据光散射实验结果提出棒（肠）状胶束模型，这种模型使大量表面活性剂分子的碳氢链与水的接触面积缩小，有更高的热力学稳定性。这种棒（肠）状胶束还具有一定的柔顺性。表面活性剂浓度更大时，棒状聚集成六角束。若表面活性剂浓度再增加，就会形成巨大的层状胶束。

(2) 临界堆积参数

胶束的形状随某些因素发生变化，如通常说的球形、椭球形、蝶形和棒状或者蠕虫状胶束，随着表面活性剂的浓度增加而变化，而有序组合体的形态也与表面活性剂自身的几何形状有关，特别是亲水基与疏水基在溶液中的横截面积的相对大小。Isrealachvili定义了临界

堆积参数 P：

$$P=\frac{V_{\mathrm{C}}}{l_{\mathrm{C}}a} \tag{7-5}$$

式中，V_{C} 是两亲分子的疏水基团的体积；l_{C} 是两亲分子的疏水基团的链长度，其最大长度是疏水基团的链完全伸展的长度；a 是两亲分子的亲水基团在紧密排列的单分子层中平均占有的横截面积。

表 7-13　堆积参数 P 与表面活性剂分子形状及聚集体形状的关系

P 值	表面活性剂分子形状	表面活性剂聚集体及形状	体系举例
<1/3	V_{C}	球形胶束	大头单尾(如低盐介质中的 SDS)
1/3～1/2		棒状胶束	小头单尾(在高盐介质中的 SDS、CTAB、非离子型类脂体)
1/2～1		柔性双层囊泡	大头双尾(卵磷脂)
1		平行双层层状胶束	小头双尾(磷脂酰乙醇胺)
>1		微乳、反胶束	小头双尾(非离子型类脂体、不饱和磷脂酰乙醇胺和胆甾醇)

注:“头”指亲水基团,“尾”指憎水碳氢链,单尾指表面活性剂分子中只有一个碳氢链,余类推。

表 7-13 列出了 P 与表面活性剂分子形状及聚集体形状的关系。当 $P\leqslant\frac{1}{3}$ 时，体系形成球状胶束；当 $\frac{1}{3}<P\leqslant\frac{1}{2}$ 时，体系形成不对称的球状聚集体结构，如棒状胶束；当 $\frac{1}{2}<P\leqslant 1$ 时，体系形成不同弯曲程度的双分子层结构，如双分子层囊泡；而当 $P>1$ 时，体系形成以疏水基团包围的“水池”反相聚集体结构，即在非水溶性介质形成的聚集体。

还要注意的是胶束溶液是一个复杂的平衡体系，可能存在着各种形状间以及各种形状与单体间的动态平衡。通常提到的某胶束溶液中胶束的形状指的是胶束溶液主要形状或平均形状。

三、反胶束

表面活性剂在非水介质中也会形成聚集体，其结构与水溶液中胶束相反。它是以亲水基聚集在一起形成的亲水内核，而疏水基构成外层，称之为反胶束，见图 7-18。

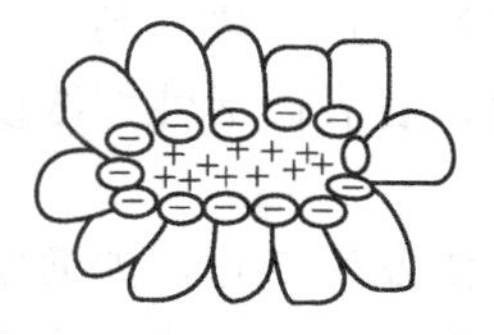

图 7-18　反胶束示意图

关于反胶束的研究难度较大，现在还很不充分。常用于研究胶束形成的表面张力测定法和电导法都不适用。能显著降低水溶液表面张力的大多数表面活性剂并不能降低非极性溶剂的表面张力，有时甚至使溶剂的表面张力升高。因此，一般情况下，无法用表面张力测定法来研究非水体系中胶束的形成。另一方面，由于离子型表面活性剂在非水体系中不易电离，主要以离子对的形式存在，因而电导法也不是有效方法。不过，无论在何种溶剂体系中形成胶束，体系都有纳米级的粒子，故溶液的依数性有变化，如沸点升高、凝固点降低、蒸气压降低。光散射、扩散法等仍可以用来研究胶束的形成。

在非水溶液中形成聚集体的机制与在水体系中的不同，后者是依靠表面活性剂疏水基的疏水效应，是熵驱动的过程。而反胶束形成的动力往往不是熵效应，而是表面活性剂亲水基之间以及水与亲水基之间彼此结合或者形成氢键的结合能，也就是过程的焓变起着重要作用。表面活性剂分子的空间障碍则会阻碍反胶束的形成。从几何特征来说，堆积参数 P 大于 1 的双亲分子易形成反胶束。通常有两个具有分支结构疏水尾巴的小极性头的双亲分子，例如异构的琥珀酸酯磺酸盐就属于这一类。当表面活性剂的反离子或表面活性剂分子本身有较大体积时，在非极性溶剂中则难以形成反胶束。另外，极性基的性质在缔合过程中起主要作用。通常离子型表面活性剂形成较大的反胶束，其中阴离子型硫酸盐又优于阳离子型季铵盐。目前研究和使用最多的阴离子表面活性剂是丁二酸-2-乙基己基酯磺酸钠（AOT）。该表面活性剂分子极性头小，有双链，形成反胶束时不必加入助表面活性剂，形成的反胶束大，有利于一些较大的水溶性分子如蛋白质分子的进入。与正常胶束相比，反胶束有如下特点。

① 反胶束聚集数和尺寸都较小，聚集数通常在 10 左右，有时只由几个单体分子聚集而成。

② 形成反胶束时，没有明显的CMC值。

③ 反胶束形态不像正常胶束那样形态多样，主要是球形。

④ 反胶束也具有增溶能力，但被增溶的是水、水溶液和一些极性有机物。

表 7-14 中列出了一些表面活性剂反胶束的临界胶束浓度和聚集数。

表 7-14　一些表面活性剂反胶束的临界胶束浓度（CMC）和聚集数 N

表面活性剂	溶剂	CMC/(mmol/L)	N
$n\text{-}C_{12}H_{25}(OC_2H_4)_2OH$	苯	7.6	34
$n\text{-}C_{12}H_{25}(OC_2H_4)_6OH$	苯		1.22
$n\text{-}C_{12}H_{25}NH_3^+C_2H_5COO^-$	四氯化碳	23	42
$n\text{-}C_{12}H_{25}NH_3^+C_2H_5COO^-$	苯	6	42
$n\text{-}C_{12}H_{25}NH_3^+C_3H_7COO^-$	苯	3	3
$(C_9H_{19})_2C_{10}H_5SO_3^-Li^+$	环己烷	质量分数 0.5%	8
二壬基萘磺酸钠	苯	$10^{-3}\sim10^{-4}$	7
琥珀酸二(2-乙基己基)酯磺酸钠	四氯化碳	0.6	20
	苯	3	23
	环己烷	1.6	
$C_9H_{19}C_6H_4(OC_2H_4)_9OH$	甲酰胺	0.157	45～65
	乙二醇	0.125	

反胶束的极性核溶入水后形成“微水池”，在此基础上再溶解一些原来不能溶解的水溶性物质，即所谓的二次增溶。例如可以使蛋白质、氨基酸、酶等生物活性物质增溶到非水溶剂体系中。由于胶束的屏蔽作用，不与有机溶剂直接接触，而水池的微环境又保护了生物活性物质的活性，达到溶解和分离生物物质的目的。

反胶束作为微反应环境，可用于纳米级微粒的制备。通常，用反胶束制备纳米级微粒最直接的方法就是将含有反应物如无机盐和还原剂的两个反胶束溶液相混合。反应物皆溶于水核内，通过胶束水核的相互碰撞，含不同反应物的水核之间进行物质交换，生成产物，产生晶核，然后晶核逐渐长大，形成纳米粒子。由于无机盐在油相中的溶解度很小，液滴中的反应物金属盐和还原剂通过连续油相的质量传递受到严重限制。因此，在反胶束反应介质中，液滴之间相互吸引和渗透对粒子成核和生长是极其重要的。

粒子的成核与生长在微水核内进行，不同水核内的晶粒和粒子之间的物质交换受阻，在其中生成的粒子尺寸也就得到了控制。含水量与表面活性剂的物质的量之比是反胶束的一个重要参数，决定了反胶束的大小和聚集数。因此水与表面活性剂的物质的量之比也是控制纳米粒子大小的主要因素。

在反胶束中，用超临界 CO_2 代替传统的有机溶剂合成纳米粒子可解决溶剂的分离问题。超临界流体（SCF）与通常的流体相基本相似，但其具有密度变化灵敏、扩散系数大、黏度小等特点，能够通过一个连续相选择性地控制溶剂和表面活性剂的尾链，同时，通过影响互相的碰撞和交换过程，由此控制在 SCF 反胶束中制备纳米粒子的大小和性质。

四、高分子胶束

两亲性高分子表面活性剂与低分子表面活性剂一样，疏水基在表面上吸附而使表面张力降低，同时在溶液内部缔合形成胶束。Merrett 采用电镜首先证明了共聚物多分子胶束的生成。随后，又有许多研究工作证明多分子胶束和临界胶束浓度的存在。胶束形成的推动力是疏水基与水的相互作用，同时聚合物链的不相容性排斥力也起重要作用。通常认为多分子胶束为球形，大小较均匀，球的中心为水不溶性核，外围是可溶性嵌段或接枝部分。高分子表面活性剂种类繁多，胶束的形状也有椭球、棒状、蠕虫状等多种形状。

与低分子表面活性剂不同的是，在较低浓度下，高分子表面活性剂可能形成单分子胶束。Sadron 首先提出单分子胶束的假设，认为链段的不同溶解性以及相互的不相容性使高分子表面活性剂在稀溶液下形成单分子胶束。其实验依据是在分子量不变的情况下，特性黏度和旋转半径有明显下降，在一定温度下表面张力与浓度的关系曲线出现双转折现象。嵌段共聚物在选择性溶液中生成单分子胶束与多分子胶束，结构如图 7-19 所示。

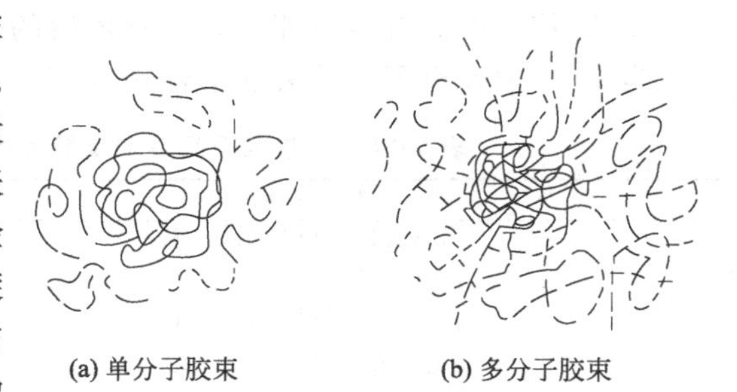

图 7-19 嵌段共聚物在选择性溶液中形成的胶束

采用静态或动态光散射、小角 X 射线散射和中子散射、沉降分析法、黏度法、渗透压法、荧光探针法、电镜及 NMR 等方法，可研究两亲性高分子在稀溶液中胶束的形成及胶束的大小。

五、CMC 的测定方法

CMC 时溶液的许多性质发生突变，因此原则上可以从任何性质的突变来确定 CMC。但是应当注意，由于所根据的性质、实验方法、原料的纯度等不同，不可能使所得到的 CMC 值完全一致，但突变点总落在一个很小的浓度范围内。常用的测定 CMC 的方法有表面张力法、电导法、折射率法、染料法和增溶法等。

1. 表面张力法

表面活性剂溶液表面张力的降低仅出现在浓度小于 CMC 以前。当浓度达到 CMC 时，溶液内单个分子的浓度保持恒定，表面吸附达到动态平衡，吸附量不再随表面活性剂浓度的增加而增加，表面张力开始平缓下降，在 σ-c 图上出现明显的转折，此点即 CMC。

该法的优点是简单、方便，且不受表面活性剂类型、活性高低、是否存在无机盐等因素的影响，即适用于各类表面活性剂和各种条件的测定。此法测出的 CMC 均方根误差约 2%～3%。测定时要注意在平衡状态下测定表面张力，否则误差大。

2. 电导法

当离子型表面活性剂的浓度小于 CMC 时，溶液的电导同强电解质溶液一样，符合

$$\lambda=\lambda_0-K\sqrt{c} \tag{7-6}$$

式中，λ_0 和 K 均为常数。电导（λ）与浓度（c）的关系如图 7-20 所示。当浓度达到或超过 CMC 时，胶束生成。在测定时用比电导与浓度的关系曲线（图 7-21）更方便些。图 7-21 中 CMC_1 是临界胶束浓度，表示胶束开始形成，CMC_2 是第二临界胶束浓度，表示在此浓度时胶束重组成更易长大的结构。

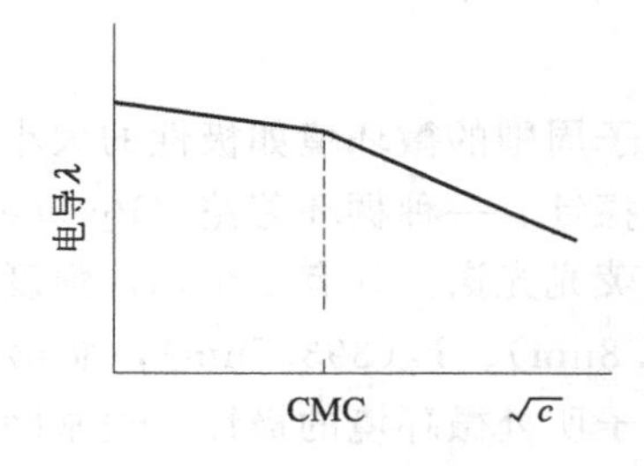

图 7-20　从 λ-$\sqrt{c}$ 关系曲线求 CMC

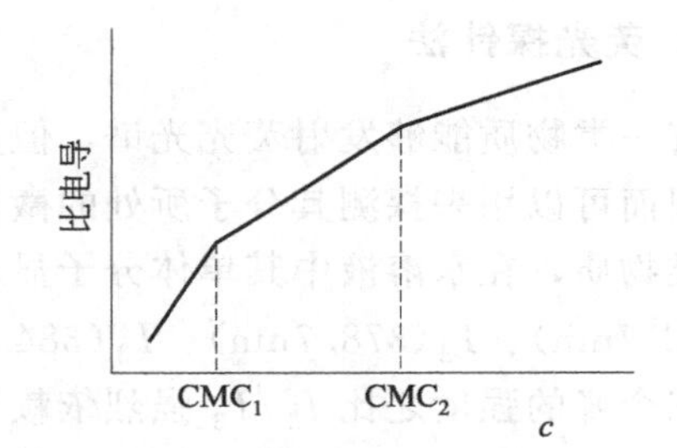

图 7-21　从比电导-c 关系曲线求 CMC

用电导法测定离子型表面活性剂 CMC 的均方根误差小于 2%。该法的优点是简单方便，缺点是胶束浓度太大时，准确度差，加入无机盐影响其灵敏度，甚至失效。而且电导法不适用于非离子型表面活性剂。

3. 折射率法

表面活性剂分子的缔合必然会引起溶液折射率的变化。折射率变化值与浓度关系曲线上的转折点即 CMC 点。该法测定 CMC 的均方根误差小于 1%。

4. 染料法

许多染料在水溶液和有机溶液中的颜色不同。先在水中加一些染料，然后再向其中滴定较浓的表面活性剂，如果胶束开始生成，则染料将从水相转入胶束的亲油“内核”，从而使溶液颜色发生改变，此时表示已达到胶束临界浓度（即滴定终点），从而可得 CMC。只要染料选择合适，操作十分简便。可用人眼直接观察颜色变化，也可用分光光度计观测。

对非离子型表面活性剂，常用的染料是氯化频那氰酸，还可用苯并红紫 4B 和四碘荧光素等；对阳离子型表面活性剂，可用曙红、荧光黄等；对阴离子型表面活性剂，则可用碱性

蕊香红 G 和频那氰醇氯化物。

5. 增溶法

此法类似于染料法，对任意被增溶的物质（不溶或微溶于水的非极性物质），作溶解度-表面活性剂浓度图，可以观察到溶解度突变的拐点，此点即对应于 CMC。不过与染料法类似，被增溶物质也可能影响 CMC。

6. 光散射法

此法是利用表面活性剂在溶液中形成胶束前后光散射强度的变化来测 CMC 的。最常用的方法是测量不同浓度表面活性剂溶液的散射光强。当形成胶束后，散射光强会明显增加，散射光强突变点就是 CMC。因为胶束是许多表面活性剂分子或离子的缔合体，其尺寸都在胶体分散体系范围具有较强的光散射。图 7-22 为十四烷基三甲基溴化胺水溶液的光散射瑞利比 R_θ 与其浓度的关系图。由图可见，在 CMC 以下 R_θ 几乎是定值，在 CMC 以上 R_θ 随浓度增加而增大。该法的优点是对各种表面活性剂溶液具有普适性，而且可能同时得到胶束的粒径和分子量。

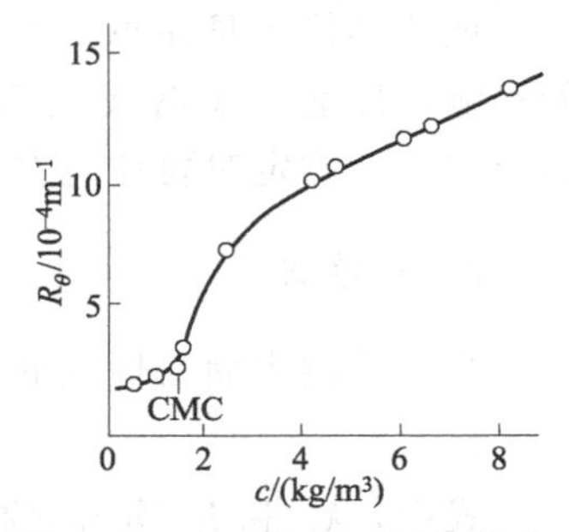

图 7-22 十四烷基三甲基溴化胺水溶液的光散射瑞利比 R_θ 与浓度的关系图

7. 荧光探针法

有一类物质能够发射荧光光谱，但其荧光光谱对分子周围的微环境如极性的大小十分敏感，因而可以用来探测其分子所处的微环境，称为荧光探针。一种稠环芳芘（Pyrene）就属于这类物质，在水溶液中其单体分子显示出独特的精细荧光光谱，共有 5 个峰，强度分别为 I_1(372.7nm)、I_2(378.7nm)、I_3(384.7nm)、I_4(389.8nm)、I_5(393.7nm)，而第一个峰和第三个峰的强度之比 I_1/I_3 强烈依赖于该稠环芳芘分子所处微环境的极性，通常随极性的增加而显著减小。于是，如果将稠环芳芘溶于表面活性剂溶液，当表面活性剂溶液的浓度小于 CMC 时，稠环芳芘分子处于水环境中，I_1/I_3 将基本不变，一旦表面活性剂浓度大于 CMC，稠环芳芘将被增溶到胶束中，处于胶束栅栏层中，即所处环境的极性显著降低，导致 I_1/I_3 急剧下降。若以 I_1/I_3 对表面活性剂浓度作图，将获得一个明显的转折点，转折点所对应的浓度即为 CMC，如图 7-23 所示。

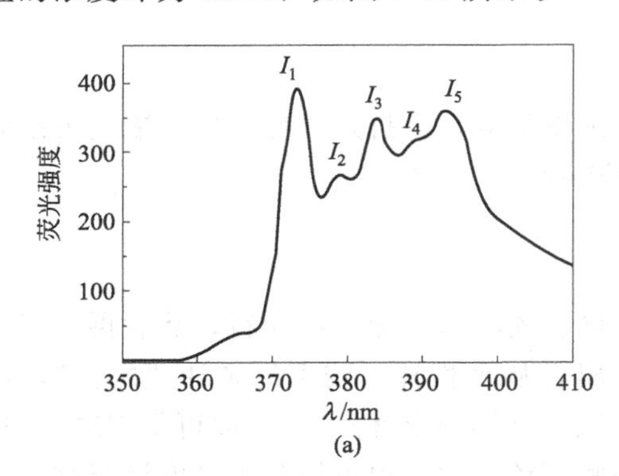

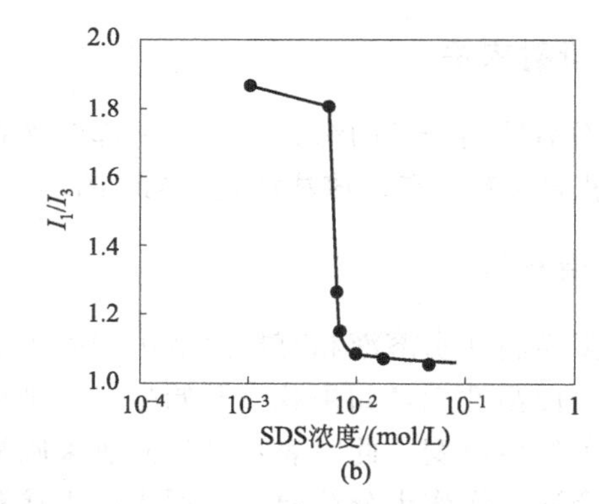

图 7-23 稠环芳芘的荧光光谱（a）和其荧光强度比值（I_1/I_3）随水溶液中十二烷基硫酸钠浓度的变化（30℃）（b）

8. 微量热法

该方法用于测量CMC是将高浓度的表面活性剂溶液滴加到水中，仪器就能检测到解胶束过程的热效应，当表面活性剂在样品池中的浓度达到CMC时，热量就发生明显的变化。

六、CMC的影响因素

表面活性剂的CMC通常都比较低，尤其是非离子型表面活性剂。杂质对CMC有很大的影响。了解影响表面活性剂CMC的因素，对表面活性剂的使用有重要意义。

① 疏水基相同时，直链非离子型表面活性剂的CMC大约比离子型表面活性剂小两个数量级。

② 同系物中，不论是离子型表面活性剂还是非离子型表面活性剂，疏水基的碳原子数目越多，CMC值就越低。直链的离子型表面活性剂具有同一个亲水基团的同系物，疏水基每增加两个碳原子，CMC值约降低为原来的1/4。对于直链非离子型表面活性剂，每增加两个碳原子，其CMC值约降低到原来数值的1/10。根据经验总结，对于直链的表面活性剂，CMC值与疏水基碳原子数目的关系可由下式表示：

$$\lg CMC = A + Bn \tag{7-7}$$

式中，n为碳原子数目，A和B为经验常数，其值随表面活性剂结构及温度而异。表7-15给出了部分表面活性剂的A值和B值，显然，A值无一定规律，对于1-1价离子型表面活性剂，B值为0.3左右。非离子型表面活性剂的B值为0.5左右。

表7-15　一些表面活性剂的A、B值

表面活性剂	温度/℃	A	B
$C_mH_{2m+1}COONa$	20	1.85	0.30
$C_mH_{2m+1}COOK$	25	1.92	0.29
$C_mH_{2m+1}SO_3Na$	40	1.59	0.29
$C_mH_{2m+1}SO_4Na$	45	1.42	0.30
$C_mH_{2m+1}N(CH_3)_3Br$	25	1.72	0.30
$C_mH_{2m+1}(C_2H_4O)_3OH$	25	2.32	0.554
$C_mH_{2m+1}(C_2H_4O)_6OH$	25	1.81	0.488
$C_mH_{2m+1}N(CH_3)_2O$	27	3.3	0.5
$C_mH_{2m+1}N(CH_3)_3OH$	25	2.32	0.55

疏水链中苯环的作用要比六个—CH_2基小得多，一个邻近头基的苯环对CMC的贡献大约相当于3.5个—CH_2基。

③ 疏水基碳链长度相同而化学组成不同时，CMC存在显著差别。碳氢表面活性剂的CMC远大于相同碳链长度的含氟表面活性剂，如全氟辛基磺酸钠的CMC为8.0mmol/L与十二烷基磺酸钠相当，而辛基磺酸钠的CMC为0.16mmol/L，显然，一个CF_2基团对CMC的贡献大约相当于1.5个—CH_2基团。

④ 亲水基相同，疏水基碳原子数亦相同，疏水基中含有支链或不饱和键时，会使CMC升高。

⑤ 疏水基相同时，离子型表面活性剂的亲水基团对CMC值影响较小，同价反离子交换对CMC影响很小。但二价反离子取代一价反离子，则使CMC显著降低，如25℃时，$C_{12}H_{25}SO_4Na$的CMC为0.0081mol/L，当反离子为Ca^{2+}时，其CMC为0.0026mol/L。

⑥ 无机盐对表面活性剂的 CMC 影响显著。图 7-24 给出 Na^+ 对十二烷基硫酸钠 CMC 的影响。从图 7-24 可以看出，加入 Na^+ 后，十二烷基硫酸钠的 CMC 显著降低，当 Na^+ 浓度为 0.2mol/L 时，可使 CMC 下降一半。所有离子型表面活性剂都是如此，但在无机盐中起决定性作用的离子应是与表面活性剂电性相反的离子，这些离子的价数越高，作用越强烈。

无机盐影响离子型表面活性剂 CMC 的机理是：外加电解质压缩胶束周围的双电层，使更多的反离子与胶束结合，削弱了表面活性离子间的排斥作用，因而有利于胶束形成。在低浓度时无机盐对非离子型表面活性剂影响不显著。

⑦ 长链极性有机物对表面活性剂的 CMC 也有显著影响。图 7-25 为醇类对十四碳酸钾水溶液 CMC 的影响。醇的碳氢链越长，降低其 CMC 的能力越大。其他长链有机酸或胺类也有类似性质。醇对非离子型表面活性剂 CMC 的影响不同于离子型表面活性剂。醇浓度越大，CMC 增加得越多。例如 $C_{12}H_{25}O(C_2H_4O)_{23}H$ 的 CMC 为 9.1×10^{-5}mol/L，当溶液中乙醇含量为 0.9mol/L 时 CMC 为 9.9×10^{-5}mol/L，当乙醇浓度为 3.4mol/L 时，CMC 增至 2.4×10^{-4}mol/L。由此可见，醇对非离子型表面活性剂 CMC 的影响与对离子型表面活性剂的情况相反。

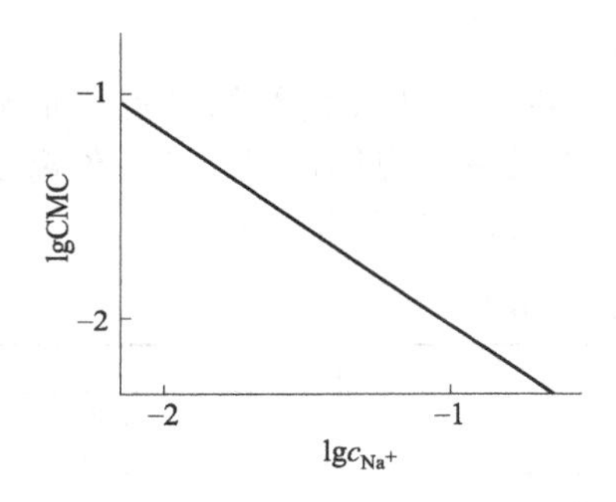

图 7-24 Na^+ 浓度对十二烷基硫酸钠 CMC 的影响

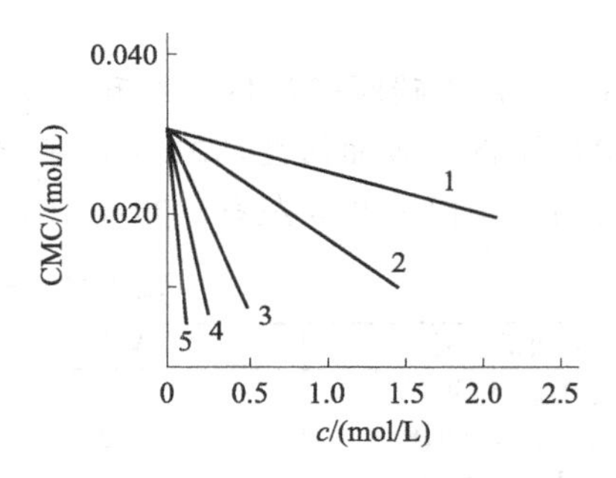

图 7-25 不同的醇浓度对十四碳酸钾水溶液 CMC 的影响

1—乙醇；2—正丙醇；3—正丁醇；4—异戊醇；5—正己醇

有机物对 CMC 值的影响很复杂，目前原因尚不清楚，故无明确的结论。

⑧ 表面活性剂混合物对 CMC 的影响。工业生产的表面活性剂往往是表面活性剂的混合物，原料本身就是某一组分的混合物，因此需要研究表面活性剂混合物的影响。非离子型表面活性剂往往还有聚氧乙烯基聚合度不同的问题。因此，需要对表面活性剂混合物的 CMC 有所了解。

离子型表面活性剂的混合物对 CMC 的影响示于图 7-26 中。由图 7-26 可见，两个链长不同的表面活性剂的同系混合物，链长者吸附作用较强，降低 CMC 的能力亦强。非离子型表面活性剂也有相似的情况（图 7-27 曲线 1）。若亲油基相同，仅聚氧乙烯链长不同，则混合物（二组分）的 CMC 随成分的变化而变化的关系较平缓（图 7-27 曲线 2），这是由于聚氧乙烯链的长短对 CMC 的影响不太大。

在一种表面活性剂溶液中加入与其相同类型的表面活性剂（即同系物），混合溶液的 CMC 介于两单一表面活性剂的 CMC 之间，但更接近于表面活性高的组分。对于两种非离子型表面活性剂同系物混合溶液，或体系中含有过量中性电解质的离子型表面活性剂混合溶液，其 CMC_T 可通过下式计算：

$$\frac{1}{CMC_T}=\frac{x_1}{CMC_1^0}+\frac{x_2}{CMC_2^0} \tag{7-8a}$$

式中，x_1 和 x_2 分别是第一种和第二种表面活性剂的摩尔分数，CMC_1^0 和 CMC_2^0 分别是两种表面活性剂水溶液的 CMC。如果离子型表面活性剂混合溶液中不存在过量中性电解质，必须考虑表面活性剂反离子在胶束上的结合度（k_g）。

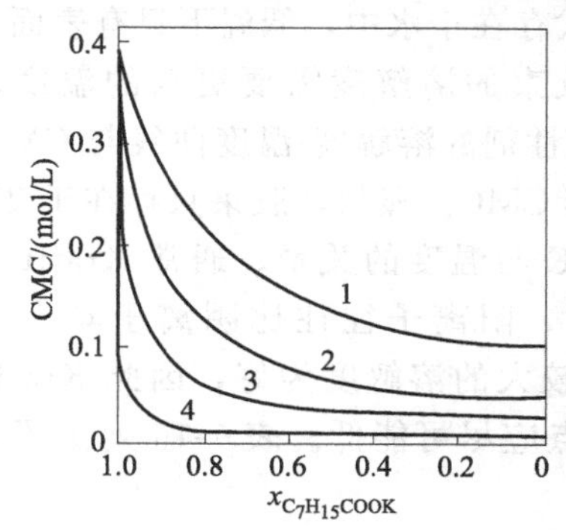

图 7-26　$C_7H_{15}COOK$ 与 RCOOK 混合物的 CMC（25℃）

RCOOK：1—$C_9H_{19}COOK$；2—$C_{10}H_{21}COOK$；3—$C_{11}H_{23}COOK$；4—$C_{13}H_{27}COOK$

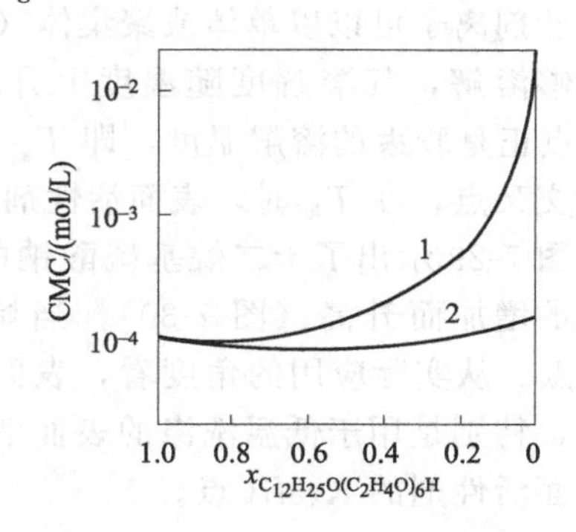

图 7-27　$RO(C_2H_4O)$ NH 混合物的 CMC(25℃)

1—$C_{12}H_{25}O(C_2H_4O)_6H$ 与 $C_8H_{17}O(C_2H_4O)_6H$；2—$C_{12}H_{25}O(C_2H_4O)_6H$ 与 $C_{12}H_{25}O(C_2H_4O)_{12}H$

式（7-8a）变为：

$$CMC_T^{-(1+k_g)}=x_1(CMC_1^0)^{-(1+k_g)}+x_2(CMC_2^0)^{-(1+k_g)} \tag{7-8b}$$

如果相互混合的两种表面活性剂，其中一种是离子型，另一种是非离子型，那么混合体系的 CMC 有时会显著低于任何一种表面活性剂的 CMC。说明这两种表面活性剂复配具有增效作用。

将两种荷电符号相反的表面活性剂混合，会使体系的 CMC 显著降低，其增效作用远大于离子型与非离子型表面活性剂的混合体系。例如，$C_{12}H_{25}N(CH)_3Br$ 与 $C_{12}H_{25}SO_4Na$ 溶液的 CMC_T 可降至 0.00004mol/L，仅为前者的 0.0013 倍，后者的 0.0025 倍。

含氟表面活性剂表面活性高，化学稳定性和热稳定性好，但其合成困难，价格昂贵，且不易生物降解，实际应用受到限制。但有些场合又不可少或无法取代时，将其与碳氢表面活性剂复配，有可能减少含氟表面活性剂的用量而保持其表面活性，有时甚至还能提高单一含氟表面活性剂的活性。这样可以降低成本，减少对环境的污染。例如 $C_8H_{17}OH$ 与 $C_7F_{15}COONa$ 1：1 混合体系的 CMC 为 $C_7F_{15}COONa$ 的 1/3.4，σ_{CMC} 从 $C_7F_{15}COONa$ 的 24mN/m 降到了 16mN/m。

⑨ 大分子：具有一定疏水性的大分子加入表面活性剂溶液中，往往导致表面张力等温线出现两个转折点。第一个转折点对应的表面活性剂浓度小于 CMC，第二个转折点对应的表面活性剂浓度大于 CMC。通常认为，这是表面活性剂与大分子形成复合物所致，大分子的疏水性越强，复合物越容易形成。当表面活性剂浓度达到第一个转折点时，表面活性剂-大分子复合物开始形成，此时的表面活性剂浓度称为临界聚集浓度，以 CAC 表示；表面活性剂浓度继续增大，表面活性剂与大分子的结合达到饱和，正常胶束开始形成，表面张力出现第二个转折点。此时，体系中表面活性剂单体、胶束、大分子和表面活性剂-大分子复合物平衡共存。但水溶性较强的离子型大分

子对与其电荷同性的表面活性剂CMC的影响较小，有时使表面活性剂的CMC稍有降低。与无机电解质相似，此时起作用的主要是反离子。如果电荷相反的大分子和表面活性剂混合，两者则主要以静电力发生相互作用，显著影响表面活性剂的CMC值。图7-28是聚乙烯吡咯烷酮（PVP）与十二烷基硫酸钠（SDS）混合体系的σ-c曲线。

⑩ 离子型表面活性剂在水中的溶解度随温度的升高而慢慢增加，但达到某一温度以后，溶解度迅速增大，这一点称为Krafft点，此点的温度叫作临界溶解温度，以T_k表示。因为表面活性剂离子可以以单体或聚集体（胶束）两种形式存在于水中，低温下只有表面活性剂单体能够溶解，其溶解度随温度上升缓慢增加，而胶束的溶解度需要更高的温度，因此Krafft点正是胶束的溶解温度，即T_k是离子型表面活性剂的溶解度-温度曲线与CMC-温度曲线的交叉点，在T_k时，表面活性剂的溶解度等于其CMC。显然，胶束只存在于T_k以上温度。图7-29示出了十二烷基硫酸钠的溶解度及CMC与温度的关系。通常Krafft点随碳氢链长的增加而升高（图7-30），当烷基链长相同时，阳离子往往比阴离子具有更低的Krafft点。从实际应用的角度看，表面活性剂以具有较大的溶解度为好，因此Krafft点愈低愈好，特别是用于低温洗涤的表面活性剂，Krafft点应尽可能低。表7-16列出了一些离子型表面活性剂的Krafft点。

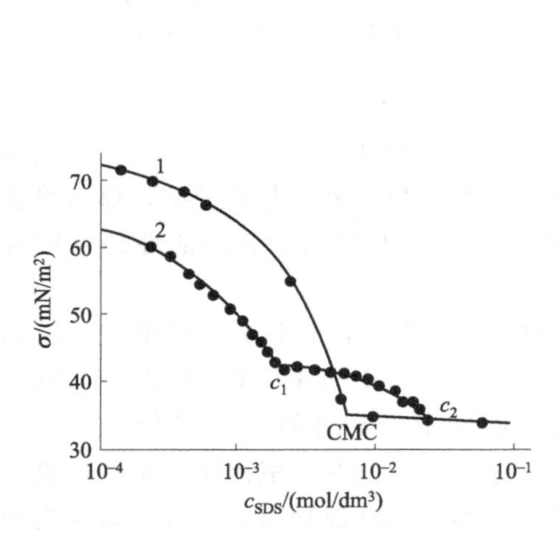

图7-28 PVP对SDS表面张力的影响（1为纯SDS溶液，2为含0.5%PVP的SDS溶液）

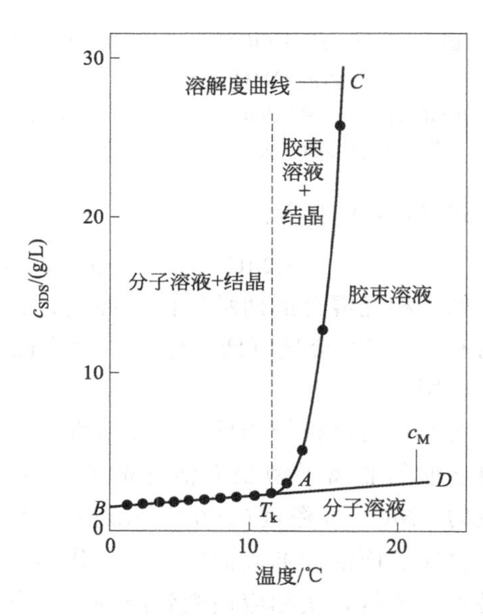

图7-29 十二烷基硫酸钠-水体系在Krafft点附近的相图

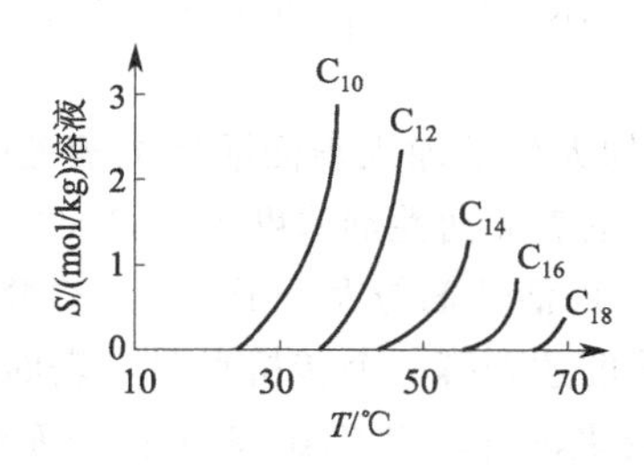

图7-30 烷基硫酸钠的溶解度与温度的关系

表 7-16　一些离子型表面活性剂的 Krafft 点

表面活性剂	Krafft 点/℃	表面活性剂	Krafft 点/℃
$C_{12}H_{25}SO_3^-Na^+$	38	$C_{10}H_{21}COOC(CH_2)_2SO_3^-Na^+$	8
$C_{14}H_{29}SO_3^-Na^+$	48	$C_{12}H_{25}COOC(CH_2)_2SO_3^-Na^+$	24
$C_{16}H_{33}SO_3^-Na^+$	57	$C_{14}H_{29}COOC(CH_2)_2SO_3^-Na^+$	36
$C_{12}H_{25}OSO_3^-Na^+$	16	$C_{10}H_{21}OOC(CH_2)_2SO_3^-Na^+$	12
$C_{14}H_{29}OSO_3^-Na^+$	30	$C_{12}H_{25}OOC(CH_2)_2SO_3^-Na^+$	26
$C_{16}H_{33}OSO_3^-Na^+$	45	$C_{14}H_{29}OOC(CH_2)_2SO_3^-Na^+$	39
$C_{10}H_{21}CH(CH_3)C_6H_4SO_3^-Na^+$	32	$n\text{-}C_7F_{15}SO_3^-Na^+$	56
$C_{12}H_{25}CH(CH_3)C_6H_4SO_3^-Na^+$	46	$n\text{-}C_8F_{17}SO_3^-Li^+$	<0
$C_{14}H_{29}CH(CH_3)C_6H_4SO_3^-Na^+$	54	$n\text{-}C_8F_{17}SO_3^-Na^+$	75
$C_{16}H_{33}CH(CH_3)C_6H_4SO_3^-Na^+$	61	$n\text{-}C_8F_{17}SO_3^-K^+$	80
$C_{16}H_{33}OCH_2CH_2OSO_3^-Na^+$	36	$n\text{-}C_8H_{17}SO_3^-NH_4^+$	41
$C_{16}H_{33}(OC_2H_4)_2OSO_3^-Na^+$	24	$n\text{-}C_7F_{15}COO^-Li^+$	<0
$C_{16}H_{33}(OC_2H_4)_3OSO_3^-Na^+$	19	$n\text{-}C_7F_{15}COO^-Na^+$	8

对于非离子型表面活性剂却不然，加热一个透明的非离子型表面活性剂溶液，到达某一温度时，溶液会突然变浑，这就意味着温度升高会使溶解度下降。溶液出现浑浊时的温度称为该表面活性剂的浊点。产生这种现象的原因是非离子型表面活性剂的极性基团一般是羟基（—OH）和醚基（—O—），这些亲水基团在水中不解离，所以亲水性很弱，必须有多个羟基或醚基才能提高亲水性。因此，非离子型表面活性剂中聚氧乙烯数目越多，醚键越多，亲水性就越大，也就越容易溶于水。在水溶液中的聚氧乙烯基团呈曲折型，亲水的氧原子位于链的外侧，有利于氧原子和水分子通过氢键而结合。但是这种结合并不牢固，在升高温度或溶入盐类时，水分子就有脱离的倾向。因此，随着温度的升高，非离子型表面活性剂的亲水性下降，溶解度变小，甚至从溶液中析出而成为不溶于水的浑浊液，即在浊点以上不溶于水，在浊点以下溶于水。在憎水基团相同时，聚氧乙烯基团越多，浊点就越高。例如，2%壬基酚聚氧乙烯醚（OP 型）溶液，有 9 个氧乙烯基团的浊点约为 50℃；10 个氧乙烯基团的浊点约在 65℃；11 个氧乙烯基团的浊点在 75℃以上。因此，浊点可以衡量非离子型表面活性剂的亲水性、憎水性。而无机盐的存在可使浊点显著降低，因此当浊点超过 100℃时，可以加入 NaCl 使浊点降到 100℃以内。表 7-17 列出了一些非离子型表面活性剂的浊点。

表 7-17　一些非离子型表面活性剂的浊点

表面活性剂	浊点/℃	表面活性剂	浊点/℃
$C_{12}H_{25}(OC_2H_4)_3OH$	25	$C_8H_{17}(OC_2H_4)_6OH$	68
$C_{12}H_{25}(OC_2H_4)_6OH$	52	$C_8H_{17}C_6H_4(OC_2H_4)_{10}OH$	75
$C_{10}H_{21}(OC_2H_4)_6OH$	60		

从以上的讨论可以看出，非离子型表面活性剂的溶解度与离子型表面活性剂不同，随着温度上升而下降，CMC 随着温度的上升而降低。

第四节　表面活性剂的 HLB 值

一、概述

表面活性剂的应用范围非常广泛，如润湿、起泡、消泡、乳化、破乳、加溶、稳定和絮凝等。要使表面活性剂起到某一种作用，如何从数以千计的表面活性剂中选择最合适的，这是一个很实际的问题，解决这一问题除了依靠经验，或者根据实验结果来确定外，也可参考Griffin 提出的 HLB 值方法。

HLB，即亲水亲油平衡（Hydrophile and Lipophile Balace），任何表面活性剂分子的结构中，既含有亲水基也含有亲油基，因此人们把这类分子称为“两亲性分子”，有关表面活性剂的性能、应用、解释、理论等都是围绕两亲特性而派生出来的。HLB 在某种意义上讲能比较综合地反映表面活性剂的这一特性。

1949 年，W. C. Griffin 在“美国化妆品化学协会期刊”上，发表了题为“表面活性剂按 HLB 分类”的论文，提出了 HLB 值的概念，从而将定性的非数概念 HLB 扩展为定量化的有数概念。他提出可按表面活性剂 HLB 值的大小进行分类，大大节省按预期性能选择乳化剂、润湿剂、增溶剂和洗涤剂等的实验研究工作量。

表面活性剂的 HLB 值均以石蜡的 HLB=0，油酸的 HLB=1，油酸钾的 HLB=20，十二烷基硫酸钠的 HLB=40 作为标准，其他表面活性剂的 HLB 值可用乳化实验对比其乳化效果而决定其值（处于 0～40 之间）。现在可用有关公式计算出来，非离子型表面活性剂的 HLB 值处于 0～20 之间，阴离子型和阳离子型表面活性剂的 HLB 值在 0～40 均有，根据 HLB 值就可以大致估计其适宜用于何用途，图 7-31 表示 HLB 值与其性质之间的一般关系。例如：OP-9（壬基酚聚氧乙烯醚）有 9 个环氧乙烷链节。其 HLB 值为 12.8，从图 7-31 知道，它具有润湿、去污和乳化的性能。

HLB 值是指定值，类似于元素的原子量（现在是以 $^{12}C=12.0000$ 为标准）也是一个指定量。HLB 值反映的是表面活性剂分子中亲水基与亲油基的相互关系，在测量方法的科学性与精度上远不及原子量。为探求 HLB 值与表面活性剂各种理化性能的相互关系，用一个关系式将已知表面活性剂的 HLB 值与测得的理化性能数值关联起来，这样就能通过测某种理化性能来测定 HLB 值。

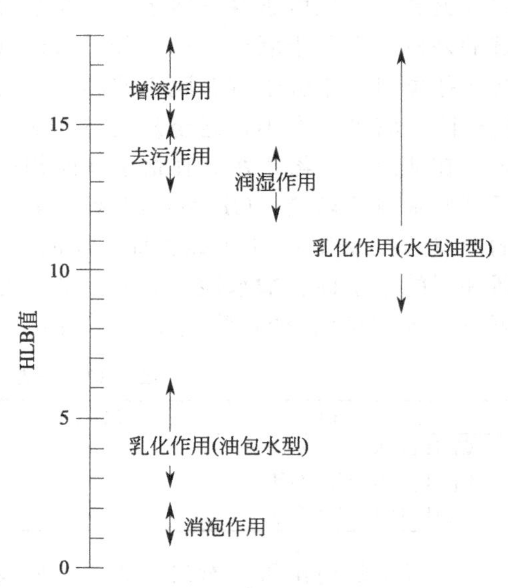

图 7-31　表面活性剂的 HLB 值与性质的对应关系

HLB 与下列各项理化性能有关：酯的皂化价、脂肪酸的酸价、临界胶束浓度、亲水基和亲油基的分子量、分配系数、水合热、浊点、表面活性以及极性指数和介电常数等。从这些理化性能计算 HLB 值的公式很多，也说明 HLB 值的理论研究还是非常不够的。

测定 HLB 值的方法很多，如临界胶束浓度法、基团数值法、浊点法、气相色谱法、介电常数法、乳化法、红外光谱法、超低界面张力方法、炭黑滴定法、水数法、亲水（油）指数法等。测定及计算时所用的各种实验方法和所依据的关系式均有一定的应用范围，原实验所定范围中的系列产品应用相应的关系式进行计算时，误差一般不大（±0.5HLB），如果不适当地套用某一个方法，则误差很大。有人曾以壬基酚聚氧乙烯醚为例套用了 10 个关系式，计算出的 HLB 值从 5.05 至 15.68 各不相同。

二、求算 HLB 值的方法

1. HLB 值估计法

HLB 值反映表面活性剂分子的亲水性，因此由它在水中的溶解情况可以估计该表面活性剂的 HLB 值范围。表 7-18 列出 HLB 值的大致范围。

表 7-18　HLB 值的估计范围

表面活性剂在水中的性状	HLB 值范围
不分散	1～4
分散不好	3～6
强烈、搅拌后可得乳状分散体	6～8
稳定的乳状分散体	8～10
半透明至透明分散体	10～13
透明溶液（完全溶解）	13 以上

2. 基团数法

基团数法是 1957 年由 Dacies 提出的。它把 HLB 看成整个表面活性剂分子中各单元结构（即亲水基和亲油基）的作用总和，这些基团各自对 HLB 有不同的贡献，即对不同的基团指定不同的基数（见表 7-19），按下列公式将各基团的基数加起来，就是表面活性剂分子的 HLB 值。

表 7-19　亲水基和亲油基的基数

亲水基	基数	亲油基	基数*
$—SO_4Na$	38.7	—CH—	−0.475
—COOK	21.1	$—CH_2—$	−0.475
—COONa	19.1	$—CH_3$	−0.475
$—SO_3Na$	11.0	═CH—	−0.475
—N(叔胺)	9.4	$—CF_2—$	−0.870
酯(失水山梨醇环)	6.8	$—CF_3$	−0.870
酯(自由)	2.4	苯环	−1.662
—COOH	2.1	$—CH_2CH_2CH_2O—$	−0.15
—OH(自由)	1.9	$—CH_2—CH—O—$	−0.15
—O—	1.3		
—OH(失水山梨醇环)	0.5		
$—(CH_2CH_2O)—$	0.33		

注：* 负值代表基团的亲油性，用式(7-9)计算时，应以绝对值代入。

$$HLB=7+\sum(\text{亲水基的基数})-\sum(\text{亲油基的基数}) \tag{7-9}$$

该方法对阴离子型表面活性剂、司潘、吐温及其他多元醇类表面活性剂很适用，但对平平加类、OP 类表面活性剂计算结果偏低。

【例】 计算十二烷基磺酸钠的 HLB 值。

解：根据式（7-9）和表 7-19 中的数据

$$HLB=7+11-12\times0.475=12.3$$

3. 质量百分数法

本法适用于计算有聚氧乙烯基的非离子型表面活性剂的 HLB 值，计算式为：

$$\text{HLB}=\frac{\text{亲水基质量}}{\text{亲水基质量}+\text{亲油基质量}}\times 20=(\text{亲水基质量}\%)\times 20=E\times 20 \qquad (7\text{-}10)$$

若此分子完全是烃类，则 $E=0$，HLB=0；若分子是聚乙二醇醚，则 $E=1$，HLB=20。因此，这类非离子型表面活性剂的 HLB 值在 0～20 之间。

【例】 计算聚氧乙烯（10）壬基苯酚醚（即 OP-10）的 HLB 值

解：此表面活性剂的分子式为 $C_9H_9-C_6H_4-O\!\leftarrow\!CH_2CH_2O\!\rightarrow_{10}\!H$

亲水基 $-O\!\leftarrow\!CH_2CH_2O\!\rightarrow_{10}\!H$ 的分子量为 457

亲油基 $C_9H_9-C_6H_4-$ 的分子量为 203

$$\text{HLB}=\frac{457}{457+203}\times 20=13.9$$

三、关于 HLB 值的几个问题

1. 混合表面活性剂的 HLB 值

上面讨论了单个表面活性剂 HLB 值的计算，但实际工作中经常使用的是表面活性剂的混合物。基于 HLB 值的表面活性剂分子特有的指定值，混合表面活性剂的 HLB 值具有加和性，即可按其组成的各个表面活性剂的质量分数加以计算。

$$\text{HLB}_{A,B}=\text{HLB}_A\times A\%+\text{HLB}_B\times B\% \qquad (7\text{-}11)$$

【例】 某混合表面活性剂中含司潘 40（30%）和吐温 80（70%），则由司潘 40 的 HLB=6.7 和吐温 80 的 HLB=15，可求得混合表面活性剂的 $\text{HLB}_{A,B}$ 值：

$$\text{HLB}_{A,B}=6.7\times 30\%+15\times 70\%=12.5$$

实际上表面活性剂 HLB 值的加和性规律准确度不高，与实验测定的结果有偏差，但偏差很少大于 1～2，因此对大多数体系仍可应用。常见表面活性剂的 HLB 值如表 7-20 所示。

表 7-20 常见表面活性剂的 HLB 值

化学名称	商品名称	HLB 值
油酸		1
失水山梨醇三油酸酯	Span 85	1.8
失水山梨醇硬脂酸酯	Span 65	2.1
失水山梨醇单油酸酯	Span 80	4.3
失水山梨醇单硬脂酸酯	Span 60	4.7
聚氧乙烯月桂酸酯-2	LAE-2	6.1
失水山梨醇单棕榈酸酯	Span 40	6.7
失水山梨醇单月桂酸酯	Span 20	8.6
聚氧乙烯油酸酯-4	OE 4	7.7
聚氧乙烯十二醇醚-4	MOA 4	9.5
二(十二烷基)二甲基氯化铵		10.0
十四烷基苯磺酸钠	ABS	11.7
油酸三乙醇胺	FM	12.0
聚氧乙烯壬基苯酚醚-9	OP-9	13.0

续表

化学名称	商品名称	HLB 值
聚氧乙烯十二胺-5		13.0
聚氧乙烯辛基苯酚醚-10	Triton X-10	13.5
聚氧乙烯失水山梨醇单硬脂酸酯	Tween 600	14.9
聚氧乙烯失水山梨醇单油酸酯	Tween 80	15.0
十二烷基三甲基氯化铵	DTC	15.0
聚氧乙烯十二胺-15		15.3
聚氧乙烯失水山梨醇棕榈酸单酯	Tween 40	15.6
聚氧乙烯硬脂酸酯-30	SE 30	16.0
聚氧乙烯硬脂酸酯-40	SE 40	16.7
聚氧乙烯失水山梨醇月桂酸单酯	Tween 20	16.7
聚氧乙烯辛基苯酚醚-30	Triton X-30	17.0
油酸钠	钠皂	18.0
油酸钾	钾皂	20.0
十六烷基乙基吗啉基乙基硫酸盐	阿斯特拉 G263	25～30
十二烷基硫酸钠	SDS	40

2. 温度对 HLB 的影响——转相温度概念

用 HLB 值表征表面活性剂性能有很大实用价值，但仍有缺陷，主要是因为没有考虑温度的影响。我们已经知道，非离子型表面活性剂（特别是含有聚乙烯基的）随着温度的升高，水化作用减弱，亲水性降低，这意味着 HLB 值减小，显然，若以此活性剂作为乳化剂，则低温时易形成 O/W 型乳状液，高温时易形成 W/O 型乳状液。对于给定的乳状液体系，均存在一特定的转相温度 PIT（Phase Inversion Temperature），在此温度时该乳化剂的亲水亲油性质恰好平衡。显然，PIT 不仅与乳化剂的本性有关，也反映了油、水两相性质的影响。因此，Sinoda（1964 年）认为用 PIT 表示乳化剂的亲水亲油性质更为恰当。

为测定乳状液的 PIT 值，通常将等量的油、水与 3%～5%的非离子型表面活性剂混合，然后梯度升温、搅拌，并用电导仪确定乳状液是否转相。当其开始转相时，此温度即为该乳状液的 PIT。通常 PIT 与 HLB 有近似的线性关系，即 PIT 随 HLB 的增加而增加。有了 PIT 数据，对于给定的油、水体系，为制备某种稳定的乳状液，就可以确定选用哪种非离子型乳化剂较为合适。

3. 表面活性剂的乳化能力

HLB 值的大小可以说明该表面活性剂在乳化时所能形成的乳状液类型是 O/W 型还是 W/O 型，但不能说明该表面活性剂乳化能力的大小，习惯上表示表面活性剂乳化能力大小的方法有三种。

(1) 效能（Effectiveness）

表面活性剂的效能即乳化能力，它是以加入表面活性剂后使溶剂（水）的表面张力降至最低值来衡量的，而不考虑表面活性剂浓度的大小。这实际上是以在 CMC 时的表面张力表示的。因为当表面活性剂浓度超过 CMC 时，表面张力不再下降。

(2) 效率（Efficiency）

表面活性剂的效率即乳化效率，它是指将溶剂（水）的表面张力（σ）降至某一定值所需的表面活性剂浓度。对比不同表面活性剂的乳化效率时，所用浓度小者则效率高，而不考虑该表面活性剂可能将水的表面张力降至何种程度。

(3) 效果 (Effect)

这是一种习惯表示法，即以一定浓度的表面活性剂溶液（通常为1g/L）所能降低的表面张力来表示表面活性剂的效果。表面张力降得越低，效果就越好。这种方法对于评价表面活性剂的效果较为简便易行。

四、测定 HLB 值的方法

由上述方法计算的 HLB 值毕竟不够可靠，最好的方法是直接从实际使用中评选。某种表面活性剂比较确切的 HLB 值可以通过实验方法来求得。目前，测定 HLB 值的方法较多，这里介绍两种常用方法。

1. 分布系数法

将水和油（通常采用辛烷）放在一起，再加入表面活性剂，使其在油相和水相之间达到平衡。然后测定表面活性剂在水中的浓度（c_W）和油相中的浓度（c_O），将所求得的浓度代入下式，就可求得所加表面活性剂 HLB 值：

$$\text{HLB}-7=0.36\ln(c_W/c_O) \tag{7-12}$$

本法的缺点是在测定过程中，易发生加溶和乳化现象。

2. 气液色谱法

色谱法分离混合物的能力，取决于基质对各组分极性能力的大小。若用一标准的混合物，那么根据基质的分离能力，就可以标定基质的极性大小。Becher 等用表面活性剂为基质，色谱法作为工具，测定分离某混合物的能力，可作为 HLB 值的一种度量，这种方法大多用于非离子型表面活性剂的测定。

将表面活性剂作为基质，固定在载体柱上，注射等体积的极性和非极性溶剂的混合物（一般用乙醇和环己烷，有时也可用其他混合物）3μL，作为基质的表面活性剂的极性，可定义为此两组分在色谱柱上的保留时间比，即：

$$\rho=R_{极性}/R_{非极性} \tag{7-13}$$

式中，$R_{极性}$和$R_{非极性}$分别代表极性和非极性溶剂的保留时间；ρ 值为两组分的保留时间比，除与表面活性剂本身性质有关外，还随温度而改变，温度通常采用80℃。

HLB 值与保留时间比 ρ 之间有下列关系：

$$\text{HLB}=A+B\lg\rho \tag{7-14a}$$

对于非离子型活性剂，如平平加类、OP 类等表面活性剂，ρ 与 HLB 值呈直线关系，可用下式表示：

$$\text{HLB}=8.55\rho-6.36 \tag{7-14b}$$

通过实验测定求得 ρ 值，利用上式就可以计算出活性剂的 HLB 值。

必须注意的是：HLB 值的确定，仅仅从活性剂本身的性质出发，而没有考虑到环境，如温度、表面活性剂与水相，以及表面活性剂与另一相（例如油、气、固）的相互作用，而实际上这些相互影响，往往远比活性剂本身性质来得重要。所以可以用 HLB 值来作为辅助依据，而绝不能将它作为唯一依据。

第五节　高分子与表面活性剂的相互作用

高分子与表面活性剂的相互作用可通过二者之间的疏水或亲水部分进行。和胶体体系一样，具有熵稳定和焓稳定两种情况。

一、对表面活性的影响

加入高分子后，原有表面活性剂的 σ-c 曲线上有两个转折点，即有两个 CMC，或者说使其 CMC 点前移。如图 7-32 所示，当十二烷基硫酸钠的溶液中加入聚乙二醇后，其 σ-c 曲线发生了明显的变化。

二、加溶作用明显增加

如图 7-33 所示，当十二烷基硫酸钠中加入聚乙烯吡咯烷酮后，它对染料 OT 橙的加溶作用要大得多。这种效应在制备水基染料、水基涂料中有重要意义。

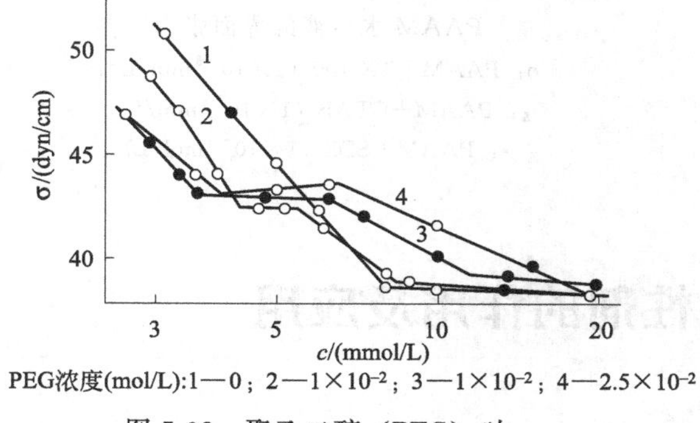

图 7-32　聚乙二醇（PEG）对 RSO_4Na 溶液的影响

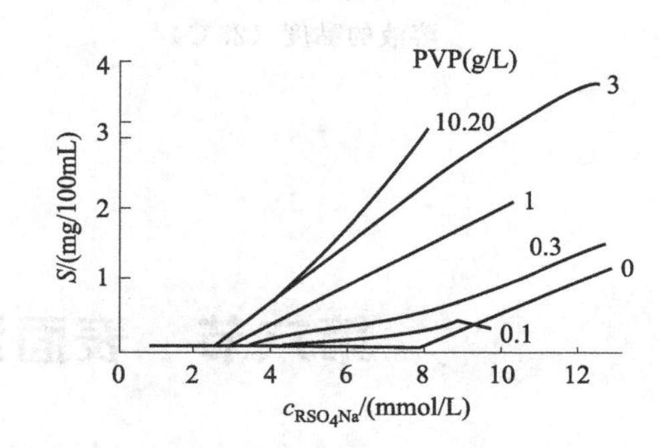

图 7-33　聚乙烯吡咯烷酮（PVP）对 RSO_4Na 溶液加溶染料 OT 橙的影响（25℃）

三、黏度加大

加入 PVP 后，RSO_4Na 黏度升高，如图 7-34 所示。这种效应只有在表面活性剂链较长时才明显。

四、超加和作用，形成复合表面活性剂

高分子可以与一些表面活性剂作用，形成复合表面活性剂。这能产生降低表面张力的协同效应，即其混合溶液的表面张力低于单一高分子或单一表面活性剂溶液的表面张力。图 7-35 说明，当在油/水界面中加入少量高分子水解聚丙烯酰胺（PAAM）时，高分子能与表面活性剂形成更加憎水的复合物，进一步降低了十六烷与水的表面张力。在强化采油中采用

了大量的高分子和表面活性剂的混合物，因此研究复合表面活性剂具有十分重要的意义。

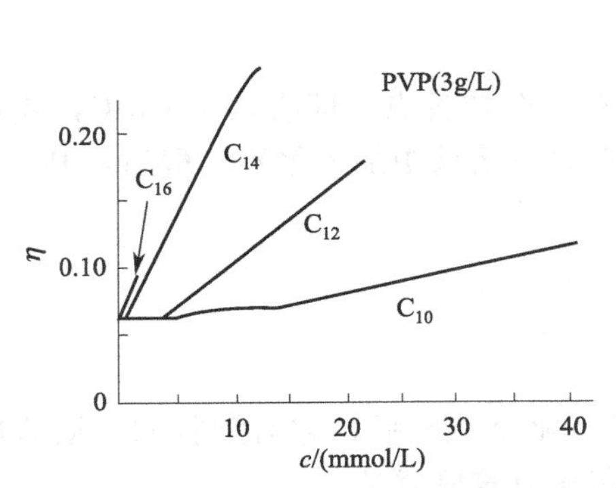

图 7-34　高分子存在时 RSO_4Na 溶液的黏度（25℃）

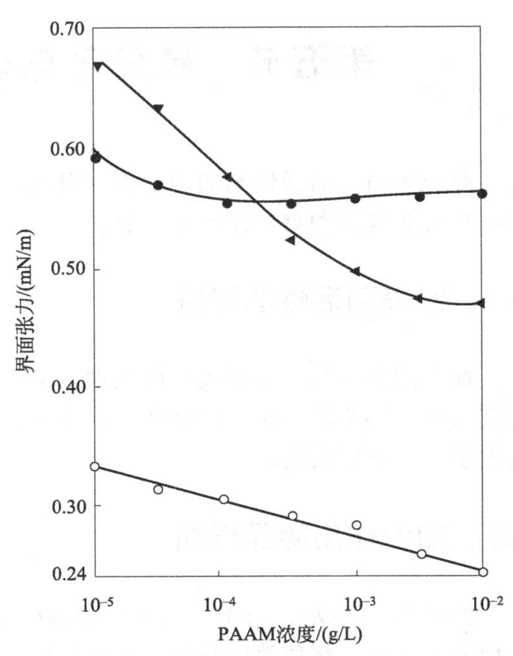

图 7-35　含有不同表面活性剂的十六烷/PAAM 水溶液的界面张力

o：PAAM+TX-100（1×10^{-3}mol/L）；

▲：PAAM+CTAB（1×10^{-3}mol/L）；

•：PAAM+SDS（1×10^{-3}mol/L）

第六节　表面活性剂的作用及应用

一、增溶作用

1. 增溶作用的特点

增溶作用（Solubilization），也可译为加溶作用。很早以前，人们就知道浓的肥皂水溶液可以溶解甲苯酚等有机物，但直到系统研究缔合胶体的性质后才对其本质有所认识。苯在水中的溶解度很小，室温下 100g 水只能溶解约 0.07g 苯，而在皂类等表面活性剂溶液中，苯却有相当大的溶解度，100g 10%的油酸钠溶液可以溶解约 9g 苯。除苯外，对其他非极性碳氢化合物的溶解也有同样的现象，这种溶解度增大的现象叫作增溶作用。

增溶作用与乳化作用不同。乳化时，苯是以小液滴形式分散在水中的。显然乳状液体系具有较大的界面，是热力学不稳定体系，最终苯和水是要分层的。实验证明，发生增溶作用时，被增溶物的蒸气压下降。由热力学公式 $\mu=\mu^0+RT\ln p$ 可知，当 p 降低时，化学势也随之降低，体系将更加稳定。增溶作用是一个可逆的平衡过程，无论用什么方法，达到平衡后的增溶结果都是一样的，而乳状液或其他胶体溶液却无此性质。

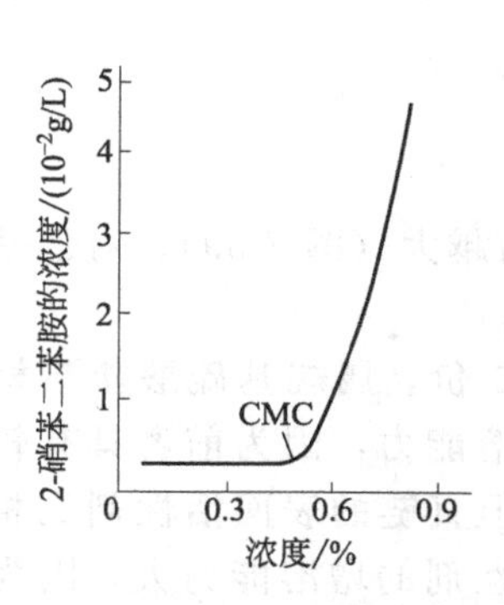

图 7-36　十二碳酸钾溶液浓度对 2-硝基二苯胺增溶作用的影响

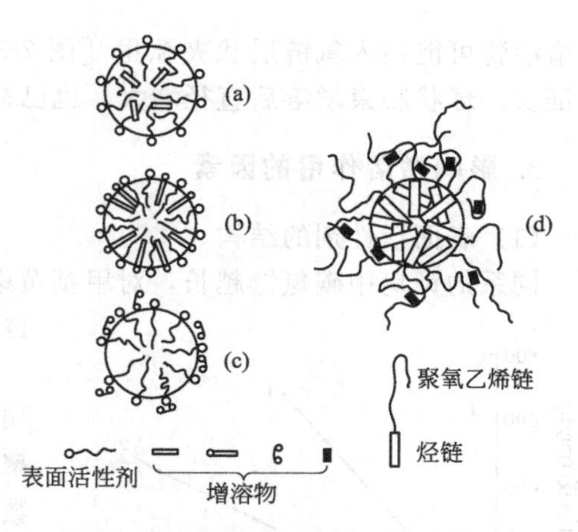

图 7-37　增溶的几种可能方式示意图

增溶作用与真正的溶解也不相同。真正的溶解作用会使溶剂的依数性（例如凝固点降低、渗透压等）出现很大的变化。但增溶（例如异辛烷溶于油酸钾溶液）后对依数性影响很少，这表明增溶时溶质并未拆散成单个分子或离子，而很可能“整团”地溶解在肥皂溶液中，因为只有这样，质点的数目才不会有显著的增加。增溶作用可能与胶束有关，实验证明，在低于临界胶束浓度时基本上无增溶作用，只是在高于 CMC 后增溶作用才明显地表现出来（图 7-36）。由图 7-36 可见，溶解度突然增加处的浓度就是 CMC，其值为 0.53%，相当于 0.022mol/L，这个数据与用其他方法测得的结果一致。

2. 增溶机理

相似相溶规律可说明被增溶物在胶束中的溶解，但怎样溶入胶束以及胶束的构造是什么等问题仍待解决。自 20 世纪 50 年代起，利用 X 射线衍射、紫外光谱以及核磁共振谱等，从增溶过程中胶束大小的变化以及被增溶物环境的变化等方面对增溶方式有了进一步认识。图 7-37 为不同表面活性剂对不同增溶物增溶的几种可能方式。

图 7-37(a) 为非极性碳氢链溶于胶束内部；图 7-37(b) 为极性长链有机物（如醇类、胺类等）与胶束中的表面活性剂分子穿插排列而溶解；图 7-37(c) 为一些不易溶于水也不易溶于油的有机物（如某些染料、苯二甲酸二甲酯等）以吸附于胶束表面的形式而溶解；图 7-37(d) 为极性有机物（如甲苯酚等）被包在非离子型表面活性剂胶束的聚氧乙烯“外壳”中，亦即溶于亲水性链。

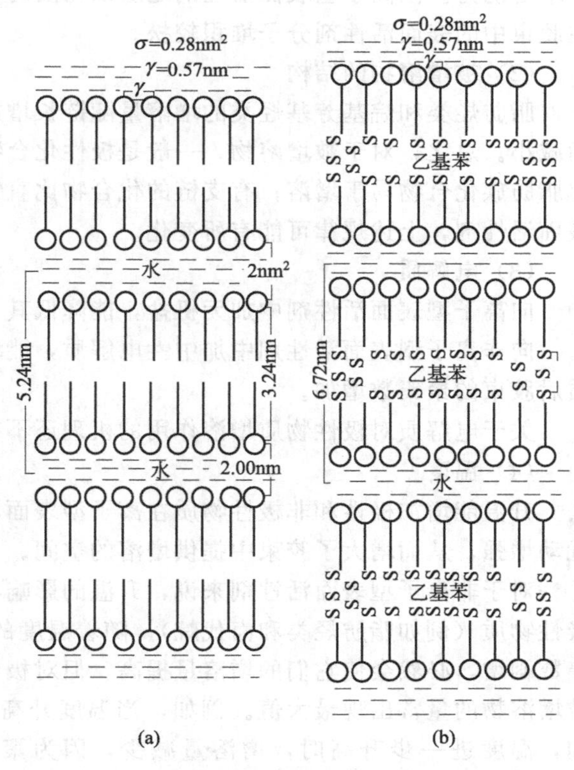

图 7-38　层状胶束增溶前后的层间变化
(a) 增溶前的层状胶束；(b) 增溶后的层状胶束

胶束也可以是层状的［图 7-38(a)］，

被增溶物可能钻入氢链层状夹隙里［图 7-38(b)］，层间距必然增大，这已被 X 射线衍射实验证实。球状胶束增溶后直径增大，也已被实验证实。

3. 影响增溶作用的因素

（1）表面活性剂的结构

同系的钾皂中碳氢链越长，对甲基黄染料的增溶能力越大（图 7-39）。对乙基苯的增溶也有相似的规律。

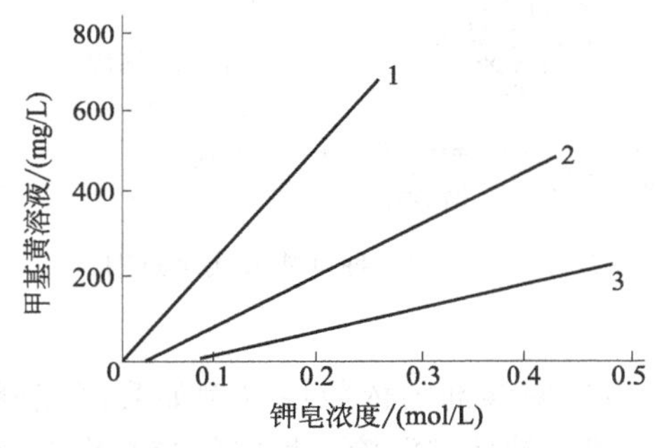

图 7-39 钾皂对甲基黄的增溶作用

1—十四碳酸钾；2—十二碳酸钾；3—癸酸钾

对于烃类，二价金属烷基硫酸盐与相应的钠盐相比有较大的增溶能力，因为前者具有较大的胶束聚集数和体积。但直链的表面活性剂比相同碳原子数的支链表面活性剂的增溶能力大，因为后者的有效链长较短。

聚乙二醇醚类非离子型表面活性剂在一定温度下对脂肪烃类的增溶量与表面活性剂本身的结构有关，当表面活性剂中的亲油基长度增加或聚氧乙烯链的长度减少时增溶能力增加。

当表面活性剂具有相同的亲油链长时，不同类型表面活性剂增溶烃类和极性化合物的顺序为非离子型＞阳离子型＞阴离子型。

极稀溶液中非离子型表面活性剂有较低的 CMC，故与离子型表面活性剂相比，有较强的增溶能力。阳离子型表面活性剂之所以比阴离子型表面活性剂的增溶能力大，可能是因为在胶束中的表面活性剂分子堆积较松。

（2）被增溶物的结构

脂肪烃类和烷基芳基烃类的增溶量随链长增加而减少，稠环芳烃的增溶量随分子量增大而减小。总之，对于被增溶物，一般是极性化合物比非极性化合物易于增溶；芳香族化合物比脂肪族化合物易于增溶；有支链的化合物比直链化合物易于增溶。但需注意，对于具体的表面活性剂，上述规律可能有所变化。

（3）电解质

向离子型表面活性剂中加无机盐，能降低其 CMC，有利于加大表面活性剂的增溶能力。

向非离子型表面活性剂中加中性电解质，能增加烃类的增溶量。这主要是因为加入电解质后胶束的聚集数增加。

关于电解质对极性物质增溶作用的机理还不很清楚，有待进一步研究。

（4）温度

升温能增加极性和非极性物质在离子型表面活性剂中的增溶量，这是由于温度升高后热扰动增强，从而增大了胶束中提供增溶的空间。

对于非离子型表面活性剂来说，升温的影响与被增溶物质的性质有关。若被增溶物为非极性物质（例如脂肪烃类和卤代烷），随着温度的升高，溶解度增加，接近于浊点时胶束聚集数剧增，必然会使它们的增溶量提高。但对极性物质来说，随着温度的升高而至浊点时，被增溶物的量常出现最大值。例如，当温度升高超过 10℃时，增溶量首先有一定程度的增加，温度进一步升高时，增溶量减少，因为聚氧乙烯链脱水，减少了亲水链的“外层”空间。

关于各种有机添加剂对增溶作用的影响，因过于复杂，此处不予讨论。

4. 增溶作用的应用

人们在了解增溶作用的机理之前，就在许多方面应用了增溶作用，合成橡胶的乳液聚合就应用了增溶作用。乳液聚合是将单体分散在水中形成水包油型乳状液，在催化剂的作用下进行的聚合反应。若单体直接聚合，因聚合过程放热和体系黏度的大大增高而使操作温度不易控制，易于产生副产品。若采用乳液聚合，将使单体大部分形成分散的单体液滴，一部分增溶于表面活性剂的胶束中，极少部分溶于水中。溶于水中的催化剂在水相中引发反应，引发产生的单体自由基进入胶束，聚合反应即在胶束中进行，而分散的单体液滴则成了提供原料单体的仓库。当聚合反应逐渐完成时，分散的液滴逐渐消耗掉，胶束中的单体因逐渐聚合成所需的高聚物而使胶束逐渐长大，形成高聚物胶束。此反应体系经酸或盐处理，可分离出高聚物。乳液聚合过程如图 7-40 所示。

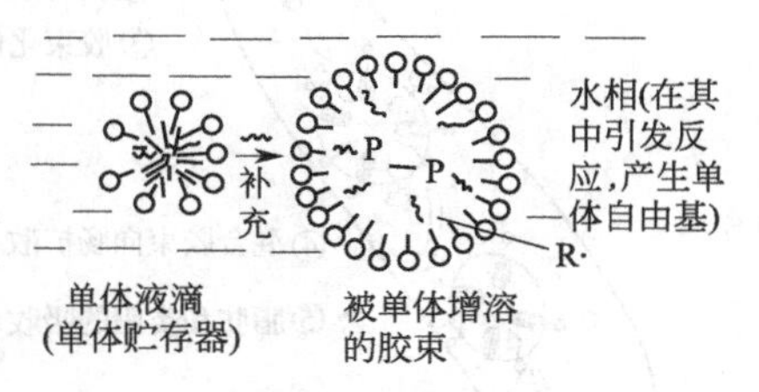

图 7-40　乳液聚合示意图

○—表面活性剂分子；〰—单体分子；P—聚合物分子；R·—单体自由基

在采油工业中，利用增溶作用可提高采收率，即“胶束驱油”工艺。首先配制含有水、表面活性剂（包括辅助活性剂，如脂肪醇等）和油组成的“胶束溶液"，它能润湿岩层，溶解大量原油，故在岩层间推进时能有效地洗下附于岩层上的原油，从而大大提高了原油的采收率。此法的缺点是成本太高，目前用得不多。

在药剂学中常利用 Tween、SDS、胆盐等表面活性剂胶束的增溶作用控制难溶药物的溶解或释放。如难溶的中草药有效成分在胶束存在下能增加中药浓度，改善中药液体制剂的澄明度和稳定性，其中 Tween 80 是最常用的增溶剂。表 7-21 中列出了常用的增溶剂和被增溶药物。在药剂学中主要从增溶剂亲水亲油性的相对大小与被增溶药物匹配、毒性大小、给药途径等方面考虑选择增溶剂。例如，Tween 60 和 Tween 80 对极性小的苯巴比妥的增溶性好，是因为这两种非离子型表面活性剂所含疏水基碳氢链较长。毒性大的阳离子型表面活性剂和毒性较小的阴离子型表面活性剂一般用于外用制剂，而毒性小的非离子型和两性型表面活性剂可广泛用于内服制剂和注射剂。如 Tween、磷脂、聚醚、聚乙二醇等无毒性非离子型表面活性剂可用作静脉注射剂的增溶剂。

表 7-21　常用增溶剂及被增溶药物

增溶剂(表面活性剂)	被增溶药物
十二烷基硫酸钠(SDS)	黄体酮(孕酮)
胆酸钠	强的松,地塞米松
土耳其红油(主要成分为硫酸化蓖酸盐)	外用制剂
AOT(琥珀酸二异辛酯磺酸钠)	外用制剂
油酸钠	睾丸素,丙酸睾丸素
Tween 20(聚氧乙烯失水山梨醇单月桂酸酯)	睾丸素,维生素 E,维生素 K2,各种挥发油
Tween 60(聚氧乙烯失水山梨醇单硬脂酸酯)	雌酮,维生素 A 醇
Tween 80(聚氧乙烯失水山梨醇单油酸酯)	苯巴比妥,中草药注射液,各种挥发油维生素 A、D2、E、K1,尼泊金酯类,丙酸睾丸素
Brij(聚氧乙烯月桂醚)	维生素 A 醇
Myrj(聚氧乙烯单硬脂酸酯)	维生素 A、D、E,尼泊金酯类

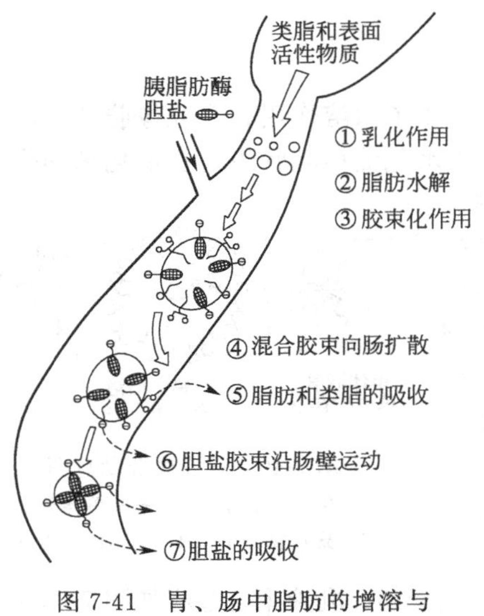

图 7-41　胃、肠中脂肪的增溶与消化吸收过程示意图

洗涤过程也与增溶作用有关。被洗下的污垢增溶于增溶剂胶束内部，便可防止重新附着于织物上。

在生理过程中，增溶作用更具有重要的意义。例如，小肠不能直接吸收脂肪，却能通过胆汁对脂肪的增溶而将其吸收。图 7-41 是在胃、肠中脂肪的增溶与消化吸收过程示意图。由胆固醇合成的胆（汁）盐进入胆管形成含卵磷脂和胆固醇的混合胶束。在禁食期间，胆汁可浓缩成 10%～30% 的固溶体储存于胆囊中。胆汁的主要成分甘氨胆酸及牛黄胆酸的盐，称为胆（汁）盐。胆盐分子是两亲分子，对食物中的脂类有增溶作用，使脂类表面积增大，从而促进其水解作用，利于脂类的吸收。

二、润湿和渗透

将水滴在石蜡片上，石蜡片几乎不湿。但水中加入一些表面活性剂后，水就能在石蜡片上铺展开。这种通过表面活性剂改变液体对固体润湿性能的现象，称为润湿。润湿的产生，实际上是由于降低了液-固界面的接触角。相反，表面活性剂也能使原来润湿得较好的两个界面变得不润湿。这两种转化的情况示意于图 7-42 中。

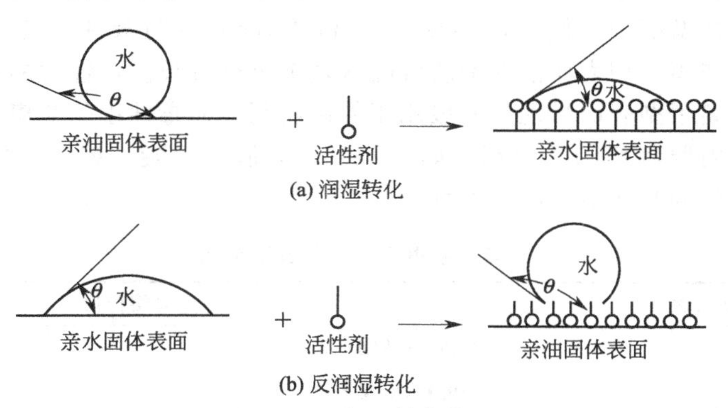

图 7-42　润湿转化作用

能使固体表面产生润湿转化的活性剂，称为润湿剂。值得注意的是，由润湿转变为不润湿的过程中所用表面活性剂在固体表面上必须有很强的吸附作用。在润湿转化过程中所使用的表面活性剂通常都是阴离子型表面活性剂和非离子型表面活性剂，最常用的润湿剂有渗透剂 OT。十二烷基苯磺酸钠、十二醇硫酸钠、烷基萘磺酸钠或油酸丁酯硫酸钠等也是常用的润湿剂，但前三者的缺点是起泡多，在某些情况下使用不方便。

非离子型表面活性剂中，应用得最多的是聚氧乙烯（10）异辛基苯酚醚，其主要优点是对酸、碱、盐不敏感，起泡不多；缺点是在强碱性溶液中不溶解。在反润湿转化中所使用的表面活性剂是氯化十二烷基吡啶 $C_{12}H_{25}N$（吡啶环）Cl，它在水中解离后产生活性阳离子。

渗透作用实际上是润湿作用的一个应用。当一种多孔性固体（例如棉絮）未经脱脂就浸入水中时，水不容易很快浸透；加表面活性剂后，水与棉絮表面的接触角降低了，水就在棉絮表面上铺展，即渗透入棉絮内部。

1. 润湿的应用

（1）泡沫浮选

许多重要的金属（如 Mo、Cu 等）在矿脉中的含量很低，冶炼前必须设法提高其品位。为此，采用“泡沫浮选”方法，浮选过程大致如下。先将原矿磨成粉（0.01～0.1mm），再倾入盛有水的大桶中，由于矿粉通常被水润湿，故沉于桶底。若加入一些促集剂（如黄原酸盐 ROCSSNa 等表面活性剂），因其易被硫化矿物（Mo、Cu 等在矿脉中常为硫化物）吸附，致使矿物表面成为亲油性的（即 θ 增加），鼓入空气后，矿粉则附在气泡上并和气泡一起浮出水面并被捕收，而不含硫化物的矿渣则仍留桶底。据此，可将有用的矿物与无用的矿渣分开。若矿粉中含有多种金属，则可用不同的促集剂和其他助剂使各种矿物分别浮起而被捕收。

促集剂的作用是改变矿粉的表面性质，其极性基团吸附在矿物表面上，而非极性基团朝向水中，由于矿粉表面由亲水变为亲油，当不断加入促集剂时，固体表面上即生成一个亲油性很强的薄膜。不过，促集剂不宜过多，一般达饱和吸附即可；如加得过多，有可能使原来已是亲油的表面转变为亲水性的表面。总之，泡沫浮选过程比较复杂，虽然有些机理尚不清楚，但仍是一个对国民经济有重要意义的课题。

（2）采油

原油贮于地下砂岩的毛细孔中，油与砂岩的接触角通常大于水与砂岩的接触角，因此，在生产油井附近钻一些注水井，注入含有润湿剂的“活性水”以进一步增加水对砂岩的润湿性，从而提高注水的驱油效率，增加原油产量。

（3）农药

在喷洒农药消灭虫害时，要求农药对植物枝叶表面有良好的润湿性，以便液滴在枝叶的表面上易于铺展，待水分蒸发后，枝叶的表面上即留有薄薄一层农药。若润湿性不好，枝叶表面上的农药会聚成滴状，风一吹就滚落下来，或水分蒸发后枝叶表面上留下若干断续的药剂斑点，影响杀虫效果。为解决这个问题，均需在农药中加入少量润湿剂，增强农药对枝叶的润湿性。

除上述应用外，其他如油漆中颜料的分散稳定性问题、机器用润滑油、彩色胶片中感光剂的涂布等都与润湿作用有关。

2. 渗透的应用

渗透广泛应用于印染和纺织工业中。染料溶液或染料分散液中须使用渗透剂，以使染料均匀地渗透到织物中。纺织品在树脂整理液中处理时浸渍时间很短，很难被树脂液渗透，会造成整理渗透不匀和外部树脂偏多的现象，降低了整理效果。为改善此种情况，采用渗透剂 Triton X-100 最为合适，它是一种聚氧乙烯型非离子型表面活性剂。

棉布的丝光过程要用 20％～30％氢氧化钠溶液进行短时间浸渍，要求碱对棉布迅速而均匀地渗透。目前常用 α-乙基己烯磺酸钠，并与助剂乙二醇单丁醚复合使用。

近年来，由于漂白工艺连续化，漂白速度加快，次氯酸漂白液不易均匀渗透被漂织物，达不到预期的漂白效果，因此，渗透剂直接影响织物的白度。漂白时多使用非离子型表面活性剂，因为它泡沫少，且不受大量盐的影响。

在纺织工业中，常用纱带沉降法测定渗透力，用 5g 未经煮练的纱带，系上砝码后，浸入表面活性剂溶液，记录纱带逐步被溶液润湿而沉降的时间，此时间可以用来表示渗透力的大小，沉降时间越短，渗透力越强。

三、分散和絮凝

固体粉末均匀地分散在某一种液体中的现象，称为分散。粉碎好的固体粉末混入液体后往往会发生聚结而下沉，而加入某些表面活性剂后便能使颗粒稳定地悬浮在溶液之中，这种作用称为表面活性剂的分散作用。例如，洗涤剂能使油污分散在水中；表面活性剂能使颜料分散在油中而成为油漆，使黏土分散在水中成为泥浆等。

另一方面，生产中经常需要使悬浮在液体中的颗粒相互凝聚，用表面活性剂就能达到这一目的，称为表面活性剂的絮凝作用。例如，可用絮凝作用来解决工业污水的净化问题。

表面活性剂产生分散作用的原因有以下几个方面。

① 降低表面张力　表面活性剂吸附于固-液界面上，降低了界面自由能，减弱了自发凝聚的热力学过程［图 7-43(a)］。

② 势垒　低分子表面活性剂吸附在固-液界面上时形成一层结实的溶剂化膜，阻碍颗粒互相接近［图 7-43(b)］。对聚乙二醇醚类表面活性剂来说，吸附在固体表面上的聚氧乙烯长链延伸入水相，限制颗粒运动势能的同时也阻挡了颗粒的聚结。由于热运动，分散的颗粒始终处于相互碰撞的状态，因此表面活性剂的表面薄膜必须具有足够的黏附性以免发生解吸作用，并且必须有足够的浓度以产生势垒，防止由碰撞动能引起的颗粒聚结。

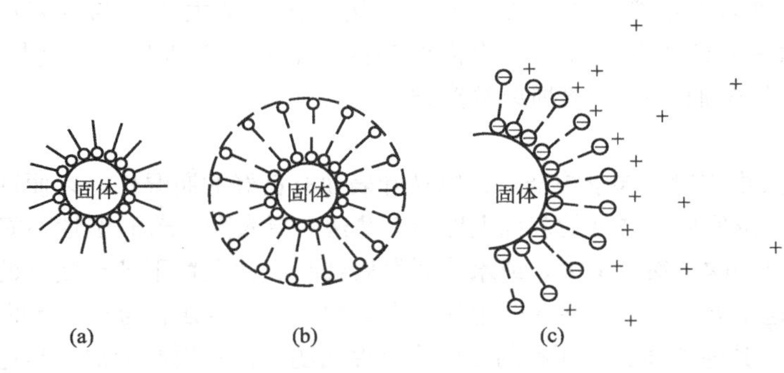

图 7-43　表面活性剂的分散作用

(a) 降低表面张力；(b) 形成溶剂化膜；(c) 电垒作用

③ 电垒　离子型表面活性剂吸附在固体颗粒表面上后，由于离子化的亲水基朝向水相［图 7-43(c)］，所有的颗粒获得同性电荷，它们互相排斥，因此颗粒在水中保持悬浮状态。

具有单个直链亲油基和一个末端亲水基的表面活性剂，可使非极性物质颗粒（例如炭黑等）很容易在水中分散，此时，亲水基朝向水相。极性或离子型的颗粒较难分散，因为吸附后的亲油基朝向水相，颗粒是和表面活性剂分子的亲水基相互作用而导致吸附的，这样的吸附会使颗粒迅速地聚结。因此，用作极性或离子型固体分散剂的表面活性剂，其亲油基应由各种极性的芳香族环或醚链取代非极性的烷基链，极性基就可以在固体颗粒的极性场或离子场上发生作用，使朝着水相的亲水基发生吸附。此外，表面活性剂的亲水基一般含有两个或两个以上的极性基，而不是只含有单个离子或极性基，这样的复合基团除了能提高电垒或势垒外，还可以在有的基团朝着固体颗粒的情况下，使基团朝着水相的亲水基发生吸附。

絮凝作用与分散作用相反。例如，黏土颗粒表面荷负电，故极性水分子能在黏土周围形成水化膜，若向其中加入阳离子型表面活性剂（如季铵盐类），则与黏土结合后能中和黏土表面上的负电荷，并使黏土表面具有亲油性，从而增大了与水的表面张力，故黏土颗粒易于絮凝。另外，还有一类高分子表面活性剂具有吸附基团（如聚丙烯酰胺类），它能与许多颗粒一起产生架桥吸附而使颗粒絮凝。

综上所述，一个表面活性剂是起分散作用还是絮凝作用，与固体表面性质、介质性质以及表面活性剂性质有关。例如上述季铵盐是黏土在水中的絮凝剂，但若加入季铵盐的量大到黏土离子交换容量的2倍以上时，则又可使黏土颗粒发生再分散。又如低分子量的聚丙烯酸可作为黏土在水中的分散剂，而高分子量的聚丙烯酸则作为黏土在水中的絮凝剂。

四、起泡和消泡

泡沫是气体分散在液体中所形成的体系。通常，气体在液体中能分散得很细，但由于表面能的原因，且气体的密度总是低于液体，进入液体的气体要自动地逸出，所以泡沫也是一个热力学不稳定体系。借助于表面活性剂（起泡剂）使之形成较稳定的泡沫，这种作用称为起泡。目前对于起泡的作用机理尚不能解释得很清楚。

① 表面活性剂能降低气-液界面张力，使泡沫体系相对稳定。

② 在包围气体的液膜上形成双层吸附，亲水基在液膜内形成水化层，液相黏度增大，使液膜稳定（图7-44）。

③ 表面活性剂的亲油基相互吸引、拉紧，而使吸附层的强度提高。

④ 离子型表面活性剂因电离而使泡沫荷电，它们之间的相互斥力阻碍了它们的接近和聚集。

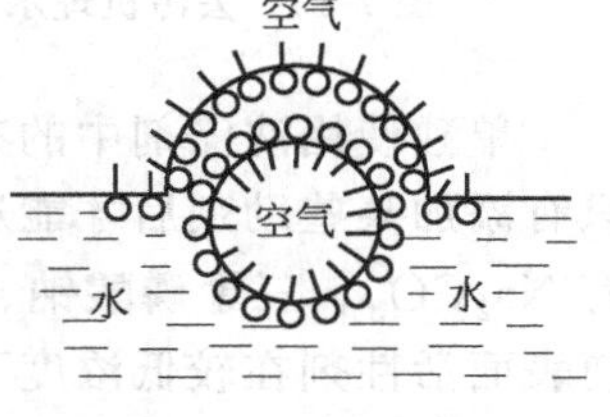

图7-44 泡沫液膜上双层吸附

这些因素对气泡起稳定作用，气泡不易变薄而破裂。最重要的影响因素是由于表面活性剂的相互吸引，双层吸附膜的强度和液膜中的液体黏度增大。能稳定泡沫的物质叫起泡剂。起泡剂往往是表面活性剂（如十二烷基碳酸钠、十四烷基硫酸钠、十四烷基苯磺酸钠等），也可以是固体粉末和明胶等蛋白质，后者的表面活性不大，但能在气泡的界面上形成坚固的保护膜，使泡沫稳定。

在泡沫体系中除了起泡剂外，还必须有某种稳泡剂，使生成的泡沫更加稳定。稳泡剂不一定都是表面活性剂，它们的作用主要是提高液体黏度，增强泡沫的厚度与强度。泡沫钻井泥浆中所加的起泡剂为C_{12}～C_{14}烷基苯磺酸钠或烷基硫酸盐，稳泡剂是12～16碳的脂肪醇以及聚丙烯酰胺等高聚物。在日用洗发香波中普遍添加脂肪醇酰胺类稳泡剂。在实际工作中起泡剂常与稳泡剂复配使用。在许多过程中，产生泡沫是不利的。在这种情况下，须加消泡剂。消泡剂实际上是一些表面张力低、溶解度较小的物质，如C_5～C_6的醇类或醚类、磷酸三丁酯、有机硅等。消泡剂的表面张力低于气泡液膜的表面张力，容易在气泡液膜表面顶走原来的起泡剂，而其本身由于链短又不能形成坚固的吸附膜，故产生裂口，泡内气体外泄，导致泡沫破裂，起到消泡作用。

五、去污作用

表面活性剂的去污作用是一个很复杂的过程，它与渗透、乳化、分散、增溶以及起泡等各种因素有关。就其中某一种作用而言，在去污过程中究竟起何种程度的作用，目前还不十分清楚，去污效果受污垢的组成、纤维的种类和污垢附着面的性状等影响。以污垢为例，可分为油污、尘土或它们的混合污垢。不同的污垢，要求使用不同的洗涤剂。

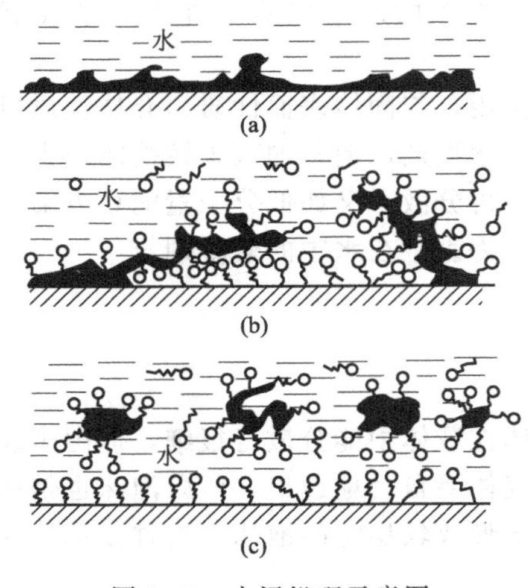

图 7-45　去污机理示意图

一种优良的洗涤剂，需具备下列几种性质：

① 好的润湿性能，要求洗涤剂能与被洗的固体表面密切接触；

② 有良好的清除污垢能力；

③ 有使污垢分散或增溶的能力。

图 7-45 为去污机理示意图，它说明油质污垢从固体表面上被洗涤剂清除的过程。图 7-45(a) 表明由于水的 σ 大，且润湿性差，只靠水是不能去污的。图 7-45(b) 说明加入洗涤剂后，洗涤剂分子以亲油基朝向固体表面或污垢的方式吸附，在机械力作用下污垢开始从固体表面脱落。图 7-45(c) 是洗涤剂分子在干净固体表面和污垢粒子表面上形成吸附层或增溶，使污垢脱离固体表面而悬浮在水相中，很容易被水冲走，达到洗涤目的。

单独使用洗涤剂中的有效成分（如 C12～C14 烷基苯磺酸钠），其去污效果并不显著，只有添加某些助剂后才能进一步提高去污力。助剂分为无机助剂和有机助剂两种。无机助剂有 Na_2CO_3、三聚磷酸钠、焦磷酸钠、硅酸钠以及 Na_2SO_4 等，无机助剂能降低 CMC，可使表面活性剂在较低浓度下发挥去污效能。助剂在碱性条件下也能增进表面活性剂的去污效果。三聚磷酸钠是目前应用最广的助剂，与水中的 Ca^{2+} 和 Mg^{2+} 形成不被织物吸附的可溶性螯合物，有助于避免形成浮渣和防止污垢再沉积。有机助剂有羧甲基纤维素或甲基纤维素，常称为污垢悬浮剂，对洗下的污垢起到分散作用。

目前我国洗涤剂品种繁多，洗涤的基本原理如上所述。选用时应结合实际情况多方面慎重考虑，方能获得良好的去污效果。

六、胶束催化

1. 酯的水解反应

在胶束溶液中，有机反应速率的增加或降低取决于基质在胶束相及溶液内部的不同反应速率，以及基质在此二相中的分布。对反应起重要作用的分子间力是氢键、静电相互作用、电荷移动相互作用和亲油键等，而胶束的亲油键和静电相互作用特别重要，可使基质浓集，引起碰撞频率增加，迁移状态稳定化，加速反应。

例如，酯的水解反应

$$R-\overset{\overset{O}{\|}}{C}-OR' + OH^- \rightleftharpoons \left[R-\underset{\underset{OH}{|}}{\overset{\overset{O^-}{|}}{C}}-OR'\right] \longrightarrow -R-\overset{\overset{O}{\|}}{C}-O^- + HOR'$$

有机酯可能被增溶于胶束之中，而酯基则处于胶束-溶液界面区域，水解的中间产物带负电荷（由于 OH^- 的加入），邻近的阳离子胶束的正电荷将使其稳定，易形成；若为阴离子胶束，其负电荷将使其不稳定，就不易生成。这就是阳离子型表面活性剂加速酯水解、阴离子型表面活性剂抑制酯水解反应的原因，图 7-46 足以说明此问题。相反，对于酯的酸性水解反应，阴离子型表面活性剂起促进作用，而阳离子型表面活性剂起抑制作用。

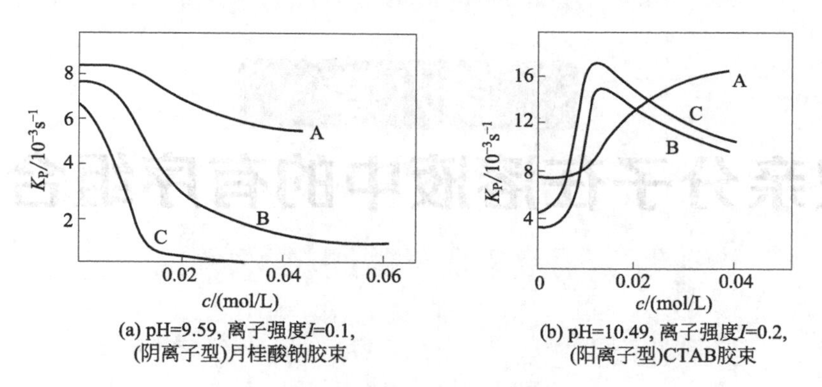

(a) pH=9.59, 离子强度I=0.1, (阴离子型)月桂酸钠胶束

(b) pH=10.49, 离子强度I=0.2, (阳离子型)CTAB胶束

图 7-46　酯水解反应速率与表面活性剂浓度的关系（50℃）

A—对硝基苯乙酸酯；B—对硝基苯十二烷二酸单酯；C—对硝基苯辛酸酯

2. 有机取代反应

有机取代反应如卤代烷与 CN^-（或 $S_2O_3^{2-}$）反应 $RBr + CN^- \longrightarrow RCN + Br^-$ 或芳香性亲核取代反应 O_2N-C₆H₃(NO_2)-Cl(或 F) + OH^- ⟶ O_2N-C₆H₃(NO_2)-OH + Cl^-（或 F^-）中，溴化十六烷基三甲基铵（CTAB）对上述反应有促进作用，十二烷基硫酸钠（SDS）起抑制作用。

3. 各种离子反应和自由基反应

在 6-硝基苯并异噁唑-3 羧酸酯脱羧基反应中，CTAB 使反应速率常数增大约 95 倍，而 SDS 却无影响。

胶束加速反应速率很少有超过 100 倍的，这是由于单个表面活性剂分子与胶束之间呈动态平衡状态，在毫秒级时间内反复进行生成与分解。此外，表面活性剂分子的亲油性烃链的运动性很强，在胶束的内部可以存在不同形式的水合状态。因此，为了提高胶束催化的效果，在利用具有各种官能团的功能性胶束和多电荷表面活性剂胶束的同时，还必须深入研究保持胶束骨架、基质的反应部位以及分离基质的结合点等问题。

第八章

双亲分子在溶液中的有序组合体

双亲分子在溶液中的有序组合体包括胶束、微乳液、囊泡、脂质体、溶致液晶、双分子类脂膜等，在人们的生产生活中起着越来越重要的作用，利用有序组合体可以形成各种缓释药物、靶向药物与化妆品，也可以形成分子开关和分子马达，形成各种分子器件，在大气污染治理、污水治理等方面也有着广阔的应用前景。

第一节　溶致液晶

随着表面活性剂浓度的增大，胶束可以从球状转变为棒状或柱状，继续增大表面活性剂浓度，则有液晶形成，表面活性剂形成的液晶取决于它与溶剂分子间特殊的相互作用，高度依赖于溶液的质和量，所以称之为溶致液晶，它是长程有序（至少在一个方向上是高度有序的）、短程无序的一种聚集状态。

从理论上讲，至少有十八种溶致液晶结构。但常见的简单的表面活性剂-水二组分体系中只有三种结构可以分辨出来：层状相、六方相和立方相（图 8-1）。

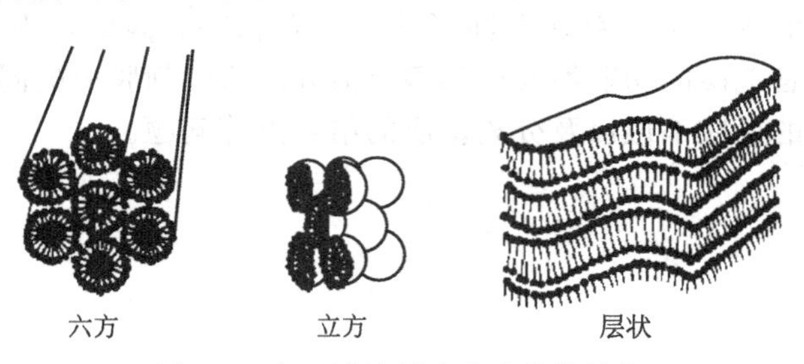

图 8-1　表面活性剂溶致液晶的结构

例如，脂肪酸盐表面活性剂，当水含量为 5%～20%时，形成的液晶为层状结构；水含量增加到 23%～40%时，结构转变为由球状胶束堆积成的立方相。表面活性剂浓度低于 20%时，一般不会出现液晶结构，许多研究表明，在表面活性剂的 Krafft 点与其熔点之间的温度范围内，体系可以形成液晶态。溶致液晶的存在甚至比胶束溶液更为普通。但最普遍的液晶结构是层状相和六方相，而立方相只在狭窄的温度和组成范围内出现。常用制作相图的方法来研究表面活性剂溶液体系形成的各种相态。图 8-2 是一个典型的相图。由图可见，液晶相覆盖了一个很大的区域。实际中遇到的体系往往复杂得多。当体系中加入添加剂则需要用三角相图或立体相图来表示。

层状相和六方相在光学上均具有各向异性，并显示出双折射现象，而立方相液晶，光学上是各向同性的，也不产生双折射。三种液晶的流变性也不同，层状相黏度高，因此，可以通过偏光镜和黏度测定来检验。若要进行更深入的研究，可采用核磁共振、示差扫描量热法、电子顺磁共振、傅里叶变换红外光谱法、X 射线衍射法、荧光探针法、电镜法等。

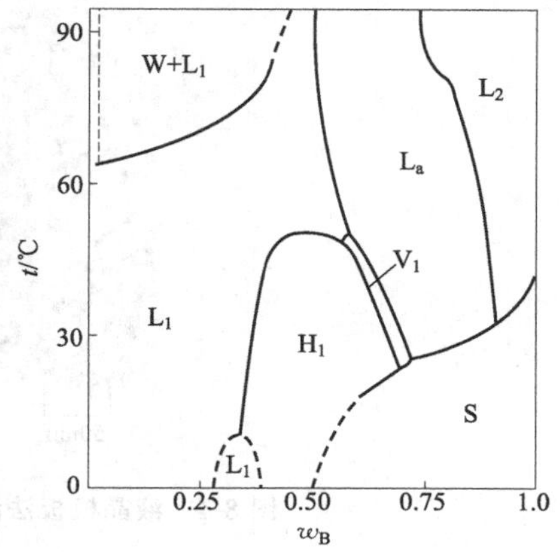

图 8-2 $C_{16}H_{33}O(EO)_8H(B)$-$H_2O(A)$ 相图（w_B 为 B 的质量分数）

W—单体溶液；L_1—胶团；L_a—层状液晶；V_1—立方液晶；H_1—六方液晶；S—表面活性剂相

溶致液晶的研究与应用越来越引起人们的重视，不仅因为这一类聚集体在日化行业有着重要应用，而且在工业上也有应用，如美国 Exxon 公司的研究表明，将溶致液晶用于介质中的原油驱替比微乳液更快，效果更好。用层状液晶作为工业润滑剂已取得良好的效果；最近以液晶作为有机模板制备纳米材料的研究取得了重大进展；尤其是用于生物细胞模拟体系的研究，引起了化学和生物学家的极大关注。20 世纪 70 年代时科学家就发现在生物体中存在大量的液晶态结构。生物的许多器官与组织，如人的皮肤和肌肉、植物的叶绿体、甲壳虫的甲壳质等都具有液晶态的有序结构。细胞膜的示意图如图 8-3 所示。许多生理现象都与晶体的形成与变化有关。如皮肤的老化与真皮组织层状液晶的含水量及两亲分子层对水的渗透能力有关。胆结石的形成与胆汁中溶致液晶相的组成或变化有关。所以研究溶致液晶对模拟生物膜了解生理过程、药物作用机理具有重要意义。

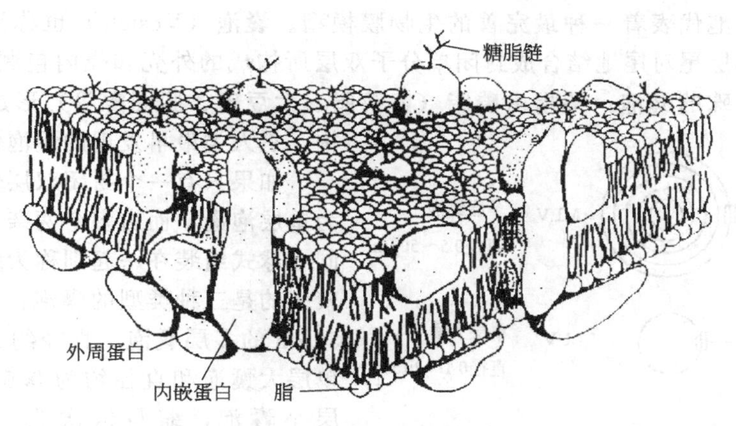

图 8-3 细胞膜的示意图

由于液晶的特殊结构，可以用液晶制备特殊形貌的纳米材料以及部分催化剂。如 Braun 等分别在正六角相、层状相和反六角相中制备了半导体 PbS 和金属 Bi 纳米粒子，实验结果表明生成粒子的尺寸在不同相中依次减小。Julia H. Ding 等利用层状液晶模板制备了尺寸均一、均分散的 Pd 纳米催化剂（图 8-4）。该催化剂与其他制备方法得到的催化剂相比，对有机合成中的 Heck 反应具有更高的催化活性。

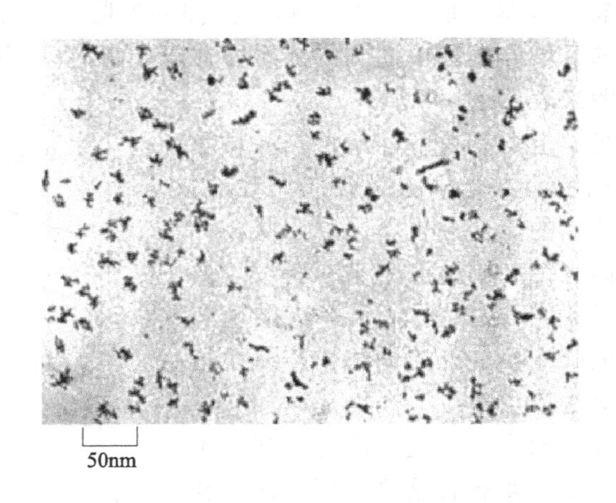

图 8-4　液晶模板法制备的 Pd 颗粒经过 H_2 活化后的 TEM 图像

第二节　脂质体与囊泡

囊泡相的形成、大小、形状、形成机理和物理化学性质是当前表面活性剂研究中最为活跃的内容之一。囊泡在生物化学和药物的封装与输送（药物释放）等方面具有重要应用。

一、囊泡的结构

脂质体和囊泡代表着一种最完善的生物膜模型。囊泡（Vesicle）也称泡囊，是由两个两亲分子定向单层尾对尾地结合成封闭单分子双层所构成的外壳和壳内包藏的微水相构成。脂质体是一种特殊的囊泡，特指由磷脂（卵磷脂、大豆磷、胆固醇等）形成的封闭双层结构，是人类最早发现的囊泡体系。

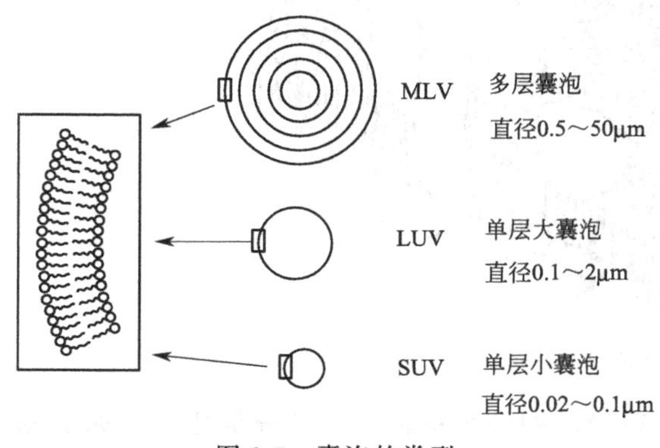

图 8-5　囊泡的类型

如果只有一个封闭双层包裹着水相，称为单层泡囊，而由多个两亲分子封闭双层呈同心球式组装在一起则称为多层囊泡。研究较多的是三种类型的囊泡：直径约为 0.5～50μm 的多层囊泡、直径约为 0.1～2μm 的单层大囊泡和直径约为 0.02～0.1μm 的单层小囊泡，缩写依次为 MLV、LUV 和 SUV。这三种脂质体的结构和大小如图 8-5 所示。多层囊泡的中心部位和多个双层之间都包有水，因此囊泡具有包容性，能包容多种溶质，亲水性强的溶质可被包容在中心部位，亲水性较弱的溶质可被包容在其他的极性层中；而疏水性溶质则被包容在各个两亲分子双层的碳氢链夹层中；具有两亲性的溶质则可参与到双层，即形成混合双层结构。这种特殊的包容作用有实用价值，如用它同时运载不同水溶性的药物可提高药物的使用效果。脂质体是无毒的，可以生物降解，将药物包容其中，在生物体内存在的时间长，脂质体慢慢降解，释放药物，延长药效，这也称为缓释作用。药物被保存在脂质体中可防止酶和免疫体对它的破坏。若在脂质体上引入特殊基团，可以将药物导向特定器官，大大减少药物的用量，称之为药物的靶向性。这都是药学和制药业的研究前沿，此外，囊泡还可用于研究和模拟生物膜，也可为化学反应及生物化学反应提供微环境。

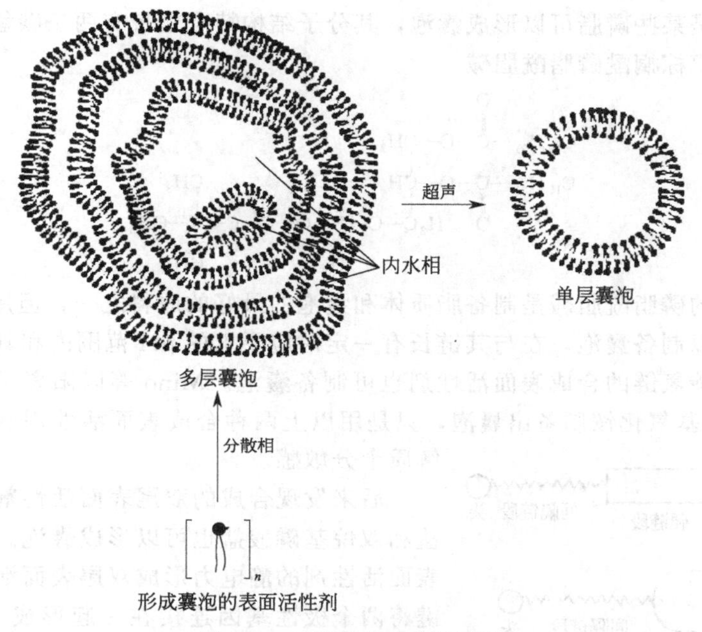

图 8-6　多层囊泡和单层囊泡

囊泡的形状大多为球形、椭球或扁球形。多层囊泡的形状常常像洋葱一样，直径为 100～800nm，在相变温度以上时，对多层囊泡进行超声，则会形成单层囊泡（图 8-6），直径为 30～100nm，囊泡的壁厚一般约为 5nm，每个囊泡含有 80000～100000 个表面活性剂分子。囊泡大小处于胶体分散的范围，是表面活性剂的有序组合体在水中的分散体系，只具有暂时的稳定性。

二、囊泡的制备

囊泡往往是在成膜物质的相变温度以上制备的，最常用的方法有三种。

1. 注入法

将成膜类物质及脂溶性物质（如药物）共溶于有机溶剂中（一般多采用乙醚），然后将此溶液用注射器缓慢加入高温（50～60℃ ）的缓冲溶液（或水溶性被包载物质）中，加完后，不断搅拌至乙醚除尽为止，即可得脂质体和囊泡。

2. 薄壁法

将成脂类物质的有机溶剂注入容器中，用旋转蒸发仪蒸发，蒸发后的容器壁上形成一双分子膜，然后将待包含的药物水溶液放入，超声可得脂质体和泡囊。

3. 溶胀法

将两亲分子分散体系在水相中溶胀，自发形成囊泡相。例如将磷脂溶液涂于锥形瓶内壁，待溶剂挥发后形成磷脂附于瓶壁。加入水后，磷脂膜便自发卷曲形成囊泡进入溶液中。

上述方法制得的囊泡可认为是自发形成的囊泡，一般较稳定。

用超声波或挤压法也可形成囊泡，这种囊泡一般不稳定，失去外力作用后，囊泡易解体。

最先发现的是某些磷脂可以形成囊泡，其分子结构特点是带有两条碳氢链尾巴和较大的亲水头基，例如双棕榈酰磷脂酰胆碱：

```
              O
              ‖
C15H31—C—O—CH2
                      |
C15H31—C—O—CH      O⁻                CH3
              ‖        |       |        H2   H2   |
              O     H2C—O—P—O—C—C—N⁺—CH3
                                 ‖                    |
                                 O                   CH3
```

带有两个碳氢链的磷脂酰胆碱是制备脂质体和囊泡的最好的原料之一，但用不饱和脂肪酸和饱和脂肪酸也可以制备囊泡，在与其链长有一定对应要求的 pH 范围内和其 Krafft 点温度以上，用带有两个碳氢链的合成表面活性剂也可制备囊泡。Mino 等以阳离子型表面活性剂二（十八烷基）二甲基氧化铵制备出囊泡，只是用以上两种合成表面活性剂制备的囊泡都对电解质十分敏感。

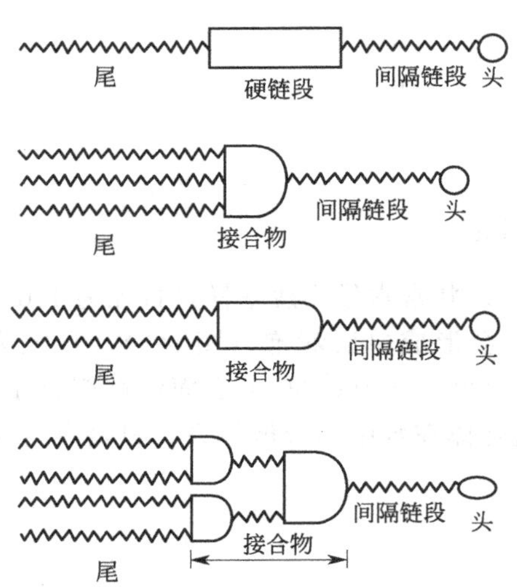

图 8-7 可以形成双层结构的表面活性剂

后来发现合成的双尾表面活性剂，如双烷基季铵盐和双烷基磷酸盐也可以形成囊泡。还可以利用正负表面活性剂的静电力形成双尾表面活性剂，利用化学键将两个极性基因连接在一起形成二聚表面活性剂。过去认为只有双尾的表面活性剂才能形成双层膜，但后来 Kunitake 等证明，一些含特殊结构的表面活性剂亦可形成双层膜（图 8-7）。

表面活性剂能否形成囊泡取决于其分子构型，通常认为，当表面活性剂形成的两个单层，内层曲率与外层曲率相等且符号相反时，会形成不对称的双层，而曲率的正负可以由表面活性剂的临界堆积参数 P 来确定：

$$P = V_0/(a_h l_C) \tag{8-1}$$

式中，V_0 是表面活性剂分子的体积；a_h 是表面活性剂分子极性头的面积；l_C 是表面活性剂分子疏水链的长度。若 $P>1$，则表示自发曲率为负值，$P<1$，则表示自发曲率为正值，因此，两种表面活性剂混合物间的协同效应有利于囊泡的形成。

表征囊泡的形成、大小、稳定性、包容性或增溶性等的方法很多，如深度冷冻透射电镜法、光散射法、葡萄糖捕获法、流变学法等。

囊泡与胶束溶液不同，囊泡是不均匀的非平衡体系，它只具有暂时的稳定性，有的可以稳定几周甚至几个月。这是由于形成囊泡的物质在水中溶解度很小，转移的速率很慢，而且相对于层状结构，囊泡结构具有熵增加的优势。研究发现，多室囊泡越大越稳定。采用可聚合的表面活性剂，在形成囊泡后再进行聚合，可增强囊泡的稳定性。

通过聚合作用可以形成耐温和稳定的囊泡——聚合型囊泡（图 8-8）。

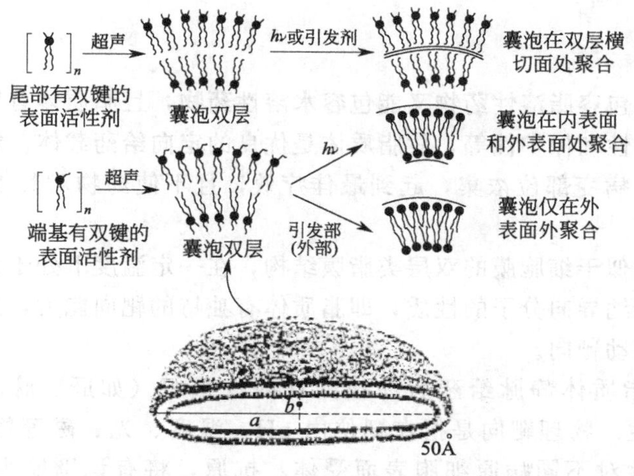

图 8-8 囊泡的形成和聚合的各种情况示意图

三、囊泡的性质

囊泡的性质受到囊泡的组成、温度等因素的影响。

1. 囊泡的稳定性

由于囊泡的分散相多在胶体大小范围内，故均有一定的相对稳定性。当脂质体用于包封药物时，其稳定性受药物本身性质的影响。包封率是表征脂质体稳定性的重要实用指标，包封率高，脂质体稳定性好。

包封率是指包入脂质体内的药物量占总投入药量的百分数。脂溶性好的药物包封率较高。若包入脂质体的药物水溶性和脂溶性均差，脂质体的稳定性差。

2. 脂质体的相变性质

相变是指因温度、压力、浓度等条件的改变而引起相平衡体系状态的变化，这种变化反映体系微观结构的变化。当脂质体与水相互作用时，水量不同（即磷脂浓度不同）时，脂质体可有不同的结构组织。磷脂浓度高时，主要是晶体和热熔液晶以比较均匀的形式存在。磷脂浓度降低、水浓度至中等水平时形成多分散的多层囊泡，磷脂含量很低（如＜1%）时以单分散的多层脂质体为主。

加热或冷却单层或多层脂质体时在某一温度发生相的转变。在转变温度有明显的结构变化。低于相转变温度，双层中类酯处于高度有序的凝胶状态，它们的碳氢链为反式构象，高于相转变温度，类酯的碳氢链逐渐失去全反式结构，链节旋转更自由，凝胶态向液晶态转变。脂质体的相变有时对添加物特别敏感。离子型脂质体的相变常受外部电荷的影响，这可能是由于外加电解质影响脂质电离，并有可能引发脂质体表面出现类酯分离，从而导致相转变温度发生变化。脂质体从凝聚态向液晶态的转变提高了其流动性，也使被包容物进出脂质体的速率增大，这种形状对生物膜极有意义。

四、脂质体、囊泡的应用

1. 药物载体

由于脂质体既能包容脂溶性药物又能包容水溶性药物，且脂质体有导向性、选择性、通透性、缓释性、降毒性和保护性等，故脂质体是优良的定向给药载体。定向给药（也称靶向给药）是指药物能在病变部位浓集，起到最佳疗效，且不使药物对其他正常组织产生毒副作用。

由于脂质体是类似于细胞膜的双层类脂膜结构，在一定温度下处于流动液晶态，其表面有比其他载体更易接纳导向分子的性质，即脂质体有独特的靶向能力，这种靶向性分为自然靶向、物理靶向和主动靶向。

自然靶向是指脂质体静脉给药后易被网状内皮组织（如肝、脾、肺等组织）吸收，表现为脏器定向特性。物理靶向是指在靶位由 pH、温度、光、磁等物理因素控制的靶向释放。主动靶向是针对不同病原细胞表面受体、抗原，将有识别能力的配体、抗体嵌插于脂质体磷脂层，主动寻靶，达到配体-受体、抗体-抗原间的相互识别，从而使药能在病灶处释放。

通常分子进出囊泡需要较长的时间，可长达数小时、数日甚至数周。从应用角度来看，这个特性在药品输送和缓释功能方面非常重要。

脂质体、囊泡可用于化妆品、基因工程和医药技术等方面，具有很重要的工业意义，1993 年，Charych 等在 Science 上发表了文章，利用聚联乙炔囊泡的变色性能，可以在带唾液酸糖头上检测出感冒菌和大肠杆菌等（图 8-9），为囊泡的应用开辟了一条新路，将识别分子直接连到联乙炔的发色基团上，当细菌或病毒被唾液酸识别时，囊泡的颜色可由蓝变红，十分方便快捷。

2. 化学反应的微反应器

囊泡的应用除了上面提到的可作为药物载体以及有助于生物膜的研究外，还可以为一些化学反应及生物化学反应提供适宜的微环境。例如，一些在水中起作用的微生物的功能常常因存在有机溶剂而受到抑制，而这些有机溶剂又是溶解烃或其他不溶于水的反应成分所必需的。如果利用囊泡，则能使对环境极性有不同要求的成分分别处于囊泡的不同部位，而且有相互接触进行反应的机会。

与表面活性剂胶束相同，表面活性剂形成的具有多层或单层结构的囊泡也可使某些反应物浓集，从而使反应加速。研究证明若反应物能在囊泡的表面活性剂分子层/水界面上浓集，可使反应加速。而且囊泡的催化能力比胶束的大。

Garcia-Rio 等研究了在阳离子型表面活性剂十二烷基三甲基溴化铵（DTAB）胶束溶液和在阳离子型表面活性剂二氧杂癸基三甲基氯化铵（DODAC）囊泡体系中，*N*-甲基-*N*-亚硝基-p-甲苯磺酰胺（MNTS）分子中亚硝基向仲胺（R_2NH）转化反应。结果表明，当 DTAB 浓度超过其 CMC 以后，上述反应的表观速率常数随 DTAB 浓度增大而减小，即胶束对反应起抑制作用。而在囊泡体系中却有相反的结果，即囊泡体系有催化作用。

Fendler 测定了在水、十六烷基三甲基溴化铵（CTAB）胶束溶液和 DODAC 囊泡体系中，5,5′-二硫代双-(2-硝基苯甲酸)(DTNB) 碱性水解反应二级速率常数依次为：0.54L/(mol・s)，

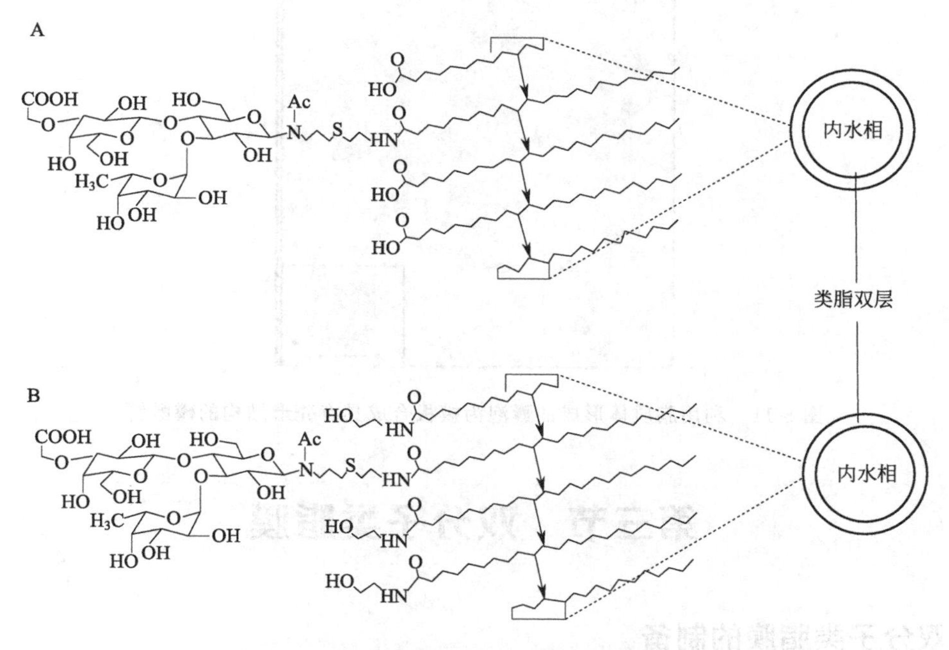

图 8-9 带唾液酸糖头的聚联乙炔囊泡示意图

8.4L/(mol·s)，840L/(mol·s)，即囊泡体系催化活性最大。许多反应囊泡体系的催化活性高于胶束溶液，显然与前者的结构特点有关。图 8-10 是 DODAC 囊泡结构示意图。由图可知，囊泡由多个区域构成：外水相、内水相、亲脂相、内外水相间的荷电区，这种结构比胶束复杂得多。在电场中，大部分电离的极性端基周围是定向排布的水层，在水相中还有反离子氛存在。在囊泡体系中疏水有机反应物可增溶和浓集于囊泡双层中，带有极性基的有机物也可能夹插于构成双层的 DODAC 离子之间。反应活性离子（如 OH^-）可浓集于囊泡表面。Fendler 测定了 OH^- 与 CTAB 胶束和 DODAC 囊泡的结合常数分别为（1～2）$\times 10^2$ L/mol 和（3～8）$\times 10^2$ L/mol。这就是说囊泡上的 OH^- 浓度比 CTAB 胶束上的更大，因此在囊泡体系进行的碱性催化反应活性更高。

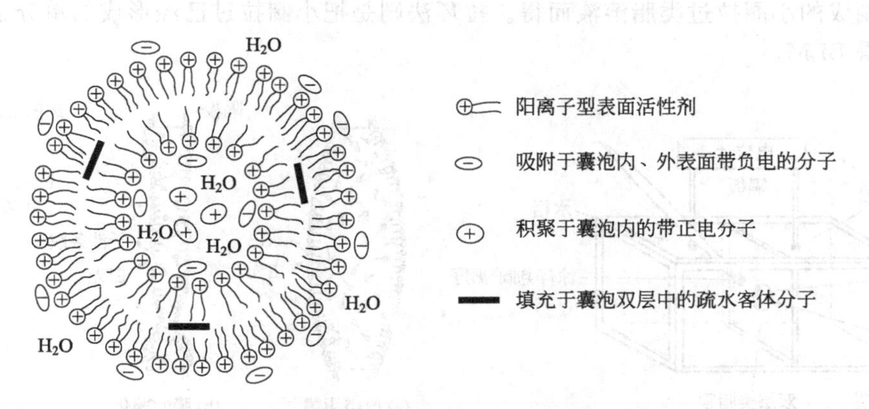

图 8-10 DODAC 囊泡结构示意图（略去反离子）

囊泡在材料制备中作为模板使用的并不多。例如 Ostafin 等用脂质体形成的囊泡为模板合成磷酸钙，得到壳形结构磷酸钙（图 8-11）。

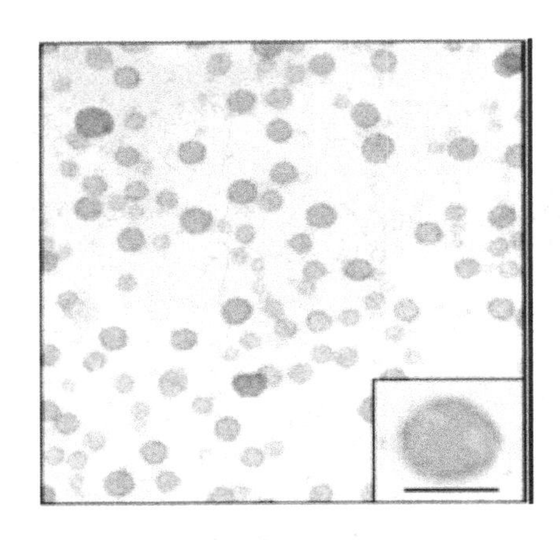

图 8-11　利用脂质体形成的囊泡为模板合成具有壳形结构的磷酸钙

第三节　双分子类脂膜

一、双分子类脂膜的制备

1963 年 Mueller、田心棣等首次在水相中制备出人工双分子类脂膜（Bilipid Membrane，BLM）。

能形成稳定双分子类脂膜的关键在于成膜溶液的配方。成膜物有合成及天然类脂（如胆固醇、卵磷脂、十二烷酸磷酸酯、单油酸甘油酯等）、表面活性剂、类胡萝卜素、染料以及多种生物抽提物。溶剂有液态烷烃、氯仿、低碳醇等。

制备 BLM 的方法有刷涂法、浸渍法和拉环法等。刷涂法是把类脂（表面活性剂）的有机溶液刷到隔开两个水相的一个针孔上，如图 8-12 所示，最初形成的类脂膜相当厚，它反射出带灰色的白光［图 8-13(a)］。膜在几分钟内变薄，反射光呈现出干涉条纹［图 8-13(b)］，并最终变成黑色［这是称之为类脂黑膜的原因，见图 8-13(c)］。浸渍法是把一个由聚四氟乙烯制成的小圈拉过类脂溶液而得。拉环法则是把小圈拉过已经形成的单分子膜，从而在圈内制得 BLM。

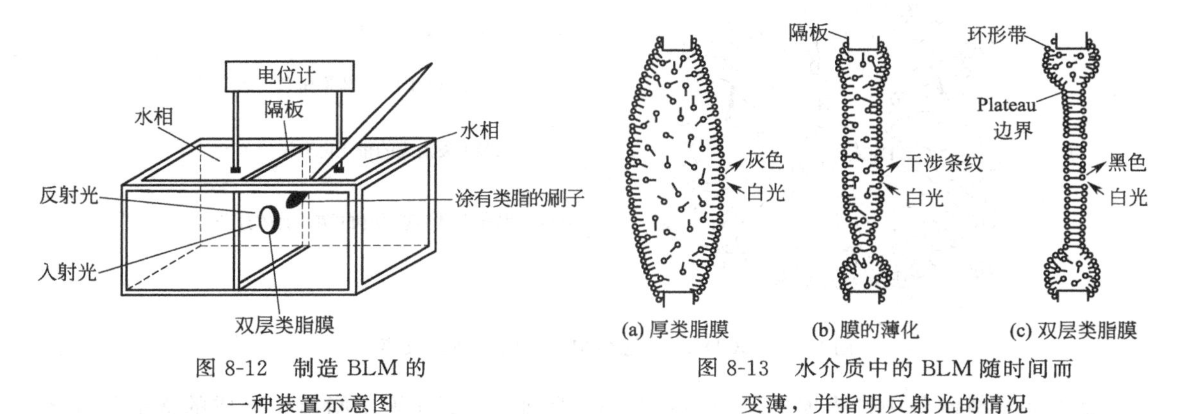

图 8-12　制造 BLM 的一种装置示意图

图 8-13　水介质中的 BLM 随时间而变薄，并指明反射光的情况

在过去，BLM 只能维持几个小时，现在加以改进，可以制成含有许多小至 1 μm 极细

孔的膜板，既提高了寿命，又增加了通道数，由于膜两边很容易放上电极，BLM 是一个研究细胞膜作用的极好模型工具，通过对 BLM 的物理化学性能研究，使人们对生命科学有进一步的了解。

Okahata 等利用 BLM 的原理，做了一个十分有意思的热敏仿生智能开关，即利用在尼龙微球上的小孔形成由磷脂组成的 BLM 膜，在球内放置药物或化学试剂，当温度小于磷脂的相变温度时，小孔是关闭的，但当温度高于相变的温度时，孔则会打开，在尼龙小球中的物体则会渗出（图 8-14）。

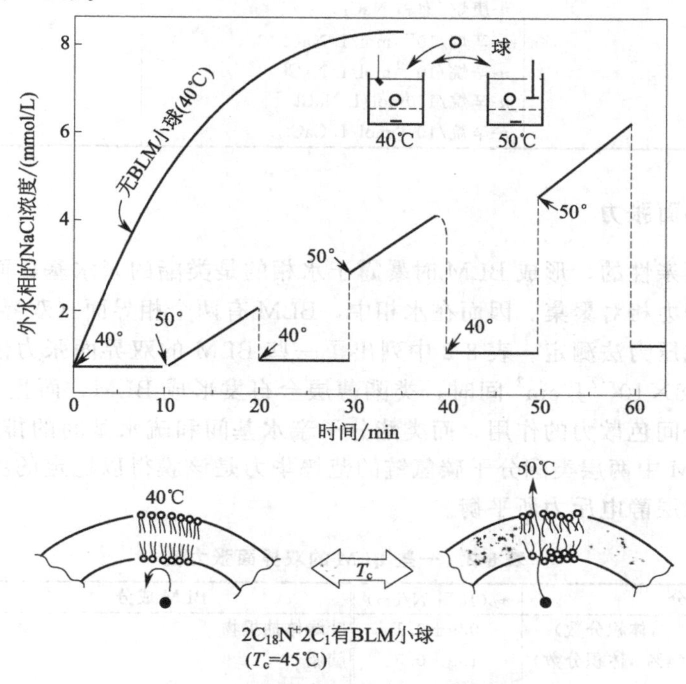

图 8-14　热敏仿生智能开关示意图

在 BLM 中引入蛋白质的方法如下所述。

① 混合法　将类脂体和蛋白质的有机溶剂滴到小孔上，使之成为 BLM 膜；

② 吸附法　先形成双分子类脂膜，再吸附溶液中的蛋白质。

二、双分子类脂膜的性质

1. 膜的厚度

应用光学衍射、电学、电镜等方法可以测定 BLM 的厚度。BLM 的厚度理论上应是两个类酯分子的长度及液态碳氢化合物的夹心层厚度之和，表 8-1 列出了几种用光学衍射法测出的 BLM 的厚度。由表中数据可知，BLM 膜的厚度远小于可见光波长，厚度与成膜物及溶剂性质、成膜时水相成分的性质及浓度等因素有关。

膜的颜色与膜的厚度有关，也可根据膜的颜色估测膜的厚度。如 0～50nm 为黑色，50～100nm 为银色，100～200nm 为棕色，200～280nm、360～400nm、550～600nm 为红色，280～300nm、400～430nm 为蓝色，300～360nm、500～550nm 为黄色，430～500nm 为绿色。

表 8-1 几种 BLM 的厚度

膜 质	溶剂/液相	膜厚/nm
卵磷脂	n-癸烷/10^{-1}mol/L NaCl	4.8
卵磷脂/胆固醇(质量分数<0.8)	n-癸烷/NaCl 溶液	4.8
卵磷脂/胆固醇(质量分数约为 4)	n-癸烷/NaCl 溶液	3.1
山梨糖醇单月桂酸酯	n-癸烷/0.1mol/L NaCl	3.1
山梨糖醇单棕榈酸酯	n-癸烷/0.1mol/L NaCl	4.26
甘油单油酸酯	n-癸烷/饱和 NaCl	4.4
甘油单油酸酯	n-庚烷/饱和 NaCl	4.6
甘油双油酸酯	n-辛烷/10^{-2}mol/L NaCl	5.3
甘油双油酸酯	n-辛烷/10^{-1}mol/L NaCl	5.1
甘油双油酸酯	n-辛烷/1.0mol/L NaCl	5.1
甘油双油酸酯	n-辛烷/10^{-1}mol/L $CaCl_2$	5.2

2. BLM 的界面张力

类酯分子是两亲性的，形成 BLM 时暴露于水相的是类酯的亲水基，而两层类酯分子的疏水基依靠范德华力相对聚集。因而在水相中，BLM 有两个相界面（双界面），这种双界面张力可用最大气泡压力法测定。表 8-2 中列出了一些 BLM 的双界面张力值。已经证明，当双界面张力在 $0\sim8\times10^{-7}$J/cm^2 间时，类酯薄层会自发形成 BLM，而且 BLM 的稳定性主要取决于类酯分子间色散力的作用，而类酯分子亲水基间和疏水基间的排斥作用相对较小。也就是说，在 BLM 中两层类酯分子碳氢链的范德华力是该膜得以稳定的主要原因，此引力又被膜两界面的双层静电斥力所平衡。

表 8-2 一些 BLM 的双界面张力值

BLM 成分	$\sigma/(10^{-5}$ N/cm)	BLM 成分	$\sigma/(10^{-5}$ N/cm)
卵磷脂溶于正十二烷(1% ,体积分数)	0.9±0.1	叶绿体抽提物	3.8～4.5
氧化胆固醇溶于正辛烷(4% ,体积分数)	1.9±0.5	脑脂	2.2～4.9
十八酸焦磷酸和胆固醇	5.7±0.2		

3. BLM 的电性质

电性质包括导电性（电阻）、电容、双电层击穿电压和膜电势。表 8-3 列出某些 BLM 的电性质。

表 8-3 一些 BLM 的电阻、电容、双电层击穿电压和膜电势

BLM	液 相	膜电阻/(Ω/cm^2)	膜电容/(μF/cm^2)	击穿电压/mV	膜电势/mV
卵磷脂	0.1mol/L NaCl	10^8	0.57	200	10～50①
	0.001mol/L NaCl	$10^6\sim10^8$			
氧化胆固醇	0.1mol/L NaCl	$10^8\sim10^9$	0.57	310	
脑磷脂+α-生育酚	0.1mol/L NaCl	$10^7\sim10^8$	0.7～1.3	150～400	

① pH 由 0.25 增至 1.25。

事实上，BLM 的各种电性质都受到膜的成分、水相溶液成分及浓度、局部条件（如局部加热等）等因素的影响。BLM 的电性质与生物膜的电性质很接近。

4. BLM 的通透性

BLM 的通透性是指水、非电解质（主要是非极性和小极性有机分子）和无机离子（如

Na^+、K^+、Cl^- 等）通过该膜的能力。由于 BLM 的主体部分是类酯分子的疏水基团层，故多数极性分子不能透过。各种物质通过 BLM 的能力可用其在饱和烃中的溶解度大小比较。但当时间很长时，任何分子仍可能按浓度梯度扩散通过 BLM。一般来说，分子越小，在饱和烃中溶解度越大，越易透过 BLM，不带电荷的小极性分子也能较快扩散通过 BLM。

三、双层脂质膜与生物膜模拟

植物和动物的细胞膜由脂质（约占 25%～75%）、蛋白质（25%～75%）和少量碳氢化合物构成。脂质和蛋白质的类型及相互间比例可有很大变化。脂类和蛋白质的种类十分复杂。生物膜中含有的脂类主要有磷脂、糖脂和胆固醇。脂类和蛋白质在细胞膜中的排列分布模型是液态镶嵌模型，即脂类构成双分子层，为细胞膜的基质，在膜中脂质分子可横向自由运动，也可转动和产生链节活动。蛋白质附着于双层脂质膜的表面或镶嵌于双层脂质膜之中（插入、横贯、包埋等）。脂质双层中脂类分子的活动性使细胞膜具有柔韧性、流动性、高电阻性，并能阻碍离子、高极性分子的穿透。双层脂质膜对某些蛋白质（膜蛋白）是溶剂，并且与其发生的专一作用使膜蛋白有特殊功能。镶嵌于双层脂质膜中的膜蛋白可以自由侧向扩散，但不能从膜的一侧向另一侧转移。流动镶嵌模型所表示的生物膜如图 8-15 所示。该图是简化示意图。实际上类脂端基直径仅有 0.6 nm，比蛋白质的直径（约 3～5 nm）小得多，并且脂质双层是柔性弯曲的，不是平面的。

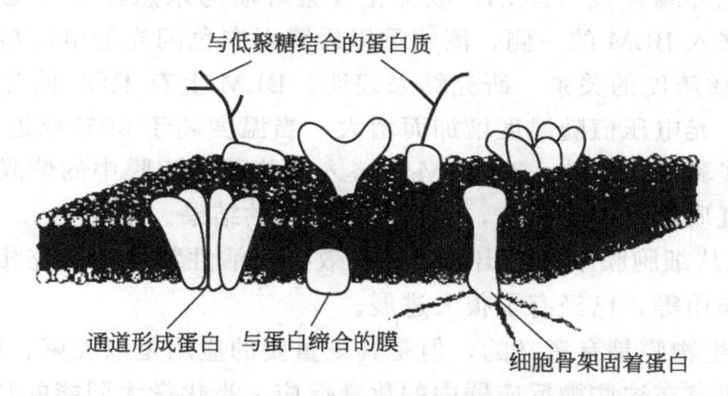

图 8-15　带有缔合蛋白质和输送蛋白的生物膜示意图

在生物膜中，运输、能量转换和信息传送的功能都是由特定的蛋白质完成的。如越膜蛋白起离子通道作用。生物膜是动态的。膜的流动性取决于类脂分子脂肪酰链的长度和不饱和度。

1. BLM 和生物膜物理性质比较

BLM 和生物膜的基础都是双层脂质膜，经多种理化测试证实它们的物理性质十分近似（表 8-4）。由表中数据可见 BLM 有可能用来模拟生物膜。

表 8-4　BLM 与生物膜一些物理性质的比较

性　质	生物膜	BLM	性　质	生物膜	BLM
厚度/10^{-10}m	40～130	40～90	界面张力/(10^{-7}J/cm^2)	0.03～3.0	0.2～6.0
膜电容/(μF/cm^2)	0.5～1.3	0.3～1.3	透水性/(10^{-4}cm/s)	0.25～400	8.50
膜电阻/Ω·cm^2	10^2～10^5	10^3～10^9	离子选择性	有	可观察到
击穿电压/mV	100	100～550	光激发	有	可观察到
静息电位差/mV	10～88	0～140	兴奋性	有	可观察到
折射率	约 1.6	1.37～1.66			

2. 生物膜模拟

BLM 和囊泡均为两亲分子的双分子层有序结构，特别是 BLM 与生物膜的脂质双层结构基本相同。因而可以设想在这些双层结构中嵌入活性物质可能使其具有生物膜的某些特性。

视觉过程是复杂的生理过程。现在完全人工模拟此过程尚不可能，但从生理和生化研究上已发现光子能激发人的视杆细胞，而视杆细胞中的光敏分子是视紫红质。视紫红质由视蛋白和 11-顺式视黄醛组成。光可使视紫红质中的 11-顺式视黄醛发生异构生成全反式视黄醛：

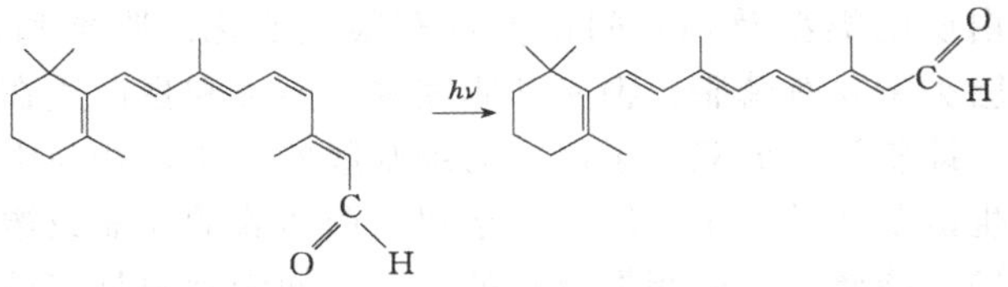

$h\nu$

11-顺式视黄醛　　全反式视黄醛

在上述视黄醛的顺、反异构化过程中视紫红质的构象也发生变化。视紫红质的曝光使发色基团发生一系列变化，这种变化导致脂质膜的超极化，并使视杆细胞超极化，进而传送至视网膜的其他神经元。

从 1963 年起就有人将视紫红质嵌入 BLM 以重组人工光感受器。田心棣等用除去可溶性蛋白的牛视杆细胞外端片段（ROS）或纯化视紫红质与水悬浮液中的磷脂一起进行膜重组，将视紫红质等嵌入 BLM 的一侧，测定重组后膜对白色闪光的电响应、对光的响应及与 pH、温度及视紫红质浓度的关系。研究结果表明，BLM 上有 ROS 的光电压作用谱与视紫红质的吸收谱相当。光电压值随温度增加而增大，当温度高于 50℃或近于 0℃时逐渐消失，这与眼的视网膜的实验结果一致。对 BLM 上嵌入嗜盐菌细胞膜中的紫膜蛋白及这种膜蛋白所含有的细菌视紫红质测定了光响应，得到了有意义的结果。

在 BLM 上嵌入从细胞膜中抽提出的某些有效生物活性物质，研究相应的电学性质、离子传输性质、光合作用等，已经有了很大进展。

BLM 作为模拟生物膜是有意义的，但是其更重要的应用是以胶束、单分子层、脂质体、囊泡等为微环境，研究在这些微反应器中的化学反应、光化学太阳能的转换和储存、分子识别和输送、药物的胶囊研制、酶的模拟等，这些是膜模拟化学的研究内容了。

第九章

不溶性单分子膜

近几十年来，随着膜分离技术、LB膜技术、功能膜、生物模拟膜的开发与应用，膜科学发展迅速。在膜科学的研究与发展中，不溶性单分子膜的研究是最基础的研究。

第一节　不溶性单分子膜

将一滴油滴在干净的水面，可能有三种情况。

① 油滴停在水表面上出现一个“透镜”形状的液滴，如图9-1所示，液滴不展开。

② 展开成一薄膜，均匀分布在表面上，并有光的干涉色彩，形成一定厚度的双重膜。双重膜有两个界面：膜-液、膜-气，这两个界面各有自己独立的界面张力。

③ 展开成一单分子层薄膜，多余部分则形成“透镜”形状的液滴，如图9-2所示。

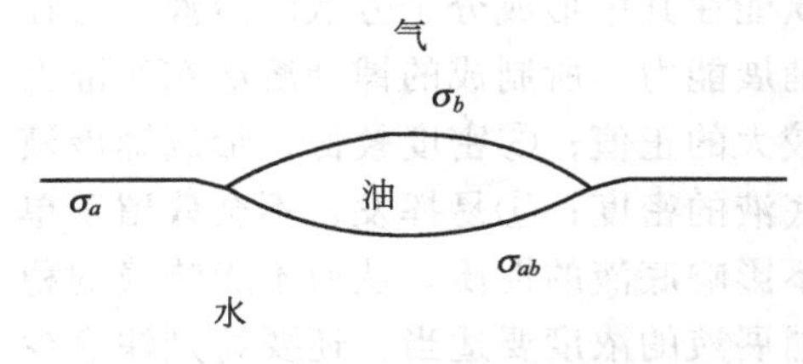

图9-1　一滴不铺展的油在水面上

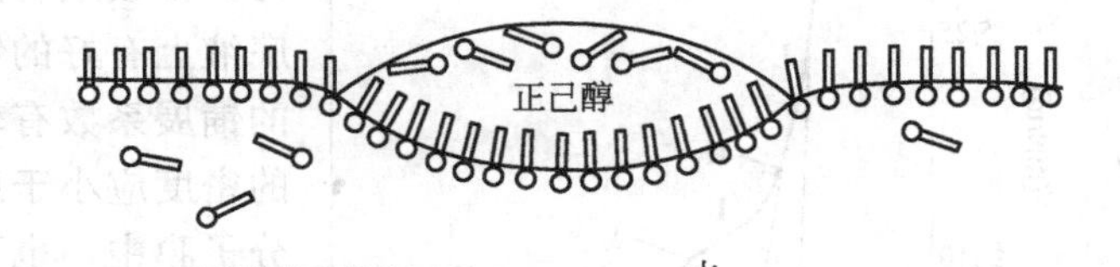

图9-2　正己醇在水面上的展开

上述情况可以通过在恒温恒压下，体系表面自由能的变化来说明。

$$dG=\left(\frac{\partial G}{\partial A_W}\right)dA_W+\left(\frac{\partial G}{\partial A_O}\right)dA_O+\left(\frac{\partial G}{\partial A_{OW}}\right)dA_{OW} \tag{9-1}$$

因为$-dA_W=dA_O=dA_{OW}$，同时$(\partial G/\partial A_W)=\sigma_W$，$(\partial G/\partial A_O)=\sigma_O$，$(\partial G/\partial A_{OW})=\sigma_{OW}$，若令$(\partial G/\partial A_O)=-S_{O/W}$，则式(9-1)变为：

$$\frac{\partial G}{\partial A_O}=S_{O/W}=\sigma_W-\sigma_O-\sigma_{OW} \tag{9-2}$$

式中，下标 W 代表水；O 代表油；σ_W 和 σ_O 分别为水、油的表面张力；σ_{OW} 为油、水间的界面张力；A 为面积，$S_{O/W}$ 为展开系数，$S_{O/W}>0$ 表示油能在水上自动展开，此时体系的表面自由能降低，$\Delta G<0$，这就是上述第二种情况；若 $S_{O/W}<0$，则 $\Delta G>0$，表示不能自动展开，这就是上述第一种情况。表 9-1 列举了几种有机物在水面上的展开系数，苯、长链的醇、酸、酯等都能在水面上展开，属于第二种情况，当它们的量过多，就出现第三种情况。而 CS_2 和 CH_2I_2 等不能在水面上展开，只能形成“透镜”状油滴，属于第一种情况。

表 9-1　20℃时某些物质在水面上的展开系数

化合物	$S_{O/W}$	化合物	$S_{O/W}$
异戊醇	44.0	硝基苯	3.8
正辛醇	35.7	己烷	3.4
庚醇	32.2	邻溴甲苯	−3.3
油酸	24.6	二硫化碳	−8.2
苯	8.8	二碘甲烷	−26.5

表 9-1 是纯液体在水面上的展开系数，若两液体长时间接触，会发生相互溶解，并逐渐达到相互饱和而引起表面张力变化，展开系数也随之改变。表 9-2 的数据就说明这一点，σ'_W 和 σ'_O 分别表示两液体相互饱和后水和油的表面张力，$S'_{O/W}$ 是相互饱和后的展开系数。以己醇在水面的铺展为例，由于 $S_{O/W}>0$，开始将己醇滴在水面上会自动展开。经过一段时间，己醇会慢慢溶解在水中，使水的表面张力从 72.75mN/m 降到 28.5mN/m。这时 $S'_{O/W}<0$，因此已展开的己醇又重新聚集在一起，形成“透镜”状油滴，如上述第三种情况。

表 9-2　在水面上长时间接触后的展开系数

化合物	σ_W	σ'_W	σ_O	σ'_O	σ_{OW}	$S_{O/W}$	$S'_{O/W}$
苯	72.75	62.36	28.85	28.82	35.05	8.85	−1.51
己醇	72.75	28.5	24.8	24.7	6.8	41.15	−3.0

单分子膜的制备有多种方法，有的可以直接将成膜物质加到水面上，即可铺展形成单分子膜。一般是将成膜物质先溶于某种溶剂中制成铺展液，再将铺展液均匀地滴加到水面（或称底液）上，溶剂挥发后，在底液上形成单分子膜。对铺展溶液的要求是：①对成膜物质有足够的溶解能力，使成膜物质能在其中形成分子分散的溶液；②在底液上有好的铺展能力，所制成的铺展溶液在底液上的铺展系数有较大的正值；③密度较低，形成铺展液的密度应小于底液的密度；④易挥发，不会残留于单分子膜中，也不影响底液的性质，从而不影响膜的稳定性。此外，铺展液的浓度要适当，还要特别注意少量的杂质会使膜的性质发生很大的变化。在制膜前必须清洁水面，常用刮膜法除去水表面的杂质。

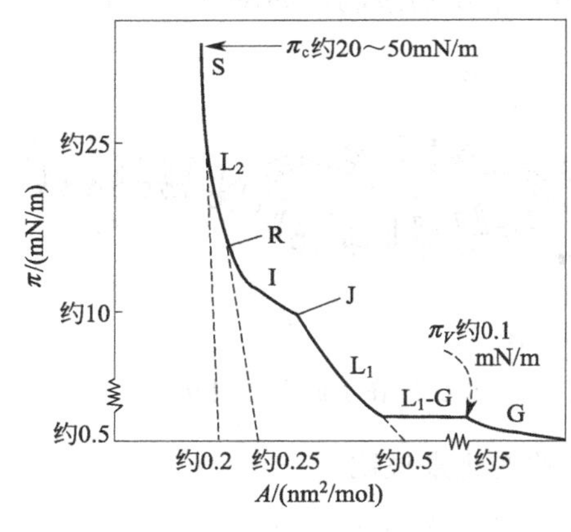

图 9-3　典型的二维单分子膜的 π-A 图

在恒定的温度条件下，测出的不溶物单分子膜的表面压 π 与成膜分子占据面积 A 的关系曲线称为 π-A 等温线。图 9-3 是多种不溶两亲物 π-A 图的综合结果，即表现了 π-A 等温线的各种特征。实际上并非任一种不溶两亲物都有图中等温线的全部特征。图中等温线的各段名称如下：G：气态膜；L_1-G：气液平衡膜；L_1：液态扩张膜（也称为 L_e 膜）；I：转变膜；L_2 液态凝聚膜（也称为 L_c 膜）；S：固态膜。L_2 和 S 可称为凝聚膜，L_1、I 和 L_2 可称为液态膜。

这里应用气、液、固态膜的称谓显然是从三维物质存在状态套用的，在膜存在的二维状态应有特殊的意义，然而在一定温度和二维压力下，膜的状态也可以如三维物质一样有类似的变化。图中 J 为 L_1-I 膜转变点，R 为 I-L_2 膜转变点，π_c 是膜的崩溃压（破裂压），π_V 是气态膜的最大表面压（约小于 $0.1 mN \cdot m^{-1}$）。

1917 年 Langmuir 研制了 Langmuir 天平，1935 年，Blodgett 发表了将单分子膜转移至固体表面上的技术，即 Langmuir-Blodgett（LB）膜技术，为单分子膜的定量研究提供了有力的武器。这种研究对于理解表面上分子之间的相互作用、表面分子与体相分子的相互作用以及表面膜的形态、力学性质与功能都是十分重要的。20 世纪 60 年代末，由于分子电子学、纳米电子学和纳米技术的发展，LB 技术成为一种实用的纳米组装技术，得到了极大的发展。

第二节　不溶性单分子膜的实际应用

不溶性单分子膜应用广泛，特别是在生物学科中，下面略举数例。

一、分子结构、分子面积、分子间相互作用的测定

许多功能膜和仿生膜是多组分的，单分子膜技术可研究组分之间的相互作用，对于膜中各组分，虽均匀混合但无相互作用或完全不互溶情况，在 π 恒定时，面积具有加和性，如图 9-4 所示的直线，如果相斥，则其面积大于理论值，如果相吸，则其面积小于理论值。

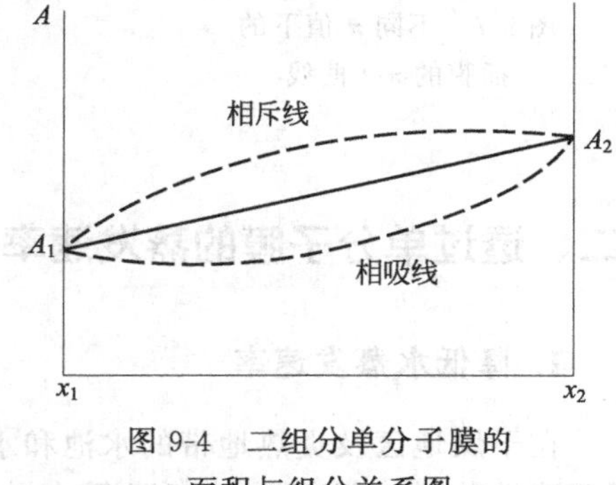

图 9-4　二组分单分子膜的面积与组分关系图

根据 π-A 曲线，可算出：

$$A_m = A_1 x_1 + A_2 x_2 \quad (9\text{-}3)$$

式中，A_m 为平均面积。

混合的过剩自由能

$$G_{xs} = \int_{\pi_0}^{\pi} (A_{12} - A_m) dx \quad (9\text{-}4)$$

在极低的表面压 π_0 时，分子间无相互作用，此时膜为理想膜。

由图 9-5 可以看出，$C_{18}H_{37}SO_4Na$ 和 $C_{18}H_{37}N(CH_3)_3Br$ 是相互吸引的，而且有一最好

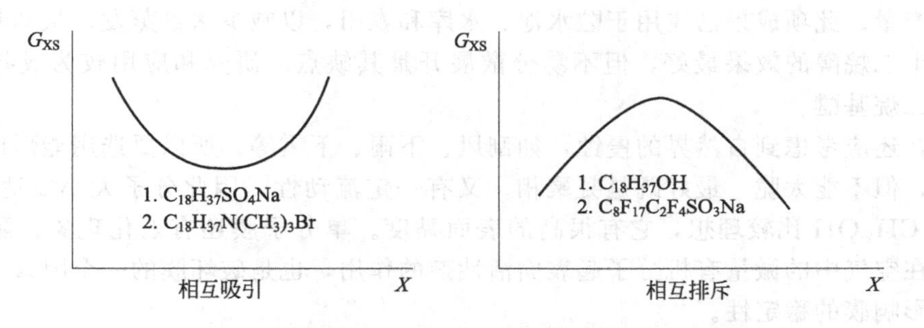

图 9-5　混合单分子膜的自由能与混合物质的量的关系

的配比点，而 $C_{18}H_{37}OH$ 和 $C_8F_{17}C_2F_4SO_3Na$ 是相互排斥的，而且在某一配比点相互排斥最厉害。

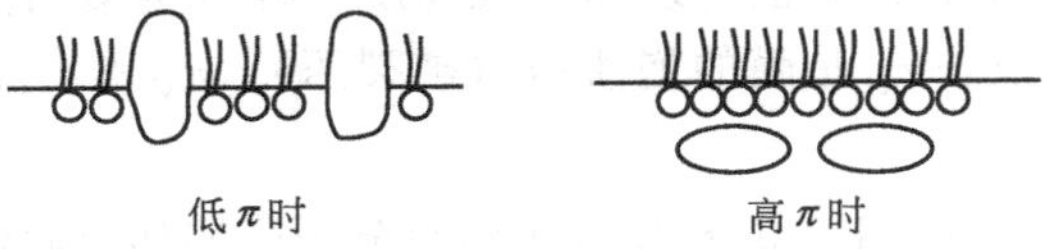

低 π 时　　高 π 时

图 9-6　不同 π 值下的插膜现象示意图

另一种可利用 π-A 曲线来研究的分子之间的相互作用是穿透作用或插膜作用（Penetration），即基底中表面活性组分会进入展开的单分子膜中，不同 π 值下的插膜现象示意图见图 9-6，例如当亚相中含有低分子量的醇或酸时，则长链胺所形成的单分子膜明显有扩张。穿透现象可用来研究蛋白质的插膜现象以及表面活性剂与蛋白质的相互作用，当表面铺满分子时，亚相中的分子无法钻入，其表面压不会随时间而增加，而在表面未铺满时，则有穿透（或插膜）现象，不同 π 值下的插膜的 π-t 曲线如图 9-7 所示。使膜的表面压 π 增加，将最后到达的 π 减去起始表面压 π_0，可得 $\Delta\pi$，以 $\Delta\pi$ 对 π_0 作图，并延伸至横轴，可得插膜开始的阈值 π_t，如图 9-8 所示。类脂在被蛋白质插膜前后的 π-A 曲线见图 9-9。

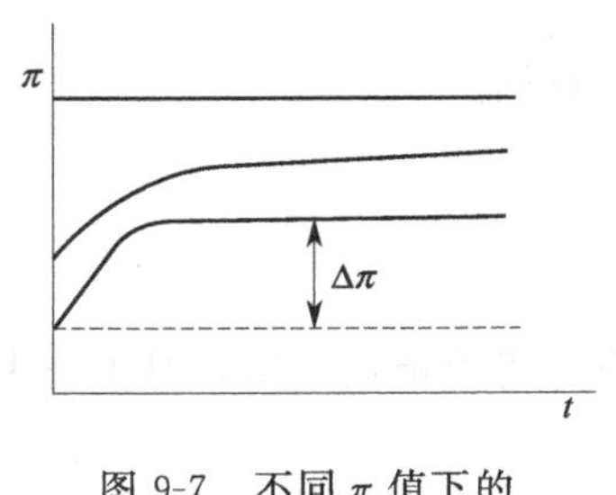

图 9-7　不同 π 值下的插膜的 π-t 曲线

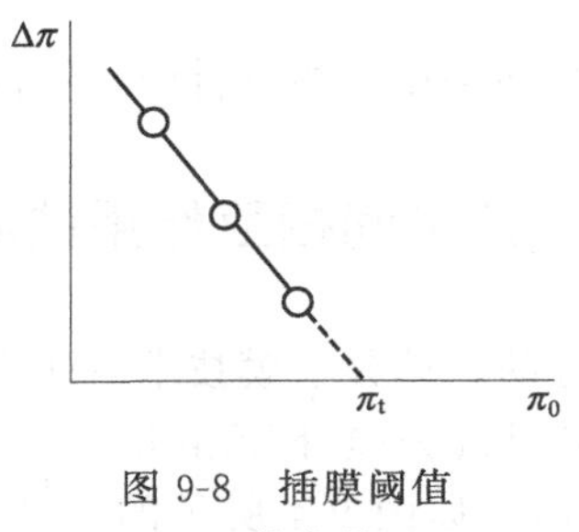

图 9-8　插膜阈值 π_t 的求得

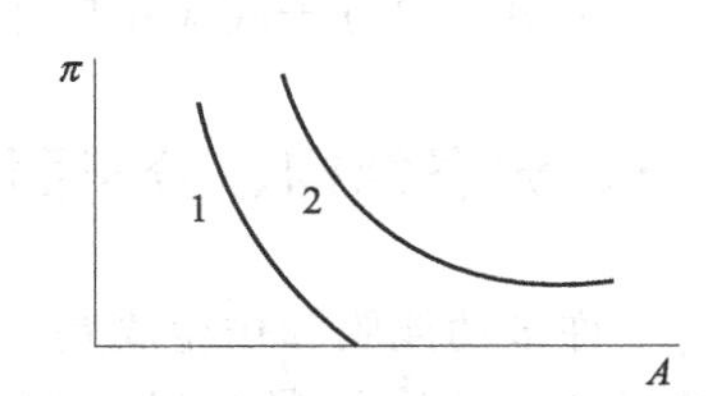

图 9-9　类脂在被蛋白质插膜前后的 π-A 曲线

1—插膜前类脂；2—插膜后类脂+蛋白

二、透过单分子膜的蒸发速率的测定

1. 降低水蒸发速率

在干燥地区及炎热地带的水池和水库中水的蒸发速率较快，如果在水面上铺上一层单分子不溶性薄膜，就能大幅度降低水的蒸发速率。如一层十六醇的分子可降低水蒸发量达90%，铺展方式：可将十六醇溶于石油醚或混在滑石粉中，前者效果好些，水面上单分子膜对水中含氧量仅降低10%以内，并不危害水下生物活动。单分子膜不但降低水的蒸发速率，而且提高水温，这对作物生长也是有益的，比如将早稻的插秧时间提前，促进秧苗生长，有利于增加产量。此项成果已应用于贮水池、水库和农田，以减少水量蒸发。从抑制蒸发的效果看，二十二烷醇的效果最好，但不易分散展开是其缺点。研究和应用较为成熟的是 β-羟己基二十二烷基醚。

此外，还应考虑到自然界的侵蚀，如刮风、下雨、下雪等，所以要选用能形成坚固的成膜化合物，但不能太脆，最好既是凝聚相，又有一定流动性，因此分子大小要适中，例如，$H(CF_2)_{12}CH_2OH$ 比较理想，它有很高的表面黏度。单分子膜还有老化现象，除了自然界条件外，在空气中的微量有机分子起表面活性剂的作用，也是破坏膜的一个因素，甚至所选溶剂也能影响膜的稳定性。

在汽油中加入微量的碳氟化合物也能降低其蒸发速率。

2. 蒸发速率的测定

可以利用单分子膜研究不同单分子膜抑制蒸发的能力。实验时，水面上放一小盒，盒中放干燥剂，通常为 LiCl，盒底为丝织的屏或其他多孔板，测量盒质量的变化（图 9-10）。

LaMer 等证明，在高表面压下蒸发速率下降可达 60%～90%，图 9-11 表示在 25℃时正脂肪酸的烷烃链长对水蒸发速率的影响。

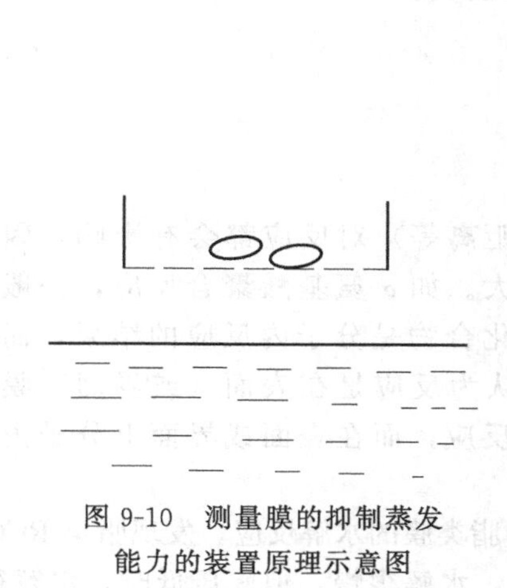

图 9-10 测量膜的抑制蒸发能力的装置原理示意图

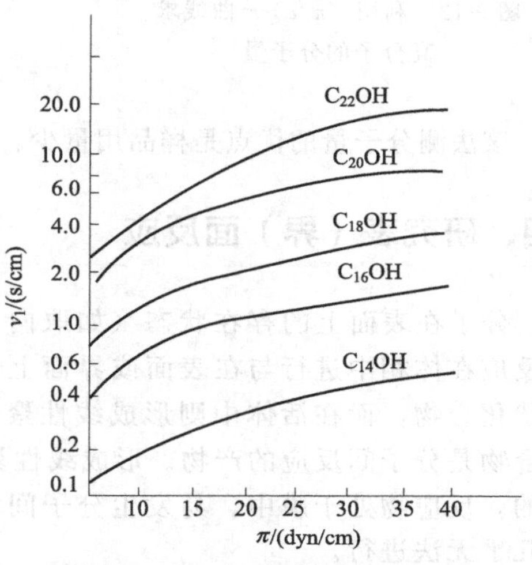

图 9-11 25℃时正脂肪酸的烷烃链长对水蒸发速率的影响

三、高分子分子量的测定

某些高分子化合物或蛋白质等在液面上能铺展形成单分子膜，从而测其分子量。

实验时，将待测物在液面上展开成单分子膜，当 π 很低时，服从理想气态状态方程式：

$$\pi(A-nA_0)=nRT=mRT/M\text{（单分子气态膜）} \tag{9-5}$$

$$\pi A=nA_0\pi+mRT/M \tag{9-6}$$

式中，A 为膜面积；A_0 为 1mol 成膜物本身的面积；n 为成膜物质的物质的量，以 πA 对 π 作图，其截距为 mRT/M，斜率为 nA_0，可求出 M 和 A_0。

严格来说，πA-π 曲线只适用于气态膜，因此适用于 $M<25000$ 的成膜物质，其优点是所用的样品量少。

如不考虑分子本身所占面积，可用下例说明分子量的求法。

【例】 18℃时，测胰岛素在水中的单分子膜表面压 π 与表面浓度 c 的数据如下：

$\pi\times10^3$/(dyn/cm)	5	10	15	20	28	50	62	80
c/(mg/m^2)	0.07	0.12	0.16	0.20	0.23	0.30	0.31	0.34

此体系的表面状态方程式为 $\pi A=RT$，（A 表示 1mol 的铺展物在膜表面所占的面积）。由以上数据计算胰岛素的分子量。

解：

$$\pi A=RT$$

$$a=1/c$$

式中，a 为单位物质（例如 1g）在表面所占面积。

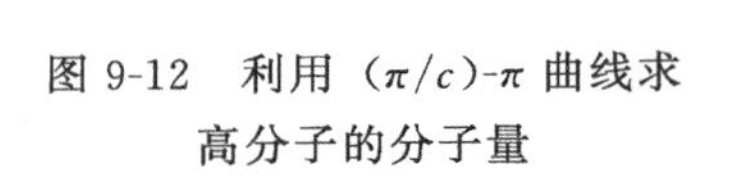

图 9-12 利用 (π/c)-π 曲线求高分子的分子量

$$M=RT/\pi a$$

式中，M 为分子量。

$$M=RT/(\pi/c)$$

在 $\pi\rightarrow0$ 时，可求分子量。以 π/c 对 π 作图，得一直线，外推至 $\pi=0$。

$$\left(\frac{\pi}{c}\right)_{\pi\rightarrow0}=5.8\times10^5\,\text{dyn}\cdot\text{cm}^2/\text{g}$$

$$M=\frac{8.31\times10^7\times291}{5.8\times10^5}=4.2\times10^4\,\text{g/mol}$$

该法测分子量的优点是样品用量少、速度快。

四、研究表（界）面反应

分子在表面上的存在状态（如取向、相互间的距离等）对反应都会有影响，因此许多反应在体相中进行与在表面或界面上进行差别很大。如 α-氨基酸聚合反应，一般生成环状化合物，而在活体中则形成线性聚合物。环状化合物是分子内反应的结果，而线性聚合物是分子间反应的产物。形成线性聚合物可以认为反应是在表面（或界面）膜上进行的，反应物处于膜中，易发生分子间相互接触和反应，而在表面或界面上分子内的反应几乎无法进行。

另一个研究得比较透彻的膜反应是碱溶液表面上的脂类膜的水解反应。发现脂类 RCOOR′中，若 R′很短时，将其所成的表面膜压缩成固态膜时，水解很慢，但膜压低时，水解很快。如十六酸乙酯在固态凝聚膜中的水解速率约为液态扩张膜的 1/8。对这个现象的解释是，十六酸乙酯的单分子膜压缩前后分子的取向发生了变化。压缩后，CH_3CH_2—挤到了极性基的下面，因而增加空间障碍，反应速率变慢。

水面——CH_3—CH_2CH_2—— 压缩→ —H_2C ——水面
O CH_2 CH_2 C=O
C O
O CH_2
H_3C

再如双炔酸的聚合。当 10,12-二十五碳二炔酸（PDA）在一定浓度的氯化钙水溶液表面上形成单层膜时，用紫外线照射可以使之发生聚合。研究表明，随着分子面积由 0.29nm^{2}降至 0.23nm^2，分子间距由大到小变化，聚合膜出现从蓝膜到红膜的变化。所谓蓝膜和红膜，指的是不同条件下 PDA 聚合后的薄膜，由于侧链排列的差异所导致不同吸收而呈现出不同的颜色。蓝膜中侧链较规整，红膜则无序程度高。当分子面积低于 0.22nm^{2}时，分子间距太小，难以进行光聚合。

不同 π 时分子的取向不同，可以利用这一事实，进行不同取向分子的反应（如光聚合），从而得到不同的反应物，如图 9-13 所示。

另外，对于极性头基可以解离的双亲分子，表面电荷对反应也有影响。在表面电荷的电场作用下，极性分子强烈定向，从而影响了表面离子和定向分子或表面上其他的离子或分子

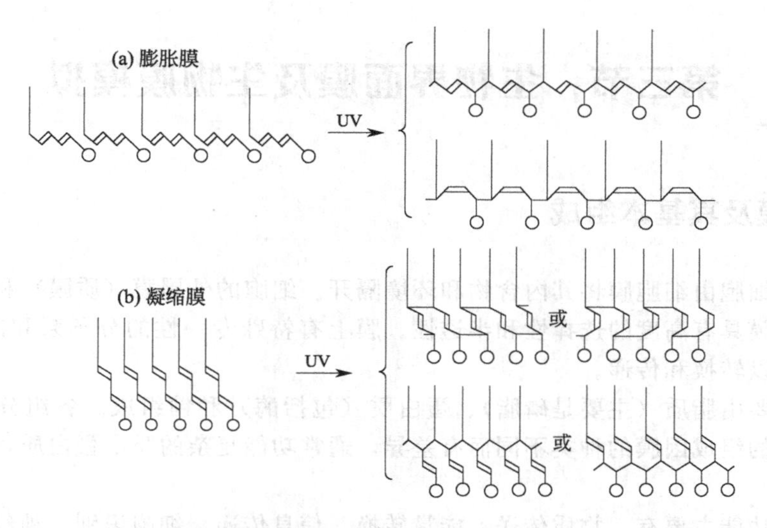

图 9-13　联乙炔单体的光聚合：(a) 低 π 下；(b) 高 π 下

之间的化学反应速率；带电表面附加的离子浓度常与体相溶液有很大区别，例如，亚相浓度为 0.001mol/L 的盐溶液，当表面上形成脂肪酸的单层膜后，界面相内的金属离子浓度甚至可达几摩尔每升，这会影响反应速率。

许多生理过程是在界面膜上发生的，因而表面膜反应是模拟生化过程的方法之一。

五、制备超细颗粒

在单分子膜下可以形成纳米颗粒银：花生酸单分子膜下面放置 $AgNO_3$，使之先形成 RCOOAg，然后在 NH_2NH_2 溶液中使之还原成银颗粒，也可利用 Long 和 Fromherz 发展的三槽法，将形成 RCOOAg 和还原 Ag 两个反应分别置于二槽中进行，这种方法可制成尺寸为 2～10 nm 的亲水颗粒（图 9-14）。

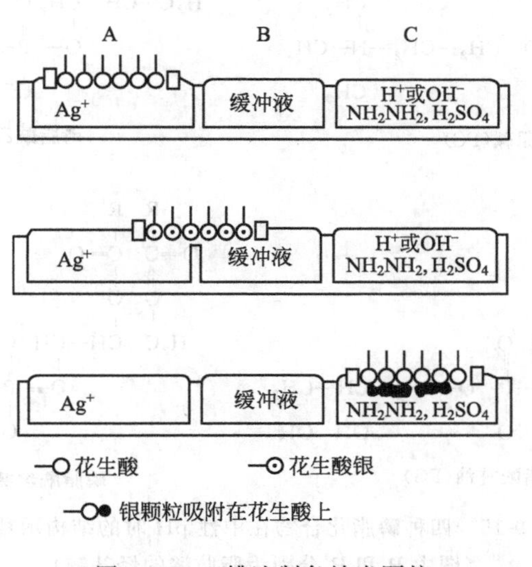

图 9-14　三槽法制备纳米颗粒

第三节　生物界面膜及生物膜模拟

一、生物膜及其基本组成

生物体的细胞由细胞膜将其内含物和环境隔开。细胞的外周膜（质膜）和内膜系统称为生物膜。生物膜具有高度的选择性和半透性。膜上有特殊专一性的分子泵和门使某些物质、能量、信息得以转换和传递。

生物膜主要由脂质（主要是磷脂）、蛋白质（包括酶）和糖组成。各组分间以非共价键结合。生物膜的组成因膜的种类不同而有差异，通常功能复杂的膜中蛋白质含量较大，且品种较多。

生物膜的功能主要有：物质传送、能量转换、信息传递、细胞识别、神经传导、代谢调控等各种生命过程。此外，疾病发生、药物作用等也都与生物膜有直接关系。

生物膜的基本组成简述如下。

1. 脂质

组成生物膜的脂质主要有三种：磷脂、胆固醇和糖脂。这些物质的分子都是分子量不大的两亲分子，即都是表面活性物质，在水中能自发形成胶束或双层结构的脂质体。常见的几种磷脂如图 9-15 所示。这些磷脂都有甘油参与其中，故也称甘油磷脂。它们的名称、分子组成、生物学作用见表 9-3。

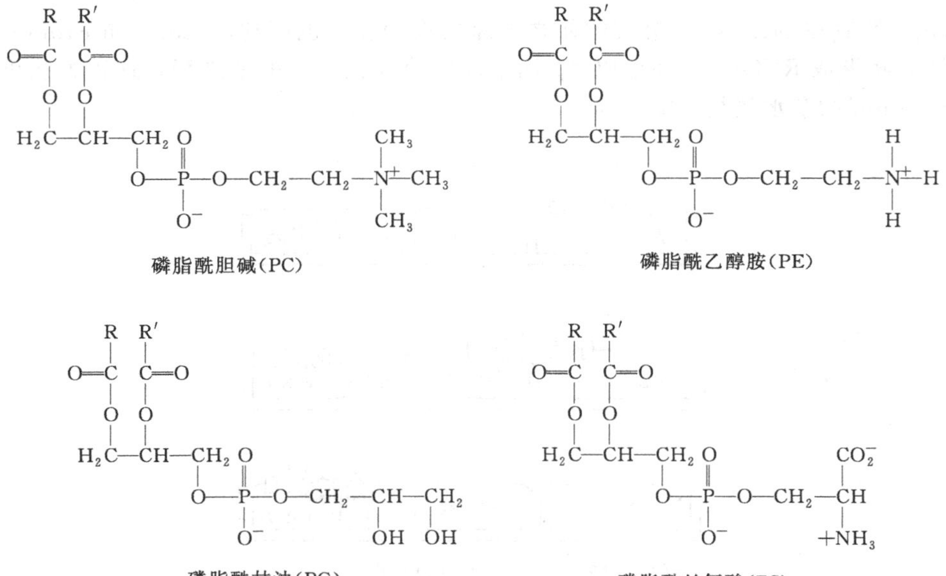

```
       R   R'
       |   |
    O═C   C═O
       |   |
       O   O
       |   |
   H2C─CH─CH2 O                  CH3
              |  ‖                  |
              O─P─O─CH2─CH2─N+─CH3
                 |                  |
                 O-                 CH3
```

磷脂酰胆碱(PC)

```
       R   R'
       |   |
    O═C   C═O
       |   |
       O   O
       |   |
   H2C─CH─CH2 O                  H
              |  ‖                  |
              O─P─O─CH2─CH2─N+─H
                 |                  |
                 O-                 H
```

磷脂酰乙醇胺(PE)

```
       R   R'
       |   |
    O═C   C═O
       |   |
       O   O
       |   |
   H2C─CH─CH2 O
              |  ‖
              O─P─O─CH2─CH─CH2
                 |          |    |
                 O-         OH  OH
```

磷脂酰甘油(PG)

```
       R   R'
       |   |
    O═C   C═O
       |   |
       O   O
       |   |
   H2C─CH─CH2 O             CO2-
              |  ‖              |
              O─P─O─CH2─CH
                 |              |
                 O-             +NH3
```

磷脂酰丝氨酸(PS)

图 9-15　四种磷脂化合物在中性 pH 时的结构示意图

（图中 R 和 R′分别为脂肪酸的烃基链）

表 9-3　四种磷脂的名称、分子组成、生物学作用简表

中文名称（习惯名称）	英文名称（略语.）	分子中相同部分，分子/分子			分子中不同的部分，分子/分子	生物学作用
		甘油	脂肪酸	磷酸	氨基酸	
磷脂酰胆碱（卵磷脂）	Phosphatidyl Cholines (PC)	1	2	1	胆碱	控制肝脂肪代谢，防止脂肪肝形成
磷脂酰乙醇胺（脑磷脂）	Phosphatidyl Ethanol-Amines(PE)	1	2	1	乙醇胺	血凝，可能是凝血酶致活酶的辅基
磷脂酰甘油（心磷脂）	Phosphatidyl Glycerols (PG)	1	2	1	—	存在于细菌细胞膜和真核细胞线粒体内膜中
磷脂酰丝氨酸（丝氨酸磷脂）	Phosphatidyl Serines (PS)	1	2	1	丝氨酸	以 K^+、Na^+、Ca^{2+}、Mg^{2+} 盐类形式存在于组织中

磷脂分为两大类：甘油磷脂和鞘磷脂。图 9-15 中的四种磷脂均为甘油磷脂。甘油磷脂为两亲性分子，是成膜分子，在水中能自发形成双分子层的脂质体结构。鞘磷脂又称磷酸鞘脂。胆碱鞘磷脂的结构如下：

$$
\begin{array}{l}
\qquad\qquad\qquad\qquad\qquad\qquad\qquad\qquad\qquad\quad CH_2-O-\overset{\displaystyle O}{\overset{\|}{\underset{\displaystyle O^-}{\underset{|}{P}}}}-O-CH_2-CH_2-\overset{\displaystyle CH_3}{\overset{|}{\underset{\displaystyle CH_3}{\underset{|}{N^+}}}}-CH_3 \\
CH_3-(CH_2)_{14}-\overset{\displaystyle O}{\overset{\|}{C}}-NH-\underset{|}{\overset{|}{CH}} \\
CH_3-(CH_2)_{12}-CH=CH-CH-OH
\end{array}
$$

显然，鞘磷脂和甘油磷脂相同，也有两个烃支链和一个极性端基，也是两亲分子。鞘磷脂也是细胞膜的重要成分，在人的红细胞膜中约占脂质的 17.5%。甘油磷脂和鞘磷脂约占人红细胞膜总脂质的 74%。

在人工模拟生物膜的研究中还经常使用以下几种合成磷脂：二棕榈酰磷脂酰胆碱、二棕榈酰磷脂酰甘油、二豆蔻酰磷脂酰胆碱、二油酰磷脂酰胆碱。

2. 糖脂

糖脂是糖通过其半缩醛烃基与脂质以糖苷键连接而成的化合物。因连接的脂质不同，糖脂主要有鞘糖脂、甘油糖脂和类固醇衍生糖脂三大类，以前两类为主。糖脂分子也是两亲性的，亲水部分为糖。糖脂仅分布于细胞膜外侧的单分子层。

3. 蛋白质

生物膜上蛋白质的功能是催化细胞代谢、物质的传输、膜上组分及细胞的运动、细胞对外界信息的接收与传递及维持细胞结构等。

4. 胆固醇

胆固醇是类固醇（或甾类）化合物中重要的一种。胆固醇在脑、肝、肾中含量很高，是脊椎动物细胞的重要成分，在水的红细胞膜中占脂质的 1/4。胆固醇对维持细胞膜的通透性和流动性起重要作用，是生理必需的。但胆固醇过多又可能引起动脉硬化、血管类疾病。

二、磷脂的单分子膜

磷脂是两亲化合物，有一个含磷的极性端基和脂肪酸链的酯基（通常为两个脂肪酸链，也有只有一个脂肪酸链的），含磷的极性基通常是胆碱[—P—$OCH_2CH_2N^+(CH_3)_3$]和乙酰胺[—P—$OCCH_3NH_2$]。磷脂有磷脂酰胆碱（卵磷脂）和磷脂酰乙醇胺（脑磷脂）等。图 9-16 是一些磷脂的单分子膜的 π-A 图，这些磷脂都带有饱和的烃基链。选择合适的铺展溶剂有时有些困难。图 9-16 中对磷脂酰胆碱选用 9∶1 的正己烷-乙醇混合溶剂，而对磷脂酰乙醇胺则选用 4∶1 为铺展溶剂，并且欲使磷脂酰乙醇胺完全溶解还要加热到 35℃。

图 9-16 表明，饱和烃链的磷脂同系物可能存在一般的单分子膜状态。如果碳氢链足够长就可以形成凝聚态单分子膜，而短碳氢链的磷脂可能形成扩张单分子膜。当然，对于某一个同系物，随着温度的升高，单分子膜的状态可从凝聚态向扩张态转变。在 22℃时，带有二棕榈酸基（两个 C_{16} 链）的磷脂酰胆碱的单分子膜出现扩张态向凝聚态的转变。在此温度，带有二豆蔻酸基（两个 C_{14} 链）的磷脂酰乙醇胺有类似的转变。根据 π-A 曲线凝聚膜外推求出的每个磷脂酰胆碱分子的极限面积是 0.44nm^2，每个磷脂酰乙醇胺分子的极限面积是 0.40nm^2。这种差异表示胆碱基水合能力更强，从而占据更大的面积。

磷脂单层膜的相性质与其在生物膜中的作用有关。以二棕榈酸基磷脂酰胆碱（DPPC）的凝聚-扩张膜转变的潜热与熵变计算结果来检验单分子膜的相性质与其在生物膜中作用的相关性是有意义的。当 DPPC 的凝聚膜向扩张膜转变时，分子面积每增加 0.11nm^2，相应熵增大 11.3J/(K·mol)。扩大同样大的面积，肉豆蔻酸单分子膜从凝聚膜向扩张膜转变，分子面积同样增大时，相应熵的增大为 75J/(K·mol)。这一结果不难解释：一方面 DPPC 分子的碳氢链比肉豆蔻酸分子的碳氢链多一倍多；另一方面，DPPC 扩张膜中碳氢链的空间自由度比相同条件下肉豆蔻酸的少一半。图 9-17 是不同温度时肉豆蔻酸（十四酸）在 0.01mol/L HCl 底相上单分子层膜的 π-A 图。由图可见，34.4℃时单分子膜只有液态扩张膜的特点。34.4℃是十四酸的临界温度，在此温度以下，单分子膜出现由液态扩张膜向转变膜和液态凝聚膜的转变，在转变膜阶段 π-A 曲线较为平缓，在液态凝聚膜阶段，π-A 线近似为斜率较大的直线。室温下长碳链有机物液态扩张膜 π-A 线外延至 $\pi=0$ 时，极性端基面积约为 0.4～0.7nm^2/分子。直链脂肪酸液态凝聚膜 π-A 线外延至 $\pi=0$ 时，分子面积在 0.22～0.24nm^{2}之间。

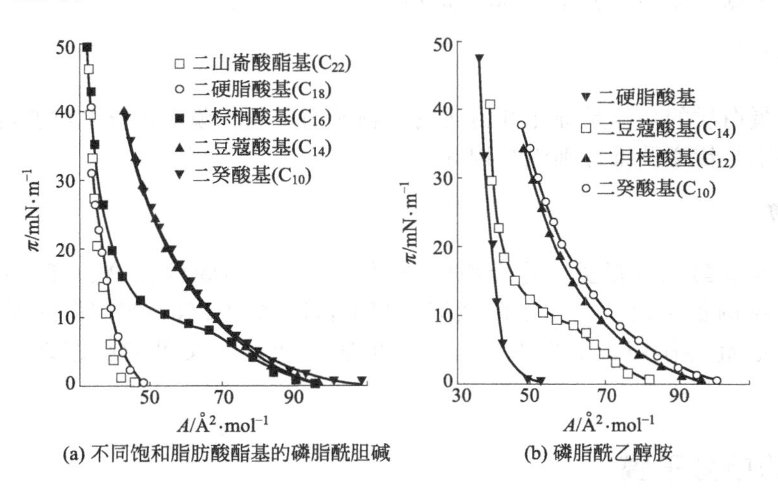

图 9-16 22℃底液为 0.1mol/L NaCl 时饱和磷脂酰胆碱的 π-A 图

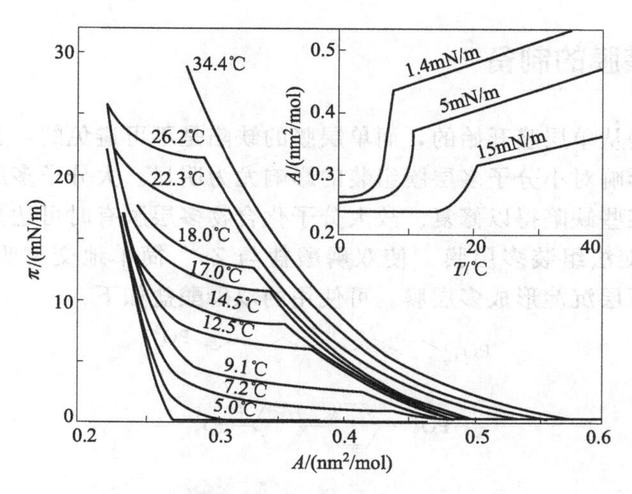

图 9-17　不同温度时肉豆蔻酸（十四酸）在 0.01mol/L HCl 底液表面单分子层膜的 π-A 图

第四节　自组装膜

利用固体表面自溶液中吸附和吸附层接枝技术，在表面形成的有一定取向和紧密排列的单分子层或多分子层的超薄膜称为自组装膜（Self-assembly Membranes，SAM）。尽管自组装膜早期是由吸附方法形成的，随着科学技术的发展，现在将以价键或非价键相互作用在一定表面形成的具有某种特定结构和性能的单层膜或多层膜均称为自组装膜。其中尤以分子、离子、粒子间弱相互作用形成的自组装膜备受关注。

一、单层自组装膜的制备

形成化学键的自组装单层：有机硫化物在金及其他多种金属、半导体表面上可形成共价键，如烷基硫醇在金表面上发生如下反应：

$$RSH + Au_n^0 \longrightarrow RS^- Au^+ \cdot Au_{n-1}^0 + 1/2H_2$$

形成硫醇紧密排列的吸附单层。

最简单的氯硅烷是三甲基氯硅烷，其与硅、铝、钛氧化物及多种金属和非金属固体表面羟基在室温下即可发生反应：

$$-\overset{|}{\underset{|}{Si}}-OH + Cl-\overset{CH_3}{\overset{|}{\underset{\underset{CH_3}{|}}{Si}}}-CH_3 \longrightarrow -\overset{|}{\underset{|}{Si}}-O-\overset{CH_3}{\overset{|}{\underset{\underset{CH_3}{|}}{Si}}}-CH_3 + HCl\uparrow$$

使表面亲水羟基转变为疏水的三甲基硅氧烷基，这也是亲水固体表面改性的最简单方法之一，最长链硅氧烷也可发生类似反应，只是反应温度较高。

长链脂肪酸（如硬脂酸）阴离子与金属表面阳离子成盐（或可能形成氢键）也可形成定向紧密排列的自组装单层。

二、多层自组装膜的制备

组装多层膜总是从单层膜开始的，而单层膜的缺陷是不可避免的，且随层数的增加，缺陷也会加剧。这种影响对小分子多层膜组装的影响尤为明显。大分子多层膜因其分子大和分子的柔性可能会使某些缺陷得以修复。故大分子化合物多层膜有时可达数百层。

① 双磷酸盐沉淀法组装多层膜　使双磷酸盐与 Zr^{4+} 简单地交替吸附在表面，发生反应，生成不溶盐而逐层沉淀形成多层膜。可使用的双磷酸盐如下：

② 表面聚合组装多层膜　类似于偶联剂的大分子化合物在表面形成多层膜。偶联剂是在大分子两端各有一个可反应基团，在一定条件下能与分子形成化学键，从而改变表面性质。偶联剂原本主要用于使两种性质不同的材料结合或使固体表面改性，用类似原理也可形成多层膜。如在带有羟基的固体表面与 23-(三氯硅基)二十三酸甲酯（MTST）反应，首先使基片表面羟基化，表面—OH 基与一个 Cl—Si—反应形成表面—O—Si—键，在痕量水存在下，MTST 中的 Si—Cl 基先水解生成 Si—OH，再相互脱 H_2O 而形成 Si—O—Si 键。这样就形成了第一层。该层表面的酯基在四氢呋喃溶液中用 $LiAlH_4$ 活化成羟基，再重复上面的步骤，即可形成第二层。如此反复，即得多层膜（图 9-18）。

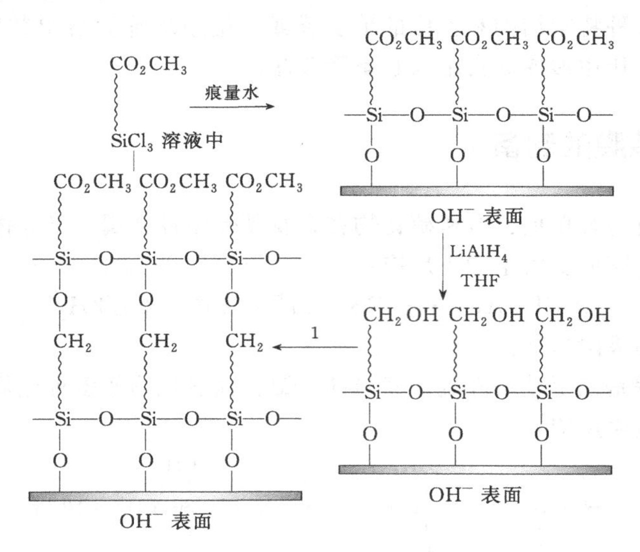

图 9-18　MTST 在带羟基固体表面形成多层膜的示意图

③ 依靠静电作用也可组装多层膜　如在带电表面先吸附带相反电荷的聚离子，然后在此聚离子表面层上吸附带相反电荷的聚离子。这样交替沉积可得多层膜。显然这种方法组装的驱动力是静电作用。

除此以外，也可用表面缩合反应和金属离子的桥连作用等形成多层膜。

三、自组装膜的性质及应用

自组装膜的性质由自组装膜主体分子的性质、各层间化学键的特点及后处理条件等因素决定。如由荧光物质分子组装成的膜具有相应的荧光性质，可用于电致发光器件，后处理会对发光效率产生影响。将聚苯乙烯前体（PPV-precursor）与聚苯乙烯磺酸盐（PSS）、聚甲基丙烯酸盐（PMA）等阴离子通过静电作用组装成的多层膜，在真空和210℃下干燥11h，制成电致发光器件，PMA/PPV发光亮度为10～50cd/m^2，整流比为10^5～10^6。C_{60}马来酸衍生物在ITO电极表面形成的自组装单层膜有很好的光电效应，优于相应的LB膜。

虽然用固体表面吸附法形成分子有序自组装排列的研究和讨论已有多年的历史，但明确提出“自组装”的术语且从分子水平上深入研究自组装技术、自组装膜的结构却是近十几年才开始的。这是因为早期的吸附研究只能从宏观实验结果推测吸附层的微观结构，只有在新的现代化实验手段开发和应用后，自组装膜的研究才获得高速发展。现在自组装及相关技术已应用于医学、生物化学、材料科学、有机合成等领域，并有望作为分子器件用于微电子学、分子光学等领域。

第十章

乳状液、微乳状液及 Pickering 乳液

第一节 乳状液概述

一、乳状液定义及类型

乳状液是一种或者一种以上的液体以液珠的状态分散在另一种与其不相混溶的液体中构成的分散体系。被分散的液珠称为分散相，直径通常大于 0.1μm，分散相周围的介质称为连续相。

乳状液的液滴与连续相之间有巨大的界面，液/液界面的界面自由能高，是一个热力学不稳定体系。放置时，液滴相互碰撞、融合而导致乳状液分层，为了使乳状液稳定，需加入使其稳定的物质即乳化剂，表面活性剂常被用作乳化剂，表面活性剂分子在液、液界面上定向吸附，降低了界面能，同时形成了保护膜，并具有一定的机械强度。

乳状液一般分为油包水（W/O，即水相为分散相）和水包油（O/W，即油相为分散相）两种类型。此外，还有多重乳状液，如水包油包水（W/O/W）型和油包水包油（O/W/O）型等，如图 10-1 所示。

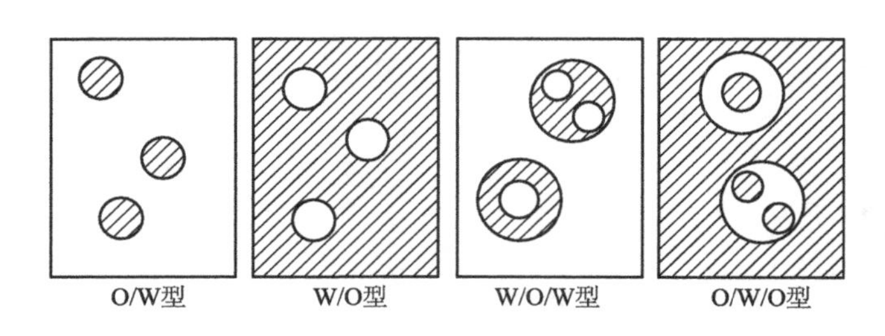

图 10-1　乳状液的类型示意图

二、乳状液的物理性质

1. 液滴的大小和外观

大小不同的液滴对入射光的吸收、散射不同，表现出不同的外观。当液滴直径远大于1μm时，可分辨出两相；>1μm时，大于可见光的波长，反射光呈乳白色；0.1～1μm时，呈蓝白色；0.05～0.1μm时，略小于可见光的波长，产生光散射，呈灰色半透明；<0.05μm时，远小于可见光的波长，体系透明。乳状液一般不透明，因为通常液滴较大。

2. 黏度

乳状液的黏度由下列因素来决定：连续相的黏度、分散相的黏度、分散相的体积分数、液滴的大小和乳化剂的性质等，当分散相的体积分数不太大时，乳状液的黏度主要由连续相的黏度来决定，乳化剂的加入往往会使乳状液的黏度增大，因为乳化剂会进入油相形成凝胶，乳化剂的加入会改变分散相所占的体积分数，在水溶液中乳化剂会形成对油相有增溶作用的胶束等。

3. 电导

乳状液具有导电性，一般用测定电导率的方法来研究其导电性。电导率的大小主要取决于连续相。因此，水包油型的乳液的电导率明显大于油包水型的乳液的电导率，这可以用来鉴别乳状液的类型及类型改变，例如，原油的电导率随着水含量的增加而增大。通过电导率的测定，可以确定原油中的水含量。

三、影响乳状液稳定性的因素

乳状液由于具有大的液/液界面，液滴之间可以进行不可逆的融合，是热力学不稳定的体系。但加入乳化剂后，可使液/液界面张力降低，使液滴聚结相对困难，从而具有一定的稳定性，影响其稳定性的因素有以下几个。

(1) 油水间界面膜的形成

在油水体系中加入表面活性剂或其他物质（如固体颗粒），不仅可以降低界面张力，还可以在界面上形成吸附膜。该膜具有一定的机械强度，可以保护液滴。膜的强度随表面活性剂浓度的增大而增强。同时，膜强度还与吸附分子间的相互作用有关。相互作用强，则膜强度高。

(2) 界面电荷

大部分稳定的乳状液液滴均带有电荷。这些电荷通常来自吸附、电离或者液滴与介质间的摩擦。这些电荷结合在液滴界面上，与介质中的反离子形成双电层。由于液滴所带电荷电性相同，故相互靠近时发生排斥，提高了乳状液的稳定性。

(3) 黏度

连续相黏度增加，可降低液滴的扩散系数，降低碰撞频率及聚结速率，提高了乳状液的稳定性。

(4) 液滴大小及分布

液滴尺寸范围越窄越稳定。

第二节　微乳状液概述

一、微乳状液的定义

“微乳状液”（Microemulsion）是 Schulman 于 1943 年首先提出的。Schulman 利用超速离心机、小角 X 射线散射、电子显微镜及核磁共振等手段对一种全新的分散体系进行了比较全面的研究，发现表面活性剂用量较大并加入相当量脂肪醇等极性物质时，可以得到粒径为几个纳米到 100nm 的透明或半透明乳液，即微乳状液，简称微乳液或微乳。1958 年，Shah 完善了这一概念，将微乳状液定义为：两种互不相溶的液体在表面活性剂界面膜的作用下形成的热力学稳定的、各向同性的、透明的均相分散体系。两种互不相溶的液体，一般一种是水，另一种为极性小的有机物，如苯、环己烷等，通常称为油。微乳液已广泛用于农业、医药、化妆品等方面，而且在药物微胶囊化、制备纳米材料及提高原油受采率方面均有独特的优点、应用前景十分广阔。

二、微乳状液的制备方法

① Schulman 法　将油、水和表面活性剂混合均匀后，向其中滴加助表面活性剂（如醇类），加到某一定量时该体系瞬间变得清亮透明，即形成微乳液。由于水、油比例不同和表面活性剂的种类不同，所形成的微乳液的类型也可能不同。

② Shah 法　将油、表面活性剂和助表面活性剂按一定的比例混合均匀后，向其中滴加水或水溶液，当水含量达到一定值时便会瞬间形成透明的 W/O 型微乳液。若继续往油中加水，作为分散相的水会经历球体→不规则柱体→层状或双连续结构→水成为连续相的一系列变化，最终形成 O/W 型微乳液。

大量实验表明，若用的是离子型表面活性剂，一般需要一定量的助表面活性剂（如有机醇、胺或酸）才可制出微乳状液。对于非离子型或碳氢短链离子型表面活性剂，一般不需要助表面活性剂就可形成 W/O 型微乳状液。

三、微乳状液形成的机理

微乳状液是一个具有极大液液界面面积的体系，然而微乳化过程是自发的，微乳体系又是热力学稳定体系，这该如何解释呢？

1. 负界面张力理论

这是 Schulman 等在他们早期的微乳研究工作中提出来的。他们认为，一般油水界面张力约为 30～50mN/m，有表面活性剂时，会降到约 20mN/m，加入一定量的助表面活性剂，如中碳醇类，则界面张力会进一步降低至零，因此，他们推断，若加入更多的醇，界面张力应该变为负值。负界面张力导致在界面面积增加时体系的吉布斯自由能反而减小，从而成为自发过程，于是形成的微乳液就有热力学稳定性。

对于该理论，以下几个问题是无法说明的：负界面张力机理虽然可以解释微乳液的形成和稳定性，但不能说明为什么微乳液会有 O/W 型和 W/O 型，或者为什么有时只能得到液晶相而非微乳液。此外，负界面张力没有被测出过，当时由于测量技术的限制，他们测出的界面张力为零，并想当然地认为继续加入醇，界面张力会进一步降低，只能变负；现在已可以测量超低界面张力，如使用旋滴法、表面激光散射法等。实验结果证明，微乳状液的界面张力确实很低，但并非负值。由此可见，负界面张力只是一个推想，它的存在并没有证据，该理论只是一个推断。

2. “肿胀胶团”或“增溶”理论

该理论是 Winsor、Shinoda 和 Friberg 等所坚持的。他们认为，微乳液是油相或者水相增溶于胶束（胶团）或者反胶束之中，使之胀大到一定颗粒大小范围而形成的。由于增溶作用是自动进行的，所以微乳化自发进行。Winsor 等用实验证明了微乳液是加溶了另一液相的胶束溶液，被称为“肿胀胶团”。Shinoda 等研究了非离子型表面活性剂与油和水形成的三组分微乳液，证明没有助表面活性剂也能形成微乳液，混合膜并不是形成微乳液的必要条件。

3. 构型熵理论

Ruchenstein 等通过热力学研究认为，微乳形成过程的吉布斯自由能变化为两部分：由于液液界面面积增加引起体系的吉布斯自由能增加、大量微小液滴的分散引起体系熵（又称构型熵）增加，使体系吉布斯自由能降低。只要后者的值（$T\Delta S$）大于前者，则过程可以自发进行。

$$\Delta G = n4\pi r^2 \sigma_{\mathrm{OW}} - T\Delta S \tag{10-1}$$

$$\Delta S = -nk\left[\ln\varphi + \left(\frac{1}{\varphi} - 1\right)\ln(1-\varphi)\right] \tag{10-2}$$

式中，n 为分散相液滴数；r 为液滴的半径；σ_{OW} 为界面张力；k 为玻尔兹曼常数；φ 为分散相所占的体积分数。例如分散相液滴半径为 5nm，且体积分数为 0.5 的微乳，在温度为 298K 时，由式(10-1) 可计算出界面张力须小于 0.018mN/m 才可能自发形成微乳。而实际的微乳体系是可以达到这个条件的。故微乳液的形成是自发的。

以上是微乳液形成的三种理论，其出发点是不同的。前两个理论试图解释微乳液是如何自发形成的，而构型熵理论则试图说明微乳液为什么能自发形成。除了这三种微乳液形成的机理外，还有下面三种理论，它们探讨的重点是什么条件下形成什么类型的微乳液，而不是微乳液为什么能自发形成。

4. 双重膜理论

1953 年 Schulman 和 Bowcot 从膜两侧存在两个界面张力的角度提出双重膜理论：作为第三相，混合膜具有两个面，分别与水和油相接触，这两个界面分别有各自的界面张力。正是这两个界面分别与水、油相互作用的相对强度决定了界面的弯曲及其方向，因而决定了微乳液体系的类型。若膜向着水相的收缩力大，则易形成油包水型的微乳液；若向着油相的收缩力大，则易形成水包油型的微乳液；若二者大小相当，则易形成双连续型的微乳液。因此，表面活性剂和助表面活性剂的极性基团和非极性基团的性质对不同类型微乳液的形成至关重要。

5. 几何排列理论

Robbins 等从双亲物聚集体中分子的几何排列考虑，提出了几何排列理论：双重膜是极性的亲水基头和非极性的烷基链分别与水和油构成的分开的均匀界面。在水侧界面，极性头水化形成水化层，而在油侧界面，油分子是穿透到烷基链中的。几何排列模型成功地解释了助表面活性剂、电解质、油的性质以及温度对界面曲率和微乳液的类型或结构的影响。

几何排列模型考虑的核心问题是表面活性剂在界面上的几何填充，用一个参数即所谓的临界堆积参数 $P=V/a_0l_C$ 来说明，其中，V 是表面活性剂分子中烷基链的体积，a_0 是界面上每个表面活性剂极性头的最佳截面积，l_C 为烷基链的长度。对于有助表面活性剂参与的体系，还要考虑到助表面活性剂对临界堆积参数的影响。$P<1$ 时，界面发生凸向水相的优先弯曲，形成 O/W 型微乳液，$P=1$ 时界面是平的，形成双连续相或层状液晶，$P>1$ 时，界面发生凸向油相的优先弯曲，形成 W/O 型微乳液。而微乳液发生相转变则是堆积参数变化的结果，如图 10-2 所示。

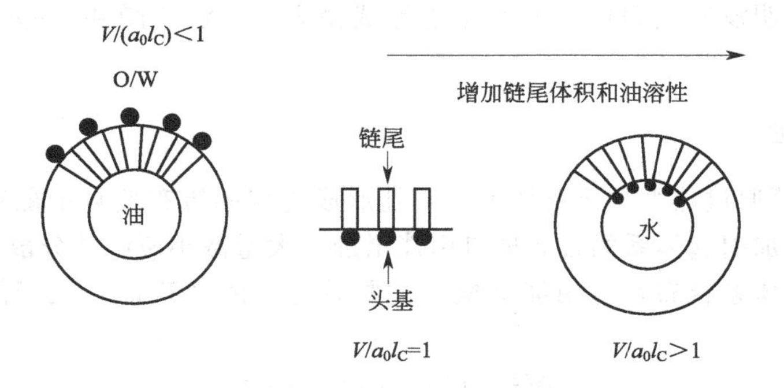

图 10-2　界面弯曲方向和微乳液的类型与表面活性剂在界面上的堆积参数的关系

6. *R* 比理论

R 比理论与双重膜理论及几何排列理论不同，*R* 比理论直接从最基本的分子间相互作用出发考虑问题。既然任何物质间都存在相互作用，作为双亲物质，表面活性剂必然同时与水和油有相互作用，这些相互作用决定了界面膜的性质。

在微乳液体系中有三个相区，即水区（W）、油区（O）和界面区或双亲区（C），其中界面区存在水、油和表面活性剂，表面活性剂又可分为亲水部分（H）和亲油部分（L）。*R* 比的定义为：

$$R=(A_{CO}-A_{OO}-A_{LL})/(A_{CW}-A_{WW}-A_{HH}) \tag{10-3}$$

式中，A_{xy} 表示单位面积上分子 x 与分子 y 之间的内聚能。当 $R\ll1$ 时，形成正常的胶团结构，随着 R 的增大，胶团溶胀形成 O/W 型微乳液；当 $R=1$ 时，形成双连续相或液晶相；当 $R>1$ 时，为反胶团，$R\gg1$ 时，反胶团溶胀为 W/O 型微乳液。

该理论的核心是定义了一个内聚作用能比值，并将其变化与微乳液的结构和性质相关联。*R* 比中各项属性都取决于体系中各组分的化学性质、相对浓度以及温度等，因此，*R* 比将随体系的组成、浓度、温度等变化，而微乳液体系结构的变化可以体现在 *R* 比的变化上，*R* 比理论能成功地解释微乳液的结构和相行为，从而成为微乳液研究中的一个非常有用的工具。

关于微乳形成，还有许多理论和模型，能解释一些现象，说明一些问题，但都在发展之中。对微乳现在所达到的共识是：微乳就是一种各向同性的热力学稳定体系，但同时又是分子异相体系，水区和油区在亚微水平上是分离的，并显示出各自本体的特征。

第三节　微乳状液的结构及表征

一、微乳状液的类型与结构

与乳状液一样，微乳状液也有水包油型（O/W）和油包水型（W/O）之分。O/W 型的分散介质是水；在分散介质为油的反胶束中增溶水后，所得到的是 W/O 型。此外与乳状液不同的是，微乳状液还有双连续相，所谓双连续是指水和油都是连续的。Winsor 发现微乳状液可能有三种相平衡情况，见图 10-3(a)。

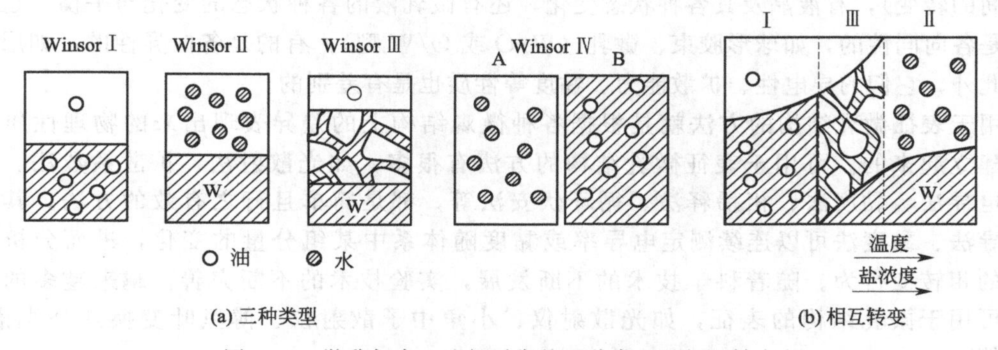

图 10-3　微乳与水、油相平衡的三种类型及相互转变

在水包油型（O/W）微乳体系中，可能出现微乳与过剩油组成的两相平衡体系。一般油相密度小于水相，过剩的油处于上部，微乳处于下部，故称为下相微乳，又称为 Winsor Ⅰ型微乳。

在油包水型（W/O）微乳体系中．可能出现微乳与过剩水组成的两相平衡体系。同理，此时微乳处于水相上部，故称为上相微乳，又称为 Winsor Ⅱ型微乳。

在双连续相中，可能出现微乳与过剩的油和过剩的水三相平衡共存，上层是油，中层为微乳，下层是水，故称为中相微乳，又称为 Winsor Ⅲ型微乳。

在一定条件下，可以使体系在上述三种类型间发生转化，如图 10-3(b) 所示。

对均匀的单相微乳，无论是 O/W 型还是 W/O 型，统称为 Winsor Ⅳ型微乳。

显然，表面活性剂及助表面活性剂在微乳的形成中起着重要的作用。它主要存在于油水界面膜中，表面活性剂的亲水基团向着水，疏水基团向着油，形成定向排列的单层，而且表面活性剂的两端分别会发生溶剂化作用，溶剂插入定向排列的表面活性剂分子之间，所以常把表面活性剂层称为栅栏层。

由表面活性剂的定向单层排列为主所形成的界面膜，将不相混溶的两种液体分隔成微小区域，这个微小区域可能是孤立的，如 O/W 型或 W/O 型微乳，如图 10-4(a) 和图 10-4(b) 所示，也可以是分布于油相中管状通道网络的双连续相。如图 10-4(c) 所示，或是规则的相连通状态的双连续相，如图 10-4(d) 所示。

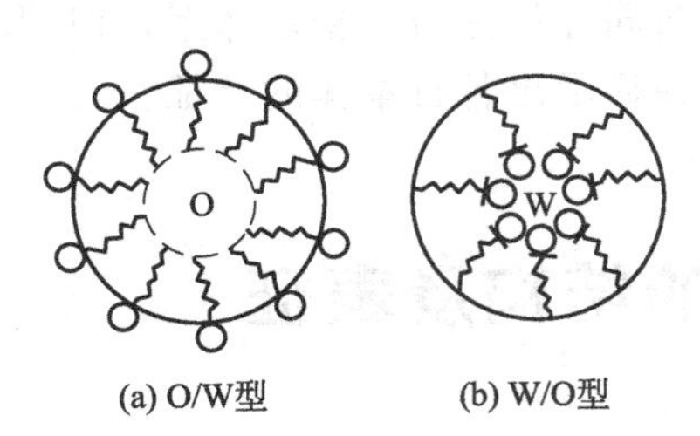

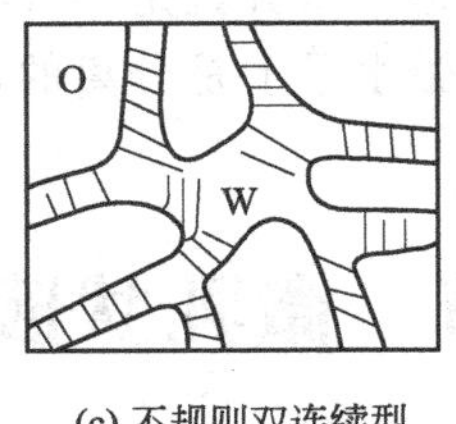

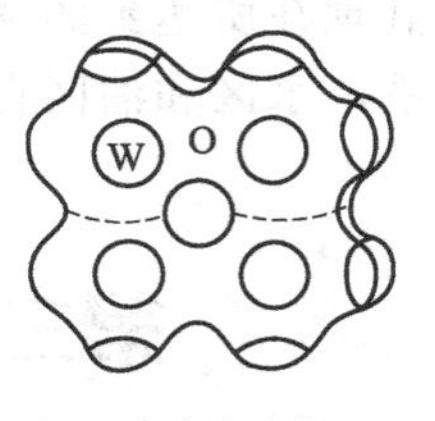

(a) O/W型　(b) W/O型　(c) 不规则双连续型　(d) 有序立方体

图 10-4　微乳结构示意图

二、微乳状液结构的表征

随表面活性剂自身的结构及其在溶液中的浓度、温度以及添加剂等因素的变化，水-油-表面活性剂体系可能会发生一系列相变化，有胶束（包括胶束的球状、棒状和层状等种种状态之间的转变），有液晶及其各种状态变化，还有微乳液的各种状态的变化与平衡。这其中有的是各向同性的，如球形胶束、微乳（W/O 或 O/W 型）；有的是各向异性的，如层状液晶。此外，它们的导电性、扩散能力、黏度等性质也是有差别的。

用于表征微乳结构的方法就是根据各种微观结构上的差异表现出来的物理性质的差异而建立起来的。可用于表征微乳结构的方法有很多，如光散射法、扩散系数法、染料法、电导法、黏度法、相稀释法、循环伏安法等，都是简单且行之有效的方法。其中采用电导法、黏度法可以连续测定电导率或黏度随体系中某组分量的变化，进而分析考察体系的相转变行为。随着科学技术的不断发展，实验技术的不断完善，越来越多的精密仪器可用于微乳结构的表征，如光散射仪、小角中子散射仪、傅里叶变换红外光谱仪、核磁等。

1. 光散射法

光散射分为弹性光散射、准弹性光散射与非弹性光散射。弹性光散射中，散射光与入射光具有相同频率，在散射时无能量变化。准弹性光散射，散射中心移动，产生偏离入射光频率的低频频移。非弹性光散射，散射频率不同于入射光频率。

光散射技术可以用于测量高分子化合物的分子形态，分子聚集、降解、聚合、交联、共聚、相溶性及相分离行为。其中准弹性光散射方法常用于表征微乳的微观结构，也可以观察到微乳状液发生类型转变时的临界现象。

2. 扩散系数法

如用傅里叶变换脉冲自旋-回声检测技术，可测定微乳体系各组分的分子或分散相粒子自扩散系数，这是确定微乳体系中各种结构的有效方法。一般的扩散是由浓差而引起的，而自扩散是指没有浓差情况下的均匀体系中，粒子的扩散速率与质点大小、形状、温度、介质、黏度等因素有关。

一般液体体系中球形液体小分子的自扩散系数在 10^{-9} m^2/s 数量级。而大质点的会小得多。在微乳状液体系中，上相微乳中的水和表面活性剂的自扩散系数在 10^{-11} 数量级，而油的自扩散系数较大，与纯油的自扩散系数接近。下相微乳则相反，油和表面活性剂的自扩散系数在 10^{-11} 数量级，而水的自扩散系数在 10^{-9} 数量级。在中相微乳中，由于双连续结构，两种溶剂的扩散系数都较大，而表面活性剂的自扩散系数在 10^{-10} 数量级，这个数值相当于层状相分子的自扩散系数。这表示表面活性剂分子在此体系中不是自由的，而是处于定向的分子层中。图 10-5 中三条曲线分别是水、甲苯和十二烷基硫酸钠（SDS）在甲苯-水-SDS-丁醇-盐五元体系中自扩散系数随盐浓度的变化情况，由图可以判断，在低盐浓度时，水的自扩散系数较大，是 Winsor Ⅰ型。在高盐浓度时，油（甲苯）的自扩散系数较大，为 Winsor Ⅱ型。曲线中间段为 Winsor Ⅲ型。

3. 电导法

电导率对溶液中质点的结构相当敏感，可用于研究微乳状液的结构变化。

下面是一个应用实例。体系起始组成是 $C_{12}H_{25}SO_3Na$(SDAS)-C_4H_9OH- C_7H_{16}，其中含油量是 21%（质量分数），而表面活性剂 SDAS 与助表面活性剂（C_4H_9OH）的质量比为 2∶1。然后用水滴定，所得电导率与水的质量分数曲线关系如图 10-6 所示。该曲线可用 Fang J 等提出的微乳状液的渗滤电导模型解释。

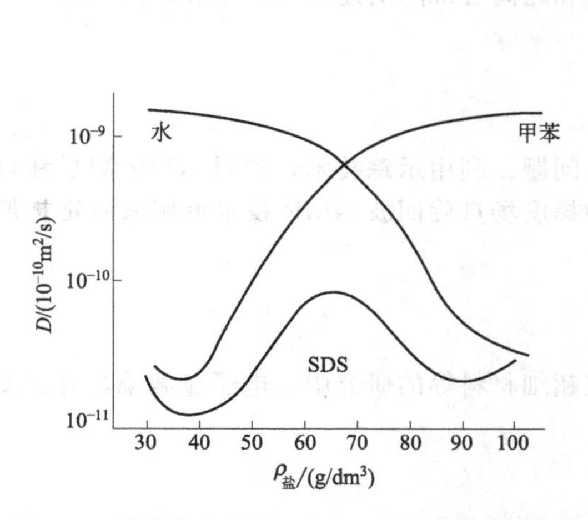

图 10-5 微乳状液中水、甲苯、SDS 的自扩散系数

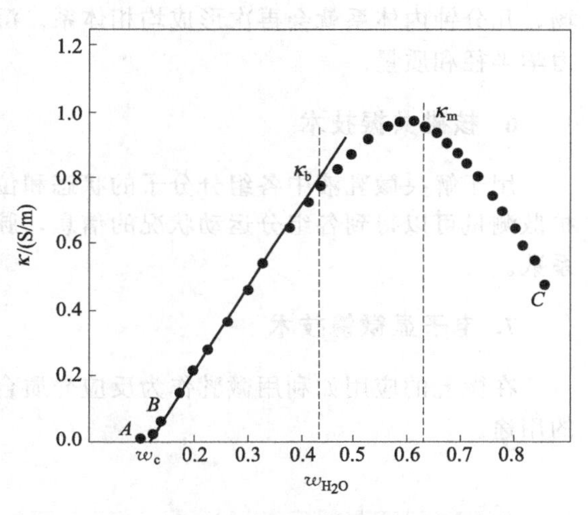

图 10-6 微乳状液电导率随含水量的变化

微乳三种结构的电导情况是不同的。尤其是 W/O 型微乳，与乳状液不同，也具有较大导电性能。对于这种电导现象提出了多种理论，其中广为接受的是渗滤电导模型。该模型认为在油包水型微乳区，溶液的电导率与含水量 w（质量分数）有如下关系。

$$\kappa=\kappa_0(w_c-w)^a \qquad w<w_c \tag{10-4a}$$

$$\kappa=\kappa_0(w-w_c)^a \qquad w>w_c \tag{10-4b}$$

式中，w_c 是渗滤阈值；κ_0 与 a 是常数。当 $w<w_c$ 时，$a\neq1$，微乳的电导率低，且 κ 随 w 增大而缓慢增加，如图 10-6 中曲线 AB 段。该模型认为，当含水量在渗滤阈值以上时，即 $w>w_c$，油包水型中水的液滴增多，导致液滴间发生频繁的黏性碰撞，结果是在双连续相中形成许多细小的水通道，溶液中的反离子也能够通过，使得溶液导电能力迅速上升。含水量继续增加，κ 值也相应增加。一直达到最大 κ 时微乳已转变为 O/W 型。此时对应水的质量分数约为 64%。若再增加含水量，体系的 κ 反而下降，由于稀释使溶液中离子浓度下降，电导率下降。由图可见，曲线 $B\kappa_b$ 与 $\kappa_b\kappa_m$ 的斜率是不同的，即 $\kappa_b\kappa_m$ 的斜率小一些。Zcma 等认为，在 $\kappa_b\kappa_m$ 段的初期，由 W/O 型微乳液滴黏性碰撞而产生的细小水通道会迅速扩大，或相互连通，使整个体系如同水在油相或油在水相相互交错的网络，W/O 与 O/W

型微乳共存，但不呈球形，这就是双连续相。因而出现 $\kappa_b\kappa_m$ 线段，常确定为双连续结构微乳。于是该实例中 $w_c=0.16$，在水的质量分数为 43%～64%时为双连续型微乳，而大于 64%时是 O/W 型微乳。

4. 黏度法

在 O/W 型和 W/O 型微乳液转相过程中，当聚集体的结构由球状转化为棒状或层状时，新结构将阻碍质点在连续相介质中的流动。液晶相通常是黏弹性的，流变学行为与各项同性的微乳液不太相同，故黏度的增加是微乳液体系向液晶体系转变的标志。

5. 沉降和超离心沉降法

主要用于区分乳状液和微乳液。普通乳状液用一般的实验室离心机转动 5min 即可观察到明显的相分离，而微乳液在 100 个重力加速度的离心力场下转动 5min 不出现相分离。在超离心力场（如 130000 个重力加速度）作用下，微乳液发生分层现象，但一旦除去离心力场，几分钟内体系就会再次形成均相体系。沉降和超离心沉降的速率可用于测定质点的流体力学半径和质量。

6. 核磁共振技术

用于解决微乳液中各组分分子的状态和位置问题。利用示踪技术，通过 NMR 测量和自扩散测量可以得到各组分运动状况的信息，脉冲梯度场自旋回波 NMR 技术可用来测定扩散系数。

7. 电子显微镜技术

在微乳的应用如利用微乳作为反应介质合成超细材料等的研究中，电子显微镜具有重要的用途。

第四节　微乳状液的性质

微乳状液的定义已概括了它的性质，现在较为详细地进行介绍。

一、分散程度大

光散射、超离心沉降及电子显微镜等方法研究表明，微乳液分散相液珠一般在几个纳米到 100nm 之间，大致介于表面活性剂胶束溶液和乳状液之间，但小于乳状液的液珠，显微镜下不可分辨，且微乳的分散相粒子大小是均匀的。

由于微乳状液是分散相粒子大小介于乳状液和胶束溶液之间的一种分散体系，其性质有的与胶束溶液接近，有的又与乳状液接近。又因这三种都是目前已知的含有油、水和表面活性剂的混合物体系，于是有的学派将微乳液看成加溶了的胶束溶液或称肿胀胶束溶液，有的学派则认为微乳是在大量表面活性剂和助表面活性剂作用下分散程度大的乳状液。但这三者性质毕竟是不相同的。它们性质的比较见表 10-1。

表 10-1 肿胀胶束溶液、微乳状液和乳状液性质的比较

性质	肿胀胶束溶液	微乳状液	乳状液
外观	透明	透明或稍带乳光	不透明，乳白色
分散性	粒子大小为1nm到几纳米；分布较均匀；显微镜下不可见	粒子大小为几纳米到100nm；分布均匀；显微镜下不可见	粒子大于0.1μm；分布不均匀；显微镜下可见
分散相形状	球状、棒状、层状	球状、棒状或双连续状	球状
类型	O/W，W/O	O/W，W/O，B.C.	O/W，W/O或多重型
表面活性剂用量	少（超过CMC即可）	大，有时需要加助表面活性剂	少
与油水的混溶性	正常胶束（O/W）可加溶一定量的油；反胶束（W/O）可加溶一定量的水	与油、水在一定范围均可混溶	O/W型与油不混溶，W/O型与水不混溶
热力学上的稳定性	自发形成的稳定体系，超离心亦不分层	自发形成的稳定体系，超离心亦不分层	强力搅拌才可形成，不稳定，易分层

二、热力学稳定

由表10-1可见，微乳与乳状液最本质的区别是微乳是自发形成的热力学稳定体系，即使在超离心场下也不分层。乳状液只有在乳化剂作用下可以在一定时间内不分层，保持稳定，但最终还是要分层的。

三、增溶量大

微乳与胶束溶液是不同的。从分散相的粒子大小来看，其范围有部分重合，但微乳要大一些。从增溶能力来看，正常胶束（O/W）对油的增溶量一般为5%左右，而O/W型微乳液对油的增溶量高达60%。因此，不能企图向正常胶束中加油制得增溶量很大的O/W型微乳液。

微乳与胶束溶液还可以从分散相蒸气压的差别加以区分。研究结果表明，当液体被增溶于胶束的内部时，与之平衡的被加溶液体的蒸气压比其纯态时的低得多；而形成微乳后，与微乳液成平衡的被增溶液体的蒸气压与其纯态时的相接近。这是由两者增溶量的差别大造成的。胶束中的被增溶物较少，受表面活性剂的影响较大；而微乳中的被增溶物较多，可形成增溶物的微区，受表面活性剂的影响较小，故更接近自身的性质。

四、超低界面张力

中相微乳是胶束溶液和乳状液都没有的状态。中相微乳可同时增溶大量的油和水，达到最佳状态时，增溶油和增溶水的量相等。最佳中相微乳的中相与下相间和中相与上相间的界面张力都很低，而且基本相等。例如：6%混合醇（正丁醇：异丙醇＝1：1），0.2% Na_2SiO_3 及 $8.0g/dm^3$ 的NaCl和1.0%石油磺酸盐溶液与煤油可自发形成最佳中相微乳，中相与下相间和中相与上相间的界面张力均为 $5.3\times10^{-4}mN/m$。

五、流动性大且黏度小

层状液晶体系黏度较大，六方相液晶黏度更大。有时，在微乳体系的结构转变过程中，

往往也有液晶相形成。由黏度的变化可以判断。

第五节　影响微乳状液形成及其类型的因素

一、表面活性剂分子几何构型的影响

由前所述，只有能形成适当界面膜的表面活性剂或混合表面活性剂体系才能形成微乳状液，其关键是所形成的界面膜的自发弯曲的情况。一般微乳的分散相粒子比球状胶束大一些，亦即曲率小一些，而决定界面膜曲率大小的是表面活性剂分子的几何形状。一般形成微乳状液表面活性剂的临界堆积参数 P 值在 1 附近。P 略小于 1 时，疏水端体积较小，头基较大，易形成 O/W 型微乳；P 略大于 1 时，疏水端体积较大，形成 W/O 型微乳；当 $P \to 1$ 时，形成双连续相微乳。

二、助表面活性剂的影响

单碳氢链的离子型表面活性剂在形成微乳时，需要加入助表面活性剂（如中等长度碳氢链的醇），调节主表面活性剂临界堆积参数。助表面活性剂的亲水头基较小，插入表面活性剂定向单层后，形成混合膜，使该混合界面膜的临界堆积参数变大，更有利于微乳状液的形成。

三、反离子的影响

将阴离子表面活性剂的反离子由钠离子改为钾离子，也能促进 O/W 型微乳状液形成。其原因是钠离子与水的结合能力大于钾离子，即水化钠离子大于水化钾离子，换成钾离子后，表面活性剂阴离子与反离子一起占的面积变小，即头基变小，有利于 O/W 型微乳状液形成。

四、阴阳离子表面活性剂混合物的影响

研究表明，阴阳离子型表面活性剂混合物可以使临界堆积参数 P 增加，有利于 O/W 型微乳状液形成。

五、表面活性剂疏水基支链化的影响

疏水基支链化并增加其分子量，可以调节临界堆积参数，达到微乳状液形成的要求。如下列双尾分子：$\begin{matrix} CH_3(CH_2)_7 \\ \quad\quad\quad\quad \diagdown \\ \quad\quad\quad\quad\quad CHCH_2OSO_3^- \\ \quad\quad\quad\quad \diagup \\ CH_3(CH_2)_5 \end{matrix}$，在其质量分数为 0.0154 时，就可以使 49.2%的己烷和 49.2%的水（NaCl 水溶液）均匀混合。调节表面活性剂的几何构型，加溶油和水的量还可以增加。

六、电解质的影响

加入电解质，更多的反离子进入离子型表面活性剂的Stern层，电荷得到中和，表面活性剂形成的界面膜排列紧密。尤其是极性头所占面积压缩，临界堆积参数P变大，更有利于微乳的形成。如图10-1所示，盐浓度逐步增加也可使微乳从Winsor Ⅰ转变为Winsor Ⅲ，再变为Winsor Ⅱ。醇的量逐步增加，可使形成的微乳状液类型发生转变，从Winsor Ⅰ型转变为Winsor Ⅲ，再变为Winsor Ⅱ。例如：3%十二烷基硫酸钠、2.33%氯化钠水溶液和癸烷体系中，随着己醇量的增加，可形成不同类型的微乳，见表10-2。

表10-2　己醇量对微乳类型的影响

己醇质量分数	0	0.07	0.08
微乳类型	O/W	双连续型	W/O

醇的碳氢链长不同，效果也不同。己醇有利于形成流动性好的界面膜，易于形成双连续相微乳。碳氢链较长的醇使界面膜变硬，趋于形成分离的状态，如O/W型。不过调节体系中性盐的浓度比改变表面活性剂分子结构要容易些。

七、温度的影响

对于非离子型表面活性剂，亲水基聚氧乙烯链的大小与水合作用有关，温度升高，其水合作用明显减弱，极性头就会变小，因此可用温度调控表面活性剂分子的临界堆积参数。同一非离子型表面活性剂-油-水体系，在低温下可形成O/W型微乳，随着温度升高，可转变为双连续型微乳，进而变为W/O型，见图10-3(b)。因而非离子型表面活性剂常用来制备微乳状液。

温度的升高会使非离子型表面活性剂的聚乙二醇链的结构变化，水化能力减弱，亲水性变差；对于离子型表面活性剂来说，温度升高会导致其电离程度增强，暴露出的极性基团变多，亲水性增强。将两者按特定的比例混合可以得到乳化能力随温度变化不大的混合表面活性剂。

第六节　微乳状液体系的相行为

微乳的特性使得它具有重要的实用价值，而它的形成要有适当组成的表面活性剂、助表面活性剂，还要考虑盐浓度以及温度等多种因素，所以关于微乳液的研究中，有很大一部分是制作相图，寻找适当的组成（或配方）和工艺条件。

影响因素通常有4个：油、水、表面活性剂和温度，需要一个三棱柱来表示，如图10-7(a)所示。其中油（O）可以是单组分，也可以是混合物；水（W）可以是纯水，也可以是电解质溶液；表面活性剂（S）可以是单一的，也可以是混合表面活性剂。为处理问题方便，常用拟三元、拟二元相图方法。即固定其中一个变量或两个变量，考虑其他因素之间的关系。见图10-7(b)、图10-7(c)、图10-7(d)。应用最多的是恒温相图，反映了某温度下体系的相态随组成变化的情况，如图10-7(b)的阴影部分所示。

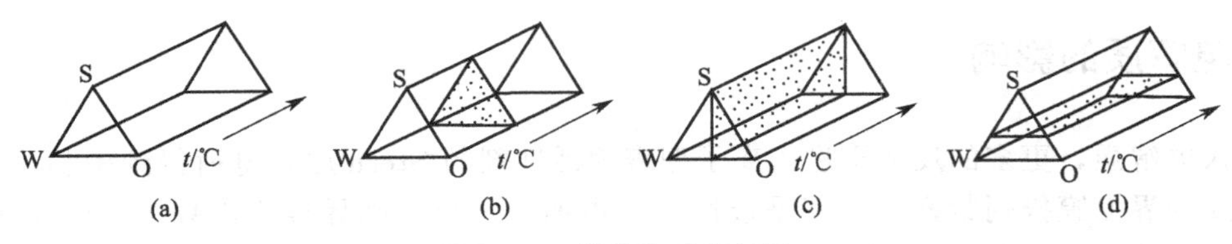

图 10-7　微乳体系的相图

图 10-8 是一定温度下的三元相图，如图 10-7(b) 中的某一个截面。图 10-8 是表面活性剂在油水两相中溶解度相当时的微乳体系的典型相图。等边三角形的三个顶点分别为水(W)、油(O)和表面活性剂(S)。由图 10-8 可见，随 S 的浓度增加，微乳进入体系的三相区Ⅲ，此时油、水和中相微乳平衡共存。Ⅳ为微乳单相区，Ⅳ两边分别是上相微乳液与层状相共存的两相区 ϕ_2，随 S 浓度增加而转变为层状液晶相 L_c，最后是表面活性剂反胶束溶液相 O_m。

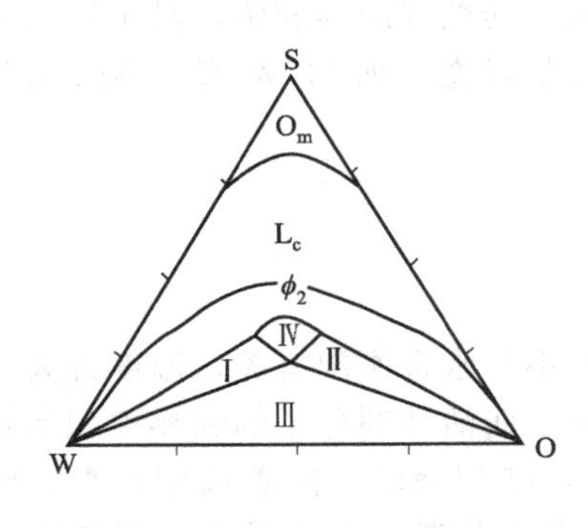

图 10-8　典型的三元微乳相图

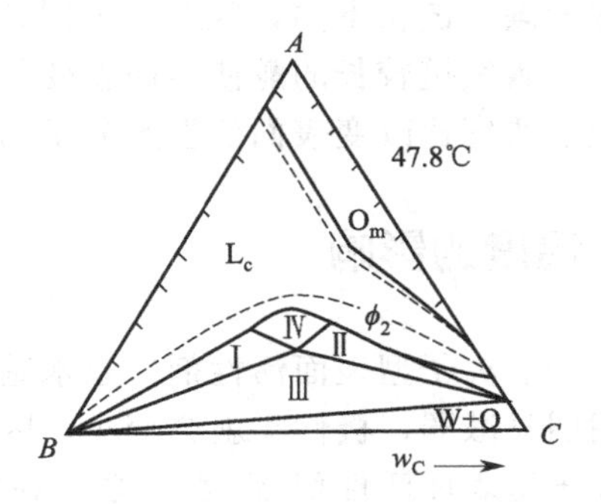

图 10-9　$C_{12}H_{25}(OCH_2CH_2)OH(A)$-$H_2O(B)$-$C_{14}H_{30}(C)$三元相图

图 10-9 是 $C_{12}H_{25}(OCH_2CH_2)OH(A)$-$H_2O(B)$-$C_{14}H_{30}(C)$在温度为 47.8 ℃时的三元相图。由图 10-9 可见，在水和油一边（*BC* 边）存在极狭窄的油水不混溶区。

第七节　微乳状液的应用

正因为微乳状液具有许多优良的性质，越来越受到关注，应用前景更加广阔。微乳状液在采油、洗涤、化妆品、农药、药品、润滑油、切削油、纺织工业等都有较为广泛的应用，而目前在纳米材料的制备、微乳液的聚合及离子迁移、富集等方面的研究成为热点。

一、微乳化妆品

现代化妆品有油溶性的，也有水溶性的，且含功能成分。微乳化产品的优点是：外观透明，精致，保存时间长而不分层；自发形成，节能高效；有良好的增溶作用，可以制成含油分较高的产品，而产品又无油腻感，还可以提高活性成分和药物的稳定性和效力；粒径小，易渗入皮肤；可以包裹 TiO_2、ZnO 等纳米粒子，具有增白、吸收紫外线和发射红外线等特性，所以微乳化妆品近年来发展非常迅速。曾有一些文献比较了微乳液和一般乳状液与头发及皮肤角蛋白的作用。如硅油类微乳液由于其低的表面能、低内聚力，可降低头发的梳理阻力，它比一般微乳状液对头发和皮肤有更大的亲和力，这样能更均匀地覆盖在其表面上，并使调理作用更持久。由于微乳液颗粒细小，更易扩散和渗透进入皮肤，用作化妆品，从而提高有效成分的利用率。放射性同位素原子示踪法研究初步表明，微乳液能增加润肤剂渗透进入皮肤的深度和速度。

二、微乳清洁剂

用阴离子型表面活性剂和非离子型表面活性剂适当配比形成的混合表面活性剂，加适量香料的混合物，使用时加适量的水，便成为 O/W 型微乳，既可清除油溶性污垢，也可清除水溶性污垢，因而又被称为全能清洁剂。

微乳清洁剂还可以配制成 W/O 型，这就是干洗技术。由于用水量很少，对一些毛料纺织品不会造成缩水变形、损伤等问题。

三、微乳燃料

燃油掺水是一个古老又新兴的课题，早在一百多年前已经有人掺水使用燃油。油、水在表面活性剂作用下形成的 W/O 型或 O/W 型乳状液在加热燃烧时水蒸气受热膨胀后产生微爆，产生的二次雾化使燃烧更充分，提高了燃烧率，大大降低了废气中 SO_x、NO_x、CO 等有害气体的含量。但是一般的乳状液稳定时间短、易分层，使这一技术的应用受到了限制。

近年来人们着重研究透明、稳定、性能与原燃油差不多的微乳液，并取得一定的进展。例如水-柴油-聚乙二醇十二烷基醚的 W/O 型微乳状液，含水量可达到 20%～30%。2002 年张高勇等报道了汽油微乳研究工作。以这种微乳体系作为燃料，据报道，节油率为 5%～15%，排气温度下降 20%～60%，烟度下降 40%～77%，而 NO_x 和 CO 排放量为普通汽油的 25%，可见微乳化油是节能、环保的好燃料。此外微乳对内燃机没有腐蚀和磨损，而且能起到清洗剂的作用，降低内燃机的维修费用。Adiga 和 Shah 研究了微乳燃烧的燃烧特征，这项研究表明微乳燃烧与普通燃烧相比，能更好地减少空气污染，提高燃烧效率。

四、金属加工用微乳油

以微乳液作为润滑剂有很多用途，比如微乳液可作为液压流体，以 O/W 微乳液代替碳氢油的优点是减少了易燃的危险，克服了纯水液压流体黏度太低、不能有效润滑的缺点。同样，W/O 微乳液作为液压流体，具有良好的防火性能及优良的黏度特性，其含水量可高达 50%～90%。

内燃机使用高含硫量燃料时，若使用 W/O 乳状液作为润滑剂，可以减轻活塞环和筒体的腐蚀，但乳状液的不稳定性使应用受到限制。微乳液则以其优越的性能解决了上述问题。应用微乳液即使在制冷条件下产生相分离，也不会破坏微乳液的润滑特性。

微乳液用于切削液可能比用于其他用途更加常见。微乳液型切削液也称为半合成切削液，与乳化液和合成切削液一起统称为水基切削液。微乳型切削液的液体形态与合成切削液相近，呈透明或半透明状，一般含矿物油 5%～35%，乳化剂含量与油性物含量比乳化液高

3～6 倍。

近几年来，随着新型机械的不断涌现和高速轧机及全自动冲压拉设备的发展，加工条件及工艺对润滑要求日趋苛刻。而且，低耗能、低成本、低公害、不易燃的要求日渐严格，水基液由于具有油基液难以比拟的冷却性能及低廉的成本获得了迅速的发展，并加速了油基液向水基液过渡的步伐。近年来，微乳液型切削液发展很快，可以预料它将是未来切削液的主要品种。

五、微乳剂型药物

由于微乳状液既有增溶水的能力，又有增溶油的能力，可以将药剂制成 W/O 型微乳体系。使油溶性药物溶解在介质中，将水溶性药物增溶于极性内相中，两类药物集于一剂，不仅更方便，还能提高药效。

六、微乳剂型农药

随着农业的发展和农作物产量的不断提高，农作物病、虫、草害防治是十分重要的。因此，农药发展迅猛，产量逐渐增加。然而目前农药中油溶性剂型品种较多，有的还是固体剂型，大多用甲苯、二甲苯作为溶剂配成乳液使用，大量有机溶剂随之进入自然界。有的残留于农作物的各个部位，经不同途径进入人体，直接威胁人类健康；有的挥发到空气中，造成空气污染；有的流入水中，造成水资源污染；部分渗入土壤中，杀死土壤中有益微生物，使土壤板结，失去肥力。因此，农药水性化是农药发展的主导方向。其中将农药制成 O/W 型微乳剂型显示了无比的优越性，主要有以下几个方面。

① 微乳剂型不用或少用有机溶剂，不易燃易爆，生产、储存、运输安全。

② 微乳剂型不用或少用有机溶剂，环境污染小，对生产者和使用者的毒害大大减轻。

③ 微乳状液农药，界面张力较低，粒子极小，对植物和昆虫细胞有良好的渗透性，吸收效率高，药效好，药物利用率高。

④ 微乳状液是以水为基质，成本低，包装容易。

⑤ 微乳农药制剂稳定，长期储存不分层。

⑥ 微乳具有超低界面张力，在植物、昆虫的表面更易黏附、润湿和铺展。有的微乳农药液滴在自然条件下蒸发浓缩后生成黏度高的液晶相，能牢固地黏附在植物表面，不易被雨水冲洗掉，这是提高农药效能的另一重要因素。

以上是微乳产品的直接作用。下面介绍以微乳技术为基础的一些应用。

七、微乳法分离蛋白质

许多蛋白质是水溶性的，将多种蛋白质混合物的水溶液加到 W/O 型微乳中，使之增溶于内相水滴中，这种水滴常称为水核或水池。不同的蛋白质大小不同，所带电荷不同，在水池中增溶程度不同。增溶能力强的便处在水池中，再将微乳相与水相分离，从微乳相中获得较纯的某种蛋白质。Coklen 和 Hatton 曾用该方法将分子量十分接近的核糖核酸酶（$M=13683$）、细胞色素（$M=12384$）和溶菌酶（$M=14300$）的混合物进行分离。这种方法又称为微乳萃取法。其优点是：因微乳形成是自发的，只要有适当配方就可形成，制备简单、方便。此外将被分离物从微乳液中回收也较易行，尤其是非离子型表面活性剂微乳，升高温度时，微乳易发生相分离，易破乳。

八、食品工业中的应用

1990 年，美国化学会召开 199 届年会，会上由农业和食品化学分会办了一次“食品中的微乳液和乳状液”研讨会，这是第一次将微乳液和食品联系在一起的会议。目前报道的有 Larsson 等首先构筑的豆油/水/向日葵油单酐酯体系，El-Nokaly 等构筑的亚油酸聚甘油酯/豆油/水体系。

食品的微乳化主要归结为将水溶性物质增溶入三甘酯（油和脂肪的总称）。这里，油相必须是油脂。另外，选用的表面活性剂必须对人体无害，使用量在各国规定的最大允许吞服量以内。微乳液在食品加工中有潜在的应用价值，例如它可以模拟细胞膜等生物组织中类脂的抗氧化作用。

九、生态保护和环境改善中的应用

目前在德国，60%的土壤修复使用化学物理洗涤方法。用这种方法时，沾在大块土壤上的有机污染物由于机械能的作用被洗了出来，但却进一步引起细颗粒对污染物的吸附，这些细颗粒必须收集起来或者烧毁。如果改用微乳来洗涤土壤，被吸附的污染物能溶解在微乳的油相中，土壤颗粒的润湿性有很大的改善，细的土壤颗粒同样能得到良好的洗涤。

十、化学反应介质中的应用

1. 微乳法制备纳米催化剂

微乳液这种特殊的微环境或“微反应器”在应用到纳米颗粒的合成时，可使成核、生长、团聚等过程局限在一个微小的球形液滴内，从而可形成球形颗粒，又避免了颗粒之间的进一步团聚，并且可以人为地调节尺寸，较之传统的化学方法具有明显的优越性。

在微乳液中形成纳米颗粒有三种情况，如图 10-10 所示。①将两个分别溶有反应物的微乳液混合［图 10-10(a)］，此时由于胶团颗粒间的碰撞，发生了水核内物质的相互交换或物质传递，引起核内的化学反应；②一种反应物在水核内，另一种以水溶液的形式与前者混合［图 10-10(b)］，此时水相内反应物穿过微乳液界面膜进入水核内，与另一反应物作用产生晶核并生长；③一种反应物在水核内，另一种为气体［图 10-10(c)］。将气体通入液相中，充分混合使二者发生反应。

(1) 影响纳米材料形貌的因素

反相微乳液中纳米粒子的生长可以划分成这样的过程：反应物粒子→单体→成核→颗粒长大，通过调控各个阶段的参数可以达到控制最后产物形态的目的。决定纳米粒子结构形态的关键因素是反相微乳液的微观结构，无论是混合机制还是扩散机制，反应的进度及纳米粒子的成核长大都取决于反相微乳液水池的结构。反相微乳液的微观结构受各组分种类的影响，而当组分一定时，其决定因素主要有：水与表面活性剂的物质的量比 w、反应物浓度、助表面活性剂与表面活性剂的物质的量之比 P、表面活性剂在油中的含量以及反应温度等。

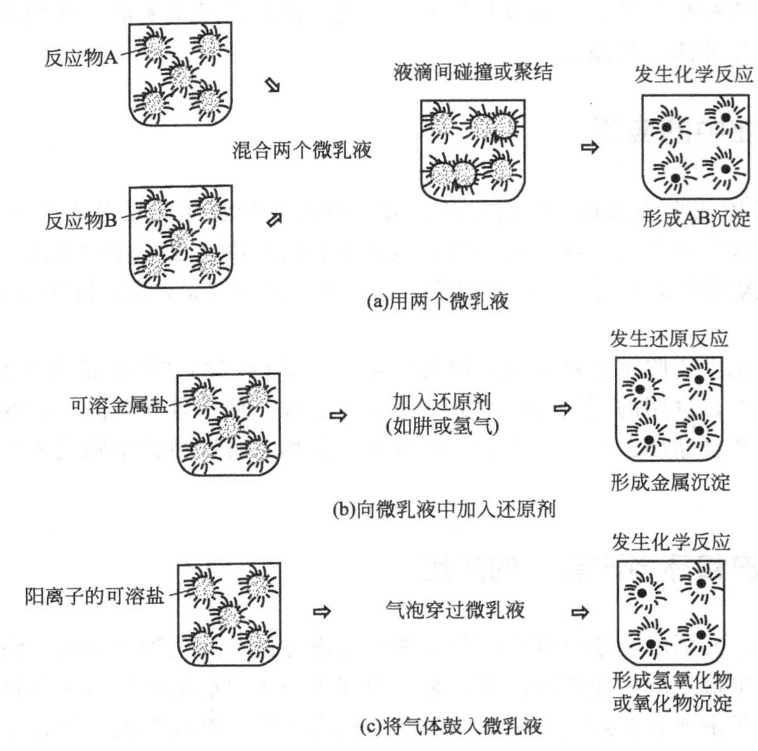

图 10-10　微乳液中合成纳米粒子的示意图

① 水与表面活性剂的物质的量之比 w　纳米粒子的粒径直接取决于微水池的半径 r，而 r 随着 w 线性增加。Pileni 等仔细研究了 AOT-异辛烷-水微乳液体系，利用 SAXS (Small Angle X-ray Scatting) 技术报道了在此微乳液体系内水池的半径 r 和 w 的关系为 r (Å)＝1.5w。大量的研究事实表明，产物的粒径随着 w 的增大呈线性递增，减小 w 值可以得到粒径更小和分散性良好的纳米颗粒。这说明纳米粒子的成核和生长是限制在水池之中的。

② 反应物浓度　浓度对产物的粒径大小及单分散性的影响存在着一个临界转折点。反相微乳液的 w 一定，且反应物的浓度小于某一临界值时，反胶束中产物的原子数不足以形成核，而是通过微乳液滴之间的相互作用进行成核和晶体生长。此时纳米粒子粒径随着浓度的增加而增大，反应物浓度越大，粒子发生碰撞并长大的概率就越大；当浓度大于微乳液滴内成核的临界值时，每个胶束内反应物粒子的个数较多，产物的成核速率远大于晶体生长速率，因此随着反应物浓度的增加产物的粒径会变得更小。然而在有些情况下，由于微乳液滴间的相互作用，部分晶核不可避免地长大，使得产物粒径的多分散性增强，部分产物的粒径可能很大。

③ 混合界面强度　混合界面强度决定了反胶束之间的相互作用，直接影响颗粒的长大。如果混合界面强度较低，微乳液滴在相互碰撞时界面膜易被打开，导致不同水核内的粒子之间发生物质交换，产物的粒径难以控制；界面强度过高时，微乳液滴之间难以发生物质交换，反应无法进行；只有当界面强度适中时，微乳液滴相互碰撞能让表面活性剂的疏水链迅速相互渗透，使反应得以进行，又能够在纳米粒子生成后起到保护作用，避免粒子的进一步长大。一般来说，w 值、P 值越大，助表面活性剂碳氢链越短，油的碳氢链越长，表面活

性剂的 HLB 值越小，界面强度越低；反之，界面强度越高。

④ 表面活性剂的化学结构　表面活性剂的化学结构不仅影响微乳液滴的半径和界面强度，而且很大程度地决定晶核之间的结合点，从而有可能影响纳米粒子的晶型。Wincoxon 等在室温下采用反相微乳液制备纳米铁，使用非离子型表面活性剂时得到的产物为面心立方结构，而使用阳离子型表面活性剂季铵盐时得到的产物为体心立方结构的产物。这是因为表面活性剂的结构决定了反应生成的原子形成晶核的结合方式。

（2）微乳液法制备纳米材料的研究进展

① 金属单质的制备　自从 Boutonnet 等在 1982 年首次成功地用肼的水溶液或者氢气在含有金属盐的 PEGDE-正己烷-水微乳中制备出单分散（粒径 3～5nm）的铂、钯、铷和铱的超细粒子以来，人们已成功地用微乳液体系合成了许多金属单质纳米材料，见表 10-3。

② 氧化物的制备　不同的氧化物需要的制备方法也不同，比较有代表性的例子是将氨水水溶液直接加入含有可溶性盐的微乳液中，将得到的氢氧化物再进行离心、洗涤、加热以除去水和有机物，同时也提高了晶体的结晶性。例如混合铁氧体的制备：

$$M^{2+}+2Fe^{2+}+2xOH^{-}\,(\text{excess})\xrightarrow[O_2]{\Delta}MFe_2O_4+xH_2O\uparrow\quad M=Fe,Mn\text{ 或 }Co$$

另外，当过渡金属离子在水中不溶或不稳定时，可以采取在微乳液中水解前驱体的方法进行制备，如 TiO_2 的合成：

$$Ti(O^iPr)_4+2H_2O\longrightarrow TiO_2+4(^iPr\text{-}OH)$$

Yener 和 Giesche 用 H_2O-AOT-异辛烷体系成功地制备了一系列的有混合价态的铁的氧化物。Kumar 等在 Igepal CO-439-环已烷体系中成功制备了 10nm 左右的 $YBa_2Cu_3O_{7-8}$ 半导体纳米材料。

人们用类似的方法已制备出了多种氧化物纳米颗粒如：Al_2O_3、$LaMnO_3$、$BaFe_{12}O_{19}$、$Cu_2L_2O_5$（L＝Ho，Er）、$LiNi_{0.8}Co_{0.2}O_2$ 等。表 10-4 列出了用微乳液法合成氧化物的例子。

③ 其他无机化合物的制备　早期的许多文献报道了过渡金属卤化物、硫化物以及氢氧化物的合成。如 AgCl 的合成，之后人们用此方法合成了立方状的 $KMnF_3$ 纳米晶，可以用下面的反应式表示其过程：

$$MnCl_2+3KF\longrightarrow KMnF_3+2KCl$$

同样人们用类似的方法合成了硫化物 PbS、ZnS。Mann 等在 AOT 微乳液内合成了 6nm×16nm 的立方状和长达微米级的线状 $BaCrO_4$ 纳米材料，并提出了形成机理。其他研究人员通过改变微乳液体系或加入高分子试剂的方法也得到了形状各异的 $BaCrO_4$ 纳米材料。$CaCO_3$ 纳米线、$LaPO_4$、$La_2(CO_3)_3$ 纳米线以及 $SrTiO_3$ 等纳米材料的制备不断得到报道。自从 Vaucher 研究小组报道了 $KFe[Fe(CN)_6]$ 纳米晶的合成以来，纳米普鲁士蓝类配合物的制备研究得到了很大发展。如 Gao 研究小组在 CTAB 和 NP-5 组成的微乳液内分别合成了矫顽力很高的 $SmFe(CN)_6\cdot 4H_2O$ 纳米棒和纳米带。Mallah 研究小组在 AOT 微乳液内制备了 3nm 左右的超顺磁性 Ni-Cr PBA 分子铁磁体，并测量了其一系列磁学性能。Hu 研究小组利用 CTAB 微乳液和水热相结合的方法合成了多面体状、立方状和棒状的 $Co_3[Co(CN)_6]_2$ 纳米晶。

表 10-3　金属单质的制备

金属	反应物	表面活性剂	还原剂	颗粒尺寸/nm
Pt	H_2PtCl_6	PEGDE	$N_2H_4\cdot H_2O$	3
Ir	$IrCl_3$	PEGDE	H_2	3
Rh	$RhCl_3$	PEGDE	H_2	3
Pd	$PdCl_2$	PEGDE	$N_2H_4\cdot H_2O$	4

续表

金属	反应物	表面活性剂	还原剂	颗粒尺寸/nm
Co	$CoCl_2$	AOT	$NaBH_4$	<1
Co	$Co(AOT)_2$	AOT	$NaBH_4$	7.2
Ni	$NiCl_2$	CTAB	$N_2H_4 \cdot H_2O$	4
Cu	$Cu(AOT)_2$	AOT	N_2H_4	2～10
Cu	$Cu(AOT)_2$	AOT	$NaBH_4$	20～28
Cu	$Cu(AOT)_2$	AOT	N_2H_4	7.8
Cu	$CuCl_2$	Triton X-100	$NaBH_4$	5～15
Se	H_2SeO_3	AOT	$NaBH_4+HCl$	4～300
Bi	$BiOClO_4$	AOT	$NaBH_4$	2～10

表 10-4　氧化物的制备

氧化物	反应物	表面活性剂	沉淀剂	颗粒尺寸/nm
Fe_3O_4	$FeSO_4$	AOT	NH_4OH	10
Fe_3O_4	$FeCl_2$ $FeCl_3$	AOT	NH_4OH	～2
TiO_2	$Ti(O^iPr)_4$	AOT	H_2O	20～200
$Mn_{1-x}Zn_xFe_2O_4$	$Mn(NO_3)_2$ $Zn(NO_3)_2$ $Fe(NO_3)_3$	AOT	NH_4OH	5～37
$Ni_{1-x}Zn_xFe_2O_4$	$Ni(NO_3)_2$ $Zn(NO_3)_2$ $Fe(NO_3)_3$	AOT	NH_4OH	5～30
$YBa_2Cu_3O_{7-8}$	$Y(OAc)_3$ $BaCO_3$ $Cu(OAc)_2$	Igepal CA-430	oxalic acid	3～12
Al_2O_3	$AlCl_3$	Triton X-114	NH_4OH	50～60
$BaFe_{12}O_{19}$	$Ba(NO_3)_2$ $Fe(NO_3)_3$	CTAB	$(NH_4)_2CO_3$	5～25
$LiNi_{0.8}Co_{0.2}O_2$	$LiNO_3$ $Ni(NO_3)_3$ $Co(NO_3)_2$	NP-10	kerosene	19～100
$CoFe_2O_4$	$CoCl_2$ $FeCl_3$	SDS	CH_3NH_2	6～16
SnO_2	$SnCl_4$	AOT	NH_4OH	30～70
CeO_2	$Ce(NO_3)_3$	CTAB	NH_4OH	6～10
NiO	$NiCl_2$	Triton X-100	NH_3H_2O	40
Cu_2O	$Cu(NO_3)_2$	Triton X-100	γ-irradiation	40
SiO_2	TEOS	CTAB	$NH_3 \cdot H_2O$	5～30

但是，目前通过微乳化技术制备无机纳米材料，尚缺乏完备的理论基础，有许多问题还亟待解决。

(a) 微乳液中纳米颗粒的形成机理、纳米反应器反应性能、动力学过程、化学工程问题及微乳液组成与结构均需进行更深一步的研究。

(b) 进一步探索微乳液组成与结构、物质交换速率对制备纳米材料的影响，寻求低成本、易回收的表面活性剂，建立适合工业化生产的体系。

(c) 将微乳液法同其他超细颗粒的制备方法如水热法、溶胶凝胶法、喷雾热分散法等搭配使用，优势互补，建立新的低成本反应体系。同时还应重视把新的制备方法、新的实验技术应用在该领域，例如辐射技术在微乳合成纳米材料中的应用。

2. 微乳聚合

微乳状液分散相具有高分散性，易于传质传热，在微乳液中进行聚合反应可以制得高质量的聚合物。

① W/O 型微乳中的聚合　一些水溶性单体，例如丙烯酰胺、丙烯酸钠、丙烯酸和脲醛等，容易在 W/O 型微乳中聚合生成纳米颗粒（10nm$<d<$100nm）的微胶乳。例如，Candau 等以及 Vaskova 和 Barton 的研究小组已经充分地研究了 W/O 型微乳液中丙烯酰胺的聚合和丙烯酰胺-丙烯酸钠的共聚合。

② O/W 型微乳中的聚合　这类聚合体系中，单体作为油相通过表面活性剂及助表面活性剂的稳定作用分散在水连续相中。如 Tadros 等研究在不加助表面活性剂的条件下三组分微乳中丙烯酸（MMA）和苯乙烯的聚合，得到的聚苯乙烯乳胶的粒径为 20～60nm。

③ 以双连续微乳液聚合制备多孔材料　材料的尺寸和形态在理论上可精确地通过调节微乳液的配方来调控，并且所得聚合物的形态和孔结构相当规整。

3. 酶催化反应

微乳状液在生物化学中的应用尤其对酶催化效率的改变令人瞩目。自从 1977 年，Martinek 等首次发现增溶在 AOT W/O 型微乳状液水池中的氧化酶（Peroxidase）和 α-胰凝乳蛋白酶能够保持其催化活性以来，W/O 型微乳状液引起了生物学家们的极大兴趣。W/O 型微乳状液作为一种新的介质广泛应用于酶促反应，并由此发展出一门新的交叉学——胶束酶学（Micellar Enzymology）。

许多酶反应的底物不易溶于水，而易溶于与水不混溶的有机溶剂，微乳液是此类酶反应极好的反应介质。将酶置于油包水型（W/O）微乳液的水核之中，反应基质溶于微乳液的连续油相中，研究表明，这时酶不仅能保持其催化功能，而且有些酶的活性还有所提高。目前，微乳中酶催化研究已用于各种反应，如酯、酞和酰基糖的合成，酯交换，各种水解反应，生物碱的变换等，并逐步从基础研究向应用研究扩展。用到的酶包括脂肪酶、磷脂酶、碱性磷酸酯酶、吡啶磷酸酯酶、胰蛋白酶、溶菌酶、α-胰凝乳蛋白酶、肽酶、葡萄糖苷酶和氧化酶等。迄今在微乳反应中使用最广泛的酶是来自微生物或动物组织的脂肪酶。

（1）W/O 微乳液中酶的增溶

W/O 微乳液最重要的一个性质就是能够将酶和其他的生物分子捕获进入微水池中。通常将酶溶在微乳液中的方法有三种。

① 干粉萃取法（Dry Extraction）　将干酶粉直接溶解在预先配制好的微乳液中；

② 液相萃取法（Liquid Extraction）　从共轭的水相中转移；

③ 注射法（Injection）　将酶的水溶液注射到表面活性剂的有机溶液中制备微乳液。

干粉萃取法，至少在原理上讲，对于给定的酶而言，在测定微乳液对酶的溶解能力时是最可靠的；液相萃取法作为蛋白质纯化的一种方法，主要用于水溶液中蛋白质的分离；注射法主要用于已知确定组成的微乳液的快速配制。

有一些变量对蛋白质在 W/O 型微乳液中的溶解性能有影响，这些变量包括：微水相的 pH 值和离子强度、蛋白质的大小及其性质、微水滴的大小、表面活性剂的性质等。当然，将酶增溶在微乳液中的方法对蛋白质在微水滴中的溶解能力也是有影响的。

在一定条件下，微乳液体系的灵活性为增溶的蛋白质提供了一个“自己选择”最佳微环境的机会。生物分子的疏水程度对其在体系中不同微环境中的增溶位置有着极其重要的影响。亲水性的蛋白质能够溶解在微水池中，避免与连续的有机相直接接触；界面活性酶（如脂肪酶）能够与微乳液滴界面相互作用；典型的膜蛋白可以与微乳液滴界面的疏水区域和有机溶剂相互作用。底物分子也可以分别溶解在微水相、微乳液滴界面和连续的有机相。因此，W/O 微乳液中的酶既能够与亲水性的底物发生作用也能够与疏水性的底物发生作用，W/O 微乳液是进行酶催化反应的唯一微观不均匀介质。

（2） W/O 微乳液中酶的增溶机理

蛋白质溶解在微乳液中的微水相是一个复杂的过程，因此一些研究者尝试用不同的方法来解释，其中包括胶束交换、扩散以及 W/O 微乳液围绕蛋白质形成理论等，Martinek 等对此进行了系统的总结，提出了三种模型（图 10-11）。

① 水壳（Water-shell）模型　微乳液滴中，在酶存在与不存在的情况下，水的量保持不变，酶的增溶使微乳液滴尺寸增加。水壳模型有时用来解释水合层的存在。Meir 等进行的结构研究结果与这一模型符合。

② 诱导契合（Induced-fit）模型　微乳液滴尺寸小于酶时，酶的增溶能够使胶束尺寸增大。许多研究结果都支持这一模型。

③ 固定尺寸（Fixed-size）模型　当微乳液滴尺寸与酶相近时酶能够增溶进入微乳液滴中，酶的增溶能够使微乳液滴中的水减少。

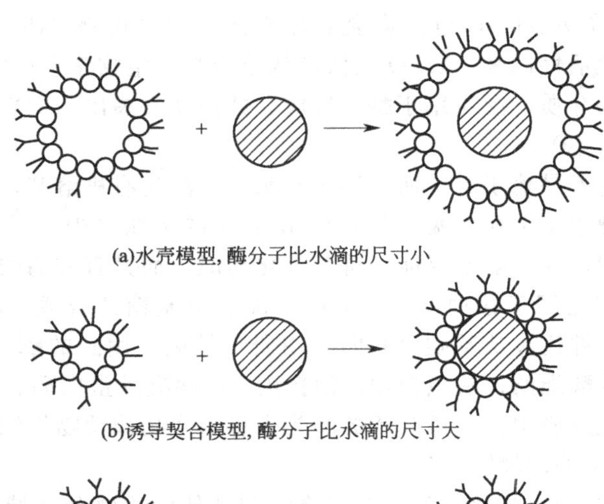

(a)水壳模型,酶分子比水滴的尺寸小

(b)诱导契合模型,酶分子比水滴的尺寸大

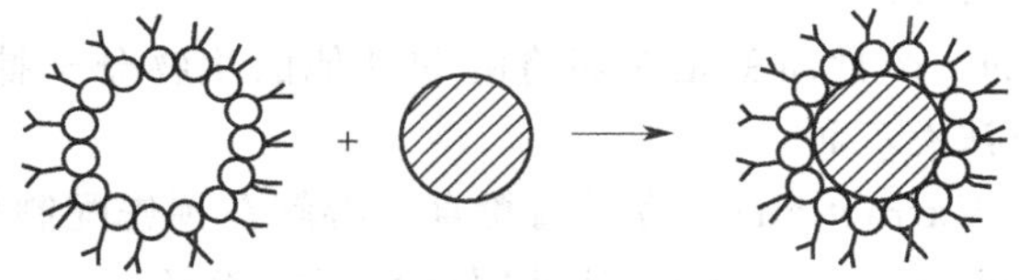

(c)固定尺寸模型，酶分子与水滴的尺寸相近

图 10-11　酶溶解于 W/O 微乳液中的几种模型

（3） W/O 微乳液体系中酶分子的构象

在微乳液体系中，为了详细说明酶的性质与其结构特征之间的关系，对微乳液中的酶的构象研究是必要的。通常，在 W/O 微乳液体系中酶分子的构象改变是由两个因素引起的：①W/O 微乳液微水池中的水与本体水的性质不同；②表面活性剂的极性头与酶分子多肽链之间的静电相互作用。而 W/O 微乳液中水的性质又主要受 w 的影响，酶分子与表面活性剂极性头的静电相互作用强弱则取决于表面活性剂的种类及酶本身的性质。

微乳液是光学透明的，这就为用光谱技术研究 W/O 微乳液中酶分子的构象提供了方便。所用的光谱技术包括：电子顺磁共振光谱（EPR）、圆二色性（CD）、紫外（UV）及荧光光谱。Waks 提出，依据生物分子在 W/O 微乳液的结构变化，可将其分为三类：①在微乳液中构象不发生大的改变的酶，如马肝脏酒精脱氢酶（LADH）和胰凝乳蛋白酶；②构象几乎不发生改变，而且不受体系含水量的影响，如髓磷脂蛋白；③构象随着 w 值的改变而改变，如假丝酵母脂肪酶（CRL）。

（4）微乳液中脂肪酶的催化反应分类

依据微乳液中脂肪酶催化反应的底物和产物不同，可将脂肪酶催化反应分为三种类型：①两种具有表面活性的底物进行的酶催化反应，如长链的脂肪族醇与脂肪酸反应，合成油溶性的酯；②一种底物是亲水性的（甘油和短链的二醇），另一种底物分散在水相和有机相之间（脂肪酸），合成的产物溶解于胶束界面或连续的有机相；③底物溶解在连续的有机相（甘油三酯），而水解产物溶于水（如甘油）或溶解在微乳液滴界面或溶解在连续的有机相（如单-甘油酯，二-甘油酯或脂肪酸）。

具体来说，W/O 微乳液中脂肪酶的催化反应类型如下：脂肪酶催化的水解反应、脂肪酶催化的甘油解反应、脂肪酶催化的合成反应和酯交换反应。

（5）影响微乳液中酶催化的因素

在脂肪酶的催化反应中，有以下几个方面在微乳液中起着很重要的作用。

① 表面活性剂及其性质　所用表面活性剂的种类、性质决定了微乳液的结构特征，如反胶束的尺寸、形状以及溶解能力，这些对酶活力有着巨大的影响。Holmberg 和 Osterberg 的实验结果表明，微乳液中脂肪酶催化棕榈油水解反应的速率和产率取决于所用表面活性剂的性质。大多数情况下，以甘油三酯或硝基苯链烷酸酯作为底物，AOT 微乳液体系中，脂肪酶催化水解活性都要大大高于阳离子型或非离子型微乳液体系。在不同表面活性剂形成的微乳液体系中，酶活性的不同可能是由于使用不同的表面活性剂，反应介质的微观结构不同或底物与酶的接触程度不同，Skargelind 和 Jansson 认为在 AOT 和 $C_{12}E_5$ 微乳液体系中，酶活性的不同是非离子型表面活性剂和底物对脂肪酶的活性中心竞争抑制的结果。

微乳液中表面活性剂的浓度对酶催化反应速率也有很大的影响。动力学研究表明，在 AOT 微乳液中保持 w 为常数时，随着体系中表面活性剂浓度的增大，酶活力迅速下降。因为保持 w 不变，增加表面活性剂浓度，对液滴的半径无影响，其结果是界面面积增加（液滴数量增加），这种条件下酶活力的降低是能够与液滴界面膜相互作用的界面活性酶所具有的特性，但这种作用的机理尚不清楚。有人提出是由于 AOT 对酶的非竞争性抑制，表面活性剂与酶的非活性中心结合，改变了蛋白质的构象，影响了催化活性。

② 体系的含水量（w）　微乳液中体系的含水量（w）是影响反应速率最重要的因素。近年来，人们对微乳液体系的含水量（w）对酶的催化行为的影响进行了广泛深入的研究工作。据报道，改变水与表面活性剂的摩尔比，当该值从必需的最小值变到形成稳定微乳液的较大值时，可形成三种不同的酶活力曲线：a. 饱和曲线，酶活力随 w 的增大而增大，即需要自由水（较大 w 值）才能使酶催化反应达到最大反应速率；b. 钟型曲线，通常在 $w=5\sim15$ 时酶活力有最大值，即具有最适 w 值；c. 随着体系含水量增加，酶活力逐渐减小的曲线。其中，钟型曲线的报道最多。对于不同来源脂肪酶的报道表明酶活性对 w 的函数是典型的钟形曲线，当 w 的值在 5～15 之间时酶活力具有最大值。对最适 w 的影响有以下几个因素：酶的性质、表面活性剂的种类和浓度、所用底物的疏水性。有人认为酶活力的最适值与蛋白质分子的大小有关，当水池的尺寸与蛋白质分子的大小相等时，酶活力最高。也有证

据表明，酶的最适 w 值与酶分子的大小无关。当然，微乳液体系中的酶活力对含水量（w）的依赖性是否取决于酶分子的大小还在讨论之中，还有待进一步的研究。

③ pH 值　动力学研究表明，很多情况下，微乳液体系中酶的最适 pH 值与乳状液体系中相似，但有效 pH 值的范围不同。研究表明，在假定微乳液中微水池的 pH 值等于配制微乳液的酶的水溶液的 pH 值的情况下，*Rhizopus delemar* 脂肪酶催化甘油三酯水解反应的最佳 pH 值在 AOT 微乳液体系中为 6.5，在 CTAB 体系中则为 5.8。而同一反应在典型的双相体系中的最佳 pH 值则是 5.6。产生这一差异的原因可能是由于离子的分配效应，微乳液中的脂肪酶所经历的有效 pH 值与预期的不同。而 AOT 微乳液体系与 CTAB 微乳液体系中最佳 pH 值不同则可能是由两个体系微水池中束缚水含量不同及其中离子性质不同引起的。

④ 温度　温度对脂肪酶催化活性影响的研究表明，在不同的微乳液体系和水连续的乳状液体系中，温度对脂肪酶催化活性的影响不同。如 *Rhizopus delemar* 脂肪酶，在阳离子型表面活性剂微乳液、阴离子型表面活性剂微乳液和水连续乳状液体系中的最适作用温度分别是 30℃、22.5℃、35℃，而在卵磷脂的微乳液中却是 60℃。尽管最适作用的温度不同，但是在相同温度范围内，测定的活化能的数值却与乳状液中的接近。

⑤ 有机溶剂　微乳液中溶剂的憎水性对酶的催化活性有着重要的影响。表征有机溶剂憎水性的特征常数——溶剂的 $\lg P$（P 是溶剂在水/辛醇体系中的分配系数）值与酶催化活性间有很大的关联。一般来讲，$\lg P<2$ 的相对亲水的溶剂中，酶的稳定性和活性较差；在 $\lg P$ 为 2～4 之间的溶剂中居中；在 $\lg P>4$ 的憎水溶剂中最高。其原因是憎水性强的溶剂不会扭曲酶周围的水层，酶的催化构象不被破坏。表 10-5 和表 10-6 列出了文献报道的不同有机溶剂对假丝酵母脂肪酶活力的影响。

表 10-5　有机溶剂对酶活性的影响

溶剂种类	酶催化活性	溶剂种类	酶催化活性
庚烷	36±2.0	丙酮	42±0.9
苯	24±0.5	异辛烷	95±1.9

表 10-6　不同有机溶剂与 AOT 形成的反胶束中脂肪酶的反应初始速率

有机溶剂	反应初始速率	有机溶剂	反应初始速率
庚烷	17.5±0.2	异辛烷	195±3.9
己烷	50±0.5	二乙丙醚	30±3.0
环己烷	120±1.0	苯	7.2±1.9
辛烷	90±0.9	丙酮	15±2.0

⑥ 添加成分的影响　为了提高生物催化剂的活性或稳定性，或者两者共同提高，有人测试了几种添加剂。

a. 金属化合物、氨基酸、糖类、蛋白质等对脂肪酶活性的影响　除了 Ca^{2+} 之外，大多数的金属离子对酶都有抑制作用，只是抑制程度不同，甘氨酸、组氨酸、胆汁盐、甘油、酪蛋白等在适当条件下则能增加酶活性，而且在重金属离子存在的情况下，甘氨酸、组氨酸、胆汁盐对酶具有一定的保护作用；糖类和 C-AMP 对酶活性影响不大。Freeman 等报道在 AOT 微乳液体系中，加入胆汁盐助表面活性剂、牛磺胆酸钠（NaTC）能够增加酶活性，这是因为它能增加水的摄取，从而改变界面性质，改变催化微环境；此外，胆汁盐能提高聚合组织并能改变酶的结构。

b. 含聚氧乙烯链的化合物对 AOT 微乳液中脂肪酶活性的影响　AOT 是微乳液酶学研

究中最常用的表面活性剂。然而增溶在AOT微乳液体系中的酶与AOT分子的强烈静电和疏水相互作用会使酶失活。所以近年来许多研究者提出了向AOT微乳液体系中加入含有聚氧乙烯链的化合物，通常是加入非离子型表面活性剂，以减弱AOT微乳液体系的疏水性，减小油水界面的电荷密度，从而减弱增溶在AOT微乳液体系中的脂肪酶与AOT分子的相互作用，结果表明，加入含有聚氧乙烯链的化合物能够有效地提高 *Chromobacterium Viscosum* 脂肪酶的活性。Talukder M M R 报道了 AOT-异辛烷-水体系中加入各种添加成分对 *Chromobacterium Viscosum* 脂肪酶活性的影响，如图10-12所示。

Yamada Y 也报道了向 AOT-异辛烷-水体系中加入 Span 60 或者 Tween 85 均能够增加α-胰凝乳蛋白酶的活性；加入 Span 60 在 w 大于5时能够提高 *Chromobacterium Viscosum* 脂肪酶的活性；加入 Tween 85 能够使 *Chromobacterium Viscosum* 脂肪酶的活性显著提高，当 w 大于5时，酶活性的增加尤为明显。Zaman M M 报道，向 AOT-异辛烷-水体系中加入聚乙二醇（分子量为400）也能够提高预先用丙酮处理过的 *Chromobacterium Viscosum* 脂肪酶的活性。Yamada Y 报道，向 AOT-异辛烷-水体系中加入烷基配糖物和 Span 系列（Span 85 除外）的非离子型表面活性剂能使 *Chromobacterium Viscosum* 脂肪酶的活性略有提高。

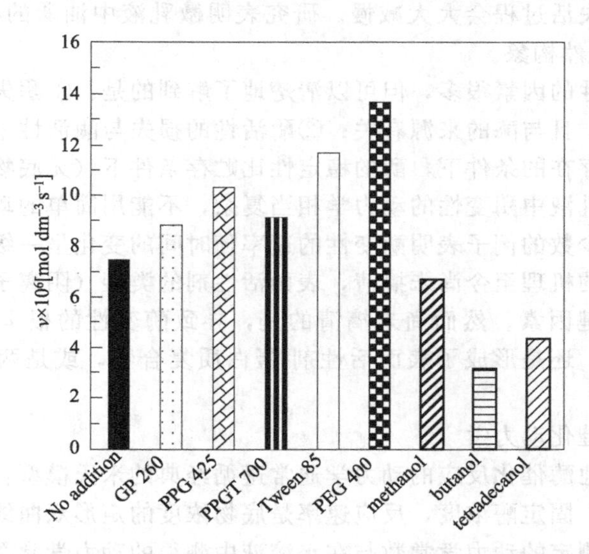

图 10-12 各种添加成分对 *Chromobacterium Viscosum* 脂肪酶活性的影响

No addition—无添加；PPG 425—聚丙二醇；GP 260—甘油丙氧基化物；PPGT 700—聚丙二醇丙三醇；Tween 85—吐温 85；PEG 400—聚乙二醇；methanol—甲醇；butanol—丁醇；tetradecanol—十四醇

但是加入 Span 85 和吐温系列的非离子型表面活性剂则能使酶活性显著增加，Triton 系列的非离子型表面活性剂也能明显增加 *Chromobacterium Viscosum* 脂肪酶的活性，且 Triton 浓度不变时，Triton 的聚氧乙烯链越长，酶活性增加越明显，说明聚氧乙烯链有利于脂肪酶活性的增加。Hossain MJ 报道，向 AOT-异辛烷-水体系中加入 Tween 85，能够明显增加 *Chromobacterium Viscosum* 脂肪酶的活性，且酶活性的最佳 w 值略有减小（从10减小到8）。Fan Ke-Ke 报道了 Tween 80 能够增加木瓜蛋白酶的活性，这表明非离子型表面活性剂不仅能够增加具有界面活化作用的脂肪酶的活性，也能增加水溶性蛋白酶的活性。

（6）微乳液中酶的稳定性

W/O 微乳液体系中脂肪酶的稳定性是生物转化过程能否成功的关键。酶催化的一个很重要的问题是酶在微乳液中的变性或失活。据报道，W/O 微乳液中，不同来源的微生物脂肪酶的稳定性有明显的不同。如 *Humicolalanuginosa* 和 *Chromobacterium viscosum* 脂肪酶在 AOT 或 CTAB 微乳液体系中能够保持几天，在微乳液中，*Chromobacterium viscosum* 脂肪酶比在水溶液中具有更好的热稳定性。相反，*Candida rugosa*、*Rhizopus delemar*、*Rhizomucor miehei* 和 *Pseudomonas cepacia* 脂肪酶在微乳液中的稳定性较低。

微乳液中，影响酶稳定性的重要因素通常有：含水量 w、温度、保护性化合物（底物、配体、中性盐、多羟基化合物，糖和聚合体）、溶剂、pH 和缓冲溶液浓度。

微乳液中低 w 值时，*Candida rugosa*、*Rhizopus delemar*、*Pseudomonas* sp.、*Chromobacterium viscosum* 和 *Humicola lanuginosa* 脂肪酶比高 w 值稳定性高。而 *Candida rugosa* 脂肪酶（isolipase A）却恰恰相反。光谱研究表明，脂肪酶稳定性的改变与其自身的疏水性有关，由此可知酶与微乳液界面相互作用的程度会影响酶活性。在微乳液中，*Chromobacterium viscosum* 脂肪酶具有更高的热稳定性，且 pH＝7 时，其水解活性的半衰期会增加到原来的 3 倍。Prazeres 等和 Crooks 等均发现在 AOT 微乳液体系中，脂肪酶的热稳定性对微水相的 pH 值很敏感，这可能是因为酶与表面活性剂负电荷之间的排斥作用会使酶失活，为了提高酶的稳定性，应该使两者之间的相互作用减到最小。W/O 微乳液体系中存在脂肪酸时，脂肪酶的失活过程会大大减慢。研究表明微乳液中油酸的存在能够稳定 *Candida rugosa* 脂肪酶的天然构象。

尽管影响酶稳定性的因素很多，但可以清楚地了解到的是：①酶失活变性的速率取决于微乳液的类型和组成，且与酶的来源有关；②酶活性的损失与酶活性中心的损失有关；③在操作条件下或添加剂存在的条件下，酶的稳定性比贮存条件下（无底物）的要高。

很多情况下，微乳液中酶变性的动力学相当复杂，不能用简单的动力学级数（一级、二级）来表示。只有很少数的例子表明酶变性的速率随时间的变化呈一级反应速率。

微乳液中酶变性的机理至今尚未搞清，表面活性剂的类型（阴离子型、阳离子型、非离子型、两性型）是关键因素。然而尚未搞清的是，导致酶变性的根本原因是蛋白质被“捆绑”在表面活性剂层，还是形成了表面活性剂-蛋白质复合物，或是两者都有，需要进一步深入研究。

（7）微乳液中酶催化动力学

微乳液中，微水池酶催化反应的动力学通常遵循经典的米氏模型：固定底物浓度，反应速率与酶浓度成正比；固定酶浓度，反应速率是底物浓度的矩形双曲线函数。然而，对同样的酶，在微乳液中，测定的动力学常数与在水溶液中测得的动力学常数有很大的不同。

4. 微乳介质中的有机反应

许多化学反应中既有水溶性的又有油溶性的反应物，要进行化学反应首先必须使两种反应物分子有效接触。对于在油-水界面上的反应，界面面积影响很大，微乳液的结构特点为此类反应提供了最好的场所，克服试剂的不相溶问题，可大大提高反应的效率。包括酸碱、氧化、还原、水解、硝化、取代等反应都可以在微乳液状态下进行。

通常有机反应中有副反应发生，生成物往往不止一种，不易控制得到某一产品，而在微乳液的油-水界面上，能使极性的反应物定向排列，从而可以影响反应的区域选择性。例如：在水中，硝化苯酚的邻、对位产品比例为 1∶2，而在 AOT 组成的 O/W 微乳液中，可提高到 4∶1。

5. 改变反应速率

近年来，油包水（W/O）微乳液体系中化学反应的研究备受关注，微乳液中的液滴可以作为微反应器为化学反应提供特殊的介质环境，从而加速或减慢化学反应，而这种化学反应的微观环境可以通过改变表面活性剂、添加助表面活性剂或盐以及改变分散液滴的尺寸来控制。例如过硫酸根离子（$S_2O_8^{2-}$）氧化碘离子（I^-）的反应：

$$2I^- + S_2O_8^{2-} \longrightarrow I_2 + 2SO_4^{2-}$$

在阴离子型表面活性剂形成的油包水型微乳液体系［水/AOT/异辛烷（正癸烷）］中，比在自由水中的反应高1～2个数量级，反应速率随着水与表面活性剂的摩尔比减小而增加。这是因为，一方面，微反应器的尺寸随着w的减小而减小，水核中的水由自由水变为受束缚的水，水的活度发生变化；另一方面，表面活性剂中有盐离子，体系中的离子浓度随w的增加而增加，从而改变了反应物、生成物和过渡态活化中间体的活度。

由于结晶紫（CV）碱性褪色（水解）反应速率适中，且结晶紫在可见光区有较强的特征吸收峰，反应便于用分光光度法来检测，所以常被用于动力学机理研究。目前在水溶液中的动力学行为已经了解得比较透彻。Ritchie等已经测定了水中CV^+碱性水解的平衡常数$K=4\times10^4$L/mol，表明在一般的OH^-浓度下，$CV^+ + OH^- \rightleftharpoons CVOH$平衡有利于生成卡宾醇CVOH。Kundu等研究了水-有机溶剂介质中的结晶紫碱性褪色反应动力学的溶剂效应。目前已经报道了不同类型表面活性剂（如CTAB、SDS、Triton X-100等）的水溶液、醇溶液和微乳液溶液中结晶紫的碱性褪色反应。发现不同表面活性剂、不同体系对CV碱性褪色反应的影响也不同。

十一、原油采收中的应用

原油生产中如何提高采油率是一个大课题。最早开采石油只是依靠原来油层内部压力而流出石油，这种采油被称为一次采油，一般采收率很低。后来人们又采用包括注水或在高压下注入水溶液来排油，这种采油被称为二次采油。但由于地层中岩砂表面黏附了石油，不易被水润湿，故残油不易被水带出。通常这两次采油只能采出地层中的20%～30%的原油，美国平均油田采收率也只有34%，这样低的采收率造成了石油资源的巨大浪费。于是人们研究了一种把残留在地壳中的石油开采出来的方法，称为三次采油。采用加有表面活性剂的水（简称为活性水）驱油，可改善水与岩石表面的润湿状况，提高水洗残油的能力，但表面活性剂易被岩石所吸附，使其在水中浓度大大降低，驱油效果也不理想。三次采油中比较先进的方法是采用微乳液驱油。因为微乳液的油水界面张力极低，在毛细管中不存在由附加压力所引起的阻力问题，又因微乳与水和油均能混溶，因此有很高的洗油率，它可使石油采收率提高到80%～90%。

由以上应用实例可见，微乳应用十分广泛，无论是从效率、经济还是生态环境保护等方面来看都是十分有利的。从长远来看，微乳的发展前景是不可限量的。

第八节　Pickering乳液

表面活性剂和具有表面活性的聚合物作为乳化剂的研究已经具有上千年的历史，其应用已经深入到人们生产和生活的方方面面。而利用胶体颗粒稳定液/液界面的研究却仅开始于一百多年前。20世纪初，Ramsden发现胶体尺寸的固体颗粒也可以稳定乳状液，为制备性能优异的乳液提供了一种新的方法。1907 年，Pickering 对固体颗粒作为乳化剂稳定的乳液进行了较为系统的研究，此类乳液后来被称为 Pickering 乳液。与传统表面活性剂或具有表面活性的聚合物稳定的乳液相比较，Pickering 乳液具有其独特的优点：可以大大降低传统乳化剂的用量，节约成本；固体颗粒对人体的毒害作用远小于表面活性剂；对环境友好；乳液稳定性得到极大提高。因此，固体颗粒稳定的乳液在食品、化妆品、医药、石油开采和污水处理等领域均有潜在的应用价值。近年来，许多学者利用 Pickering 乳液作为新型模板，制备了多孔材料、胶囊、核壳结构和 Janus 颗粒等新材料，扩展了 Pickering 乳液的应用范围。

在 Pickering 乳液刚被发现的阶段，研究大多集中于对其理论的研究，如 Pickering 乳液的稳定机理等，采用的颗粒为常见的硅颗粒、碳酸钙颗粒、聚苯乙烯小球和炭黑等形状规则、单一的胶体颗粒。在此后很长一段时间内，人们对 Pickering 乳液的研究较少。随着现代测试手段和技术的发展以及 Pickering 乳液潜在的应用前景，人们才重新对 Pickering 乳液给予关注。许多学者开始考虑采用功能性的颗粒来制备乳液，如 pH 响应的乳胶颗粒、聚合物改性颗粒形成的杂合微凝胶颗粒、两亲性的复合颗粒（Janus 颗粒）等，从而满足生产和生活各个领域内对乳液产品的需求，也因此出现了各种有趣的乳液行为，如 pH 响应的 Pickering 乳液、热敏感性乳液、紫外线控制的从凝胶到乳液的可逆转变、高内相乳液和转相可控的乳液等。

当前，借助比较先进的表征手段，如原子力显微镜、激光共聚焦显微镜、扫描电子显微镜等现代显微技术，人们已经对颗粒稳定乳液的宏观性质和微观性质，特别是界面上颗粒的排列方式等都有了较深入的认识。图 10-13 为典型的吸附在乳液液滴界面上的颗粒的扫描电镜照片。此外，小角中子散射、荧光、电子自旋共振、拉曼光谱、椭圆光度法等测试手段使人们在 Pickering 乳液的理论与应用方面有了更深入的研究。

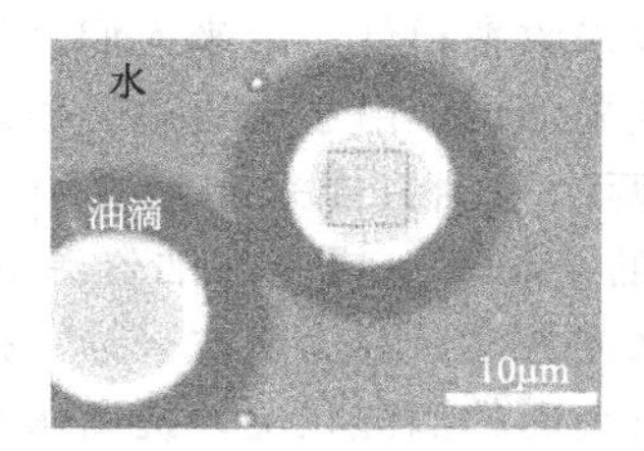

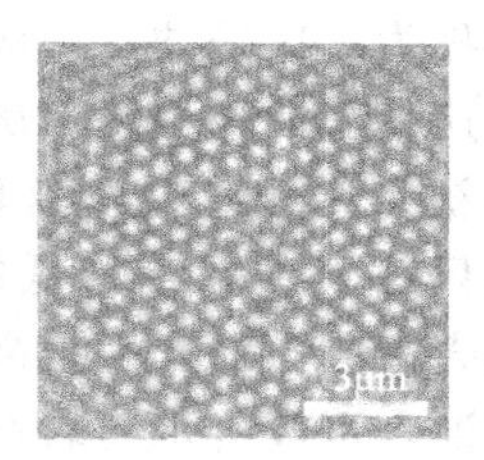

图 10-13　聚 N-异丙基丙烯酰胺（PNIPAM）微凝胶小球稳定的 O/W 乳液照片及乳液液滴表面上颗粒的排列

(a) PNIPAM 微凝胶小球稳定的 O/W 乳液照片；(b) 乳液液滴表面上颗粒的排列

一、颗粒在液/液界面上的吸附与组装

固体颗粒在油/水界面的吸附是制备 Pickering 乳液的先决条件，微纳米级固体颗粒在油/水界面的吸附或自组装对 Pickering 乳液的稳定非常重要，因此研究颗粒在液/液界面的吸附对探讨 Pickering 乳液的稳定机理至关重要。

1. 颗粒润湿性诱导的界面组装

固体颗粒向界面附近扩散并以平衡状态保持在界面上，即颗粒在界面上的吸附，是通过降低自由能来驱动的，即过程的 $\Delta G<0$。Binks 等指出，固体颗粒在界面的吸附状态，与颗粒的润湿性，即颗粒是亲油还是亲水有关。一般用颗粒的三相接触角 θ 来表示颗粒的润湿

性，如图10-14所示。当固体颗粒接触角在90°左右时，颗粒既亲水又亲油，易吸附于界面以降低界面能；反之，当接触角过大或过小时，颗粒倾向于分散在油相或水相中，而不易在界面吸附。

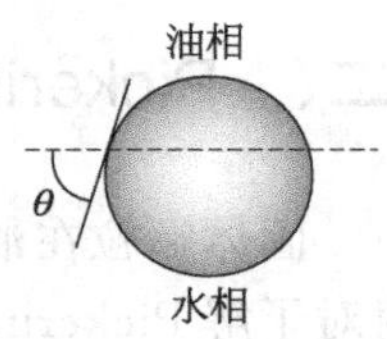

图10-14 固体颗粒在油/水界面上的三相接触角

因此，对于固定类型的颗粒，需通过改变它们的润湿性以实现其在油/水界面上的吸附。一般需采用表面改性剂使固体颗粒的表面改性，从而改善颗粒表面的润湿性，增强颗粒在介质中的界面相容性。表面改性剂的分子结构中必须有易与颗粒表面产生作用的特征基团。一般采用的表面改性方法包括以下几种。

① 用硅烷偶联剂处理。

② 用钛酸酯等偶联剂处理。

③ 物理处理，如冷冻干燥、超声和等离子体处理等。

④ 合成两亲性的Janus颗粒或复合颗粒。

⑤ 用表面活性剂和短链双亲分子修饰处理等。

固体表面改性后，由于表面性质发生变化，其吸附、润湿、分散等一系列性质都将发生变化。

Duan和Wang等系统地研究了多种纳米颗粒在油/水界面的自组装行为。他们首先将有机基团通过配位键接枝于颗粒表面，然后观察颗粒的界面自组装行为，发现只有当改性颗粒的接触角接近90°时，才会实现颗粒的自组装。Tommy等考察了不同疏水性的硅颗粒在辛烷/水界面上形成的单层硅颗粒膜的性质，研究了颗粒的疏水性对形成的颗粒膜结构的影响。结果表明，当接触角在90°左右时，颗粒在界面上呈最紧密的排列，这种结构的形成是由显著的毛细引力作用引起的。

2. 颗粒电性质控制诱导的界面组装

除了调节颗粒润湿性外，还可以通过调节颗粒的表面电性质来实现颗粒在界面上的吸附。

对于带电胶体颗粒的水分散体系，通过向水相中加入无机盐，可以屏蔽颗粒的表面电荷，从而降低颗粒与颗粒及颗粒与界面之间的静电斥力，促进颗粒的界面吸附。Yang在采用片状胶体颗粒LDH（层状双金属氢氧化物）制备乳液时，通过向LDH胶体体系中加入NaCl，降低了LDH颗粒的正电位，而颗粒的润湿性基本保持不变，从而实现了颗粒在油/水界面上的吸附。Prestidge等研究了亲水的二氧化硅颗粒在二甲基硅氧烷油滴表面的吸附行为，发现盐的加入降低了吸附在界面上的颗粒间的静电斥力，有利于界面致密颗粒膜的形成。

在基本不改变颗粒润湿性的前提下，pH的变化也能够调控颗粒的表面电位，从而促进或者抑制颗粒在油/水界面上的吸附。Yang研究了pH的变化对LDH颗粒在油/水界面吸附的影响。当pH＝9.3时，能够吸附于界面的颗粒非常少，界面为类镜面；当pH＝10.1时，一层完整的颗粒膜形成于油/水界面，此界面上的颗粒主要为形状规则的六角片状颗粒，表明界面颗粒的聚集并不显著；当pH＝11.98时，所形成的界面颗粒膜变厚且界面颗粒的聚集更加显著，很难在界面膜内找到单个的形状规则的片状颗粒；当pH＝12.47时，膜内颗粒变得非常疏松，这是由于在此pH下，分散于水相中的颗粒絮凝成较大的颗粒絮凝体且在重力作用下沉降的缘故。此外，通过预处理使油/水或气/水界面带有与颗粒相反的电荷，水相中的颗粒通过静电吸引也能够实现界面自组装。

二、 Pickering 乳液的稳定机理

固体颗粒在油/水界面的吸附是制备 Pickering 乳液的先决条件，因此研究颗粒的界面吸附对了解 Pickering 乳液的稳定机理至关重要。要使胶体颗粒吸附在乳液液滴表面（即油/水界面），其中一个重要条件是固体颗粒能够被两种液体部分润湿，即颗粒具有一定的润湿性。1923 年，Finkle 等首先注意到颗粒润湿性和乳液形成的关系，认为在界面上吸附的颗粒主要处在优先润湿它的一相中，该相即为形成的乳液的连续相，这是因为颗粒会通过弯向内相来降低自由能。图 10-15 为球形固体颗粒在油/水界面三相接触角与界面弯曲取向之间关系的示意图。由图可知，当 $\theta<90°$时，固体颗粒亲水性较强，大部分处于水相，可得到 O/W 乳液；当 $\theta>90°$时，固体颗粒亲油性较强，大部分处于油相中，可制备 W/O 乳液；当 $\theta=90°$时，颗粒既亲水又亲油，此时最易发生相转变。

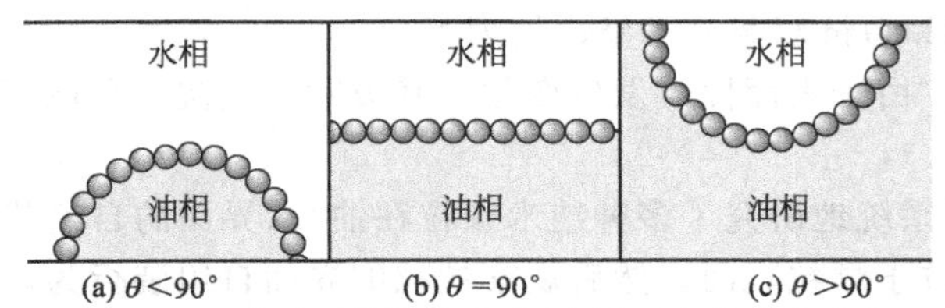

图 10-15 球形固体颗粒在油/水界面上的弯曲现象

与传统表面活性剂制备的乳液相对比，Pickering 乳液的稳定性有极大的提高。这是因为前者使用的乳化剂为表面活性剂，后者是固体颗粒，颗粒对乳液稳定性的贡献主要是界面颗粒形成的空间壁垒势必要比表面活性剂的大得多。下面简要介绍颗粒在油/水界面的吸附以及对乳液稳定性的影响机理。

1. 颗粒与界面之间的作用

(1) 颗粒脱附能

决定 Pickering 乳液稳定性的关键是颗粒在油/水界面吸附作用的强弱，因为吸附在乳液液滴表面的颗粒会形成一个势垒来阻止乳液液滴之间的聚并。颗粒在界面吸附力的强弱可用颗粒的界面脱附能的大小来表征，即将一个吸附于界面的颗粒移进体相中所需要的能量。很显然，较高的颗粒脱附能意味着需要更多的能量才能破坏颗粒膜使液滴聚结。

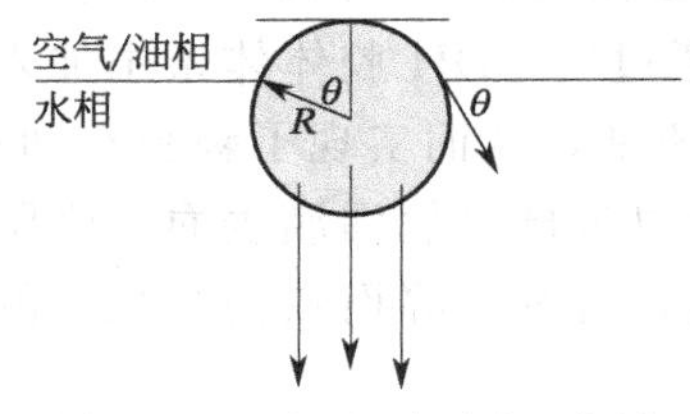

图 10-16 在油/水或气/水界面上的单个固体颗粒

具体来说，对于处于界面平衡位置的一个半径为 R 的球形颗粒（图 10-16，假设颗粒足够小，重力可以忽略），使其从平衡位置移进体相中，忽略浮力的影响，需要的界面脱附能 ΔG 主要受面积（半径）、颗粒的三相接触角（θ）与最初的界面张力（$\sigma_{\mathrm{OW}}/\sigma_{\mathrm{AW}}$）的影响，其定量关系可用下面公式表示：

$$\Delta G=\pi R^2\sigma_{\mathrm{OW/AW}}(1\pm\cos\theta)^2 \tag{10-5}$$

当颗粒向水相扩散时，括号内符号为负；反之，符号为正。对于半径较大的颗粒（>10nm），其吸附能 E 远远大于颗粒自身的热运动能（kT），因此颗粒一旦结合在界面上，就很难再脱附下来，即可认为颗粒的界面吸附实际上是不可逆的。例如，一个吸附于甲苯/水界面上（界面张力为 36mN/m）的半径为 10^{-8}m 的固体二氧化硅颗粒，当接触角 θ 在

30°～150°之间时，其吸附能 E 远高于热运动能，因此为不可逆吸附（图 10-17）。当接触角为 90°时，$E=2750kT$，此时颗粒在界面发生了强吸附，当接触角 θ 分别处在 0°～20°或 160°～180°两个区间内时，E 仅为 $10kT$ 左右，此时颗粒的热运动能足以克服吸附能 E，从而使颗粒脱附。因此，只有当接触角足够大时（E 远高于热运动能），颗粒在界面的吸附才是不可逆的。另外，对于粒径较小的颗粒（几纳米），其吸附能 E 较低，颗粒吸附亦容易受到热运动能的影响而发生脱附。

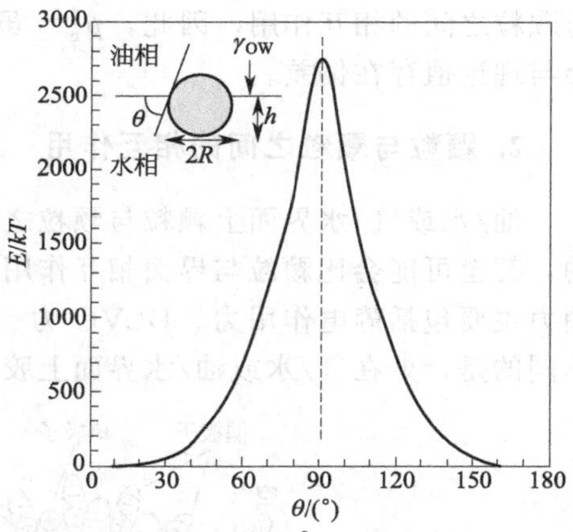

图 10-17 半径为 10^{-8}m 的球形二氧化硅颗粒在甲苯/水界面上的吸附能 E 随 θ 的变化曲线

对于大多数的胶体颗粒，其表面性质均一，很难自发吸附到界面上。需对胶体颗粒表面改性，使其润湿性得到改善，才更容易在界面上吸附。常用的表面改性方法在前面已有介绍，此处不再赘述。

（2）最大毛细管压力

脱附能可以解释很多乳液的整体稳定现象，它主要侧重于颗粒如何吸附到油/水界面并使界面保持稳定，却并没有解释两个液滴之间液膜的稳定性。对此，可以用颗粒在液滴之间产生的毛细管压力来解释。如图 10-18 所示，处在两个即将发生聚并的液滴液膜中的颗粒会提供一种力将液滴分开，要想使液滴聚并，就需要克服这种压力，这种压力被称为毛细管压力。与脱附能不同，毛细管压力考虑的不是吸附在单一界面上的颗粒的作用，而是考虑位于两个界面之间的颗粒对液膜变薄的影响，类似于分离压。可用式(10-6) 表示：

$$p_{c}^{\max}=\pm p\frac{2\sigma_{AW/OW}}{R}\cos\theta \tag{10-6}$$

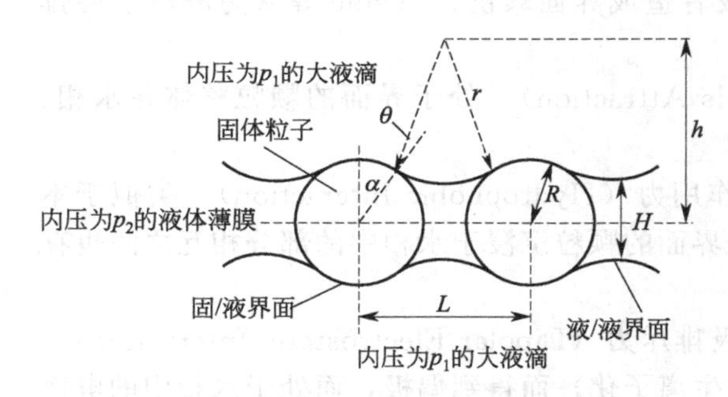

图 10-18 两邻近液滴间液膜上的固体颗粒

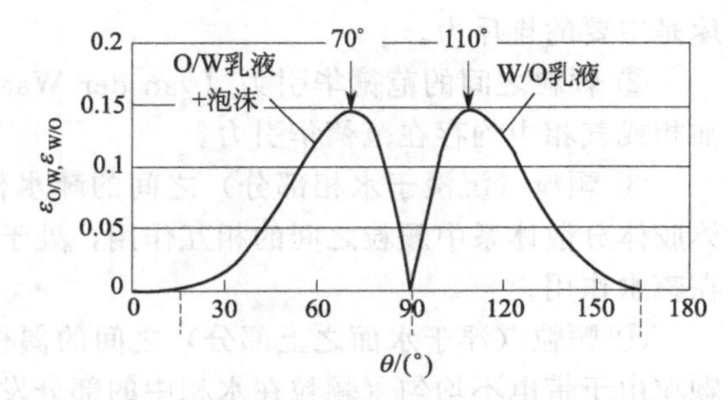

图 10-19 结合考虑脱附能和最大毛细管压力后得到的乳液稳定性和接触角的关系

对 O/W 乳液体系取正值，对 W/O 体系取负值。参数 P 是理论堆积参数，包含了颗粒浓度和结构的影响。当接触角等于零时最大毛细管压力达到最大值，在 90°时达到最低值。这和脱附能与接触角的关系恰好相反。

为了将上述影响乳液稳定的两个因素——脱附能和毛细管压力结合起来，Kaptay 在这方面做了成功的研究。对于液滴间为颗粒单层的情况，通过综合考虑两个相反的竞争机理的相对变化，得到了如图 10-19 所示的关系图。而对于液滴间为颗粒双层的情况，Kaptay 发现最大稳定性时颗粒的接触角在 85°左右。值得注意的是，毛细管压力的理论也是存在缺陷的。该理论中颗粒被假定为在界面上静止不动，不会受到排液流动的影响，同时忽略了颗粒与颗粒之间的相互作用。因此，p_c^{max} 虽然与一般的稳定性趋势相一致，但是其实验值往往会与理论值存在偏差。

2. 颗粒与颗粒之间的相互作用

油/水或气/水界面上颗粒与颗粒之间的相互作用对于考察乳液和泡沫的稳定性是很重要的，甚至可能会比颗粒与界面相互作用更重要。众所周知，水分散体系中胶体颗粒之间的作用力主要包括静电作用力、DLVO 力、疏水力和水合力。与水相环境中颗粒之间相互作用不同的是，处在气/水或油/水界面上胶体颗粒间的作用力（图 10-20）主要包括以下几种。

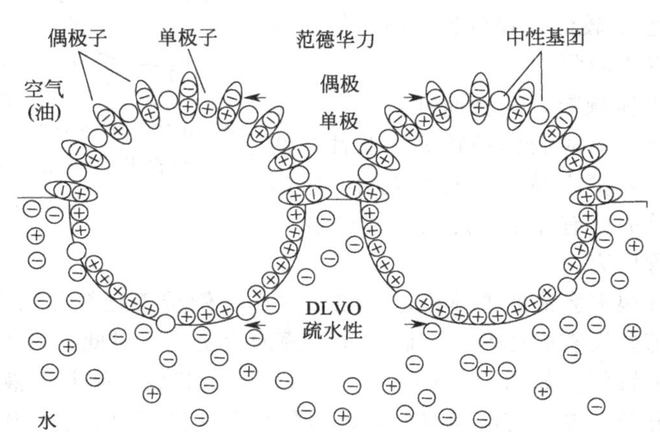

图 10-20　油/水（气/水）界面胶体颗粒之间的作用力示意图

① 颗粒（沉浸于水相部分）之间的静电作用力（Electrostatic Interaction）　一旦颗粒吸附到油/水或气/水界面，带电颗粒处于水相中的部分之间会相互排斥，就像在本体胶体体系中一样，表面电势和反离子可以增加排斥或者造成界面聚沉，Levine 等认为静电双层排斥是主要的排斥力。

② 颗粒之间的范德华引力（van der Waals Attraction）　处于界面的颗粒整体在水相、油相或气相中均存在范德华引力。

③ 颗粒（沉浸于水相部分）之间的疏水作用力（Hydrophobic Interaction）　类似于本体胶体分散体系中颗粒之间的相互作用，处于界面的颗粒沉浸于水相中的部分相互之间也存在疏水作用。

④ 颗粒（浮于水面之上部分）之间的偶极排斥力（Dipolar Electrostatic Interaction）颗粒由于带电不均匀（颗粒在水相中的部分发生离子化）而得到偶极，而处于水相中的电离部分会有反电荷来中和，因此偶极主要通过油/气相发生作用，造成颗粒间的排斥，颗粒的浸入程度决定了电荷的被中和程度，因此强疏水颗粒的偶极相互作用更强。

⑤ 颗粒（浮于水面之上部分）之间的单极库仑作用力（Monopolar Coulombic Interaction）　浮于水面之上的颗粒部分会存在单极，带电的单极之间势必会存在静电库仑作用。

⑥ 界面颗粒间的毛细引力（capillary attraction）　由于颗粒表面的粗糙度会造成颗粒周围不规则的弯液面，因而可形成毛细管吸引作用力。毛细管力是侧向的，在所有表面变形的颗粒体系中都存在，通常临近的两个弯液面重叠就会发生吸引。而发生这种变形的原因根据颗粒粒径的大小而不同。对于较大的颗粒，弯液面的变形是由于重力的作用，对于粒径小于 5μm 的颗粒，重力忽略不计，此吸引力是由界面颗粒周围的弯液面引起的。

颗粒与颗粒之间的相互作用不仅仅局限于界面上已经吸附的颗粒之间，连续相中未吸附的颗粒之间的相互作用同样对Pickering乳液的稳定性存在重要影响，特别是当这些颗粒在液滴周围形成三维网络结构时。通常导致乳液失稳的主要原因是分层和聚结。一旦连续相中形成三维网络结构，整个体系基本上类似于被冻结起来，可以有效地减缓或者抑制乳液的分层现象。与此同时，形成的三维网络结构还可以进一步阻止液滴靠近和碰撞，减少了乳液液滴之间的聚结，提高了乳液的稳定性。

三、Pickering乳液性质的影响因素

对于Pickering乳液的性质，人们多侧重于乳液类型和乳液稳定性的研究。影响Pickering乳液性质的主要因素包括颗粒的润湿性、颗粒浓度、电解质、水相pH、颗粒的最初分散介质和油相类型等，下面分别就这些因素进行讨论。

1. 颗粒的润湿性

毋庸置疑，颗粒的润湿性是决定Pickering乳液稳定性的最重要的因素。因为它直接决定了颗粒能否在乳液液滴表面上吸附。前面已详细阐述了颗粒的润湿性在决定乳液类型和稳定性方面所起的作用，在此将前人相关的工作再加以总结以做说明。

早在1923年，Finkle等就注意到了颗粒润湿性与乳液性质密切相关。此后Schulman和Leja测量了表面改性的硫酸钡颗粒在苯/水界面上的接触角，证实了Finkle的结论。许多学者相继运用各种方法对原本亲水的颗粒进行表面改性，使其更容易吸附在乳液液滴表面上。Binks和Lumsdon研究了二氧化硅颗粒的润湿性对由其制备的乳液类型和稳定性的影响，通过在二氧化硅表面接枝不同数量的硅烷偶联剂来获得不同程度的润湿性。实验发现，用强亲水或强亲油的颗粒都不能得到稳定的乳液，中等润湿性（θ接近90°）的颗粒制备的乳液最稳定。可见在$\theta=90°$附近，颗粒在油/水界面的吸附最强烈。Yan和Stiller也分别研究了颗粒润湿性对Pickering乳液稳定性的影响，所使用的颗粒包括疏水改性的片状黏土、疏水改性的聚苯乙烯乳胶、亲水性的二氧化硅颗粒和二氧化钛颗粒。他们也发现，当颗粒接触角接近90°时所制备的乳液（O/W或W/O型）最稳定。

与表面活性剂的分子结构相类似，Janus颗粒表面有两个润湿性不同的区域（一个区域更亲水，另一个区域更亲油），它既有表面活性，又有两亲性。Binks等详细讨论了其与表面润湿性均匀的颗粒的区别。接触角为90°的Janus颗粒由于具有两亲性，其表面活性比润湿性均匀的固体颗粒高3倍，且在接触角为0°和180°时，颗粒仍保持强表面活性。因此，与表面润湿性均匀的颗粒比较，Janus颗粒更易吸附于油/水界面形成界面颗粒膜。不过由于Janus颗粒很难制备，有关此类颗粒稳定乳液的研究较少。

2. 颗粒浓度

在给定的乳化条件下，在工业生产中人们更关心的是乳化剂的初始浓度对乳液粒径大小和稳定性的影响。与由表面活性剂稳定的乳液体系类似，对于Pickering乳液，在一定的乳化条件下，随着颗粒初始浓度的增大，乳液液滴粒径也会降至最小值，然后基本保持不变。这是几乎所有的乳液体系普遍遵循的规律。

Binks等研究了由二氧化硅颗粒稳定的水包油乳液，发现在较低的颗粒浓度下，颗粒浓度每增加10倍，乳液液滴粒径大小降低为原来的1/8左右。假设所有被吸附的颗粒都呈与液滴相切的六边形形状，那么根据液滴直径就可以估算出吸附在乳液液滴表面的颗粒数（在

界面上）与总颗粒数的比值 R。计算表明，在体系中颗粒质量分数低于 3.0%时，比值 R 均在 1.0 左右。表明大部分颗粒都吸附于油/水界面稳定乳液液滴，并且随着颗粒浓度的提高，乳液液滴粒径减小；当颗粒质量分数提高到 5.6%时，R 降至 0.5，即吸附的颗粒质量分数仍接近 3.0%，并未随颗粒浓度的提高而显著增大。这就意味着，当颗粒质量分数大于 3.0%时，继续加入的颗粒不再吸附于乳液液滴表面上起稳定乳液液滴的作用，而是进入连续相中。乳液液滴粒径也基本保持不变。进入连续相的颗粒浓度较高时，可以促进连续相胶凝，从而阻止油滴分层或者水滴沉降，大大提高了乳液的稳定性。

3. 电解质

对于大多数稳定的胶体颗粒分散体系来说，盐的加入会引起带电颗粒表面电势绝对值的减小并导致絮凝的产生。这类絮凝的产生对乳液的稳定性究竟会产生怎样的影响，很多学者相继对这个课题进行了考察并得出以下结论：当盐的加入使颗粒分散体系产生弱絮凝时，能够促进稳定乳液的形成；当絮凝程度严重时，反而不利于乳液的稳定。

然而，并不是所有的 Pickering 乳液体系均遵循这一规律。Binks 等考察了 NaCl 的加入对带负电的合成锂皂石颗粒稳定的 O/W 乳液的影响，发现只有当颗粒完全絮凝时乳液才能有很好的稳定性。盐的加入一方面能够使小颗粒絮凝成大颗粒，提高了颗粒的吸附能，另一方面也提高了颗粒的疏水性，从而促进了颗粒在油/水界面的吸附并提高了乳液的稳定性。同时，他们还发现，在用疏水性硅颗粒稳定的乳液中，不管加入的电解质浓度有多高，也不管水相中颗粒是否絮凝，制备的乳液均有很好的聚并稳定性。这同样说明了连续相中颗粒絮凝体的存在不是稳定乳液的关键因素。因此，电解质的加入对乳液稳定性的影响不能简单地用颗粒絮凝程度来解释，还应综合考虑多种因素，如颗粒表面电位的降低促进了颗粒的界面吸附和体相中三维网络结构的形成等。

电解质的加入不仅能够影响 Pickering 乳液的稳定性，而且能够引起乳液类型的改变，这主要是由于电解质的加入会影响一些弱酸基团的电离，进而使颗粒的润湿性发生改变。Binks 等合成了表面含羧基的聚苯乙烯乳胶颗粒并制备了稳定的乳液，发现电解质的加入可以引起乳液由 W/O 型到 O/W 型的转变。当颗粒表面的羧基主要为非离子状态时，颗粒比较疏水且倾向于形成油包水的乳液，而当羧基主要处于电离状态时，颗粒较亲水且倾向于形成 O/W 乳液。电解质的加入促进了羧酸基团的电离，使颗粒的疏水性降低而亲水性增强，从而导致了乳液由 W/O 型转变为 O/W 型。Sun 等也发现，在苯乙烯-甲基丙烯酸共聚物颗粒稳定的 O/W 乳液中加入盐可以增强颗粒的疏水性，从而导致乳液发生相反转。

4. 水相 pH

水相 pH 的改变能够引起颗粒润湿性和带电性质的变化，从而对所得乳液的类型和稳定性产生影响。Masliyah 考察了水相 pH 的变化对沥青质改性的高岭石黏土颗粒在油/水界面吸附行为的影响，发现颗粒的接触角随着水相 pH 的增大而增大，然后又随之增大而减小。接触角在 pH=6 时达到最大值，此时所得的 O/W 乳液最稳定，对应的乳液液滴平均粒径也最小。Yang 通过调节分散体系 pH，成功地制备了单独由 LDH 片状颗粒稳定的 O/W 乳液。该研究中水相 pH 的变化虽然也对颗粒的界面吸附行为及其稳定乳液的能力有着显著的影响，但是与之前的结论不同的是，LDH 颗粒的接触角在此过程中基本保持不变。因此这种影响并不是由颗粒润湿性的变化引起的。研究认为，pH 的增大引起了颗粒表面电位的降低，从而促进了颗粒在油/水界面的吸附，提高了乳液的稳定性。

近年来，研究者们制备了多种具有pH响应性的颗粒，利用这些颗粒的pH敏感性可以调控颗粒润湿性，从而达到调节乳液稳定性甚至改变乳液类型的目的。制备pH响应型颗粒乳化剂的主要方法是将具有pH敏感性的有机分子接枝在无机纳米颗粒表面或者将一些pH敏感的有机分子和单体直接交联聚合。用这些颗粒制备pH响应型乳液的重点是利用水相pH的变化来调控颗粒表面有机基团（如羧基、氨基等）的解离程度。Armes合成了pH敏感的聚苯乙烯小球作为稳定剂制备了pH响应的O/W乳液。当pH较低时，颗粒表面的氨基大量质子化，导致颗粒非常亲水，无法稳定乳液；当pH升高时，颗粒表面的氨基质子化程度降低，颗粒具有适宜的亲水性，能够稳定O/W乳液。后来他们又制备了聚（4-乙烯基吡啶）/纳米SiO_2杂合微凝胶颗粒并研究了其pH响应性，pH的改变影响了微凝胶颗粒表面的润湿性及其表面荷电性能，诱发颗粒体积发生变化，从而导致乳液的稳定性发生变化（图10-21）。Lan制备了油酸双层包覆的Fe_3O_4纳米颗粒稳定的乳液并发现了pH引发的双重相反转现象。当pH较低时，颗粒表面的羧基基本不发生解离，疏水性较强，从而形成稳定的W/O乳液；随着pH的增大，羧酸基团发生解离使颗粒表面带负电，此时颗粒亲水性增强，可得到稳定的O/W乳液；若pH继续增大，颗粒表面包覆的第二层油酸分子的脱附会使颗粒的疏水性更强，从而形成稳定的W/O乳液。

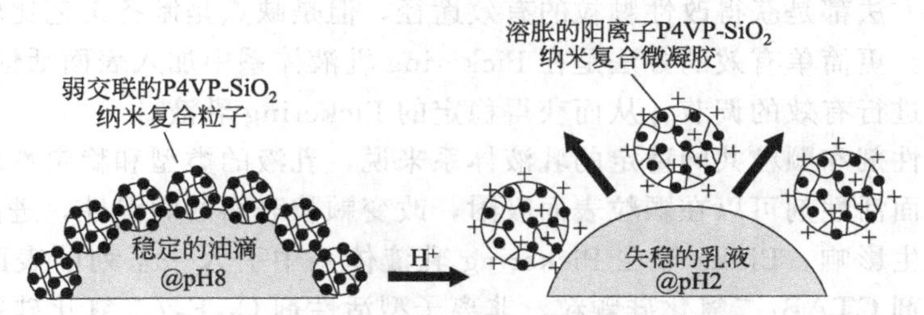

图10-21　二氧化硅杂合微凝胶颗粒（P4VP-SiO_2）的pH响应机理示意图

此外，水相的pH可以决定一些固体颗粒是否能够形成，从而决定了乳液是否稳定存在和破乳是否发生。Tan制备了原位形成的氧氧化镁颗粒稳定的乳液并考察了该体系的pH响应性，发现在较低pH下，镁元素以离子形态存在于水相中，此时对油水体系没有界面保护作用，无法稳定乳液；当pH大于氢氧化镁的沉淀pH时，水相中生成氢氧化镁颗粒，此时可以得到稳定的O/W乳液。Liu利用壳聚糖随着pH的变化可发生溶胶-凝胶转变的特点，以壳聚糖为颗粒乳化剂成功地制备了pH响应的O/W乳液。当pH＜6时，壳聚糖溶解在水相中，无法稳定乳液；当pH＞6，壳聚糖在水相中以纳米颗粒的状态存在，能够吸附在油/水界面上，从而得到稳定的O/W乳液。

5. 颗粒的最初分散介质和油相类型

尽管颗粒的润湿性已经普遍被认为是决定固体颗粒稳定乳液类型的一个主要因素，但是人们发现颗粒的最初分散介质也会影响Pickering乳液的类型，接触角滞后作用会导致固体颗粒的润湿性发生改变。接触角的大小不仅取决于互相接触的相的化学组成、温度和压力等因素，而且与形成三相接触线的方式有关。如果颗粒初始分散于水相中，乳化时固体颗粒吸附于界面形成三相接触线，这一过程发生固/油界面取代固/水界面，此时在界面形成的接触角称为后退角；反之，如果颗粒最先分散于油相中，在形成三相接触线时发生固/水界面取代固/油界面，此时在界面形成的接触角称为前进角。一般情况下前进角大于后退角。产生接触角滞后现象的原因是固体表面的粗糙性。根据上述分析，可以理解为什么固体颗粒的最初分散介质会对乳液的类型和相转变行为有影响。在通常情况下，具有中等润湿性的颗粒的最初分散介质更倾向于成为所得乳液的连续相，其原因如下所述。

① 当颗粒首先分散在油中时，油相分子在颗粒上的吸附使颗粒的疏水性提高。

② 颗粒的前进角总是大于后退角，当颗粒首先在油相中时，表现出疏水性（接触角较大），会得到 W/O 乳液。

③ 在油相或水相中颗粒分散体系的结构和流变行为不同，影响了界面吸附膜的性质。

在制备 Pickering 乳液时，油相的选择对乳液的类型也有影响。油相的类型可以影响界面张力、固体的接触角、颗粒与液相间的相互作用以及颗粒在油/水界面上的吸附能。对于具有表面相同硅烷化程度的二氧化硅颗粒，所产生的乳液的连续相取决于所选油相的特性。当选择的油相极性很弱时，固体颗粒的三相接触角较小，更容易制备 O/W 乳液；当油相极性较强时，固体颗粒的三相接触角较大，更容易制备 W/O 乳液。

6. 表面活性剂

对于大多数的胶体颗粒，其表面性质均一，很难自发吸附到界面上。需对胶体颗粒表面改性，使其润湿性得到改善，才更容易在界面上吸附。两亲性复合颗粒（Janus 颗粒）的合成和化学接枝的方法都是获得改性颗粒的有效途径，但是缺点是制备工艺比较复杂。对于无机纳米颗粒来说，更简单有效的方法是在 Pickering 乳液体系中加入表面活性剂作为改性剂，对颗粒的润湿性进行有效的调节，从而获得稳定的 Pickering 乳液。

对于表面活性剂和颗粒共同稳定的乳液体系来说，乳液的类型和稳定性取决于二者之间的相互作用。表面活性剂可以在颗粒表面吸附，改变颗粒表面的润湿性，进而对所得乳液的稳定性和类型产生影响。Binks 等在 Pickering 乳液体系中引入一系列的表面活性剂，如在用阳离子型活性剂 CTAB/二氧化硅颗粒、非离子型活性剂 $C_{12}E_7$/二氧化硅颗粒和阴离子型活性剂 SDS/氧化铝包裹的二氧化硅颗粒联合制备的乳液中，均发现表面活性剂和颗粒对乳液的稳定性具有很强的协同效应。这些表面活性剂的加入可导致颗粒絮凝和疏水性的增加，从而使颗粒制备的乳液稳定性提高。当表面活性剂在颗粒表面的吸附使原本亲水的颗粒变得疏水时，会导致乳液发生由 O/W 到 W/O 的相反转。

表面活性剂和颗粒之间的相互作用在共同稳定乳液的过程中不仅表现为上述的协同作用，还可以表现为竞争作用。未吸附的表面活性剂在油/水界面上与颗粒进行竞争吸附，乳液的性质将随着二者相对浓度的变化而改变。在表面活性剂浓度较低时，乳液的性质主要取决于颗粒在油/水界面的吸附；随着表面活性剂浓度的增大，表面活性剂逐渐在油/水界面占据优势地位。Wang 等考察了 LDH/SDS 混合体系稳定的乳液，在较高 SDS 浓度时，SDS 改性的 LDH 颗粒与体相中的 SDS 在油/水界面上产生竞争吸附，乳液由改性颗粒稳定的 W/O 型转变为 SDS 稳定的 O/W 型。通过荧光共聚焦显微镜观察，可以发现吸附在乳液液滴表面的颗粒被表面活性剂取代下来，分散在体相溶液中。

7. 短链双亲分子

如上所述，利用表面活性剂对颗粒进行原位改性的确能够对颗粒的润湿性进行有效的调节，但表面活性剂与颗粒在油/水界面上的竞争吸附往往会使乳液的稳定性发生变化，表面活性剂甚至可以占据优势地位并导致颗粒脱附，为 Pickering 乳液的应用带来诸多不利影响。与表面活性剂相比，短链双亲分子在油/水界面上的吸附能力较弱且无法单独稳定乳液，因此，这种小分子作为颗粒改性剂的使用，可以有效地避免这一问题的出现。

此外，短链双亲分子在水溶液中具有高的溶解度和临界聚集浓度，在固体颗粒含量较高的分散体系中的应用更具优势。Gauckler 等利用短链双亲分子具有高溶解度和高临界聚集浓度的特点，通过短链双亲分子在颗粒表面的吸附，实现了对分散体系中高浓度颗粒的疏水改性，从而制得了非常稳定的乳液和泡沫，为二者在食品、化妆品、纺织品制造业和材料制备等领域的应用提供了更大的便利和更多的机会。该方法的优点主要表现在两个方面：①可以对很高浓度的颗粒进行改性并得到非常稳定的乳液和泡沫；②普遍适用性，即该方法适用于不同类型的无机胶体颗粒的改性，重点在于选择一种头基能够吸附在颗粒表面且含有较短疏水碳链的小分子。

短链双亲分子在 Pickering 乳液中应用的特点不仅仅体现在可有效地提高乳液稳定性上，一些具有特殊性质的小分子作为颗粒改性剂的应用，往往可以实现表面活性剂等常规改性剂无法得到的结果。Thijssen 为了证实表面活性剂吸附对乳液协同作用的重要影响，以短链双亲分子罗丹明 B（荧光剂）代替表面活性剂与聚甲基丙烯酸甲酯（PMMA）小球协同稳定乳液。研究中利用荧光共聚焦显微镜，首次原位观察到了罗丹明 B 在液滴表面和胶体颗粒上的吸附，并以此推断出表面活性剂在油/水界面和颗粒表面的吸附，这些吸附使界面张力降低并改变了颗粒的三相接触角。Li 等利用短链双亲分子 KHP（邻苯二甲酸氢钾）的 pH 敏感性，将其加入氧化铝包覆的二氧化硅颗粒分散体系中，成功制备了双重 pH 响应的 Pickering 乳液。体系中的双重 pH 响应性与 KHP 作为短链双亲分子无法单独稳定乳液有很大关联，因为能够单独稳定乳液的表面活性剂在此体系中无法实现这样的 pH 响应性。体系中乳液 pH 响应性的原理是通过调节分散体系的 pH 控制 KHP 的解离程度，以此来调控颗粒与 KHP 之间的相互作用，进而改变颗粒表面的疏水性（图 10-22），当 pH 在 3.5～5.5 时，KHP 原位改性的颗粒能够稳定 O/W 乳液；当高于或低于这个 pH 范围时，均无法制备稳定的乳液。

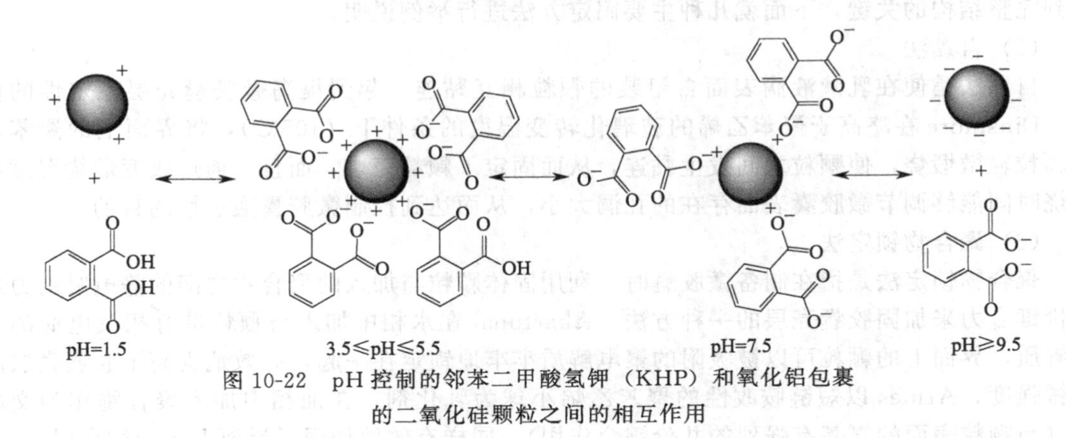

图 10-22　pH 控制的邻苯二甲酸氢钾（KHP）和氧化铝包裹的二氧化硅颗粒之间的相互作用

四、Pickering 乳液在材料制备中的应用

Pickering 乳液中的油/水界面为固体颗粒的自组装提供了理想场所，可以用来制备微胶囊、中空结构、多孔结构和 Janus 颗粒等新材料。一些具有特殊功能性的纳米颗粒，如 Fe_3O_4（磁性）、ZnS（荧光）、TiO_2（催化）和 SnO_2（半导体），它们在 Pickering 乳液模板法制备材料中的使用往往可以为目标材料带来特殊的性能。近年来，随着纳米科技和界面化学的不断发展，以 Pickering 乳液为模板制备新材料的研究日益深入并引起广泛的关注。

1. 微胶囊和中空结构的制备

微胶囊是一种具有核壳结构的微型容器，其外壳可以由胶体颗粒紧密排列构成。微胶囊在大小、渗透性、机械强度以及生物亲和性等方面具有可塑性，因此其在制药、生物技术、食品科学、化妆品以及催化领域具有广阔的应用前景。利用Pickering乳液中颗粒在油/水界面的自组装是一种简便有效的制备微胶囊的方法。

以Pickering乳液为模板制备微胶囊主要包括以下三个步骤：①待包裹的物质在乳液的内相介质中分散或溶解，颗粒分散在另外一种与之不相溶的液体中，二者混合进行乳化，胶体颗粒开始在油/水界面吸附；②在乳液液滴表面被颗粒包覆后，将颗粒锁定在一起形成弹性外壳；③通过离心将微胶囊转移到与其内相相溶的溶剂中（图10-23）。此处乳液内相中分散或溶解了待包裹的物质，得到的材料是微胶囊结构，如果内相中不存在待包裹的物质，以同样的方法就可以制备中空结构。

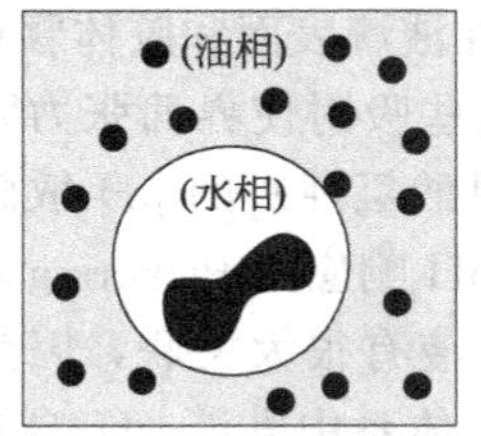

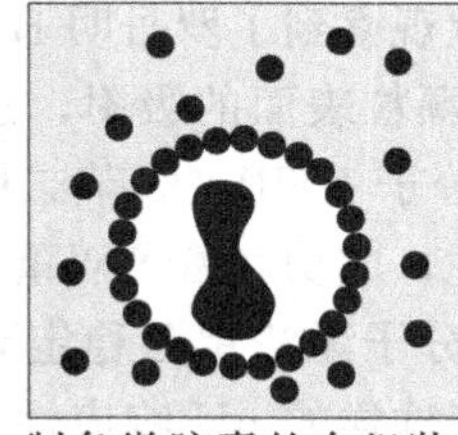
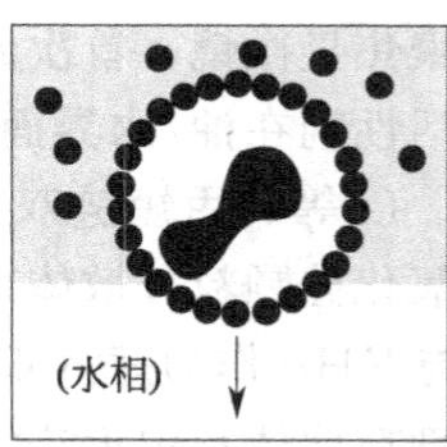

图10-23　制备微胶囊的自组装过程示意图

制备微胶囊和空壳材料的过程中，在消除乳液液滴内相和外相界面时，离心和溶剂洗涤等过程容易对颗粒壳层产生影响。因此，如何将液滴表面的颗粒固定起来形成稳定的壳层是得到完整结构的关键，下面就几种主要固定方法进行举例说明。

（1）自黏法

自黏法是使在乳液液滴表面自组装的颗粒相互黏连，起到提高微胶囊壳层稳定性的作用。Dinsmore在略高于聚苯乙烯的玻璃化转变温度的条件下（105℃），将界面上的聚苯乙烯颗粒轻微煅烧，使颗粒之间发生黏连，从而固定了颗粒壳层，而且，通过改变煅烧温度和煅烧时间能够调节微胶囊表面存在的孔洞大小，从而达到控制微胶囊通透性的目的。

（2）聚合物锁定法

聚合物锁定法是指在制备微胶囊时，利用固体颗粒与加入的聚合物之间的静电吸引力或共价键合力来加固胶囊壳层的一种方法。Akartunal在水相中加入与颗粒带有相反电荷的聚电解质，界面上的颗粒可以被吸附的聚电解质牢牢地锁定在一起，有效地提高了胶囊壳层的机械强度，Armes以短链胺改性的聚苯乙烯小球为乳化剂，在油相中加入聚合物作为交联剂（与颗粒表面的氨基有强烈的共价键合作用），同样有效地加固了界面上的颗粒壳层。

（3）内相固化法

内相固化法是指乳液模板形成后，在制备微胶囊的过程中使乳液液滴的内相固化的方法，内相固化在保持微胶囊的结构完整保持上可以发挥很重要的作用，固体内核使胶囊的外壳得到支撑，从而具有足够的强度，使之经过溶剂清洗、离心和转移的过程后仍然能够保持其完整的结构。此外，通过改变固化剂的浓度可以控制胶囊表面的小孔尺寸，从而起到控制微胶囊通透性的作用。

2. 多孔材料的制备

多孔材料是一种具有微纳米尺寸的孔穴结构，可以广泛用于过滤介质、吸附剂、催化反应的载体和支撑材料等，以 Pickering 乳液为模板制备多孔材料的过程如图 10-24 所示。将颗粒稳定的乳液通过煅烧或干燥的方法除去液相，最终得到的固体物质就是多孔材料。油相类型、油水体积比和颗粒浓度等均会影响乳液的性质，因此这些参数也会对所得多孔材料的孔密度、孔尺寸分布及其形状产生影响。如果所得模板为高内相的 Pickering 乳液，就可以得到孔穴体积分数较高的多孔材料。

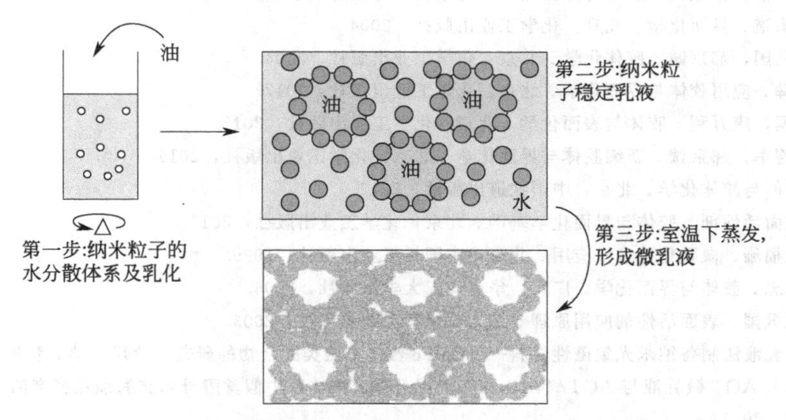

图 10-24 以颗粒稳定的乳液为模板制备多孔材料的过程示意图

以 Pickering 乳液为模板制备多孔材料不仅易于操控，而且能够解决一些普通乳液聚合制备多孔材料的过程中遇到的难题。例如具有热稳定性且较难溶解的聚四氟乙烯，通过普通乳液聚合的方式是很难得到多孔结构的，而 Pickering 乳液模板法可以很好地解决这个问题。Ilke 等以聚偏氟乙烯和聚四氟乙烯的纳/微米级粉末作为稳定剂，制备了高内相 Pickering 乳液，然后经过干燥和煅烧，得到了孔穴体积分数高达 82%且孔径范围在 16～200μm 之间的多孔材料。

3. Janus 颗粒的制备

Janus 颗粒是指表面具有两个不同化学成分的颗粒，这种各向异性的颗粒在光学、药物释放以及催化领域均具有广阔的应用前景。以 Pickering 乳液为模板制备 Janus 颗粒，主要是通过“保护-释放”的方法，选择性地对吸附在油/水界面的颗粒局部表面进行局部改性，这种方法简单易行，而且能得到大量的 Janus 颗粒。

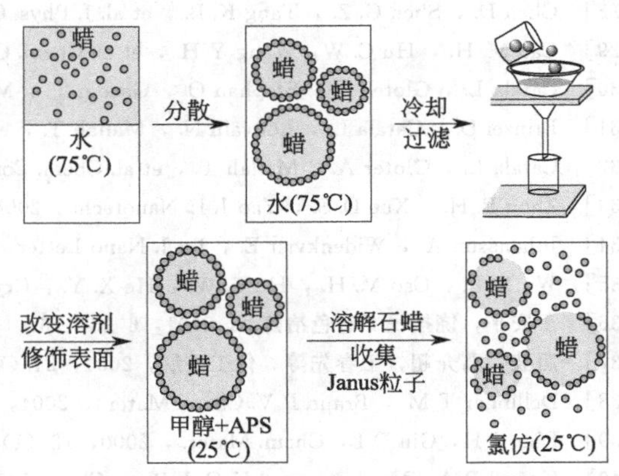

图 10-25 利用石蜡乳液制备 Janus 颗粒的过程示意图

Hong 采用颗粒稳定的石蜡乳液得到了润湿性可调的 Janus 颗粒，其制备过程如图 10-25 所示。首先在高温下制备乳液（保持温度在石蜡的熔点之上），此时石蜡为液态，然后在降温过程中颗粒被固定在石蜡/水界面，这样就抑制了颗粒的旋转，从而方便进行化学改性。在水相一侧改性完成之后，采用有机溶剂将石蜡溶解掉，对颗粒可以进一步进行改性。此外，利用表面活性剂对颗粒进行改性，可以调控颗粒的润湿性，从而控制颗粒浸入油相的体积，得到不同程度化学改性的 Janus 颗粒。

参考文献

[1] 周祖康，顾惕人，马季铭．胶体化学基础．北京：北京大学出版社，1987.

[2] 沈钟，王果庭．胶体与表面化学．北京：化学工业出版社，1997.

[3] 江龙．胶体化学概论．北京：科学出版社，2002.

[4] 陈宗淇，王光信，徐桂英．胶体与界面化学．北京：高等教育出版社，2001.

[5] 颜肖慈，罗明道．界面化学．北京：化学工业出版社，2004.

[6] 冯绪胜，刘洪国，郝京诚．胶体化学．北京：化学工业出版社，2004.

[7] 赵振国，王舜．应用胶体与界面化学．北京：化学工业出版社，2017.

[8] 沈钟，赵振国，康万利．胶体与表面化学．北京：化学工业出版社，2012.

[9] 刘洪国，孙德军，郝京诚．新编胶体与界面化学．北京：化学工业出版社，2016.

[10] 车如心．界面与胶体化学．北京：中国铁道出版社，2012.

[11] 崔正刚．表面活性剂、胶体与界面化学基础．北京：化学工业出版社，2013.

[12] 崔正刚，殷福珊．微乳化技术及应用．北京：中国轻工业出版社，1999.

[13] 章莉娟，郑忠．胶体与界面化学．广州：华南理工大学出版社，2006.

[14] 肖进新，赵振国．表面活性剂应用原理．北京：化学工业出版社，2003.

[15] 杜贤龙．微乳液法制备纳米光致磁性材料——Co-Fe 普鲁士蓝类配合物的研究．兰州大学．兰州：2007.

[16] 张玉霞．单一 AOT 微乳液与 AOT/Triton X-100 混合微乳液体系中假丝酵母脂肪酶催化蓖麻油水解的研究．兰州大学．兰州：2007.

[17] 郭丹．Triton X-100 水溶液和微乳液中结晶紫碱性褪色反应的动力学研究．兰州大学．兰州：2007.

[18] 刘占宇．四溴双酚 A 聚碳酸酯低聚物的制备及微乳液萃取钴的研究．山东大学，济南：2007.

[19] Wang Y.，Herron N.．J. Phys. Chem.，1991，95：525.

[20] 洪霞，魏莉，艾欣等．高等学校化学学报，2002，2：255.

[21] Qian Y T，Li X G，Zhu J S. Mater. Res. Bull.，1994，24：9.

[22] Li Y D，Duan X，Qian Y T. et al. Chem. Mater.，1998，10：17.

[23] Wang X，Li Y D. J. Am. Chem. Soc.，2002，124：2880.

[24] Yang J. H.，Wang H. S.，Lu L. H.，Shi W. D.，Zhang H. J.，Cryst. Growth Des.，2006，6：2438.

[25] Zheng X. J.，Kuang Q.，Xu T.，Jiang Z. Y.，Zhang S. H.，Xie Z. X.，et al. J. Phys. Chem. C，2007，111：4499.

[26] Moore J. G.，Lochner E. J.，Ramsey C.，Dalal N. S.，Stiegman A. E. Angew. Chem. Int. Ed.，2003，42：2741.

[27] Boutonnet，M.，Kizling，J.，Stenius，P.，Maire，G. Colloids Surf.，1982，5：209.

[28] Chen D.，Shen G. Z.，Tang K. B.，et al. J. Phys. Chem. B. 2004，108：11280.

[29] Cao M. H.，Hu C. W，Wang Y H.，et al. Chem. Commun. 2003，I5：1884.

[30] Catala L.，Gloter A.，Stephan O.，Gacoin T.，Mallah T.，et al. Chem. Commun.，2005，746.

[31] Brinzei D.，Catala L.，Louvain N.，Mallah T.，et al. J. Mater. Chem.，2006，2593.

[32] Catala L.，Gloter A.，Mallah T.，et al. Chem. Commun.，2006，1018.

[33] Zhou P. H.，Xue D. S.，Yao J. L. Nanotech.，2004，15：27 .

[34] Johansson A.，Widenkvist E.，Lu J. Nano Letter，2005，5：1603.

[35] Wu X. L.，Cao M. H.，Hu C. W.，He X. Y.，Cryst. Growth Des.，2006，6：26.

[36] 丁安平，饶拴民．有色冶炼．，2001，6（3）：6.

[37] 唐波，葛介超，王春先等．化工进展，2001，21（10）：707.

[38] Dellinger T M.，Braun P V. Chem. Mater.，2004，16（11）：2201 .

[39] Ding J H，Gin D L，Chem. Mater.，2000，12（1）：22.

[40] Korgel B A，Monbouquette H G. J. Phys. Chem. 1996，100：346.

[41] Ren T Z，Yuan Z Y，Su B L. Langmuir，2004，20（4）：1531-1534.

[42] Stefanczyk O，Korzeniak T，Nitek W et al. Inorg Chem 2011，50：8808.

[43] 雅菁，徐明霞，徐廷献等．材料研究学报，1996，10：195.

[44] Bourlinos A B，Stassinopoulos A，Anglos D，Small，2008，4：455.

[45] Pan D，Zhang J，Li Z. Chem. Commun.，2010，46：3681.

[46] Chandra S, Das P and Bag S. Nanoscale, 2011, 3: 1533.
[47] Liu R L, Wu D Q, Liu S H et al. Angew. Chem. , 2009, 121: 4668.
[48] Bourlinos A B, Stassinopoulos A, Anglos D. Chem. Mater. , 2008, 20: 4539.
[49] Asakura D, Li C H, Mizuno Y et al. Journal of the American Chemical Society. 2013, 135: 2793.
[50] Catala L, Brinzei D, Prado Y. Angewandte Chemie International Edition. 2009, 48: 183.
[51] Pasturel G M, Long J, Guari Y et al. Angewandte Chemie International Edition. 2014, 53: 3872.
[52] Ishikawa T, Ogawa M, Esumi K. Langmuir 1991, 7: 30.
[53] Prasad M, Moulik S P, Palepu R. J. Colloid Interface Sci. 2005, 284: 658.
[54] Zhang J L, Han B X, Liu M H et al. J. Phys. Chem. B 2003, 107: 3679.